Hochleithner

Lachsfische

AquaTech
Publications

Dem
(eigenwilligen)
Biologen

Dr. Volker "Guggi" Steiner

Institut für Fischforschung, Innsbruck
gewidmet.

Martin Hochleithner

LACHSFISCHE
(Salmoniformes)

Biologie und Aquakultur

AT **Ratgeber**

Impressum

1. Auflage, 2001 (356 Seiten, s/w).
2. Auflage, 2005 (356 Seiten, farbig).
3. Auflage, 2014 (384 Seiten, farbig).

Titelbild: *Salmo trutta* f. *lacustris*
Foto: Martin Hochleithner

AquaTech Publications
Unterbrunnweg 3
6370 Kitzbühel, Austria

http://www.aqua-tech.eu
http://www.aquatech.8m.com
http://www.aquaculture-com.net

Printed in Germany by:
Books on Demand GmbH, Norderstedt
ISBN 978-3-902855-17-6

Inhalt

Seite

ALLGEMEIN

Vorwort 10
Einleitung 11
Körperbau 13
Lebensweise 19
Hybriden 28
Evolution 31
Systematik 32
Bestimmungsschlüssel 34
Überblick 46

ARTEN in Einzeldarstellung

Coregonus huntsmani Scott, 1987 48
Coregonus lavaretus Linnaeus, 1758 50
Coregonus nasus Pallas, 1776 57
Coregonus albula Linnaeus, 1758 59
Coregonus autumnalis Pallas, 1776 63
Coregonus peled Gmelin, 1789 67
Coregonus tugun Pallas, 1811 69
Prosopium coulteri Eigenmann et Eigenmann, 1892 71
Prosopium cylindraceum Pallas, 1784 73
Prosopium williamsoni Girard, 1856 76
Stenodus leucichthys Güldenstädt, 1772 79
Brachymystax lenok Pallas, 1773 83
Hucho hucho Linnaeus, 1758 87
Oncorhynchus gorbuscha Walbaum, 1792 93
Oncorhynchus keta Walbaum, 1792 97
Oncorhynchus kisutch Walbaum, 1792 101
Oncorhynchus masou Brevoort, 1856 105
Oncorhynchus nerka Walbaum, 1792 109
Oncorhynchus tshawytscha Walbaum, 1792 113
Oncorhynchus chrysogaster Needham et Gard, 1964 118
Oncorhynchus clarkii Richardson, 1836 120
Oncorhynchus gilae Miller, 1950 127
Oncorhynchus mykiss Walbaum, 1792 130
Parahucho perryi Brevoort, 1856 137
Salmo marmoratus Cuvier, 1829 140
Salmo salar Linnaeus, 1758 144
Salmo trutta Linnaeus, 1758 152

Salmo obtusirostris Heckel, 1852 163
Salmo ohridanus Steindachner, 1892 166
Salvelinus fontinalis Mitchill, 1814 168
Salvelinus namaycush Walbaum, 1792 172
Salvelinus alpinus Linnaeus, 1758 176
Salvelinus confluentus Suckley, 1858 184
Salvelinus leucomaenis Pallas, 1814 187
Salvelinus malma Walbaum, 1792 189
Salvelinus svetovidovi Chereshnev et Skopets, 1990 193
Thymallus arcticus Pallas, 1776 195
Thymallus brevirostris Kessler, 1879 200
Thymallus nigrescens Dorogostaisky, 1923 202
Thymallus thymallus Linnaeus, 1758 204

AQUAKULTUR
Laichfischfang 210
Laichfischhaltung 213
Vermehrung
Handhabung 216
Eigewinnung 224
Befruchtung 228
Erbrütung 230
Aufzucht
Anfütterung 240
Intensivhaltung 246
Teichwirtschaft 249
Netzgehege 252
Management
Fütterung 259
Wasserreinigung 268
Wasserqualität 272
Krankheitsbehandlung 279
Sortieren 282
Transport 285
Ausblick
Entwicklung 288
Vermarktung 292
Fischerei
Geschichte 294
Gefährdung 299
Bewirtschaftung 305

Besatz 308
Angeln 318
Verarbeitung 324

ANHANG

Rezepte 332
Entwicklung 336
Feinde 337
Parasiten 339
Krankheiten 346
Adressen 351
Synonyme 352
Literatur 374

Danksagung

Ohne die Hilfe zahlreicher Wissenschaftler und Praktiker wäre auch dieses Buch sicher nicht so attraktiv geworden. Darum möchte ich mich bei allen, die mir bei meiner bisherigen Arbeit mit Salmoniden und der Erstellung des vorliegenden Buches zur Seite gestanden sind, ganz herzlich bedanken.

Mein besonderer Dank gebührt:

Herrn
Johannes Schöffmann
für den wesentlichen Beitrag zum Artenteil,

und

Herrn
Günter Feuerstein
für seine Anmerkungen zur Angelfischerei,

sowie

Herrn
Paul Vecsei
für die zahlreichen Bilder der einzelnen Arten.

Es ist eines der
grundlegenden Kennzeichen
lebender Organismen,
daß niemals zwei einander gleichen.

(J.R. Normann)

ALLGEMEIN

Vorwort

Seit der letzten Auflage ist nun fast ein Jahrzehnt vergangen und die Zucht und Produktion von Salmoniden hat sich wesentlich weiterentwickelt und ist stark angestiegen. So stieg die Gesamtproduktion an Salmoniden aus der Aquakultur in den 2000er Jahren um über 880.000 t (57 %) von 1.537.671 t auf 2.419.022 t, wobei der Hauptanteil auf Norwegen und Chile, bzw. den Atlantischen Lachs und die Regenbogenforelle entfällt. Im selben Zeitraum stieg der Gesamtfang an Salmoniden aus der Fischerei um über 405.000 t (52 %) von 770.844 t auf 1.175.967 t, wobei der Hauptanteil auf Russland und die USA, bzw. auf den Buckel- und den Hundslachs entfällt.

Inzwischen haben sich auch die Kenntnisse über die Biologie einiger Arten wesentlich verbessert. Zahlreiche Erfahrungen im In- und Ausland, sowie interessante Daten und Informationen konnten gesammelt werden. Bei einzelnen Arten wurden auch neue Abbildungen hinzugefügt.

Die Einteilung der Arten in diesem Buch erfolgt weitgehend nach dem „Evolutionary Species Concept", wobei eine Art eine Gemeinschaft von Lebewesen ist, die sich durch ausreichend definierte (meist morphologische oder meristische) Parameter von anderen Arten unterscheiden lässt und eine gültige wissenschaftliche Bezeichnung erhalten hat. Die wissenschaftlichen Bezeichnungen der Arten wurden dem „International Code of Zoological Nomenclature" angepasst. Einige Unterarten werden von manchen Autoren jedoch als eigene Arten angesehen.

Ungeachtet der oft unklaren und strittigen taxonomischen Stellung gilt es, die verschiedenen Arten, Morphen und Formen der Salmoniden zu schützen und zu erhalten, repräsentieren sie doch ökologisch, morphologisch und genetisch einzigartige, reproduktiv isolierte Populationen, die sich über Generationen an ihre Umwelt angepasst haben und zur biologischen Vielfalt beitragen. Nicht wenige dieser Lokalpopulationen sind heute vom Aussterben bedroht oder in ihrem Bestand gefährdet. Die Gründe dafür sind sowohl menschliche Einflüsse auf den Lebensraum der Fische – wie die Wassernutzung, Wasserverschmutzung und Gewässerverbauungen – als auch die Überfischung sowie der Besatz mit nicht heimischen Fischen oder exotischen Arten.

Hoffen wir also, dass sich die Kenntnisse um die Biologie erweitern, die Techniken in der Aquakultur verfeinern und die natürlichen Bestände der Salmoniden erhalten lassen.

Kitzbühel, im Frühjahr 2014 — Martin Hochleithner

Einleitung

Die Salmoniden sind eine alte Familie. Ihre Vorfahren, die sich nur wenig von den heute lebenden Tieren unterschieden, lebten bereits vor ca. 100 Mio. Jahren. *Eosalmo driftwoodensis* ein Protosalmonide aus dem Eozän (Tertiär) von Britisch Kolumbien wird auf 30-50 Mio. Jahre geschätzt. *Smilodonichthys rastrosus*, ebenfalls ein Fossil aus Nordamerika, möglicherweise ein Vorfahre der Pazifiklachse, wurde bis 2 m lang und hatte über 100 Kiemenreusendornen. Einige der heute noch lebenden Arten entwickelten sich bereits vor mindestens 10-20 Mio. Jahren, die meisten Gattungen blieben allerdings im Laufe der Evolution auf einer ziemlich niedrigen Entwicklungsstufe stehen. Der geringe Grad der anatomischen Organisiertheit wird von ausgeprägter physiologischer sowie morphologischer und ökologischer Plastizität begleitet.

In der Natur kommen Salmoniden auf der Nordhalbkugel in Bächen, Flüssen, Seen und teilweise im Meer vor. An fast allen größeren Flüssen der Welt wurden Kraftwerke und Staumauern errichtet, welche die Laichwanderung einschränken und die Laichgebiete stark verringern. Die Überfischung und die Gewässerverschmutzung setzen den Beständen ebenfalls stark zu.

Entdecker der künstlichen Vermehrung war Stephan Ludwig Jacobi, der 1741 erstmals Bachforellen in Deutschland abstreifte. Etwa hundert Jahre später gelang Joseph Remy als Erstem auch Forellenbrut durch Fütterung aufzuziehen, seine Arbeit führte 1853 zum Aufbau der ersten Brutanstalt für Salmoniden im Elsass, und bald darauf auch in ganz Europa. Ab den 1870er Jahren wurden Forellen und Lachse in Amerika erbrütet und von 1880 bis 1890 wurden fast 10 Mio. Eier von 6 verschiedenen Arten nach Europa eingeführt. Um 1900 wurden die ersten Forellenzuchtanlagen in Dänemark errichtet, zur Fütterung wurden damals Meeresfische verwendet. In den 1950er Jahren erfolgte die Einführung von industriell gefertigtem Trockenfutter. Seitdem entwickelte sich die Salmonidenzucht ständig weiter, die letzten Jahre vor allem in Norwegen und Chile. Seit einigen Jahren werden auch die schwieriger zu erzeugenden Nebenfische verstärkt als Besatzfische für Freigewässer produziert.

Das Buch entstand aus der Idee, für die Arbeit und die Produktion von schwierig aufzuziehenden Salmoniden die wesentlichen Daten, Ergebnisse und Informationen zusammenzufassen und eine Anleitung für Interessierte zu erstellen. Um die Zusammenhänge für die Zucht und Haltung zu verstehen, ist die Biologie der einzelnen Arten von besonderem Interesse. Daher soll hier erstmals ein Gesamtüberblick

über alle Arten, Unterarten und Formen gegeben werden. Die Wissenschaft ist sich bei der Einteilung der Arten keinesfalls einig, und die Systematik ist ständigen Anpassungen und Änderungen unterworfen. Auch wenn verschiedene Formen oder geographische Rassen nicht als eigenes Taxon behandelt werden, so sollten sie, um die genetische Vielfalt zu erhalten, dennoch getrennt vermehrt und besetzt werden.
Dieses Buch beschränkt sich aber auf das Wesentliche, um lesbar zu bleiben. Falls nichts anderes angegeben, gelten die allgemeinen Richtwerte der Aquakultur. Für weitergehende Informationen wird auf die Literaturangaben im Anhang verwiesen.
Ich wünsche Ihnen viel Freude mit diesem Buch und Erfolg bei der Beschäftigung mit Lachsfischen.

Kitzbühel, im Winter 2000 Martin Hochleithner

Körperbau

Alle Salmoniformes haben einen langgestreckten spindelförmigen Körper der seitlich etwas zusammengedrückt, und durch ein Knochenskelett gestützt ist. Zur Laichzeit hin wird er meist etwas gedrungener und hochrückiger, vor allem bei den Männchen sowie bei Vertretern beider Geschlechter bei den Pazifiklachsen.

Die Anzahl der Wirbel (50-75) ist, wie auch der Mittelwert der Flossenstrahlen, sowohl genetisch als auch temperaturbedingt und sinkt generell innerhalb einer Art von Norden nach Süden. Die aus verknöchertem Bindegewebe gebildeten, einfachen, unverzweigten Zwischenmuskelgräten (60-70) liegen vor allem in den beiden ersten Dritteln der großen Rückenmuskelstränge frei zwischen den Muskelsegmenten. Anders als bei den meisten höheren Tieren wächst die Anzahl der Muskelfasern bei den Lachsfischen mit der Fischgröße, je nach Ernährungszustand und Wassertemperatur in Schüben, von anfangs etwa 10.000 auf rund 180.000 im Smoltstadium und bis zu einer Million bei Erreichen der Geschlechtsreife. Der größte Teil, die anaeroben weißen Muskeln (ca. 90 %) dient dem schnellen Schwimmen (2-10 Körperlängen/s), beim Erwerb von Nahrung und der Flucht vor Feinden (Spitzengeschwindigkeit bei Äschen bis 20 km/h und Lachsen bis 40 km/h). Die Hauptkraft für das langsame Schwimmen (1-2 Körperlängen/s) kommt aus dem hinteren Teil der aeroben roten Muskeln (ca. 10 %), die sich paarig angeordnet entlang der Seitenlinie befinden. Die Fortbewegung erfolgt durch eine wellenförmige Körperbewegung, vom Kopf bis zum Schwanz. Im vorderen Körperdrittel ist diese Bewegung nur schwach ausgebildet und zum Körperende nimmt sie stark zu. Dies ist das Ergebnis einer zunehmenden Verkürzung mit anschließender Wiederausdehnung der Muskelsegmente, wobei sich die gegenüberliegenden, durch die Wirbelsäule und die dazugehörenden Skeletteile getrennten Muskeln im Wechselspiel ausdehnen und zusammenziehen. Die Rumpfmuskulatur bildet den Hauptteil (52-62 %) der essbaren Teile, die je nach Kondition, Geschlecht, Reifegrad und Art 60-75 % des Körpergewichtes ausmacht.

Die für das Schwimmen, Steuern und Stabilisieren wichtigen Flossen sind Hautfalten, die mit Ausnahme der Fettflosse durch Weichstrahlen gestützt werden, die überwiegend zum Ende hin gefächert sind. Der erste bis vierte Flossenstrahl wird meist verstärkt. Die paarigen Brustflossen sitzen ziemlich tief hinter dem Kopf, die Schwanzflosse ist homozerk. Bei den Männchen sind die Flossen meist etwas länger als bei den Weibchen. Alle Salmoniden, aber nicht ausschließlich diese, haben zwischen Rücken- und Schwanzflosse einen kleinen strahlenlosen

Hautlappen, die Fettflosse. Oberhalb des Ansatzes der bauchständigen, paarigen Bauchflossen befinden sich ebenfalls kleine Hautlappen die vermutlich der Speicherung von Fett dienen.
Die unabhängig voneinander beweglichen Augen spielen bei der Orientierung und Nahrungssuche eine wichtige Rolle. In erster Linie ist es die (aktive oder passive) Bewegung, die ein Beutetier als Nahrung kennzeichnet. Zum Unterschied der auf dem Land lebenden Wirbeltiere ist das Auge der Fische mit einer kugelförmigen Linse ausgestattet, die nicht abgeflacht werden kann. Ein nach oben blickender Fisch sieht die über der Wasseroberfläche befindlichen Gegenstände durch ein kreisrundes, helles Fenster mit einer Öffnung von von ca. 83 Grad.
Die vor jedem Auge befindliche Nase bildet eine oberflächliche Grube mit Riechepithel. Über der Grube befindet sich ein quergestellter Hautlappen mit einer Ein- und Ausströmöffnung. Es besteht keine Verbindung zur Mundhöhle. Durch die beim Atmen rhythmisch geöffneten und geschlossenen Nasenöffnungen tritt Wasser durch die vordere Öffnung ein und durch die hintere wieder aus. Jegliche Geruchstoffe reizen dabei die Chemorezeptoren der Nasenschleimhaut und die elektrischen Impulse werden durch die Geruchsnerven zum zentralen Nervensystem geleitet. Der Geruchsinn, der bei den anadromen Arten besonders gut ausgebildet ist, ist hauptsächlich ein Fernsinn, der alarmiert oder Suchbewegungen veranlasst. Da jedes Gewässer seinen individuellen charakteristischen Geruch hat, finden so die zurückkehrenden Lachse wieder den Weg zum Heimatgewässer.
Das die Bewegung steuernde Kleinhirn ist besonders gut ausgebildet und das Verhältnis Gehirn zu Körpergewicht beträgt bei Salmoniden 1:800 bis 1:1.200. Die Hirnanhangdrüse regelt Fett- und Kohlehydratstoffwechsel, sowie Blutdruck. Sie beeinflusst auch die Ausbreitung der Farbzellen und leitet die Reifung der Geschlechtszellen ein.
Das stets an der Vorderseite des Kopfes befindliche Maul ist gespalten und der Oberkieferknochen kann bis hinter das Auge reichen. Das Verhältnis der Kopf- und Kieferlänge zur Gesamtlänge nimmt mit der Größe der Fische zu und ist bei den Männchen meist größer als bei den Weibchen (vor allem bei den Pazifiklachsen). Zur Laichzeit verlängern und verformen sich die Kiefer oft und vor allem bei den Männchen der Salmonidae wächst an der Spitze des Unterkiefers ein nach oben gerichteter sogenannter Laichhaken. Die Länge des Kopfes kann innerhalb einer Art in den verschiedenen Gewässern stark schwanken und die Länge der Kiefer hängt überwiegend mit der Anpassung an die Nahrung zusammen. Generell hängt die Morphologie und Färbung der Fische oft auch von Lebensraum bzw. Lebensweise ab (siehe Abb.).

Seeform

Flussform

Bodenform

Tiefenform

Variation innerhalb der Art beim See Cisco im Sklavensee. (Nach: Vecsei et al., 2008)

Durch blitzschnelles Öffnen des Maules wird ein Sog erzeugt, der innerhalb von nur rund 0,06 Sekunden bis zu 1,9 Meter je Sekunde betragen kann, und durch welchen die Nahrung praktisch in die Mundhöhle gesaugt wird. Die Mundhöhle ist mit zahlreichen Schleimzellen und Geschmacksknospen versehen, die der Erfassung und Auswahl der Nahrung dienen. Häufig sind diese auch an der Vorbereitung der Nahrung beteiligt, wobei sie im Allgemeinen von einer gut ausgebildeten Bezahnung unterstützt werden. Die Zähne werden von innen nach außen ständig neu gebildet, wobei sie sich etwa jährlich erneuern. In der Mitte des Gaumens, am Dach der Mundhöhle, liegt das längliche Pflugscharbein, dessen charakteristische Bezahnung je nach Gattung verschieden ist. Die Anzahl und Stellung dieser Zähne variieren aber auch mit dem Alter und der Größe der Fische.

Der gut entwickelte muskulöse Magen ist für die Vorverdauung und den Aufschluss des Proteins wichtig. Am Magenausgang befinden sich zahlreiche Blindschläuche (Pylorusanhänge) deren Anzahl artspezifisch (10-280), meist bei Jungfischen und planktonfressenden Formen etwas geringer ist als bei älteren und fischfressenden Formen. Im anschließenden kurzen, geraden Mitteldarm erfolgt die Verdauung und Resorption der Nährstoffe. An den Mitteldarm schließt sich der Enddarm an, der schließlich im After mündet.

Die Leber der Lachsfische ist ein mehrlappiges Organ. Die paarigen Nieren sind langgestreckt und liegen oberhalb der Schwimmblase entlang der Wirbelsäule. Sie sind ein wichtiges Ausscheidungsorgan und enden in einem Abführgang, der sich kurz vor seiner Mündung zu einer unechten Harnblase erweitert. Da der Salzgehalt des Süßwassers geringer ist, als jener des Blutes, dringt Wasser über Haut, Kiemen und Verdauungsorgane in das Blut ein. Im Süßwasser trinken die Fische daher wenig und scheiden täglich durchschnittlich 6-10 % des Körpergewichtes an Harn aus. Im Salzwasser ist dies umgekehrt und die Fische scheiden das Salz (Na+ und Cl-) über die Kiemen und (Mg++ und SO4--) über den Harn aus. Es fällt daher nur 0,3-3,0 % des Körpergewichtes an Urin an und die Fische trinken relativ viel. Das Herz befindet sich weit vorne im Körper, schräg unter den Kiemen. Mit rund 1-2 % des Körpergewichtes haben Salmoniden relativ wenig Blut. Der Blutdruck beträgt je nach Art und Aktivität normalerweise 5-15 kPa und der Herzschlag 20-30 Schläge in der Minute. Das Blutplasma hat, wie bei vielen Tieren, eine Salinität von 9-10 ‰. Das Hämoglobin besitzt bei Salmoniden jedoch eine geringe Affinität zum Sauerstoff. Die Atemfrequenz liegt je nach Wassertemperatur und Sauerstoffgehalt in der Regel bei etwa 60-70 Atembewegungen je Minute.

Von den vier Kiemenbögen ist hinten jeder mit zwei Reihen Kiemenfilamenten, und vorne einer Reihe Kiemenreusendornen besetzt. Der fünfte Bogen trägt keine Kiemenfilamente sondern ist mit der Vorderseite des Schultergürtels verwachsen. In den Kiemen läuft der Blutfluss gegen den Wasserfluss, so dass theoretisch bis zu 80 % des Sauerstoffs aus dem Wasser durch die Kiemenblättchen ins Blut diffundieren kann. Die Anzahl der (10-70) Kiemenreusendornen kann je nach Fischart unterschiedlich sein, hängt aber oft mit der Art der Nahrung zusammen, denn je kleiner die Nährtiere sind, desto mehr und längere Kiemenreusendornen entwickeln sich. Jungfische haben meist etwas weniger Kiemenreusendornen und Flossenstrahlen als ältere.

Das Gehörorgan beschränkt sich auf das Innenohr (Labyrinth), das mit einer speziellen Flüssigkeit (Endolymphe) gefüllt ist und in bestimmten Abschnitten Kalkablagerungen (Statolithen) enthält. Ähnlich wie bei den Schuppen können bei diesen „Hörsteinen" Jahresringe abgelesen und so das Alter der Fische bestimmt werden. Salmoniden können damit aber nur sehr starke Schwingungen wahrnehmen, jedoch wesentlich ihre Lage im Raum bestimmen. Lachsfische besitzen eine einfache langgestreckte Schwimmblase mit Schwimmblasengang (Verbindung zum Darm) und gehören daher zur Gruppe der Physostomi.

Die Geschlechtsorgane sind paarig angeordnet. Während das Sperma von den Hoden über einen Samenleiter zu der zwischen Harnleiter und After gelegenen Geschlechtsöffnung gelangt, haben die Ovarien keinen Eileiter. Bei Vollreife platzt die durchsichtige Follikelzellhaut, die die Eierstöcke umhüllt, und die reifen Eier fallen frei in die Leibeshöhle, wo sie über einen kurzen Genitaltrichter zur Geschlechtsöffnung gelangen.

Das Seitenliniensystem geht von mehreren Verästelungen im Kopfbereich in einen Kanal über, der an beiden Körperseiten bis zur Schwanzwurzel verläuft und ist mit besonderen Sinneszellen ausgestattet, die über Seitenkanäle mit der Körperoberfläche in Verbindung stehen. Es ist ein Ferntastsinn mit dessen Hilfe Druckschwankungen registriert und die Herkunft dieser Reize lokalisiert werden kann.

Die Oberhaut (Epidermis) setzt sich aus mehreren übereinander liegenden Zellschichten zusammen, in die zahlreiche Drüsenzellen eingebettet sind. Sie bedeckt die Schuppen, die als Verknöcherungen der darunter liegenden Lederhaut (Corium) gebildet werden. Im Unterhautbindegewebe ist viel Fett ein- bzw. angelagert. Die den Fisch umgebende Schleimschicht wird von Schleimzellen ausgeschieden, die in den untersten Schichten der Oberhaut angeordnet sind.

Alle Salmoniden haben Rundschuppen (Cycloidschuppen) ohne Radialstrahlen, die in schräg nach hinten stehenden Taschen der Lederhaut eingebettet liegen. Der Kopf ist nicht beschuppt. Die Anzahl der Schuppen entlang der Seitenlinie ist je nach Art unterschiedlich. Die Größe der Schuppen nimmt durch Bildung neuer Ringe proportional mit der Größe des Fisches zu. Zur Laichzeit wird die Haut dicker und umschließt teilweise die Schuppen. Bei den Coregonen entwickelt sich zur Laichzeit – meist an den Seiten im hinteren Körperbereich – ein Laichausschlag aus kleinen Warzen. Dabei steht eine einzelne Warze meist in der Mitte des äußerlich sichtbaren Bereichs der Schuppe.
Der Körper ist meist am Rücken grünbraun bis graublau, an den Seiten silbergrau glänzend und am Bauch gelblich bis weiß gefärbt. Die Fische passen ihre Färbung und Farbintensität je nach Lebensraum und Standort möglichst der Umgebung an, sie kann daher stark variieren. An den Seiten befinden sich oft einige Tupfen oder Flecken. Diese bestehen aus winzigen Punkten, den Pigmentzellen: Melanophoren (blauschwarz), Xanthophoren (gelborange) und Erythrophoren (rotbraun). Diese enthalten Pigmentkörper, Guaninkristalle und Chromatophoren. Je nach dem, ob sich die Pigmentzellen zusammenziehen oder ausbreiten, verringert oder erhöht sich die Farbstärke. Der Silberglanz entsteht durch Reflexion des Lichtes in mikroskopisch kleinen, farblosen Kristallen, die in den Glanzzellen der Lederhaut eingelagert sind.
Zur Laichzeit bekommen vor allem die Männchen ein schimmerndes Farbkleid und sind wohl die farbenprächtigsten Süßwasserfische ihres Verbreitungsgebietes. Juvenile Salmoniden haben oft 5-19 ovale dunklere Jugendflecken an den Seiten, die bei manchen Arten bzw. Unterarten und Formen bis zur Geschlechtsreife beibehalten werden. Sie gelten als Erbe eines primitiven Vorfahren.
Während Lachse, Forellen und Huchen dunkle Zeichnungen auf hellem Grund besitzen, ist dies bei den Saiblingen umgekehrt.
Daneben können Albino-Farbvarianten (gelb-orange) mit roten Augen gelegentlich vorkommen. Für die Goldfärbung ist ein rezessives Gen verantwortlich. Farbvarianten entstehen, wenn ein Gen (von einem Elternteil) oder zwei Gene (ein Gen von jedem Elternteil) vererbt werden. Die Träger dieser Farbvariante können daher reinerbig (zwei Gene) oder mischerbig (ein Gen) sein.
Gelegentlich – meist bei gezüchteten Regenbogenforellen – kommen auch helle kobalt-blaue Fische ohne schwarze Flecken vor. Da bei diesen Fischen die Gehirnanhangdrüse fehlt bzw. deformiert ist, können sie sich nicht vermehren.

Lebensweise

Lachsfische besiedeln als kaltstenotherme Fische zirkumpolar die klaren, sommerkühlen Bäche und Flüsse, Seen sowie die Meere der nördlichen gemäßigten und der arktischen bzw. subarktischen Zone von Europa, Asien und Nordamerika (nördlich des 20. Breitengrades).
Salmoniden sind Wanderfische und schnelle, wendige Schwimmer. Die meisten Arten unternehmen zur Laichzeit flussaufwärts gerichtete Wanderungen, stärkere und größere Tiere wandern dabei generell weiter aufwärts als kleinere, und reifere gewöhnlich schneller als weniger reife. Einige Arten und Formen leben und laichen auch in Seen. Bei der mehrwöchigen anadromen Laichwanderung der Lachse vom Meer flussaufwärts, werden bis zu 3.000 km mit einer Geschwindigkeit bis über 50 km/Tag (0,5-2,0 km/h) zurückgelegt. Der Gonadenanteil wächst dabei von ca. 5 % des Körpergewichts bei Beginn der Wanderung in den Flussmündungen auf ca. 20 % bei Erreichen der Laichplätze. Bei der anstrengenden Laichwanderung werden die während des Jahres angelegten hohen Fettreserven verbraucht, täglich durchschnittlich 26.000-28.000 Kalorien/kg (bzw. ca. 2,70 Kalorien/km). So beträgt etwa der Fettgehalt des Hundslachses (am Amur) im Meer über 10,2 %, nach 570 km 6,2 %, nach 945 km 5,3 %, nach 1.190 km und Laichreif noch 3,4 %, abgelaicht nur mehr 1,0 % und beim Sterben lediglich noch 0,3 %.
Die Laichzeit liegt generell zwischen Herbst und Frühjahr (September bis Mai) bei Wassertemperaturen von 4-8 °C und ist wesentlich von Photoperiode und Wasserströmung abhängig. Die Männchen (Milchner) erscheinen in der Regel vor den Weibchen (Rognern) an den Laichplätzen. Das Geschlechterverhältnis beträgt bei ungestörten Populationen etwa 1:1.
Die Männchen führen rivalisierende Kämpfe durch, die vor allem bei den Lachsen zu starken Verletzungen führen können. Die Paarungsbereitschaft wird durch Sexuallockstoffe (Pheromone) von den Männchen (♂) wahrgenommen und führt zum Umwerben der Weibchen (♀). Dies geschieht durch Umschwimmen, Herandrängen und Anstoßen. Zur Laichabgabe schlägt das Weibchen durch asymmetrische Schwimmbewegungen mit der Schwanzflosse überwiegend in schottrigem bis kiesigem Grund mit vertikaler Durchströmung, meist ein bis mehrere Laichgruben und bedeckt diese nach dem Laichen oft wieder mit Kies (ausgenommen Coregonen). Die Abgabe der Eier (ca. 95 %) erfolgt unter starkem Zucken und Zittern der Fische, meist in 2-8 Intervallen mit stundenlangen Pausen dazwischen. Die weiteren Eiausstöße werden dabei oft von 1-3 weiteren Männchen befruchtet.

Die Weibchen haben im Durchschnitt 1.000-3.000 Eier je kg Körpergewicht. Mit dem Alter der Fische nimmt die Eizahl pro kg Körpergewicht ab, je Fisch jedoch zu. Die Eigröße nimmt ebenfalls mit der Größe der Fische zu. Die je nach Nahrung und Art hellgelben bis dunkelroten Eier, haben einen Durchmesser von etwa 2-6 mm und ein Gewicht von 20-80 mg. Die Männchen haben im Durchschnitt etwa 10^{12} Spermatozoen je kg Körpergewicht und stoßen etwa 2-20 ml Sperma aus. Die 20-60 µm langen und 1-4 µm breiten Spermien sind im Wasser teilweise 1-5 Minuten bewegungsfähig. Nach der Befruchtung kommt es im Ei zu einer Anreicherung von Lipidtröpfchen am animalen Pol. Die Sauerstoffaufnahme erfolgt durch Diffusion über die Eihaut. Die Befruchtungsrate in natürlichen Gewässern ist hoch und beträgt oft 92-98 %, die anschließenden Erbrütungsverluste sind allerdings meist auch hoch. Häufig bleiben die Weibchen einige Zeit an den Laichplätzen und verteidigen sie gegen andere Fische. Der sich schon während des Aufstiegs vermindernde Fluchtinstinkt sinkt weiter. Die Sterblichkeit nimmt zur Laichzeit hin zu und ist oft schon vor der Paarung hoch. Die Pazifischen Lachse – auch die meisten Süßwasserpopulationen – sterben dann binnen 6-28 Tagen nach dem Laichen.
Die Entwicklungszeit der Eier bis zum Schlupf dauert lange und beträgt je nach Wassertemperatur und Art ca. 1-3 Monate. Nach dem Schlupf wandern die ca. 10-20 mm langen Dottersackbrütlinge häufig bis mehrere Dezimeter tief ins Lückensystem des lockeren Schotterbodens (ausgenommen Coregonidae), um erst bei Beginn der aktiven Nahrungsaufnahme, nach weiteren 1-4 Monaten mit einer Größe von ca. 20-30 mm, zumeist abends, an die Oberfläche zu kommen. Während dieser Zeit ernähren sich die Brütlinge vom Vorrat des Dottersackes. Die frischgeschlüpften Larven machen im Zuge ihrer Entwicklung eine Verwandlung (Metamorphose) durch. Der Dottersack ist hell und der Rücken schwarzgrau pigmentiert. Der Körper ist nur von einem Flossensaum umgeben, aus dem sich die Flossen entwickeln (siehe Abb.). Mit einer Größe von 3-4 cm bzw. nach 30-40 Tagen ist die Metamorphose abgeschlossen, und die juvenilen Fische sehen den adulten sehr ähnlich. In den ersten Lebensmonaten halten sich die Jungfische in geschützten Uferbereichen oder kleineren Zuflüssen mit geringer Strömung auf. Forellen bevorzugen dabei seichtere und Saiblinge strömungsärmere Bereiche als Lachse. Dabei halten sich 70-90 % der Saiblinge und Forellen und 20-50 % der Lachse in bis zu 2 m Entfernung vom Ufer auf. 50-70 % der Saiblinge und Forellen und 10-30 % der Lachse halten sich gar nur in 1 m Entfernung vom Ufer auf, bei einer Wassertiefe bis zu 10 cm und einer Strömungsgeschwindigkeit bis zu 0,1 m/s.

Äschen beim Laichen. (Foto: A. Hartl)

Eier und frisch geschlüpfte Brütlinge (Forelle). (Foto: A. Hartl)

Um möglichst optimale Bedingungen für die Vermehrung, sowie größere Nahrungsressourcen zu nutzen, und damit die höchstmögliche Individuenzahl zu erreichen, werden Wanderungen unternommen. Die Adaptation zu einem anadromen Wanderfisch benötigt fundamentale Änderungen der Organe und wurde erst durch die Aussalzung der Meere infolge des Abschmelzens der Gletscher möglich.
Die wandernden Arten oder Formen wandern meist (je nach Art und Umweltbedingungen nach 1-3 Jahren) im Frühjahr beim Ansteigen der Wassertemperatur auf 8-10 °C im Smoltstadium ins Meerwasser, dabei werden sie beim Verlassen des heimatlichen Flusses auf den Geruch geprägt. Die Smoltifikation wird äußerlich durch einen Silberglanz (ablagern von Guanin in das mesodermale Corium) erkennbar. Im Meer wandern die Fische oft im Herbst nordwärts und im Frühjahr südwärts.
Die stationären Arten oder Formen bleiben zeitlebens im Süßwasser, können aber auch dort vom Fluss in einen See wandern oder zwischen verschiedenen Bereichen innerhalb des Gewässersystems. Fische die nicht wandern behalten oft ihre Jugendflecken des Parrstadiums. Bei einigen Lachsen bleiben aber auch oft viele Männchen im Süßwasser.
Generell können drei Formen von Salmoniden nach ihrer Anpassung an einen Lebensraum unterschieden werden:
I. solche, die überwiegend im Meer leben, z.B.: Lachse.
II. solche, die vorwiegend in Flüssen leben, z.B.: Äschen, Huchen.
III. solche, die meist in Seen leben, z.B.: Seesaiblinge, Maränen.
Zusätzlich gibt es bei vielen Arten (z.B.: Forellen, Saiblinge) auch lokale Populationen, die verschiedene Bereiche besiedeln. Einige Arten besiedeln im Laufe ihres Lebens auch unterschiedliche Lebensräume. Die Biotopansprüche sind bei stationären Arten oft stärker ausgebildet.
Salmoniden sind generell dämmerungsaktiv, im Winter verschmelzen die Aktivitätsspitzen jedoch zum Tag und im Sommer kann es noch eine Aktivitätsspitze über den Tag geben. Sowohl die täglichen als auch die saisonalen Aktivitätsspitzen stimmen meist mit jenen der Nährtiere (Insektendrift, Planktonwanderung) überein.
Die Nahrung der Jungfische besteht hauptsächlich aus Zooplankton oder Insektenlarven, ältere Fische ernähren sich dann auch je nach Art, Saison und Lebensraum von Insekten, Krebsen, Würmern, Weichtieren und Fischen. Salmoniden sind, in Bezug auf die Nahrung, Generalisten und Opportunisten, die sich von einer Vielzahl an Tieren, aber dennoch selektiv ernähren. Die Übergänge zwischen den Nahrungsgruppen sind oft fließend, und hängen von Lebensraum, Saison, Angebot und den individuellen Erfahrungen der Fische ab (siehe auch Abb.). Während der Laichwanderung wird meist wenig Nahrung aufgenommen.

Nahrungszusammensetzung des Bachsaiblings
in Abhängigkeit vom Lebensraum:
(Nach: Naiman et al., 1987)

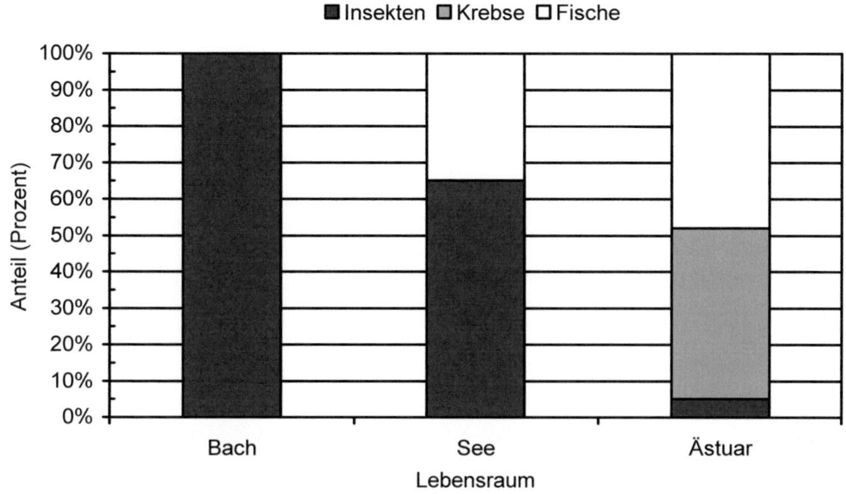

Nahrungszusammensetzung des Lotoslachses
in Abhängigkeit von der Fischgröße:
(Nach: Liao et al., 2012)

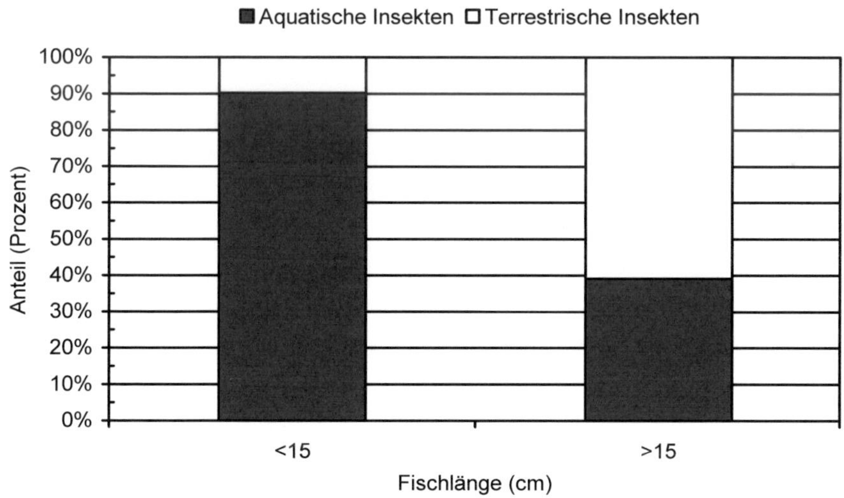

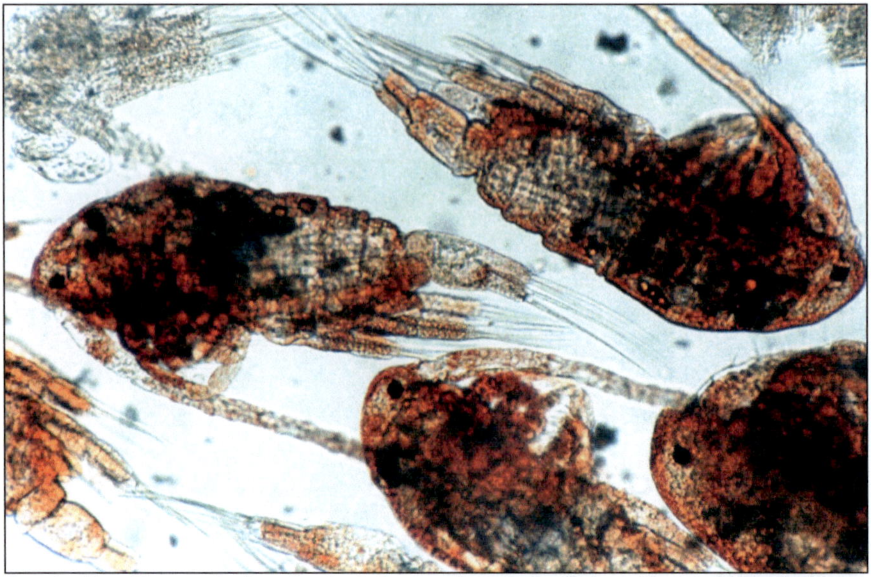

Zooplankton (Copepoden), optimale Anfangsnahrung aller Salmoniden und Hauptnahrung der Coregonen. (Foto: V. Steiner)

Schädel mit Kieferknochen eines männlichen Pazifiklachses. (Foto: P. Vecsei)

Eine Besonderheit kennzeichnet die Lachse der Gattung *Oncorhynchus*, bei denen während der Laichwanderung die Schuppen absorbiert, sowie der Magen und Darm zurückbildet werden und sich die Kiefer stark verkrümmen. Die hohe Mortalität der Lachse nach der Laichzeit ist sicher auch eine Adaption, alle Nährstoffe möglichst optimal zu nutzen, denn es wären wesentlich mehr Nährstoffe nötig, um die großen stark geschwächten Laichfische wieder aufzupäppeln, als eine neue Generation von jungen Fischen heranwachsen zu lassen. Die Kadaver der Lachse dienen so als Nährstoffquelle für eine Vielzahl an Lebewesen in den oft oligotrophen Oberläufen der Flüsse.

Verschiedene Faktoren, sowohl genetische (wie z.B.: Wachstumshormone) als auch umweltbedingte (wie z.B.: Wassertemperaturen), beeinflussen das Wachstum, das bei den einzelnen Arten sehr unterschiedlich ist und wesentlich vom Nahrungsangebot und der Lebensweise abhängt (siehe Tab.). Das Wachstum kann daher auch innerhalb einer Art in den verschiedenen Seen bzw. Flusssystemen sehr unterschiedlich sein und über 100 % schwanken, wobei dieselbe Art, klimatisch bedingt, meist im Süden schneller wächst als im Norden. Einige Arten sind sich im Wachstum aufgrund der unterschiedlichen klimatischen Bedingungen und Verfügbarkeit der Nahrung wiederum zufällig sehr ähnlich.

Gewöhnlich erreichen in größeren Lebensräumen oder bei guten Ernährungsbedingungen die Fische einer Art die höheren Endgewichte. Fische, die größere Nährtiere fressen und später die Geschlechtsreife erlangen, werden generell größer und älter als solche die kleinere Nährtiere fressen. Da Fische als wechselwarme (poikilotherme) Tiere bis zum Tod weiter wachsen (wobei sich jedoch die spezifische Wachstumsrate durch Zunahme des Grundstoffwechsels progressiv verlangsamt), werden die etwas älter werdenden Fische auch größer.

Die Weibchen, mit Ausnahme der Lachse und Äschen, sind bei gleichem Alter gewöhnlich größer als die Männchen, und bei gleicher Länge gewöhnlich schwerer als die Männchen (ausgenommen Pazifiklachse). Dies wird durch die Ausbildung der Gonaden zur Laichzeit hin immer deutlicher. Die durchschnittliche Lebenserwartung beträgt etwa 70 % des Höchstalters, die aber auch von genetischen und umweltbedingten Faktoren abhängig ist.

Der Korpulenzfaktor (Gewicht [g] x 100 : Länge [cm] ^{3}) beträgt bei Salmoniden (Wildfischen) je nach Art und Reifezustand etwa zwischen 0,8 und 1,2.

Gewichtswachstum einiger Salmoniden
in natürlichen Gewässern:
(Nach: Berg, 1948; Schulz, 1985; Scott et Crossman, 1973)

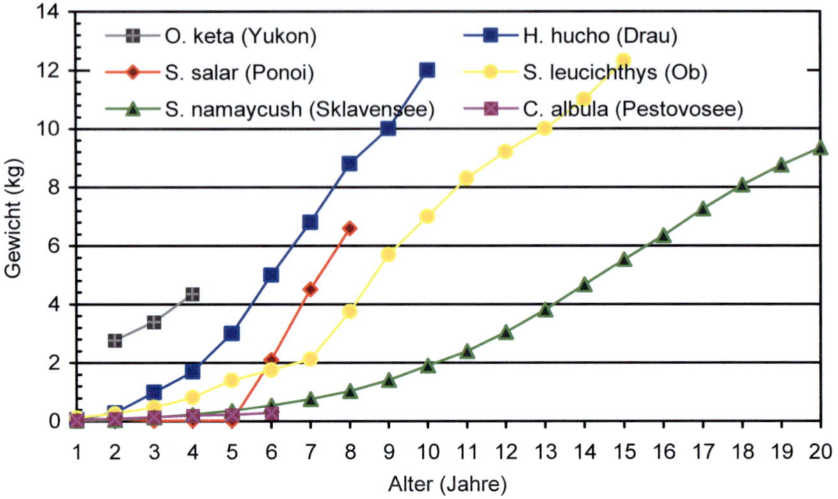

Längenwachstum einiger Salmoniden
in natürlichen Gewässern:
(Nach: Berg, 1948; Schulz, 1985; Scott et Crossman, 1973)

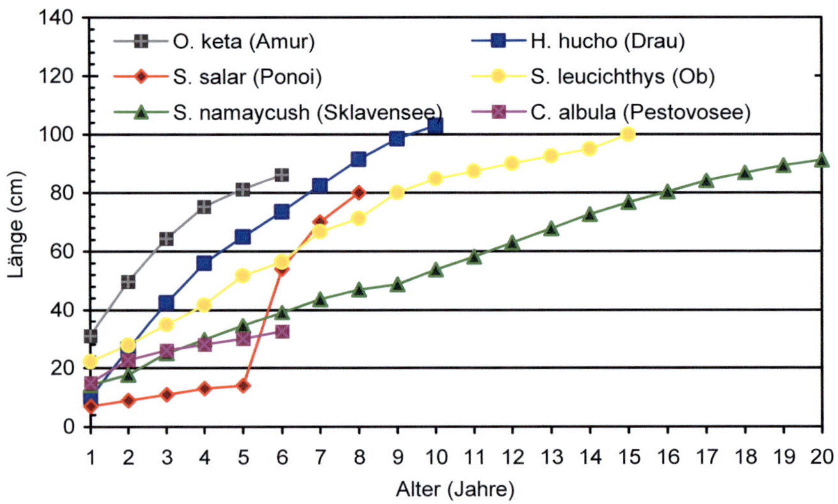

Längenwachstum des Arktischen Saiblings
in verschiedenen Gewässern:
(Nach: Berg, 1948; Scott et Crossman, 1973)

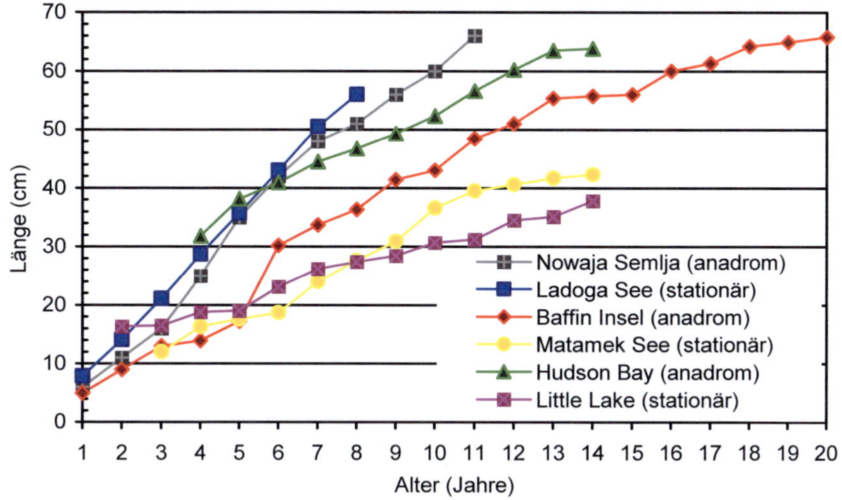

Längenwachstum der Gemeinen Forelle
im Sewansee:
(Nach: Berg, 1948)

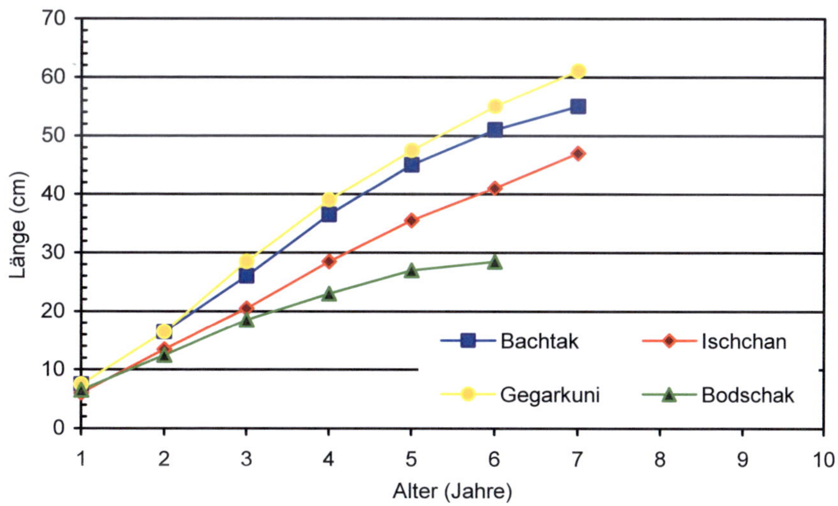

Hybriden

In natürlichen Gewässern kommen Hybriden bei den zusammen lebenden autochthonen Arten eher selten vor. Zu natürlichen Hybriden kommt es meist, wenn allochthone Fische ausgesetzt wurden. Eine solche Hybridisierung kann bedeutende genetische und ökologische Folgen haben, und hat bereits den Rückgang bzw. das Verschwinden einiger Populationen verursacht.

In Nordamerika hybridisieren sowohl die eingesetzten Regenbogenforellen mit den heimischen Kehlschnittforellen, als auch die künstlich verbreiteten Unterarten innerhalb der beiden Arten.

Die seit 1906 künstlich im Adriaraum eingesetzten und verbreiteten Atlantischen Bachforellen kreuzen sich mit der autochthonen Marmorforelle. Die fruchtbaren Hybriden verdrängen die reinen Marmorforellen. Ende der 1980er Jahre ging der Anteil der Marmorforelle in der Soca auf ca. 5 % zurück und jener der Hybriden betrug ca. 25 %.

Vor allem nach Besatzmaßnahmen mit allochthonen Fischen kommt es zur Kreuzung von Atlantischem Lachs x (Meer-) Forelle. Der Anteil dieser Hybriden in Gewässern in Skandinavien und Kanada beträgt 0-20 %.

In naturbelassenen Flüssen Irlands, Großbritanniens und Norwegens schwankt der Anteil an Hybriden zwischen Atlantischem Lachs und (Bach-) Forelle unter der frisch geschlüpften Brut zwischen 0 bis 5 %. Der Anteil der Hybriden ist dabei unabhängig von sich mehr oder weniger überlappenden Laichzeiten oder Lebensräumen, sondern wird durch die Anzahl entkommener Zuchtlachse bestimmt. Der Anteil an Hybriden nimmt fortschreitend ab, je weiter eine Lachsfarm von der Flussmündung entfernt ist. Zur Hybridisierung kommt es durch die mangelnde Fähigkeit der Zuchtlachs-Männchen, Rivalen abzuwehren, daher können Forellen oft die Lachseier befruchten. Die Reproduktionsfähigkeit der Hybriden ist gering, die Weibchen haben oft deformierte Eierstöcke, die Männchen können sowohl Lachs- als auch Forelleneier befruchten. Die Lebensfähigkeit dieser Hybriden (F2) ist geringer als die der ersten Generation, das Wachstum aber besser als jenes der Ausgangsarten.

Unter künstlichen Bedingungen wird unter anderem der erstmals 1890 im Elsass erzeugte sogenannte Elsässer Saibling aus Bachsaibling x Seesaibling (oder auch umgekehrt) produziert. Die Hybriden sind fertil, werden aber später geschlechtsreif, verpilzen zur Laichzeit weit weniger und werden deshalb gerne zu Speisefischen gezogen.

Als Tigerforelle wird die schön gezeichnete, meist sterile Kreuzung aus Bachforelle x Bachsaibling bezeichnet.

In Nordamerika wird die fertile Kreuzung *Salvelinus namaycush* x *Salvelinus fontinalis* "Splake" genannt und "Cutbows" jene von *Oncorhynchus clarkii* x *Oncorhynchus mykiss.* Splakes sind dabei etwas resistenter gegen einige Krankheiten (Furunkulose und Verpilzungen).
Von der sterilen Kreuzung *Oncorhynchus mykiss* x *Oncorhynchus kisutch* erwartete man sich das gute Wachstum der Regenbogenforelle mit der Resistenz gegen die Forellenseuche (HVS) des Silberlachses kombinieren zu können. Diese meist triploiden Hybriden können jedoch ebenfalls an HVS erkranken.
Darüber hinaus wurden schon fast alle Salmonidenarten untereinander gekreuzt, wirtschaftliche vorteilhafte Hybriden ergaben sich dabei jedoch nicht. Bei Hybriden sind auch die Erbrütungsverluste oft wesentlich höher als bei den reinen Ausgangsarten. Einige Salmoniden lassen sich untereinander nicht erfolgreich kreuzen (z.B.: *Oncorhynchus mykiss* x *Salmo salar* oder *Oncorhynchus mykiss* x *Salvelinus fontinalis*) es sei denn, man unterzieht die Eier einer physikalischen Schockbehandlung.
Die Gattungen *Hucho* oder *Parahucho* können mit den Gattungen *Salmo* oder *Salvelinus* ebenfalls nicht erfolgreich gekreuzt werden.
Beispiele unnötiger Hybridisierung und schlechter Bewirtschaftung von Alpen- und Voralpenseen ist die künstliche Kreuzung von (Schwarzmeer-) Seeforellen x (Atlantik-) Bachforellen für den Besatz in Seen. Die Nachkommen erreichen die Geschlechtsreife früher, bleiben kleiner und zeigen nicht die Vorteile der reinen Seeforelle.
Vom Bodensee wanderte die Seeforelle zum Laichen früher bis in die bündnerischen Hochtäler. Den dortigen Fischern war bekannt, dass die in Bäche ausgesetzten Seeforellen bald wieder abwanderten und befruchteten deshalb ebenfalls Seeforelleneier mit Bachforellensperma.
Nachteilig auf die Salmonidenbestände des Ohridsees wirkt sich die ebenfalls wenig sinnvolle, künstliche Kreuzung von weiblichen Ohridforellen (Belwiza) – *Salmo ohridanus* mit männlichen Seeforellen (Letnica) – *Salmo trutta* aus.
Die fertilen Hybriden spalten sich ab der F2 - Generation wieder teilweise in die Ausgangsarten auf (Mendel´sche Regeln).
Früher wurden gelegentlich auch schon Hybriden als Art beschrieben (z.B.: *Salmo regalis* Snyder, 1912 und *Salmo aquilarum* Snyder, 1917 = *Oncorhynchus clarkii* x *Oncorhynchus mykiss*).
Hybriden haben meist Merkmale von beiden Ausgangsarten, sowohl im Aussehen, als auch in der Lebensweise. Bei den Bestimmungsschlüsseln der Arten wurden Hybriden deshalb nicht berücksichtigt.

Wachstum unter gleichen Aufzuchtbedingungen
im Süßwasser und ab 11 Monaten im Meerwasser:
(Nach: Bohl et al., 1982)

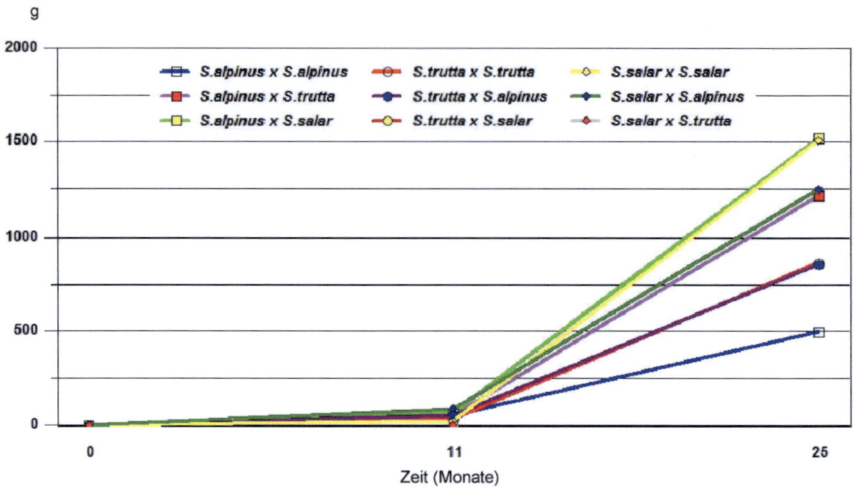

Sterile Kreuzung von Seeforelle x Seesaibling. (Foto: M. Hochleithner)

Evolution

Die Salmoniden sind eine alte Familie. Sie stammen vermutlich von einem heringsähnlichen Meeresfisch (Gattung *Thaumaturus*) ab, der bereits im Tertiär das Süßwasser besiedelte. Ihre Vorfahren, die sich nur wenig von den heute lebenden Tieren unterschieden, lebten bereits vor ca. 100 Mio. Jahren.

Die ältesten fossilen Salmoniden sind aus Nordamerika bekannt. *Eosalmo driftwoodensis* Wilson, 1977 – ein Protosalmonide aus dem Eozän (Tertiär) von Britisch Kolumbien wird auf ca. 50 Mio. Jahre datiert. *Paleolox larsoni* Kimmel, 1975 – heute in die Gattung *Salvelinus* gestellt und damit ein Vorfahre der Saiblinge, wird auf ca. 25 Mio. Jahre geschätzt. *Smilodonichthys rastrosus* Cavender & Miller 1972 – heute in die Gattung *Oncorhynchus* gestellt und damit ein Vorfahre der Pazifiklachse der bis 2 m lang wurde, wird auf ca. 14 Mio. Jahre geschätzt.

Einige der heute noch lebenden Arten entwickelten sich bereits vor über 10 Mio. Jahren. Die meisten Gattungen blieben allerdings im Laufe der Evolution auf einer ziemlich niedrigen Entwicklungsstufe stehen. Der geringe Grad der anatomischen Organisiertheit wird von ausgeprägter physiologischer sowie morphologischer und ökologischer Plastizität begleitet.

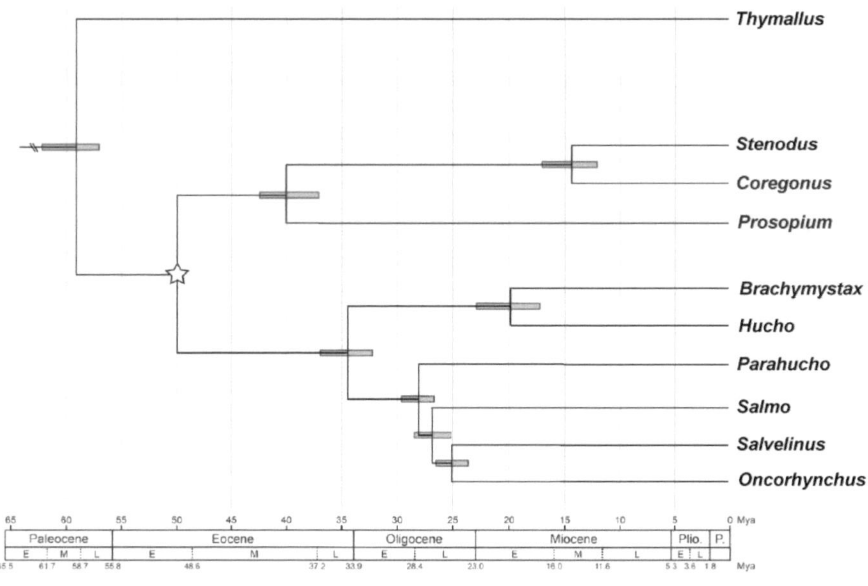

Stammbaum der Salmoniden. (Nach: Crete-Lafrenière et al., 2012)

Systematik

Als Wirbeltiere (*Vertebrata*) gehören die Salmoniden zur Klasse der Knochenfische (*Osteichthyes*) und der Unterklasse Strahlenflosser (*Actinopterygii*), mit der Subdivision Echte Knochenfische (*Teleostei*). Die Überordnung *Protacanthopterygii* umfasst die Ordnung: *Esociformes* (Hechtfische), *Osmeriformes* (Stintfische), sowie die Ordnung *Salmoniformes,* Berg 1940 (Lachsfische), welche in folgende drei Familien eingeteilt wird:*

I. *Coregonidae* (Renkenartige).
Vertreten mit 11 Arten in 3 Gattungen:
1.) *Coregonus* Lacépède, 1804 (Maränen).
Vertreten mit sieben Arten, in zwei Untergattungen.
- *Coregonus* Lacépède, 1804. 3 Arten: *C. huntsmani, C. lavaretus, C. nasus;*
- *Leucichthys* Dybowski, 1874. 4 Arten: *C. albula, C. autumnalis, C. peled, C. tugun;*

2.) *Prosopium* Milner, 1878 (Weißfische)
Vertreten mit drei Arten: *P. coulteri, P. cylindraceum, P. williamsoni;*
3.) *Stenodus* Richardson, 1836 (Weißlachse)
Vertreten mit einer Art: *S. leucichthys;*

II. *Salmonidae* (Lachsartige).
Vertreten mit 25 Arten in 6 Gattungen:
0.) †*Eosalmo* Wilson, 1974 (Fossil, ausgestorben).
Vertreten mit einer Art: †*E. driftwoodensis;*
Fossil aus dem Eozän von Britisch-Kolumbien.
1.) *Brachymystax* Günther, 1866 (Lenoks).
Vertreten mit einer Art: *B. lenok;*
2.) *Hucho* Günther, 1866 (Huchen).
Vertreten mit einer Art: *H. hucho*;
3.) *Oncorhynchus* Suckley, 1861 (Pazifiklachse).
Vertreten mit zehn Arten, in zwei Untergattungen.
- *Oncorhynchus* Suckley, 1861. 6 Arten: *O. gorbuscha, O. keta, O. kisutch, O. masou, O. nerka, O. tshawytscha*;
- *Parasalmo* Vladykov, 1963. 4 Arten: *O. chrysogaster, O. clarkii, O. gilae, O. mykiss*;

4.) *Parahucho* Vladykov, 1963 (Wanderhuchen).
Vertreten mit einer Art: *P. perryi*;

5.) *Salmo* Linnaeus, 1758 (Atlantikforellen).
Vertreten mit fünf Arten in zwei Untergattungen.
- *Salmo* Linnaeus, 1758. 3 Arten: *S. marmoratus*, *S. salar, S. trutta*;
- *Salmothymus* Berg, 1908. 2 Arten: *S. obtusirostris, S. ohridanus*;

6.) *Salvelinus* Richardson, 1836 (Saiblinge).
Vertreten mit sieben Arten, in drei Untergattungen.
- *Baione* DeKay, 1842. 2 Arten: *S. fontinalis, S. namaycush;*
- *Salvelinus* Richardson, 1836. 4 Arten: *S. alpinus, S. confluentus, S. leucomaenis, S. malma*;
- *Salvethymus* Chereshnev et Skopets, 1990. 1 Art: *S. svetovidovi;*

III. *Thymallidae* (Äschenartige).
Vertreten mit vier Arten in einer Gattung:

1.) *Thymallus* Cuvier, 1829 (Äschen).
Vertreten mit 4 Arten: *T. arcticus, T. brevirostris, T. nigrescens, T. thymallus;*

* Die Familie *Plecoglossidae* (Süssfische), vertreten mit einer Art: *Plecoglossus altivelis* Temminck et Schlegel, 1846 (Ayu), wird zu den *Osmeriformes* gestellt.

Bestimmungsschlüssel*
für die
Ordnung *Salmoniformes*

A Rückenflosse groß, mit mehr als 17 Flossenstrahlen,
Maul klein und schwach bezahnt (ausgenommen *T. brevirostris*),
Oberkiefer reicht meist nicht bis zum hinteren Augenrand,
weniger als 110 große Schuppen entlang der Seitenlinie,
weniger als 15 Schuppen über und unter der Seitenlinie,
Suprapraeoperculum, Orbitosphenoid und
Basibranchialplatte nicht vorhanden,
Dermosphenotikum vorhanden: .... ***Thymallidae***

Rückenflosse klein, mit weniger als 17 Flossenstrahlen,
Orbitosphenoid vorhanden: .... B

B Maul klein und schwach bezahnt (ausgenommen *Stenodus*),
Oberkiefer reicht nicht bis zum hinteren Augenrand,
weniger als 110 große Schuppen entlang der Seitenlinie,
weniger als 15 Schuppen über und unter der Seitenlinie,
Suprapraeoperculum nicht vorhanden,
Dermosphenotikum vorhanden: .... ***Coregonidae***

C Maul groß und stark bezahnt (ausgenommen *Brachymystax*),
Oberkiefer reicht meist bis über den hinteren Augenrand,
meist mehr als 100-110 kleine Schuppen entlang der Seitenlinie,
mehr als 15 Schuppen über und unter der Seitenlinie,
Suprapraeoperculum und Basibranchialplatte vorhanden,
Dermosphenotikum nicht vorhanden: .... ***Salmonidae***

* (Erstellt und überarbeitet unter anderem nach: Behnke, 1992; Berg, 1948; Chereshnev, 1996; Nikol'skii, 1961; Nümann, 1964; Pollard et al., 1997; Scott et Crossman, 1973; Stearley et Smith, 1993; Vladykov, 1954)

Bestimmungsschlüssel für die Familie *Coregonidae*

1 Afterflosse mit mehr Flossenstrahlen als Rückenflosse,
Ansatz der Afterflosse größer als Ansatz der Rückenflosse,
Körperquerschnitt in Höhe der Rückenflosse oval,
zwischen den Nasenöffnungen zwei Hautlappen,
Kiefer und Pflugscharbein bezahnt,
Basibranchialplatte nicht vorhanden,
keine Jugendflecken: 2

Afterflosse mit weniger Flossenstrahlen als Rückenflosse,
Ansatz der Afterflosse kleiner als Ansatz der Rückenflosse,
Körperquerschnitt in Höhe der Rückenflosse rund,
zwischen den Nasenöffnungen nur ein Hautlappen,
Kiefer und Pflugscharbein nicht bezahnt,
Basibranchialplatte vorhanden,
meist Jugendflecken: 9

2 Orbitalring geschlossen,
Postorbital mit Praeoperculum nicht in Kontakt,
Maul groß, Kiefer lang, Unterkiefer mit symphysischen Knopf,
Kiefer und Pflugscharbein mit großen Zähnen: . ***Stenodus leucichthys***

Orbitalring offen,
Postorbital mit Praeoperculum in Kontakt,
Maul klein, Kiefer kurz, Unterkiefer ohne symphysischen Knopf,
Kiefer und Pflugscharbein mit kleinen Zähnen: 3

3 Unter 60 Pylorusanhänge,
unter 76 Schuppen entlang der Seitenlinie,
7 und weniger Schuppenreihen über der Seitenlinie: ***Coregonus tugun***

Über 60 Pylorusanhänge,
über 60-76 Schuppen entlang der Seitenlinie,
7 und mehr Schuppenreihen über der Seitenlinie: 4

4 Maul end- bis unterständig (Oberkiefer länger als Unterkiefer), Oberkiefer reicht nicht bis hinter den vorderen Augenrand, über 115 Pylorusanhänge: 5

Maul end- bis oberständig (Unterkiefer länger als Oberkiefer), Oberkiefer reicht bis hinter den vorderen Augenrand, über 33 Kiemenreusen: 7

5 Oberkiefer kurz und breit (Breite über 50 % der Länge), und weniger als 22 % der Kopflänge: .... ***Coregonus nasus***

Oberkiefer lang und schmal (Breite unter 50 % der Länge), und mehr als 22 % der Kopflänge: 6

6 Gaumenbein ohne Zähne, Brustflosse mehr als 13,5 % der Gabellänge, meist weniger als 90 Schuppen entlang der Seitenlinie, 64 oder weniger Wirbelknochen: .... ***Coregonus lavaretus***

Gaumenbein mit Zähnen, Brustflosse weniger als 13,5 % der Gabellänge, meist mehr als 90 Schuppen entlang der Seitenlinie, 63 oder mehr Wirbelknochen: .... ***Coregonus huntsmani***

7 Auge meist größer als Schnauzenlänge, Afterflosse meist mit weniger als 13 Weichstrahlen, unter 115 Pylorusanhänge, unter 55 Kiemenreusen: .... ***Coregonus albula***

Auge meist kleiner als Schnauzenlänge: 8

8 Afterflosse meist mit weniger als 13 Weichstrahlen, meist unter 44-55 Kiemenreusen: .... ***Coregonus autumnalis***

Afterflosse meist mit mehr als 13 Weichstrahlen, unter 115 Pylorusanhänge, meist über 44-55 Kiemenreusen: .... ***Coregonus peled***

9 Unter 40 Pylorusanhänge,
unter 73 Schuppen entlang der Seitenlinie,
20 und weniger Schuppenreihen um den Schwanzstiel,
Auge meist größer als Schnauzenlänge: .... ***Prosopium coulteri***

Über 40 Pylorusanhänge,
über 73 Schuppen entlang der Seitenlinie,
20 und mehr Schuppenreihen um den Schwanzstiel: 10

10 Meist weniger als 17-22 Kiemenreusen,
Auge meist kleiner als Schnauzenlänge,
Jugendflecken breiter als hoch: .... ***Prosopium cylindraceum***

Meist mehr als 17-22 Kiemenreusen,
Auge meist größer als Schnauzenlänge,
Jugendflecken höher als breit: .... ***Prosopium williamsoni***

Bestimmungsschlüssel
für die
Familie *Salmonidae*

1 Afterflosse mit mehr Flossenstrahlen als Rückenflosse,
Ansatz der Afterflosse größer als Ansatz der Rückenflosse,
12 und mehr Weichstrahlen in der Afterflosse,
Postorbitalknochen reicht bis Praeoperculum,
Pflugscharbein schmal und lang, überwiegend am Stiel bezahnt: 2

Afterflosse mit weniger Flossenstrahlen als Rückenflosse,
Ansatz der Afterflosse kleiner als Ansatz der Rückenflosse,
12 und weniger Weichstrahlen in der Afterflosse,
Postorbitalknochen reicht nicht bis Praeoperculum: 7

2 Mehr als 140-165 kleine Schuppen entlang der Seitenlinie,
große deutliche (ovale) Flecken an Rücken- und Schwanzflosse,
über 90 Pylorusanhänge,
(Jungfische: silbrig,
ohne dunkle Jugendflecken): .... ***Oncorhynchus gorbuscha***

Weniger als 140-165 große Schuppen entlang der Seitenlinie: 3

3 Mehr als 28-30 lange Kiemenreusen,
unter 115 Pylorusanhänge,
undeutliche graue Flecken an Rücken- und Schwanzflosse,
(Jungfische: ovale Jugendflecken unregelmäßig in Position und
Form entlang der Seitenlinie und niedriger als vertikaler
Augendurchmesser): .... ***Oncorhynchus nerka***

Weniger als 28-30 kurze Kiemenreusen: 4

4 Viele kleine deutliche Flecken an Rücken und Schwanzflosse: 5

Wenige große Flecken an Rücken und Schwanzflosse: 6

5 Flecken an der Schwanzflosse nur im oberen Lappen,
Unterkiefer im Zahnbereich hell gefärbt,
unter 115 Pylorusanhänge,
meist weniger als 15 Weichstrahlen in der Afterflosse,
unterer Rand der Afterflosse länger als Flossenansatz,
(Jungfische: Jugendflecken länglich, höher als Augendurchmesser;
Rücken- und Afterflosse mit weißem Rand und schwarzem Streifen;
Fettflosse ohne hellen Fleck): .... ***Oncorhynchus kisutch***

Flecken über die ganze Schwanzflosse verteilt,
Unterkiefer im Zahnbereich dunkel gefärbt,
über 90-115 Pylorusanhänge,
meist mehr als 15 Weichstrahlen in der Afterflosse,
unterer Rand der Afterflosse kürzer als Flossenansatz,
(Jungfische: Jugendflecken länglich, höher als Augendurchmesser;
Rückenflosse mit schwarzem Rand und weißer Spitze;
Fettflosse mit hellen Fleck): .... ***Oncorhynchus tshawytscha***

6 Undeutliche graue Flecken an Rücken und Schwanzflosse,
über 115 Pylorusanhänge,
(Jungfische: Ovale Jugendflecken nur bis halb so breit wie
Zwischenraum, gleichmäßig in Position und Form vorwiegend
oberhalb der Seitenlinie und niedriger als vertikaler
Augendurchmesser): .... ***Oncorhynchus keta***

Deutliche schwarze (runde) Flecken an Rücken und Schwanzflosse,
dunkle Querbinden oder runde rote Flecken an rotbraunen Seiten,
unter 90 Pylorusanhänge: .... ***Oncorhynchus masou***

7 Pflugscharbein schmal und lang, überwiegend am Stiel bezahnt: 8

Pflugscharbein breit und kurz, überwiegend an Platte bezahnt: 16

8 Ein violettrotes Band entlang der Seitenlinie,
und/oder gelborange Kehlschlitzmarkierung vorhanden,
Rücken- und Schwanzflosse mit schwarzen Flecken,
meist mehr als 25 Schuppen über der Seitenlinie,
meist mehr als 120-130 Schuppen entlang der Seitenlinie: 9

Kein violettrotes Band entlang der Seitenlinie,
gelborange Kehlschlitzmarkierung nicht vorhanden,
Rücken- und Schwanzflosse ohne schwarze Flecken,
meist weniger als 25 Schuppen über der Seitenlinie,
meist weniger als 120-130 Schuppen entlang der Seitenlinie: 12

9 Auge (Iris) mit schwarzen Flecken links und rechts der Pupille,
gelbe Kehlschlitzmarkierung vorhanden,
gedrungener Körper, große Flossen: 10

Auge (Iris) meist ohne schwarzen Flecken neben der Pupille,
orange Kehlschlitzmarkierung vorhanden oder fehlt,
langgestreckter Körper, kleine Flossen: 11

10 Basibranchialzähne meist vorhanden,
rosarotes Band entlang der Seitenlinie meist nicht vorhanden,
Bauch gelb gefärbt, über 58-59 Wirbel,
20 und mehr Pylorusanhänge: .... ***Oncorhynchus gilae***

Basibranchialzähne nicht vorhanden,
rosarotes Band entlang der Seitenlinie meist vorhanden,
Bauch orange gefärbt, unter 58-59 Wirbel,
30 und weniger Pylorusanhänge: .... ***Oncorhynchus chrysogaster***

11 Oberkiefer kürzer als die halbe Kopflänge, und
reicht meist nicht über den hinteren Augenrand,
Fettflosse dunkel umrandet,
gelborange Kehlschlitzmarkierung und
Basibranchialzähne meist nicht vorhanden,
(Jungfische: Jugendflecken rundlich, auch am Rücken,
weiße Spitze der Rückenflosse geht über 3 und mehr
Flossenstrahlen): .... ***Oncorhynchus mykiss***

Oberkiefer länger als die halbe Kopflänge, und
reicht meist bis über den hinteren Augenrand,
Fettflosse dunkel punktiert,
rotorange Kehlschlitzmarkierung und
Basibranchialzähne meist vorhanden,
(Jungfische: Jugendflecken länglich, keine am Rücken,
weiße Spitze der Rückenflosse geht über 3 und weniger
Flossenstrahlen): .... ***Oncorhynchus clarkii***

12 Weniger als 110-120 Schuppenreihen entlang der Seitenlinie,
Maul klein und schwach bezahnt,
Oberkiefer reicht nicht bis zum hinteren Augenrand: 13

Mehr als 100-110 Schuppenreihen entlang der Seitenlinie,
Maul groß und stark bezahnt,
Oberkiefer reicht bis über den hinteren Augenrand,
Zunge mit 2 Zahnreihen besetzt, Basibranchialzähne fehlen,
25 und weniger Kiemenreusen: 14

13 Zunge mit 2 Zahnreihen besetzt,
Basibranchialzähne fehlen,
25 und mehr Kiemenreusen: .... ***Salmo obtusirostris***

Zunge mit 4 Zahnreihen besetzt,
Basibranchialzähne vorhanden,
24 und weniger Kiemenreusen: .... ***Salmo ohridanus***

14 Augenmittelpunkt liegt meist in der unteren Körperhälfte,
erster Flossenstrahl der Afterflosse reicht nicht über letzten,
Kiemenreusen durchgehend stabförmig,
(Jungfische: Brustflosse reicht angelegt bis zum Beginn der
Rückenflosse, Fettflosse nicht orangerot): .... ***Salmo salar***

Augenmittelpunkt liegt meist in der oberen Körperhälfte,
erster Flossenstrahl der Afterflosse reicht über den letzten,
Kiemenreusen am Rand knopfförmig, mittlere stabförmig,
(Jungfische: Brustflosse reicht angelegt nicht bis zum Beginn
der Rückenflosse, Fettflosse mit orangerot): 15

15 Kopf schmal und hoch,
Neurocranium breit, Hypethmoid (Nasenbein) fehlt,
meist unter 37 Abdominalwirbel,
Seiten nicht marmoriert, schwarze Flecken vorhanden: ... ***Salmo trutta***

Kopf breit und flach,
Neurocranium schmal, Hypethmoid (Nasenbein) vorhanden,
meist über 36 Abdominalwirbel,
Seiten marmoriert, schwarze Flecken fehlen: .... ***Salmo marmoratus***

16 Maul klein und schwach bezahnt,
Oberkiefer reicht nicht bis über den hinteren Augenrand,
Bezahnung von Pflugscharbein und Gaumenknochen durchgehend,
Basibranchialzähne vorhanden,
Kopf nicht abgeflacht, 17 und mehr Kiemenreusen,
über 130 Schuppenreihen entlangder Seiten,
über 120 Schuppen entlang der Seitenlinie,
unter 150 Pylorusanhänge: .... ***Brachymystax lenok***

Maul groß und stark bezahnt,
Oberkiefer reicht bis über den hinteren Augenrand: 17

17 Weniger als 30 Schuppen über und unter der Seitenlinie,
Seiten mit dunkle (schwarze bis graue) Tupfen auf hellem Grund,
Bezahnung von Pflugscharbein und Gaumenknochen durchgehend,
Kopf abgeflacht, 21 und weniger Kiemenreusen,
über 100-150 Pylorusanhänge: 18

Mehr als 30 Schuppen über und unter der Seitenlinie,
Bezahnung von Pflugscharbein und Gaumenknochen abgesetzt,
Seiten mit helle (gelbe bis rote) Tupfen auf dunklem Grund,
Körperquerschnitt in Höhe der Rückenflosse oval: 19

18 Kopf mit vielen und Körper mit wenigen kleinen schwarzen Flecken,
Basibranchialplatte und Zunge bezahnt,
Supraethmoidende liegt über den Frontalknochen,
Hypoethmoid vorhanden,
unter 130 Schuppenreihen entlang der Seiten: .... ***Parahucho perryi***

Kopf mit wenigen und Körper mit vielen kleinen schwarzen Flecken,
Basibranchialplatte und Zunge nicht bezahnt,
Supraethmoidende liegt zwischen den Frontalknochen,
Hypoethmoid fehlt,
über 130 Schuppenreihenentlang der Seiten: .... ***Hucho hucho***

19 Basibranchialzähne fehlen,
weniger als 80 Pylorusanhänge,
Vorderrand der unteren Flossen mit schwarzweißen Saum,
Rücken- und Schwanzflosse mit dunklen Flecken,
meist rote Punkte mit blauer Umrandung an den Seiten,
Schwanzflosse nicht gegabelt,
(Jungfische: Jugendflecken regelmäßig, und
breiter als der Zwischenraum): .... ***Salvelinus fontinalis***

Basibranchialzähne vorhanden: 20

20 Mehr als 80 Pylorusanhänge,
Vorderrand der unteren Flossen ohne schwarzen Saum,
Rücken- und Schwanzflosse mit hellen Flecken, ohne Umrandung,
Schwanzflosse stark gegabelt,
II-förmige Bezahnung der Zunge,
(Jungfische: Jugendflecken unregelmäßig, und
schmäler als der Zwischenraum): .... ***Salvelinus namaycush***

Weniger als 80-90 Pylorusanhänge,
Rücken- und Schwanzflosse ohne dunkle Flecken,
Schwanzflosse gegabelt,
V-förmige Bezahnung der Zunge: 21

21 Meist über 40 Kiemenreusen,
kleine grün-weiße Flecken an den Seiten,
Flossen schwarz mit weißer Spitze,
paarige Flossen lang: .... ***Salvelinus svetovidovi***

Meist unter 40 Kiemenreusen,
gelb-rote Flecken an den Seiten: 22

22 Rücken- und/oder Schwanzflosse mit helle Flecken,
Flecken an den Seiten überwiegend größer als die Pupille,
Kopf meist unter 25 % der Körperlänge und ohne helle Flecken,
untere Flossen ohne weißen Saum: .... ***Salvelinus leucomaenis***

Rücken- und/oder Schwanzflosse ohne helle Flecken,
Vorderrand der unteren Flossen meist mit weißem Saum;
(Jungfische: Jugendflecken unregelmäßig, und
breiter als der Zwischenraum): 23

23 Seiten mit (wenigen) Flecken überwiegend größer als die Pupille,
Kopf meist unter 25 % der Körperlänge und
ohne helle Flecken: .... ***Salvelinus alpinus***

Seiten mit (vielen) Flecken
überwiegend kleiner als die Pupille: 24

24 Kopf schmal, hoch und kurz (meist unter 25 % der Körperlänge) und
ohne helle Flecken,
Kiemenreusen lang und dünn, ohne Zähnchen an der Innenseite,
Schmale gerade Kiefer mit kleinen Zähnen: .... ***Salvelinus malma***

Kopf breit, flach und lang (meist über 25 % der Körperlänge) und
mit hellen Flecken,
Kiemenreusen kurz und dick, mit Zähnchen an der Innenseite,
Breite gebogene Kiefer mit großen Zähnen: ... ***Salvelinus confluentus***

Bestimmungsschlüssel
für die
Familie *Thymallidae*

1 Oberkiefer reicht nicht bis zum vorderen Augenrand,
Gaumen- und Pflugscharbein (Schaft) bezahnt, Zunge nicht bezahnt,
Maul end- bis unterständig: .... ***Thymallus thymallus***

Oberkiefer reicht bis über den vorderen Augenrand,
Maul end- bis oberständig: 2

2 Oberkiefer reicht bis unter die Augenmitte,
Unterkiefer artikuliert mit Schädel hinter dem hinteren Augenrand,
Gaumen- und Pflugscharbein (Schaft) sowie Zunge bezahnt,
Rückenflosse niedrig und kurz: .... ***Thymallus brevirostris***

Oberkiefer reicht nicht bis unter die Augenmitte,
Unterkiefer artikuliert mit Schädel vor dem hinteren Augenrand,
Gaumen- und Pflugscharbein (Schaft) sowie Zunge nicht bezahnt: 3

3 Unter 21-23 Kiemenreusen,
Rückenflosse hoch und lang: .... ***Thymallus arcticus***

Über 21-23 Kiemenreusen,
Rückenflosse niedrig und kurz: .... ***Thymallus nigrescens***

Überblick

ART	D F	A F	S L	S R	K R	P C	W I
Coregonus huntsmani	9-13	12-15	88-102	9-14	23-27		63-67
Coregonus lavaretus	8-15	10-15	66-108	7-13	13-78	119-238	53-64
Coregonus nasus	9-13	10-14	76-106	8-13	18-27	139-157	60-65
Coregonus albula	7-12	9-16	61-98	7-10	33-55	74-111	52-64
Coregonus autumnalis	9-12	9-13	58-110	7-10	35-70	63-183	50-68
Coregonus peled	7-13	12-16	76-104	8-11	44-69	89-105	56-62
Coregonus tugun	7-12	11-16	54-76	6-7	25-33	12-56	50-55
Prosopium coulteri	10-13	10-14	50-70	7-8	11-21	13-33	49-55
Prosopium cylindraceum	11-15	10-13	74-108	7-10	14-22	50-130	58-65
Prosopium williamsoni	11-15	10-13	74-90	9-10	17-26	50-146	53-61
Stenodus leucichthys	11-17	14-19	88-120	10-13	17-26	99-239	63-71
Brachymystax lenok	12-17	12-16	119-175	23-34	17-34	65-150	58-62
Hucho hucho	11-19	10-19	107-220	18-30	9-19	100-280	60-72
Oncorhynchus gorbuscha	12-19	9-15	140-207	18-28	24-35	95-224	63-72
Oncorhynchus keta	13-17	10-14	124-153	18-25	11-26	120-249	59-71
Oncorhynchus kisutch	12-17	10-12	120-148		18-26	45-114	61-69
Oncorhynchus masou	13-18	12-19	120-143		17-22	35-76	62-69
Oncorhynchus nerka	11-18	11-16	120-150		28-44	45-115	56-67
Oncorhynchus tshawytscha	14-19	10-14	130-165		16-30	90-240	66-75
Oncorhynchus chrysogaster	10-12	10-12	115-158	25-40	17-19	10-30	56-59
Oncorhynchus clarkii	8-13	8-13	116-230	25-53	14-28	23-80	59-65
Oncorhynchus gilae	10-12	10-12	130-172	24-40	18-20	21-48	58-63
Oncorhynchus mykiss	10-14	8-14	111-210	24-45	15-24	20-80	58-66
Parahucho perryi	10-13	9-13	87-121	16-18	12-21	157-260	55-62
Salmo marmoratus	10-15	9-14	117-123	10-20	13-20	40-70	55-62
Salmo salar	10-19	10-15	109-130	10-26	15-24	33-77	57-61
Salmo trutta	11-19	9-18	100-136	13-31	13-25	20-95	49-62
Salmo obtusirostris	12-16	10-13	100-120	12-21	25-32	36-81	56-59
Salmo ohridanus	11-14	12-13	92-114	11-17	17-22	25-61	46-57
Salvelinus fontinalis	10-17	9-18	110-130	30-37	13-22	23-55	57-62
Salvelinus namaycush	8-15	10-15	116-138	30-40	16-26	81-210	61-69
Salvelinus alpinus	9-19	8-19	123-155	36-38	13-41	20-91	60-72
Salvelinus confluentus	10-14	10-15	110-135	35-45	14-20	20-37	60-69
Salvelinus leucomaenis	10-15	9-12	112-133	30-41	12-22	11-26	59-64
Salvelinus malma	10-18	10-15	105-147	40-48	11-41	13-61	57-71
Salvelinus svetovidovi	10-14	10-15	103-119		39-63	50-70	55-59
Thymallus arcticus	17-26	9-17	69-110	8-12	14-23	10-30	48-64
Thymallus brevirostris	18-20	11-14	70-84	8-10	15-21	20-30	56-61
Thymallus nigrescens	17-22	12-17	80-100	7-9	21-35	16-29	54-57
Thymallus thymallus	17-25	12-16	74-98	7-12	19-30	11-37	50-62

Abkürzungen: DF = Rückenflossenstrahlen; AF = Afterflossenstrahlen; SL = Schuppen entlang der Seitenlinie; SR = Schuppenreihen über u. unter der Seitenlinie; KR = Kiemenreusendornen am 1. Kiemenbogen; PC = Pylorusanhänge; WI = Wirbelknochen;

ARTEN

Coregonus huntsmani Scott, 1987. **Akadische Maräne**

Akadische Maräne. (Foto: J. Whitelaw)

Beschreibung:

9-13 Rückenflossenstrahlen, 12-15 Afterflossenstrahlen, 88-102 Seitenlinienschuppen, 23-27 Kiemenreusendornen, 63-67 Wirbel.

Der spindelförmige, schlanke Körper ist seitlich weniger zusammengedrückt als bei *C. lavaretus*. Der Kopf ist relativ klein. Das kleine Maul ist endständig.

Der Rücken ist blaugrün, die Seiten sind silbrig und der Bauch ist weiß gefärbt. Die Rücken- und Schwanzflosse sind gräulich und die unteren Flossen hell. Zur Laichzeit bekommen vor allem die Männchen an den Seiten und am Kopf einen Laichausschlag.

Verbreitung:

Die Akadische Maräne kam früher entlang der Küsten Neuschottlands im Osten Kanadas vor (46-43° Nördlicher Breite).

Seit den 1980er Jahren ist sie vom Tusket und Annis River verschwunden. Heute ist das Verbreitungsgebiet auf drei Seen (Minamkeak, Milipsigate, Hebb) im Petite Rivière System beschränkt, wo sich nach dem Bau von Staudämmen eine stationäre Seeform bildete.

Im Anderson Lake wurde sie im Jahre 2005 neu eingebürgert.

Lebensweise:
Neben der normalen anadromen Form die entlang der Küstengewässer vorkam, gibt es in wenigen Gewässern noch eine stationäre Seeform.
Die Geschlechtsreife wird mit einem Alter von 2-3 Jahren bei einer Größe von 20-25 cm erreicht.
Die Laichwanderung erfolgte bei der anadromen Form meist von September bis November.
Die Laichzeit erstreckt sich von November bis Januar, bei Wassertemperaturen von 4-6 °C.
Die Eimenge beträgt durchschnittlich 1.000-10.000 Stück je Weibchen.
Die Eier haben einen Durchmesser von 3,0-5,0 mm.
Die Entwicklung dauert etwa 255-265 Tagesgrade bis zum Schlupf. Die frischgeschlüpften Larven haben eine Länge von 12-15 mm.
Die Nahrung besteht hauptsächlich aus Insekten und Krebsen, sowie Weichtieren (*Littorina*), Würmern und kleinen Fischen.
Das Wachstum der anadromen Form war schneller und diese wurde auch größer als die stationäre Form.
Die Akadische Maräne kann bis zu 50 cm lang, 3,6 kg schwer und 10 Jahre alt werden. Die Durchschnittsgröße beträgt 20-30 cm.

Bedeutung:
Die Akadische Maräne war früher wirtschaftlich von Bedeutung und wurde teiweise sogar als Hummerköder verwendet.
Sie ist durch die Versauerung des Wassers und den Bau von Staudämmen in ihrem Bestand stark zurückgegangen und heute vom Aussterben bedroht.
Ein Erhaltungs- und Wiedereinbürgerungsprogramm ist in Neuschottland geplant.

Coregonus lavaretus Linnaeus, 1758. **Edelmaräne**, Renke

Europäische Edelmaräne. (Foto: M. Hochleithner)

Beschreibung:

8-15 Rückenflossenstrahlen, 10-15 Afterflossenstrahlen, 66-108 Seitenlinienschuppen, 13-78 Kiemenreusendornen, 119-238 Pylorusanhänge, 53-64 Wirbel.

Der spindelförmige, seitlich etwas zusammengedrückte Körper ist schlank, mit relativ kleinem kegelförmigem Kopf. Das kleine Maul ist end- bis unterständig. Ältere Fische bekommen hinter dem Kopf oft einen leichten Buckel. Bei meerwandernden Formen (Nord- und Ostsee) wird durch Wucherung des subkutanen Bindegewebes die Schnauze verlängert. Je salzreicher das Wohngewässer ist, desto stärker ist diese Nasenbildung oft ausgeprägt.

Der Rücken ist blaugrau bis grünbraun, die Seiten sind silbergrau schimmernd und der Bauch ist gelblich bis weiß gefärbt. Vor allem die Rücken-, Fett- und Schwanzflosse sind oft schwarzgrau angehaucht, die übrigen meist gelblich weiß, mit zunehmenden Alter und Größe oft mit schwärzlich angehauchten Spitzen. Zur Laichzeit bekommen vor allem die Männchen an den Seiten einen Laichausschlag.

Sibirische Edelmaräne. (Foto: E. Hoyano)

Amerikanische Edelmaräne. (Foto: P. Vecsei)

Verbreitung:
Die Edelmaräne wird in folgende drei Unterarten eingeteilt:

Coregonus lavaretus lavaretus Linnaeus, 1758. **Europäische Edelmaräne** – kommt in Europa im Einzugsgebiet der Nord- und Ostsee, sowie im Alpenraum vor (71-46° Nördlicher Breite). Ihr Verbreitungsgebiet erstreckt sich von den Britischen Inseln über Skandinavien und dem Ladoga- und Onegasee in Russland bis zum Alpenraum (Wörther-, Mond-, Atter-, Hallstätter-, Wolfgang-, Traun-, Ammer-, Chiem-, Tegern-, Boden-, Zürich-, Thuner-, Genfersee, etc.). Durch Besatzmaßnahmen wurde das natürliche Verbreitungsgebiet seit 1885 vom 46. bis zum 43. Breitengrad um ca. 500 km nach Süden ausgeweitet (Lago di Como, Lago Maggiore, Lago di Lugano, etc.).
C. l. lavaretus hat durchschnittlich etwas mehr Seitenlinienschuppen (82-108 zu 70-97) als die restlichen Unterarten.

Coregonus lavaretus pidschian Gmelin, 1789. **Sibirische Edelmaräne** – kommt in Eurasien von Ponoj, Dwina, Mezen und Petschora über Ob, Jenissej, Pjasina, Khatanga, Lena bis zum Anadyr, Penzhino sowie Uda, Tugur und Amur und auf Sachalin, sowie im Baikalsee vor (73-46° Nördlicher Breite).
Sie wurde vom Baikalsee 1956-1957 mit Erfolg in den Chövsgöl-See in der Mongolei eingebürgert.
C. l. pidschian hat durchschnittlich einen etwas kürzeren Unterkiefer (meist kürzer als die geringste Körperdicke) als die restlichen Unterarten.

Coregonus lavaretus clupeaformis Mitchill, 1818. **Amerikanische Edelmaräne** – kommt in Nordamerika von Yukon und Fraser River über ganz Alaska und Kanada bis zum St. Lorenzstrom und den Großen Seen vor (71-41° Nördlicher Breite).
C. l. clupeaformis hat durchschnittlich eine etwas längere Schnauze (27-35 zu 16-32 % der Kopflänge) als die restlichen Unterarten.

Lebensweise:
In vielen Seen haben sich eigene, dem Nahrungsangebot und den Verhältnissen der Seen angepasste Lokalrassen und Formen gebildet, die oft schon als eigene Arten bzw. Unterarten klassifiziert wurden (siehe Synonyme). Grundsätzlich lassen sich bei der Europäischen Edelmaräne zwei Formen unterscheiden deren Übergänge allerdings fließend sind und die in einigen Seen (Thuner-, Boden-, Traun-, Ladogasee) auch sympatrisch vorkommen können und ebenfalls schon als eigene Unterarten beschrieben wurden.

Schwebrenken (*Coregonus l. lavaretus* Linnaeus, 1758) ernähren sich überwiegend von Schwebtieren (Zooplankton) und haben deshalb meist 33-48 lange, eng stehende Kiemenreusendornen und ein endständiges Maul, das etwas weiter gespalten ist, als bei den Bodenrenken.
Bodenrenken (*Coregonus l. fera* Jurine, 1825) ernähren sich überwiegend von Bodentieren und haben deshalb meist 13-33 kurze, weit stehende Kiemenreusendornen und ein unterständiges Maul. Der untere Lappen der Schwanzflosse ist oft etwas länger als der obere. Die Färbung ist meist etwas heller und der Körper schlanker als bei den Schwebrenken.
Die Edelmaräne lebt als Schwarmfisch im freien Wasser der Seen. Ab 60° nördlicher Breite werden die traditionellen Lebensräume erweitert und es treten verstärkt Wanderformen auf. Die Wanderform (Schnäpel) der Nord- und Ostsee ist daher auch im Brackwasser und Wattenmeer anzutreffen, wo sie aus den Küstengewässern zum Laichen in den Unterlauf der Flüsse (Schlei, Vida, Eider, Elbe, Ems, Rhein) aufsteigt.
Die Geschlechtsreife wird, im Süden meist früher als im Norden, bei den Männchen mit einem Alter von 3-5 Jahren und bei den Weibchen mit einem Alter von 4-6 Jahren erreicht.
In einigen Seen (Genfer-, Thuner-, Vierwaldstätter-, Zuger-, Zürich-, Boden-, Traun- sowie Onega-, Ladoga- und Baikalsee) steigen sie ab August zum Laichen auch in die Zuflüsse auf. Die Männchen erreichen die Laichplätze dabei meist einige Tage vor den Weibchen.
Die Laichzeit erstreckt sich über 2-4 Wochen von September bis März, meist wenn die Oberflächentemperatur des Wassers auf ca. 6 °C abgefallen ist, etwa 10-14 Tage nach dem Seesaibling. In einigen Seen (Thuner-, Vierwaldstätter-, Boden-, Ammersee) gibt es jedoch auch Tiefenformen, die meist von Juni bis August laichen.
Die Laichabgabe erfolgt, je nach Form und Population, meist in der Nacht, in einer Tiefe von 1-100 m, im freien Wasser, in der Tiefe oder am Ufer über kiesigem bzw. sandigem Boden, aber auch über Wasserpflanzen. Bei der Eiablage schwimmen die Fische eng aneinander und springen auch gelegentlich aus dem Wasser.
Die Eimenge beträgt, im Norden weniger als im Süden, durchschnittlich 30.000-60.000 Stück je kg Körpergewicht. Die Eier haben einen Durchmesser von 2,0-3,7 mm und ein Gewicht von 6-13 mg. Die frischgeschlüpften Larven haben eine Länge von etwa 8-12 mm und wiegen 2-5 mg. Die aktive Nahrungsaufnahme beginnt nach 5-10 Tagen bei einer Länge von 12-14 mm und einem Gewicht von 7-8 mg.
Die Jungfische werden gern von Saibling, Hecht, Rutte, Barsch und Zander gefressen.

Anfangs halten sich die Brütlinge eher in Gruppen an der Halde auf und wandern im Sommer in tieferes Wasser. Im Sommer halten sich die Fische unabhängig von der Tageszeit, überwiegend in 10-20 m und im Winter in 30-50 m Tiefe auf, in wärmeren Seen aber auch oft umgekehrt. Die Nahrung besteht hauptsächlich aus Krebsen (*Alona, Alonopsis, Asselus, Ceriodaphnia, Chydorus, Cyclops, Bosmina, Bythotrephes, Daphnia, Diaphanosoma, Diaptomus, Eubosmina, Eudiaptomus, Eurytemora, Gammarus, Heterocope, Hyalodaphnia, Leptodora, Mesocyclops, Mixodiaptomus, Mysis, Neomysis, Polyphemus, Pontoporeia, Scapholeberis, Simocephalus*) und Insekten (*Chaoborus, Chironomus, Sialis*), seltener aus Mollusken (*Bythinia, Cardium, Dreissenia, Nertina, Pisidium, Rissoa, Sphaerium, Valvata*), kleinen Fischen (*Clupea, Coregonus, Cottus, Gasterosteus, Gobio, Osmerus, Perca*) und Fischeiern.
Das Wachstum erfolgt überwiegend von Mai bis Oktober, die Weibchen wachsen dabei meist etwas besser und sind am Ende eines Lebensjahres jeweils durchschnittlich 2-3 mm länger als die Männchen.
Die Edelmaräne kann bis zu 130 cm lang, 19 kg schwer und 29 Jahre alt werden. Die Durchschnittsgröße beträgt 30-50 cm, 0,3-1,0 kg und 4-7 Jahre.

Bedeutung:
Die Edelmaräne hat wirtschaftlich eine besondere Bedeutung, vor allem in Kanada und Sibirien. In Russland wurden in den 1930er Jahren im Baikalsee etwa 2.000-8.000 t und im restlichen Sibirien etwa 850-1.650 t jährlich gefangen. In Kanada wurden in den 1920er bis 1940er Jahren jährlich etwa 7.000-11.000 t gefangen.
In Nordamerika betrugen die jährlichen Fänge in den 1950er Jahren 11.268 t (10.220 Kanada, 1.048 t USA), in den 1960er Jahren 11.216 t (10.490 t Kanada, 726 t USA), in den 1970er Jahren 10.115 t (8.212 t Kanada, 1.903 t USA), in den 1980er Jahren 12.598 t (8.870 t Kanada, 3.728 t USA), in den 1990er Jahren 13.913 t (8.747 t Kanada, 5.166 t USA), und in den 2000er Jahren 12.173 t (7.905 t Kanada, 4.268 t USA).
In Europa betrugen die jährlichen Fänge in den 1950er Jahren 3.800 t (3.130 t Finnland, 670 t Schweden), in den 1960er Jahren 3.130 t (2.570 t Finnland, 560 t Schweden), in den 1970er Jahren 3.529 t (2.866 t Finnland, 651 t Schweden), in den 1980er Jahren 6.467 t (5.571 t Finnland, 614 t Schweden), in den 1990er Jahren 6.810 t (6.048 t Finnland, 577 t Schweden, 86 t Estland, 32 t Dänemark, 13 t Polen), und in den 2000er Jahren 3.946 t (3.159 t Finnland, 321 t Schweden, 68 t Dänemark, 36 t Estland, 34 t Deutschland, 21 t Polen).

In den Seen des Alpenraumes macht die Renke (Felchen) etwa 30-90 % des Gesamtertrages aus und ist der wichtigste Wirtschaftsfisch der Berufsfischer. Der Fang erfolgte bis in die 1950er Jahre mit 100-200 m langen und bis zu 25 m tiefen Zugnetzen, heute jedoch meist mit bis zu 12 m hohen Grund- oder Schwebnetzen. Bei einer Maschenweite von 38 mm beträgt die Durchschnittsgröße der gefangenen Fische 34 cm, mit 44 mm etwa 40 cm und mit 48 mm rund 43 cm bzw. beträgt das durchschnittliche Stückgewicht bei einer Maschenweite von 40-44 mm 250-350 g. Der durchschnittliche Renkenertrag beträgt jährlich etwa 10-20 kg/ha, wobei die Erträge je nach See sehr schwanken können (z.B.: 1972-1980 Sempachersee 64 kg/ha, Thunersee 33 kg/ha, Zugersee 21 kg/ha, Vierwaldstättersee 19 kg/ha). In den Bayerischen Seen (Ammer-, Chiem- und Starnberger See) schwanken die durchschnittlichen Fänge zwischen 3 und 18 kg/ha.
Am Bodensee stiegen die jährlichen Fänge während des 20. Jahrhunderts von unter 4 kg/ha auf über 18 kg/ha. Der Ertrag nahm bis in die 1950er Jahre langsam und danach wegen der Einführung der Kunstfasernetze und aufgrund der Eutrophierung bis in die 1980er Jahre sehr rasch zu, danach wieder langsam ab. Seit 1958 erfolgt dort eine vorbildliche Bewirtschaftung. Durch Versuchsfischerei wird, sobald über 50 % der Weibchen reif sind, die Laichfischerei für einige Tage freigegeben. Der Laich ist von den Berufsfischern an die Erbrütungsstationen abzuliefern. Etwa die Hälfte der Felchen stammt bereits aus Besatzmaterial. Die natürliche Befruchtungsrate beträgt 80-95 %, die Schlupfrate 10-30 %, nur 1-5 % entwickeln sich zu lebensfähiger Brut und unter 1 % erreicht das adulte Stadium.
Durch Besatzmaßnahmen konnten im Vierwaldstätter-, Thuner-, Bieler und Sempachersee die Erträge wesentlich verbessert werden. Am Vierwaldstättersee stiegen die Fänge von Kleinfelchen 1966-1980 von 110 auf 240 t/Jahr, die Fänge an Großfelchen stagnierten während dieser Zeit bei etwa 20 t/Jahr. Am Sempachersee betrug die Besatzmenge während der 1970er und 1980er Jahre ca. 30.000 Stück Brut/ha, dabei sind langjährig durchschnittliche jährliche Erträge von über 50 kg/ha und Spitzen von über 100 kg/ha erreicht worden.
Bereits um 1900 wurden in der Schweiz ca. 100 Mio. und in Österreich ca. 10 Mio. Eier erbrütet und in Alpen- und Voralpenseen ausgesetzt. In zahlreichen Seen (Weißen-, Ossiacher-, Millstätter-, Grundl-, Fuschl-, Irr-, Izniksee) und Talsperren Mitteleuropas wurde die Renke mit Erfolg eingebürgert, und ist dort nunmehr für die Fischerei von großer wirtschaftlicher Bedeutung. In Norditalien befinden sich an vielen Seen Bruthäuser, von denen ca. 20-50 Mio. Brütlinge/Jahr ausgesetzt werden.

Als Besatzrichtwert je Hektar gelten 10.000-20.000 Brütlinge, 10 % davon an vorgestreckten Fischen mit 2-3 cm oder 5 % mit 4-5 cm, oder 1 % an Einsömmrigen. Die Wiederfangrate beträgt durchschnittlich 0,2-2,0 % bei Brut und etwa das Zehnfache bei vorgestreckten Setzlingen. Entscheidend für das Überleben ist die Zeit bis April – werden im Mai nicht häufig diesjährige Renken (z.B. in Planktonfängen) beobachtet, so wird dieser Jahrgang schlecht ausfallen.
Das Vorstrecken erfolgt mit lebendem Zooplankton, oft in beleuchteten Netzgehegen oder Becken mit einer Besatzdichte von ca. 100.000 Stück bis 2-3 cm, 50.000 Stück bis 3-4 cm und 25.000 Stück bis 4-5 cm je 8 m³ Gehege bzw. 2 m Rundbecken. Die Überlebensraten beim Vorstrecken mit lebendem Zooplankton betragen nach 4-6 Wochen etwa 60-90 %. Die Anfütterung mit speziellem Trockenfutter bis 3-4 cm sollte bei einer Wassertemperatur von über 12 °C erfolgen und 6-9 % des Körpergewichts täglich an Trockenfutter verabreicht werden.
Seit den 1880er Jahren wurden Maränen des Peipus- und Madüsees in Seen des Alpenraums ausgesetzt. Ab 1876 wurde die Edelmaräne von Norddeutschland ausgehend in Polen und ab 1882 in Tschechien eingebürgert, wo sie vorwiegend in der Teichwirtschaft aufgezogen wird. In Europa betrug die Produktion aus Teichen in den 1990er Jahren etwa 156 t (115 t Tschechien, 40 t Finnland), und in den 2000er Jahren 519 t (32 t Tschechien, 487 t Finnland). In Finnland werden die Fische mit Trockenfutter auf ca. 1 kg gefüttert bzw. mit 50-200 g im Alter von 1-2 Jahren auch für 1-2 Sommer in Netzgehegen im Brackwasser gehalten.
Sportfischereilich werden Maränen vorwiegend mit der Hegene befischt. Dabei kommen kleine, schlanke Nymphen zum Einsatz. Der Körper besteht oft nur aus Floss oder Bindefaden. Eine Rippung ist genauso von Vorteil, wie ein sich farblich abhebender Kopfknoten. Die Farben variieren je nach Tiefe, in der sich der Schwarm aufhält. Je tiefer der Schwarm steht, desto dunkler sollten die Farbtöne der Nymphen sein. In großen Tiefen kommen praktisch ausschließlich violette, dunkelblaue bis schwarze Nymphen zum Einsatz. Maränen, die zum Laichen in Zuflüsse aufsteigen werden hingegen meist mit fluoreszierenden Nymphen (rot, orange, rosa) gefangen. Dabei kommen in Flüssen meist Tirolerhölzl oder Schlauchbleie zum Einsatz, mit denen die Schotterbänke systematisch abgefischt werden. Sehr effektiv ist auch die Verwendung einer Laufrolle in Verbindung mit bis zu drei Nymphen, die am Schwimmer angeboten werden. Das Befischen mit der Nymphe und der Fliegenrute ist ebenfalls möglich. Räuberisch lebende Maränen können manchmal auch mit kleinen Spinnern gefangen werden.

Coregonus nasus Pallas, 1776. **Große Maräne**

Grosse Maräne. (Foto: T.C. Kline)

Beschreibung:

9-13 Rückenflossenstrahlen, 10-14 Afterflossenstrahlen, 76-106 Seitenlinienschuppen, 18-27 Kiemenreusendornen, 139-157 Pylorusanhänge, 60-65 Wirbel.
Der Körper ist dicker und weniger stromlinienförmig als bei *C. lavaretus*, der die Große Maräne genetisch nahe steht. Der Kopf ist kurz und breit, mit stumpfer Schnauze. Das kleine Maul ist unterständig.
Bei den Populationen östlich des Ob ist die Afterflosse kürzer, die Praedorsaldistanz länger, der Körper schmäler und die Schnauze flacher.
Der Rücken ist schwarzgrau bis olivbraun, die Seiten sind silbrig mit graubrauner Schattierung und der Bauch gelblich bis weiß gefärbt. Die Flossen sind graublau und die Schuppen haben oft einen dunklen Rand. Zur Laichzeit bekommen vor allem Männchen an den Seiten einen Laichausschlag.

Verbreitung:

Die Große Maräne kommt in Sibirien von Petschora über Ob, Pur und Taz, Jenissej, Pjasina, Khatanga, Anabar, Lena, Yana, Indigirka, bis zum

Kolyma und Anadyr, sowie in Nordamerika vom Kuskokwim über Yukon und Mackenzie zum Coppermine River vor (78-59° Nördlicher Breite). Die Amerikanischen Populationen wurden auch schon als Unterart (*Coregonus n. kennicotti* Milner, 1883) beschrieben.

Lebensweise:
Neben der normalen anadromen Form, die die Mündungs- und Küstengewässer besiedelt, kommen in einigen Gewässern (Ob, Mackenzie) noch eine Seeform sowie eine Flussform vor.
Die Geschlechtsreife wird mit einem Alter von 5-8 Jahren bei einer Größe von 30-50 cm und einem Gewicht von 0,5-1,0 kg erreicht, wobei die See- und Flussform meist ein Jahr vor der anadromen Form geschlechtsreif wird. Einige Fische, etwa 10 %, laichen nicht jährlich, sondern in einem Abstand von 2 Jahren.
Die Laichwanderung erfolgt meist von Juni bis Oktober, wobei die anadrome Form oft bis zu 450 km und die See- und Flussform nur bis zu 15 km in die Flüsse wandert.
Die 5-7 Tage dauernde Laichzeit erstreckt sich, im Norden meist früher als im Süden, von August bis November, bei Wassertemperaturen von 0-4 °C.
Die Eimenge beträgt durchschnittlich 10.000-80.000 Stück je Weibchen, wobei die anadrome Form meist höhere Eimengen hat, als die See- und Flussform. Die Eier haben einen Durchmesser von 2,5-4,2 mm.
Gelegentlich treten auch Hybriden mit anderen Coregonen auf. Die Eier werden gerne von anderen Coregonen, Äschen und Stören gefressen.
Die Laich- und Jungfische wandern vom Winter bis Frühjahr in Seen oder die Unterläufe der Flüsse, gelegentlich auch ins Brackwasser.
Die Nahrung besteht hauptsächlich aus Insekten und Krebsen, sowie Mollusken, seltener wird auch Detritus mit aufgenommen.
Das Wachstum der anadromen Form, die auch größer wird, ist schneller als das der See- und Flussform.
Die Große Maräne kann bis zu 90 cm lang, 16 kg schwer und 31 Jahre alt werden. Die Durchschnittsgröße beträgt 50-60 cm und 1,0-2,0 kg.

Bedeutung:
Die Große Maräne ist lokal von fischereilicher Bedeutung. Der Fang erfolgt im Nordwesten Amerikas mit Kiemennetzen. Die Fischhälften werden luftgetrocknet oder geräuchert, gelegentlich bzw. früher auch als Futter für Schlittenhunde verwendet.

Coregonus albula Linnaeus, 1758. **Kleine Maräne**

Europäische Kleine Maräne. (Foto: A. Hartl)

Beschreibung:

7-12 Rückenflossenstrahlen, 9-16 Afterflossenstrahlen, 61-98 Seitenlinienschuppen, 33-55 Kiemenreusendornen, 74-111 Pylorusanhänge, 52-64 Wirbel.

Der spindelförmige, seitlich zusammengedrückte Körper ist schlank mit relativ kleinem Kopf. Die spitze Schnauze ist gewöhnlich kürzer als der Augendurchmesser. Die enge Mundspalte reicht nur bis zum Vorderrand der relativ großen Augen. Das kleine Maul ist oberständig.

Der Rücken ist grünbraun bis blaugrau, die sind Seiten silbrig und der Bauch ist weiß gefärbt. Die Rücken-, Fett- und Schwanzflosse sind grau, die restlichen Flossen sind weiß gefärbt und mit zunehmendem Alter dunkelgrau gesäumt. Zur Laichzeit bekommen vor allem die Männchen an den Seiten einen Laichausschlag.

Verbreitung:

Die Kleine Maräne wird in folgende zwei Unterarten eingeteilt:

Coregonus albula albula Linnaeus, 1758. **Europäische Kleine Maräne** – kommt in Ost- und Nordeuropa, hauptsächlich in Flüssen des Einzugsgebietes der Ostsee und den Küstengewässern des Weißen Meeres vor (71-53° Nördlicher Breite). Das Verbreitungsgebiet erstreckt sich von einigen Seen des Oberen Wolgagebietes, dem Ladoga- und Onegasee in Russland über das Baltikum, Skandinavien und die Britischen Inseln, bis zu einigen tiefen Seen in Norddeutschland. Sie wurde auch in der Mongolei und in Südrussland eingebürgert, wo sie fischereilich von Bedeutung ist, sowie in Frankreich.
Einige morphologische Unterschiede weist die Tiefenmaräne auf, die auch schon als eigene Unterart (*Coregonus a. lucinensis* Thienemann, 1933) beschrieben wurde. Sie kommt im Breiten Luzin und Stechlinsee vor, laicht von April bis Juli in Tiefen unter 25 m und hat einen etwas längeren Kopf, etwas kürzere Kiemenreusendornen und größere Augen. Eine sehr ähnliche Tiefenform kommt auch im Ladoga- und Onegasee in Russland vor, die allerdings im Winter laicht.

Coregonus albula sardinella Valenciennes, 1848. **Sibirische Kleine Maräne** – kommt in Eurasien und Nordamerika vor (78-56° Nördlicher Breite). Das Verbreitungsgebiet erstreckt sich von Petschora und Kara, über Ob, Jenissej, Pjasina, Khatanga, Indigirka, Lena und Kolyma bis zum Anadyr, sowie in Nordamerika vom Yukon bis zum Mackenzie River mit Sklavensee.
C. a. sardinella hat durchschnittlich eine geringere Praedorsal Distanz (< zu > 42-44 % der Gabellänge) als *C. a. albula*.

Lebensweise:
Als Schwarmfisch lebt die Kleine Maräne im freien Wasser der Seen, ab der Ostsee jedoch im Sommer hauptsächlich im Brackwasser des Mündungs- und Küstenbereichs und wandert von Juni bis September zum Laichen und Überwintern in die Flüsse (z.B.: Kolyma bis zu 400 km). Die Laichwanderung erfolgt dabei in kleinen Gruppen meist in der Nacht, bei Tageslicht rasten die Fische in ruhigeren Gewässerabschnitten.
Die Geschlechtsreife wird bei den stationären Populationen mit einem Alter von 2-4 Jahren und bei den wandernden Populationen mit einem Alter von 4-8 Jahren, mit einer Länge von 10-30 cm und einem Gewicht von 0,1-0,3 kg erreicht. Die Männchen werden meist ein Jahr vor den Weibchen reif und die Populationen im Süden gewöhnlich früher als jene im Norden. Im Norden laichen die einzelnen Fische oft auch nur alle 2 Jahre.

Die Laichzeit erstreckt sich von September bis Januar, bei Wassertemperaturen von 2-7 °C. Sie beginnt in der Regel in den ersten Frostnächten, kann aber auch erst unter Eisbedeckung stattfinden und dauert meist 7-10 Tage.
Die Laichabgabe erfolgt über kiesigem bzw. sandigem Boden meist in Ufernähe während der Nacht. In den Flüssen wird der Laich meist bei einer Tiefe von 1-3 m und einer Strömungsgeschwindigkeit von 0,4-0,6 m/s abgegeben. Dabei schwimmt ein Weibchen, das oft von mehreren Männchen begleitet wird, vertikal mit der Bauchseite gegen die Strömung zur Oberfläche und gleichzeitig werden an der Wasseroberfläche die Geschlechtsprodukte abgegeben. Anschließend fallen die Fische rückwärts ins Wasser und schwimmen zum Gewässergrund zurück, bis sich dieser Vorgang wiederholt. Nach dem Laichen wandern die Fische wieder ins Freiwasser bzw. in den Unterlauf der Flüsse, einige sterben auch nach dem Laichen.
Die Eimenge beträgt, im Süden mehr als im Norden, etwa 1.000-30.000 Stück je Weibchen bzw. 30.000-120.000 Stück pro kg Körpergewicht. Die Eier haben einen Durchmesser von 1,5-1,8 mm. Kleinwüchsige Formen haben generell geringere Eimengen, aber um durchschnittlich 0,3 mm größere Eidurchmesser als großwüchsige Formen.
Die Entwicklung dauert je nach Wassertemperatur etwa 65-100 Tage bis zum Schlupf. Die frischgeschlüpften Larven sind etwa 8-9 mm lang.
Eier und Jungfische werden gerne von Rutte, Hecht, Saibling und Weißlachs gefressen.
In den Flüssen wandern die Jungfische bald in den Unterlauf.
Die Nahrung besteht hauptsächlich aus Krebsen (*Bosmina, Bythotrephes, Cyclops, Daphnia, Diaptomus, Diporeia, Gammarus, Mysis*), sowie Insekten (*Chironomus*), seltener, wie im Ladogasee oder im Brackwasser, auch aus kleinen Fischen (*Cottus, Osmerus, Pungitius*).
Das Wachstum kann je nach Klima, Nahrungsangebot und Bestand bis zu 100 % schwanken. Die sibirische Unterart wächst generell etwas schneller als die europäische.
Die Kleine Maräne kann bis zu 50 cm lang, 1,2 kg schwer und 22 Jahre alt werden. Die Durchschnittsgröße beträgt 15-25 cm und 50-150 g.

Bedeutung:
Die Kleine Maräne ist in den Gewässern um die Ostsee sowie in Sibirien von großer fischereilicher Bedeutung. Der Fang erfolgt meist mit 200 m langen und 20 m tiefen Zugnetzen von Juli bis September, sowie Stellnetzen (Maschenweite 22-28 mm) in 15-25 m Tiefe, und verschiedenen Reusen.

In Skandinavien wird aus dem Rogen auch Kaviar hergestellt.
In Russland wurden Mitte bis Ende der 1930er Jahre rund 1.300 t jährlich gefangen. In Europa wurden in den 1950er Jahren 3.280 t jährlich gefangen (2.860 t Finnland, 314 t Schweden, 286 t Polen), in den 1960er Jahren 5.390 t (4.370 t Finnland, 580 t Schweden, 440 t Polen), in den 1970er Jahren 7.891 t (6.225 t Finnland, 11.218 t Schweden, 448 t Polen), in den 1980er Jahren 11.323 t (9.170 t Finnland, 1.582 t Schweden, 571 t Polen), in den 1990er Jahren 6.550 t (4.702 t Finnland, 2.190 t Schweden, 612 t Polen), und in den 2000er Jahren 6.229 t (4.647 t Finnland, 1.341 t Schweden, 206 t Polen).
Die künstliche Vermehrung wird in Nord- und Osteuropa durchgeführt. Das Vorstrecken erfolgt meist in Naturteichen, dabei werden nach etwa 60 Tagen rund 30 % der Besatzmenge mit ca. 1 g abgefischt.
In Polen werden je kg Fang etwa 800-2.000 Stück Brütlinge als Besatz ausgesetzt. In Deutschland werden in kleinen meso- bis eutrophen Seen als Besatz meist 5.000-10.000 Brütlinge/ha ausgesetzt, dabei ist ein langjähriger durchschnittlicher Ertrag von 20-40 kg/ha zu erreichen. Die Erträge schwanken jedoch; auf 7-9 gute Jahre folgen meist 3-4 schlechte. Generell steigt mit steigendem Trophiegrad auch die Effektivität des Besatzes (bis zu einem Gesamtphosphorgehalt von 150 mg/m^3). Geht die Sichttiefe der Seen durch die Eutrophierung auf 1,5-2,0 m zurück, so ist dies ein Indiz für das Verschwinden der Kleinen Maräne. Durch den Bau von Straßen, Dämmen und Ölförderanlagen, wodurch sich Wasserqualität und Strömungsverhältnisse verändern, sind vor allem die wandernden Populationen gefährdet.

Sibirische Kleine Maräne. (Foto: P. Vecsei)

Coregonus autumnalis Pallas, 1776. **Arktische Maräne**

Arktische Maräne. (Foto: R. West)

Beschreibung:

9-12 Rückenflossenstrahlen, 9-13 Afterflossenstrahlen, 58-110 Seitenlinienschuppen, 35-70 Kiemenreusendornen, 63-183 Pylorusanhänge, 50-68 Wirbel.

Der spindelförmige, seitlich zusammengedrückte Körper ist schlank mit relativ kleinem Kopf. Die spitze Schnauze ist gewöhnlich länger als der Augendurchmesser. Das kleine Maul ist end- bis oberständig.

Die Oberseite ist braungrün bis blaugrau und die Unterseite ist silbrig bis weiß gefärbt. Die After- und Brustflossen sind wenig, die übrigen Flossen meist leicht pigmentiert. In den Seen sind die Körperseiten oft rosa angehaucht. Zur Laichzeit bekommen, vor allem die Männchen, an den Seiten einen Laichausschlag.

Verbreitung:

Die Arktische Maräne wird in folgende drei Unterarten eingeteilt:

Coregonus autumnalis autumnalis Pallas, 1776. **Arktischer Cisco** – kommt entlang des Arktischen Ozeans von Mezen und Petschora über

ganz Sibirien mit Ob, Jenissej, Khatanga, Anabar, Lena, Kolyma, bis zum Yukon und Mackenzie River in Kanada vor (84-50° Nördlicher Breite).
C. a. autumnalis hat durchschnittlich etwas mehr Wirbelknochen (61-68 zu 50-63) als die restlichen Unterarten.

Coregonus autumnalis artedii Lesueur, 1818. **See Cisco** – kommt in Nordamerika vom Großen Bären- und Sklavensee bis östlich der Hudson Bay und zu den Großen Seen vor (68-41° Nördlicher Breite).
C. a. artedii hat durchschnittlich etwas weniger Seitenlinienschuppen (58-95 zu 74-110) als die restlichen Unterarten.

Coregonus autumnalis pollan Thompson, 1835. **Irischer Cisco** – kommt nur in Irland in etwa 5 Seen (Lough Neagh, Erne, Derg, Ree und Allen) vor (55-52° Nördlicher Breite). Früher kam er auch noch in einigen weiteren Seen in Irland vor, wo er heute verschwunden ist.

Lebensweise:
Die Geschlechtsreife wird bei der Seeform meist mit einem Alter von 3-6 Jahren bei einer Größe von 10-30 cm, und bei der Meerform meist mit einem Alter von 5-10 Jahren bei einer Größe von 30-40 cm und einem Gewicht von 0,4-0,8 kg erreicht. Die Männchen werden meist ein Jahr vor den Weibchen reif und die Populationen im Süden und Westen gewöhnlich früher als jene im Norden. Im Norden laichen die einzelnen Fische oft auch nur alle 2 Jahre.
Die Laichwanderung vom Meer, welche bis 1.500 km flussaufwärts betragen kann, und meist von älteren Fischen angeführt wird, beginnt oft im Juni und kann bis zum September dauern. In einigen Seen (Großen Seen, Sklavensee) gibt es auch eine kleinere Flussform, die von September bis November zum Laichen in die Zuflüsse der Seen wandert. Die Männchen erscheinen meist einige Tage vor den Weibchen an den Laichplätzen.
Die Laichzeit erstreckt sich von September bis Dezember, meist 1-2 Wochen nach jener der Großen Maräne und oft erst wenn sich bereits Randeis gebildet hat.
Die Laichabgabe erfolgt bei der Meerform meist im Fließwasser über Schotterbänken, und bei der Seeform oft im Flachwasser in einer Tiefe von 1-3 m, bei stürmischem Wetter aber auch im Freiwasser bei einer Tiefe bis zu 65 m. In den Großen Seen und im Sklavensee sind auch Tiefenformen bekannt, die in 50-150 m und zu jeder Jahreszeit laichen können. Gelegentlich treten auch Hybriden mit anderen Coregonen auf.

Die Eimenge beträgt, im Süden mehr als im Norden, etwa 10.000-30.000 Stück je Weibchen bzw. 40.000-70.000 Stück je kg Körpergewicht. Die Eier haben einen Durchmesser von 1,8-2,1 mm. Die Entwicklung dauert bei einer Wassertemperatur von 5 °C etwa 105-107 Tage bis zum Schlupf.
Die Jungfische werden manchmal von Saibling, Forelle, Hecht, Rutte, und Barsch gefressen.
Bei der Meerform wandern nach dem Laichen sowohl die Laichfische als auch bald darauf die Jungfische flussabwärts ins Meer. Bei der Seeform wird der Sommer generell in tieferem Wasser (bis 60-180 m) verbracht, als der Winter.
Die Nahrung besteht hauptsächlich aus Krebsen (*Crangon, Cyclops, Daphnia, Diaptomus, Diporeia, Epischura, Gammarus, Limnocalanus, Mysis, Pontoporeia, Pseudolibrotus*), seltener aus Insekten und Weichtieren (*Pisidium*), sowie kleinen Fischen (*Coregonus, Cottus, Myoxocephalus, Osmerus*) und Fischeiern. Gelegentlich werden auch Pflanzenteile mit aufgenommen.
Die Arktische Maräne kann bis zu 65 cm lang, 3,0 kg schwer und 17 Jahre alt werden.

Bedeutung:
In Sibirien ist der Arktische Cisco von wirtschaftlicher Bedeutung. Der Fang in den Flüssen erfolgt meist mit Zugnetzen im Sommer während der Wanderung. Die Fische werden oft getrocknet oder geräuchert.
In Nordamerika ist der See Cisco von besonderer wirtschaftlicher Bedeutung. Der Fang in den Seen erfolgt meist mit Kiemennetzen. Die Fische werden oft gekühlt oder geräuchert.
In den Großen Seen betrugen die Fänge in den 1900-1920er Jahren rund 9.000 t jährlich. In Nordamerika betrugen die jährlichen Fänge in den 1950er Jahren 8.006 t (USA), in den 1960er Jahren 3.883 t (3.033 t USA, 8.250 t Kanada), in den 1970er Jahren 1.767 t (314 t USA, 1.453 t Kanada), in den 1980er Jahren 1.624 t (131 t USA, 1.493 t Kanada), in den 1990er Jahren 1.116 t (290 t USA, 826 t Kanada), und in den 2000er Jahren 622 t (279 t USA, 343 t Kanada).
In Irland ist der Irische Cisco von besonderer Bedeutung. Während der Hungersnot durch die Kartoffelkrise (Mitte bis Ende der 1850er Jahre) trug er wesentlich zur Ernährung der ärmeren Bevölkerungsschichten bei. In den 1890er Jahren wurden jährlich etwa 450 t nach Großbritannien exportiert. Seit den 1940er bis 1970er Jahren sind die Bestände durch Gewässerverschmutzung stark zurückgegangen und heute besteht nur mehr im Lough Neagh noch ein befischbarer Bestand.

Arktischer Cisco. (Foto: R. West)

See Cisco. (Foto: P. Vecsei)

Irischer Cisco. (Foto: A. Ferguson)

Coregonus peled Gmelin, 1789. **Peledmaräne**

Peledmaräne. (Foto: P. Hartvich)

Beschreibung:

7-13 Rückenflossenstrahlen, 12-16 Afterflossenstrahlen, 76-104 Seitenlinienschuppen, 44-69 Kiemenreusendornen, 89-105 Pylorusanhänge, 56-62 Wirbel.

Der spindelförmige, seitlich zusammengedrückte Körper ist hoch mit relativ kleinem Kopf. Die größte Körperhöhe beträgt oft über 24 % der Körperlänge. Die stumpfe Schnauze ist gewöhnlich länger als der Augendurchmesser. Das kleine Maul ist oberständig.

Der Rücken ist dunkel silbrig bis golden und die Seiten heller gefärbt. Einige schwarze Flecken befinden sich oft am Kopf und in einigen Reihen auf der Schwanzflosse. Zur Laichzeit bekommen vor allem die Männchen an den Seiten oberhalb der Seitenlinie einen Laichausschlag.

Verbreitung:

Die Peledmaräne kommt in Sibirien in Flüssen und Seen von Mezen und Kara im Westen über Petschora, Ob, Jenissej, Pjasina, Khatanga, Lena, Yana, Indigirka bis zum Kolyma im Osten vor (78-59° Nördlicher Breite).

Sie wurde auch in einigen Gewässern in Finnland, in Osteuropa, im Wolgagebiet, sowie in der Mongolei eingebürgert.

Lebensweise:
Neben der normalen Form, die meist Seen besiedelt, kommen in einigen Gewässern (Petschora, Kolyma) noch eine Zwergform sowie eine Flussform vor, die etwas früher laichen. In einigen Flüssen (Ob) ist die Peledmaräne auch im Brackwasser zu finden, wo sie im Frühjahr bis Sommer in die Flüsse wandert.
Die Geschlechtsreife wird mit einem Alter von 2-6 Jahren bei einer Größe von 20-40 cm und einem Gewicht von 0,2-0,6 kg erreicht, wobei die Männchen meist ein Jahr vor den Weibchen geschlechtsreif werden.
Die Laichzeit erstreckt sich von September bis Dezember, bei Wassertemperaturen von 2-6 °C.
Die Laichabgabe erfolgt während 12-16 Tagen, vorwiegend über kiesigem bis sandigem Boden in den Flüssen, seltener in den Seen, manchmal auch unter Eis. Gelegentlich kommt es auch zur Kreuzung mit anderen Coregonen.
Die Eimenge beträgt durchschnittlich 40.000-80.000 Stück je kg Körpergewicht. Die Eier haben einen Durchmesser von 1,3-2,0 mm.
In den Fließgewässern wandern die Jungfische ab August in den Unterlauf.
Die Nahrung besteht bei den Jungfischen und in Seen hauptsächlich aus Krebsen (*Bosmina, Ceriodaphnia, Cyclops, Daphnia*, *Leptodora*), bei den älteren Fischen und in den Flüssen meist aus Krebsen (*Argulus, Mysis*) und Weichtieren (*Pisidium*) sowie Insekten, seltener werden auch Detritus oder Algen mit aufgenommen.
Das Wachstum der Flussform ist meist schneller als das der See- und Zwergform.
Die Peledmaräne kann bis zu 94 cm lang, 14 kg schwer und 23 Jahre alt werden. Die Durchschnittsgröße beträgt 30-40 cm, 0,5-1,0 kg und 6-8 Jahre.

Bedeutung:
Die Peledmaräne ist in Sibirien von wirtschaftlicher Bedeutung. Der Fang erfolgt mit Zug- und Kiemennetzen.
In Russland wird sie künstlich vermehrt, in Teichen aufgezogen und in einigen Seen besetzt. Gelegentlich werden auch Hybriden erzeugt (*C. peled* x *C. lavaretus*), die in Teichen etwas besser wachsen sollen als die Ausgangsarten. Sie wurde auch in einige Teichwirtschaften in Osteuropa (Baltikum, Tschechien) eingeführt.

Coregonus tugun Pallas, 1811. **Zwergmaräne**

Zwergmaräne.

Beschreibung:

7-12 Rückenflossenstrahlen, 11-16 Afterflossenstrahlen, 54-76 Seitenlinienschuppen, 25-33 Kiemenreusendornen, 12-56 Pylorusanhänge, 50-55 Wirbel.

Der spindelförmige, seitlich zusammengedrückte Körper ist dick mit breitem Rücken. Die kurze Schnauze ist gewöhnlich kürzer als der Augendurchmesser. Das kleine Maul ist end- bis oberständig.

Die Oberseite ist graublau und die Unterseite ist silbrig bis weiß gefärbt.

Verbreitung:

Die Zwergmaräne wird in folgende zwei Unterarten eingeteilt:

Coregonus tugun tugun Pallas, 1811. **Westliche Zwergmaräne** – kommt in Westsibirien von Ob und Jenissej bis Pjasina und Khatanga vor (75-55° Nördlicher Breite).

Coregonus tugun lenensis Berg, 1932. **Östliche Zwergmaräne** – kommt in Ostsibirien von Lena bis Yana vor (75-55° Nördlicher Breite).

C. t. lenensis hat durchschnittlich eine etwas kürzere Rückenflosse (9-13 zu 11-14 % der Gabellänge) als *C. t. tugun*.

Lebensweise:
Die Geschlechtsreife wird bei den Männchen mit einem Alter von 2-3 Jahren und bei den Weibchen mit einem Alter von 3-4 Jahren bei einer Größe von 8-12 cm erreicht.
Die Laichzeit erstreckt sich von September bis Oktober, bei Wassertemperaturen von 4-8 °C.
Die Laichabgabe erfolgt über Sand- oder Kiesbänken im Hauptstrom.
Die Eimenge beträgt durchschnittlich 1.000-8.000 Stück je Weibchen. Die Eier haben einen Durchmesser von 1,9-2,1 mm.
Die Jungfische wandern in den Unterlauf der Nebenflüsse, nicht jedoch ins Meer.
Die Nahrung besteht hauptsächlich aus Kleinkrebsen und Fluginsekten.
Das Wachstum ist sehr langsam.
Die Zwergmaräne kann bis zu 20 cm lang, 0,1 kg schwer und 5 Jahre alt werden. Die Durchschnittsgröße beträgt 12-18 cm und 30-50 g.

Bedeutung:
Die Zwergmaräne ist wirtschaftlich von mäßiger Bedeutung. Kommerziell wird sie in Ob, Jenissej und Lena gefangen.

Prosopium coulteri Eigenmann et Eigenmann, 1892.
Zwergweißfisch

Zwergweißfisch. (Foto: P. Vecsei)

Beschreibung:
10-13 Rückenflossenstrahlen, 10-14 Afterflossenstrahlen, 50-70 Seitenlinienschuppen, 11-21 Kiemenreusendornen, 13-33 Pylorusanhänge, 49-55 Wirbel.

Der fast zylindrische Körper ist seitlich und am Schwanzstiel nur leicht zusammengedrückt. Der Kopf ist etwas länger als die Körperhöhe. Die stumpfe Schnauze ist kürzer als der Augendurchmesser. Das kleine Maul ist unterständig und nur die Zunge ist mit kleinen Zähnen besetzt.

Die Männchen haben etwas größere Flossen als die Weibchen und bekommen an der Kopfoberseite, sowie an Rücken und Seiten und auf den paarigen Flossen einen Laichausschlag.

Der Rücken ist bräunlich, die Seiten sind silbrig und der Bauch ist weißlich gefärbt. Die 7-14 fast runden bis leicht horizontal ovalen, dunklen Jugendflecken lösen sich an den Rändern auf und sind manchmal auch noch bei geschlechtsreifen Tieren zu sehen. Eine Reihe von 12-14 solcher Flecken befindet sich auch entlang der Mittellinie des Rückens.

Verbreitung:
Der Zwergweißfisch kommt in Nordamerika vom Yukon River über Alsek, Skeena und Fraser River, sowie Columbia, Peace und Liard River bis zu den Großen Seen, sowie im Großen Sklavensee vor (67-45° Nördlicher Breite).

Lebensweise:
Die Geschlechtsreife wird mit einem Alter von 2-3 Jahren bei einer Größe von 10-12 cm erreicht.
Die Laichzeit erstreckt sich von Oktober bis Januar, bei Wassertemperaturen von 4-6 °C.
Die Laichabgabe erfolgt im flachen Wasser über schottrigem Grund.
Die Eimenge beträgt durchschnittlich 400-600 Stück je Weibchen. Die Eier haben einen Durchmesser von 2,0-2,4 mm.
Die Fische halten sich vor allem in Seen, sowie klaren sandigen Flüssen auf. Im Oberen See (Lake Superior) halten sie sich oft in einer Tiefe von 20-90 m auf.
Die Nahrung besteht hauptsächlich aus Insekten (*Chironomus*) und Krebsen (*Pontoporeia*), aber auch aus Eiern anderer Fische (*Coregonus, Oncorhynchus*).
Das Wachstum ist relativ langsam. Die Weibchen werden etwas älter und größer als die Männchen.
Der Zwergweißfisch kann bis zu 30 cm lang, 0,2 kg schwer und 9 Jahre alt werden. Die Durchschnittsgröße beträgt 10-15 cm.

Bedeutung:
Der Zwergweißfisch hat fischereilich kaum eine Bedeutung, er dient jedoch Saiblingen und möglicherweise anderen Fischen als Nahrung.

Prosopium cylindraceum Pallas, 1784. **Runder Weißfisch**

Runder Weißfisch. (Foto: P. Vecsei)

Beschreibung:

11-15 Rückenflossenstrahlen, 10-13 Afterflossenstrahlen, 74-108 Seitenlinienschuppen, 14-22 Kiemenreusendornen, 50-130 Pylorusanhänge, 58-65 Wirbel.

Der nahezu drehrunde Körper ist langgestreckt und zum Ende hin seitlich nur leicht zusammengedrückt. Die größte Körperhöhe wird vor der Rückenflosse erreicht. Die zugespitzte Schnauze ist länger als der Augendurchmesser. Das Maul ist unterständig und nur die Zunge, sowie die Kiemenbögen sind mit kleinen Zähnen besetzt. In der Lena sind zwei Formen mit unterschiedlichen Schnauzenlängen bekannt.

Als Laichausschlag bekommen vor allem die Männchen an den Seiten, etwa fünf Schuppenreihen über und unter der Seitenlinie, sowie am Nacken eine kleine Warze je Schuppe, die sich im Zentrum des sichtbaren, äußeren Teils befindet.

Der Runde Weißfisch ist intensiver gefärbt als die übrigen Coregonen. Der Rücken ist bräunlich bis bronze mit grünlichem Anflug, die Seiten sind silbrig und der Bauch ist silbrig-weiß gefärbt. Die Schuppen, vor allem am Rücken, haben einen dunklen äußeren Rand. Die unteren Flossen speziell die Brustflossen, sind leicht bernsteinfarben und zur Laichzeit orange angehaucht. Schwarz angehaucht sind die Rücken- und Schwanzflosse, manchmal auch die restlichen Flossen, speziell am Rand. Die Fettflosse ist bräunlich gesprenkelt.

Die über 9, meist länglich ovalen dunklen Jugendflecken sind bei einer Größe von 5-8 cm am deutlichsten ausgebildet, können aber auch noch bei einer Größe von über 20 cm zu sehen sein. Jeweils eine weitere Reihe solcher Flecken verläuft auch noch oberhalb der Seitenlinie, entlang des Rückens. Zwischen den beiden Reihen befindet sich noch eine Serie undeutlicher Pigmentation unterschiedlicher Größe, die oft nicht als Flecken wahrzunehmen sind.

Verbreitung:
Der Runde Weißfisch kommt in Sibirien von Jenissej, Pjasina, Taimyr, Khatanga, Lena, Indigirka, Kolyma bis Anadyr, auf Kamtschatka und in einigen Zuflüssen des Ochotskischen Meeres, sowie im Norden Nordamerikas von Alaska im Westen, entlang der James Bay, über die Großen Seen, bis Labrador im Osten vor (76-41° Nördlicher Breite).
Die Amerikanischen Populationen wurden auch schon als Unterart (*Prosopium c. quadrilateralis* Richardson, 1823) beschrieben.
In Nordamerika haben die östlichen Populationen durchschnittlich etwas weniger Kiemenreusendornen (15-19 zu 17-21) und Pylorusanhänge (50-90 zu 90-130) als die westlichen Populationen. Die Unterschiede könnten durch eine Besiedelung von zwei verschiedenen Refugien aus nach der Eiszeit zustande gekommen sein.
In den 1870er Jahren wurde der Runde Weißfisch auch in die East Twin Lakes eingebürgert.

Lebensweise:
Die Geschlechtsreife wird, im Süden früher als im Norden, mit einem Alter von 2-8 Jahren bei einer Größe von 25-40 cm erreicht.
In einigen Flüssen ist auch eine kurze Laichwanderung zu verzeichnen, wobei die Männchen meist vor den Weibchen am Laichplatz erscheinen.
Die Laichzeit erstreckt sich, im Norden früher als im Westen, von Oktober bis Dezember, bei Wassertemperaturen von 1-5 °C.
Die Laichabgabe erfolgt oft paar- oder gruppenweise, in Nordamerika meist im Ufer- oder Mündungsbereich in einer Tiefe von 1-12 m, in Sibirien vorwiegend in Flüssen in Bereichen mit starker Strömung über schottrigem Grund verstreut.
Die Eimenge beträgt, im Süden mehr als im Norden, durchschnittlich 11.000-13.000 Stück je kg Körpergewicht. Die Eier haben einen Durchmesser von 2,4-3,9 mm.
Die Entwicklung dauert bei einer Wassertemperatur von 2-3 °C etwa 120-140 Tage bis zum Schlupf.
In Nordamerika besiedelt er im Osten vor allem die Großen Seen und hält sich dort im Uferbereich bis 50 m, im Norden auch in den Flussmündungen auf und ist gelegentlich im Brackwasser anzutreffen. In

Sibirien besiedelt er vor allem die Flüsse und hält sich gern bei starker Strömung über steinigem Untergrund auf.
Die Nahrung besteht hauptsächlich aus Insekten und Krebsen (*Daphnia, Hyalella*), aber auch aus Weichtieren, kleinen Fischen und Fischeiern (*Coregonus, Oncorhynchus, Salvelinus*).
Während der Laichwanderung wird meist keine Nahrung aufgenommen. Das Wachstum ist in den oberen Flussstrecken besser als in den unteren und meist im Süden schneller als im Norden, wobei jedoch im Norden die Fische älter werden als im Süden.
Der Runde Weißfisch kann bis zu 60 cm lang, 2,5 kg schwer und 14 Jahre alt werden. Die Durchschnittsgröße beträgt 20-40 cm und 0,2-0,4 kg.

Bedeutung:
Der Runde Weißfisch ist vor allem in den Großen Seen aber auch in den oberen Strecken von Lena und Kolyma von fischereilicher Bedeutung. Der Fang erfolgt in Russland mit Wehren und Korbreusen, in Nordamerika vor allem mit Kiemennetzen.
In den 1960er Jahren betrug der jährliche Fang in den Großen Seen (vor allem Lake Superior, Huron und Michigan) etwa zwischen 9-32 t in Kanada und 45-114 t in den USA.

Prosopium williamsoni Girard, 1856. **Gebirgsweißfisch**

Gebirgsweißfisch. (Foto: J. Schöffmann)

Beschreibung:

11-15 Rückenflossenstrahlen, 10-13 Afterflossenstrahlen, 74-90 Seitenlinienschuppen, 17-26 Kiemenreusendornen, 50-146 Pylorusanhänge, 53-61 Wirbel.

Der annähernd drehrunde Körper ist langgestreckt und seitlich stärker zusammengedrückt als beim Runden Weißfisch. Die größte Körperhöhe wird vor der Rückenflosse erreicht. Die Schnauze ist meist kürzer als der Augendurchmesser und zugespitzter als beim Zwergweißfisch. Das Maul ist unterständig und nur die Zunge, sowie die Kiemenbögen sind mit kleinen Zähnen besetzt. Vom Fraser bis zum Columbia River kommt neben der normalen Form auch eine mit einer längeren aufgebogenen Schnauze vor, die auch eine höhere Zahl an Kiemenreusendornen hat.

Als Laichausschlag bekommen nur die Männchen an den Seiten etwa 3-4 Schuppenreihen über und unter der Seitenlinie eine kleine Warze je Schuppe, die sich im Zentrum des sichtbaren äußeren Teils befindet.

Der Rücken ist graubraun bis olivgrün, die Seiten sind silbrig und der Bauch ist weiß gefärbt. Die Schuppen, speziell am Rücken, haben manchmal einen dunklen äußeren Rand. Die paarigen Flossen sind leicht

bernsteinfarben und die Rückenflosse angerußt. Die Kiemendeckel sind oft durchsichtig und dadurch sind die Kiemen als roter Fleck sichtbar.
Die meist 8-10 ovalen schwarzen Jugendflecken entlang der Seitenlinie sind denen der Salmonidae ähnlicher als jenen der restlichen Arten der Gattung *Prosopium*. Jeweils mindestens eine weitere Reihe solcher Flecken verläuft noch oberhalb der Seitenlinie, entlang des Rückens.

Verbreitung:
Der Gebirgsweißfisch kommt nur in Flüssen und Seen im Westen Nordamerikas vor (68-39° Nördlicher Breite). Das Verbreitungsgebiet erstreckt sich vom Mackenzie über Stikine, Nass, Skeena, Bella Coola, Fraser, Snake und Columbia River sowie vom Saskatchewan, Missouri und Yellowstone River zum Lahontan Basin mit Truckee und Sevier River. 1955 wurde der Gebirgsweißfisch für die Sportfischerei auch im Colorado Flusssystem eingebürgert.

Lebensweise:
Die Geschlechtsreife wird mit einem Alter von 3-5 Jahren erreicht, wobei die Männchen meist ein Jahr vor den Weibchen reif werden.
Die Laichzeit erstreckt sich von September bis Februar, bei Wassertemperaturen von 4-6 °C, und ist bei den in Flüssen laichenden Fischen generell früher als bei den in Seen laichenden.
Die Laichabgabe erfolgt meist in der Nacht über kiesigem bis felsigem Grund in einer Tiefe von 1-3 m im Uferbereich der Seen oder an Kiesbänken in den Flüssen.
Die Eimenge beträgt durchschnittlich 5.000-15.000 Stück je Weibchen bzw. rund 16.000-18.000 Stück je kg Körpergewicht. Die Eier haben einen Durchmesser von 2,9-3,7 mm.
Die fressfähigen Brütlinge mit einer Länge von 16-18 mm halten sich bis zu einer Größe von 3-4 cm im seichten Uferbereich bei einer Strömungsgeschwindigkeit unter 0,1 m/s auf und wandern anschließend in Freiwasserbereiche. Der Gebirgsweißfisch besiedelt vor allem Flüsse und hält sich dort meist bei den stärker durchströmten Bereichen auf, aber auch Seen, wo er eine Tiefe von 4-6 m bevorzugt und selten tiefer als 20 m vorkommt.
Die Nahrung besteht hauptsächlich aus Insekten, seltener aus Krebsen, Würmern, Weichtieren und gelegentlich auch aus kleinen Fischen (*Cottus, Oncorhynchus*), sowie Fischeiern.
Der Gebirgsweißfisch kann bis zu 57 cm lang, 2,0 kg schwer und 23 Jahre alt werden. Die Durchschnittsgröße beträgt 20-30 cm und 0,2-0,3 kg.

Bedeutung:

Der Gebirgsweißfisch ist für die Sportfischerei von gewisser Bedeutung und ein beliebter Fisch für den amerikanischen Fliegenfischer. Sowohl die Nymphe (Beadheads) als auch die Trockenfliege werden von den Fischen gerne genommen. Manchmal vergreift sich ein großer Weißfisch sogar an einem Streamer. Dabei kommt meist die leichte Fliegenrute zum Einsatz, manchmal aber auch ein Tirolerhölzl (Schlauchblei) mit mehreren Nymphen. Auch mit Insektenlarven oder Lachsei beköderte kleine Haken werden gelegentlich verwendet. In manchen Flussabschnitten von großen Flüssen sind die Fische so zahlreich, dass jeder einzelne Wurf erfolgreich sein kann.

Stenodus leucichthys Güldenstädt, 1772. **Weißlachs**

Weißlachs. (Foto: P. Vecsei)

Beschreibung:

11-17 Rückenflossenstrahlen, 14-19 Afterflossenstrahlen, 88-120 Seitenlinienschuppen, 17-26 Kiemenreusendornen, 99-239 Pylorusanhänge, 63-71 Wirbel.

Der spindelförmige Körper ist langgestreckt und seitlich zusammengedrückt, mit relativ kleinen Flossen. Die größte Körperhöhe (20-23 % der Gesamtlänge), welche gewöhnlich weniger als die Kopflänge (24-28 % der Gesamtlänge) beträgt, wird nahe den angelegten Brustflossen erreicht. Die Schnauze ist lang und der Oberkiefer reicht bis unter den Mittelpunkt der Augen. Das große Maul ist oberständig und leicht bezahnt.

Zur Laichzeit bekommen die Männchen einen Laichausschlag am Kopf und an den hinteren Körperseiten.

Der Rücken ist grün bis braun, die Seiten sind silbrig und der Bauch ist weiß gefärbt. Die Spitzen der Rücken- und Schwanzflossen sind dunkel pigmentiert, die übrigen Flossen oft durchsichtig bis rötlich.

Verbreitung:
Der Weißlachs wird in folgende zwei Unterarten eingeteilt:

Stenodus leucichthys leucichthys Güldenstädt, 1772. **Kaspischer Inconnu** – kommt im Kaspischen Meer vor und steigt zum Laichen vor allem in Wolga, weniger in Ural und selten in Terek auf (60-36° Nördlicher Breite). Die Einwanderung vom Arktischen Ozean erfolgte in der Eiszeit, möglicherweise über das Petschora/Kama Flusssystem.

Stenodus leucichthys nelma Pallas, 1773. **Arktischer Inconnu** – kommt entlang der Küsten des Arktischen Ozeans in Sibirien von Ponoj, Onega, Dwina und Mezen über Petschora, Ob, Jenissej, Pjasina, Khatanga, Lena, Indigirka und Kolyma bis Anadyr und Vivenskaya, sowie in Nordamerika vom Kuskokwim River über Yukon, Kobuk und Anderson River bis zum Mackenzie River mit Großen Sklavensee vor (78-58° Nördlicher Breite).
S. l. nelma hat durchschnittlich einen etwas längeren (20-24 zu 17-21 % der Gabellänge) und schmäleren Kopf (27-33 zu 30-40 % der Kopflänge), sowie einen geringeren Augenabstand (15-22 zu 20-26 % der Kopflänge) als *S. l. leucichthys*.

Lebensweise:
Die Geschlechtsreife wird, im Süden und Westen früher als im Norden und Osten, bei den Männchen mit einem Alter von 4-9 Jahren und bei den Weibchen mit einem Alter von 6-12 Jahren bei einer Länge von 60-90 cm und einem Gewicht 2-6 kg erreicht. Die Fische, vor allem Weibchen, laichen nicht jährlich, sondern in einem Abstand von 2-4 Jahren.
Der Kaspische Inconnu wandert überwiegend entlang der Ostküste und steigt im Herbst oder Frühjahr bevorzugt in die Wolga, seltener in den Ural, bis über 3.000 km auf. Der Arktische Inconnu steigt (in Ob, Lena, Jenissej und Yukon) meist von April bis August (bis über 2.000 km mit 14-35 km/Tag) in die Flüsse auf. Die Süßwasserpopulationen, wie in den Oberläufen des Yukon Rivers und im Großen Sklavensee, steigen zum Laichen ebenfalls im Frühjahr in die Zuflüsse auf, allerdings nicht so weit, und die Rückwanderung erfolgt nach dem Laichen im Herbst.
Die Laichzeit erstreckt sich von September bis November, bei Wassertemperaturen von 1-5 °C.
Die Laichabgabe erfolgt bevorzugt am Abend, in einer Wassertiefe von 1,2-2,7 m, über schottrigem Grund mit einem Korndurchmesser von 10-100 mm, bei einer Strömungsgeschwindigkeit von 0,9-2,7 m/s, in mehreren Portionen verstreut. Die Eier sind leicht klebrig.

Die Eimenge beträgt durchschnittlich 100.000-400.000 Stück je Weibchen bzw. 16.000-22.000 Stück je kg Körpergewicht. Die Eier haben einen Durchmesser von 2,2-2,5 mm.
Die Entwicklung dauert je nach Wassertemperatur etwa 180-200 Tage bis zum Schlupf und weitere 7-10 Tage bis zur aktiven Nahrungsaufnahme.
Gelegentlich treten auch Hybriden mit anderen Coregonen auf. Eier und Jungfische werden manchmal von Äschen, Grundeln und Rutten sowie Huchen und Hecht gefressen.
Die Elterntiere wandern nach dem Laichen wieder schnell flussabwärts und erreichen von Oktober bis Dezember die Winterungsplätze in den Unterläufen der Flüsse. Der Arktische Inconnu im Norden wandert oft nicht ins Meer und es können alle Altersklassen in den unteren Flussbereichen angetroffen werden. Anders als der Arktische Inconnu wandern die Brütlinge und Laichfische des Kaspischen Inconnu schnell ins Meer, wo sie sich vorwiegend im südlichen zentralen Teil bis zum 40. Breitengrad, unter der Sprungschicht bis in eine Tiefe von 50 m aufhalten, und wenn die Wassertemperatur unter 10 °C abfällt wieder in den nördlichen Teil wandern.
Die Nahrung besteht bei den jüngeren Fischen und in den Flüssen meist aus Insekten und Krebsen (*Mesidontea, Mysis, Neomysis*), bei den älteren Fischen und in den Seen oder im Meer meist aus kleinen Fischen (*Alosa, Catostomus, Coregonus, Cottus, Dallia, Esox, Hiodon, Lampetra, Lota, Oncorhynchus, Osmerus, Pungitius, Rutilus, Salvelinus, Stizostedion*).
Die Nahrungsaufnahme wird im Winter nicht eingestellt, meist jedoch zur Laichzeit, während der dann die hohen Fettreserven aufgezehrt werden.
Das Wachstum des Kaspischen Inconnu ist etwa 3-4 mal besser als jenes des Arktischen Inconnu.
Der Weißlachs kann bis zu 150 cm lang, 40 kg schwer und 30 Jahre alt werden und ist damit der größte Vertreter der Coregonen.

Bedeutung:
Der Weißlachs ist fischereilich von Bedeutung. Der Fang erfolgt meist mit Zug- und Kiemennetzen, sowie Reusen vorwiegend bei der Wanderung im Herbst, aber auch unter Eis. Er wird luftgetrocknet oder geräuchert oder auch als Futter für Schlittenhunde verwendet.
In Russland wurden in den 1930er Jahren von beiden Unterarten jährlich jeweils etwa 800-1.000 t gefangen, wobei der Hauptanteil Sibiriens von Ob und Jenissej stammte. Vor 1945 wurde der Weißlachs in Nordamerika kommerziell nicht befischt. Von 1953-1963 wurden im Großen Sklavensee jährlich 75-155 t gefangen. Im Rahmen der Sportfischerei

(1.000-4.000 Fische jährlich) wird er fast nur in Alaska (Kobuk, Yukon und Kuskokwim River) gefangen.

In Russland und Alaska wird die künstliche Vermehrung und Aufzucht in Teichen durchgeführt. Mitte bis Ende der 1990er Jahre wurden in Russland jährlich rund 1-2 Millionen Eier erbrütet und zahlreiche Jungfische in die Flüsse ausgesetzt.

Angelfischereilich können Weißlachse mit der Fliege knapp unter der Oberfläche gefangen werden. Es empfiehlt sich Gerät der Klasse 8-10, ähnlich wie beim Hecht. Dabei kommen verschiedenste Streamer zum Einsatz. Auch mit der Spinnrute sind Erfolge möglich. Dabei werden Wobbler, Blinker und Spinner an Schnüren mit 5-10 kg Tragkraft verwendet. Unter Eis wird dem Weißlachs an manchen Orten ebenfalls nachgestellt (Selawik Lake und Hotham Inlet im April und Mai). Dabei werden Kunstköder oder Köderfische verwendet, die mit einer kurzen Handrute knapp über Grund bewegt werden.

Weißlachs. (Foto: P. Vecsei)

Brachymystax lenok Pallas, 1773. **Asiatische Forelle**, Lenok

Spitznasenlenok. (Foto: C. Ratschan)

Beschreibung:
12-17 Rückenflossenstrahlen, 12-16 Afterflossenstrahlen, 119-175 Seitenlinienschuppen, 17-34 Kiemenreusendornen, 65-150 Pylorusanhänge, 58-62 Wirbel.
Der spindelförmige Körper ist langgestreckt und seitlich zusammengedrückt. Die Schwanzflosse ist stark gegabelt und die Fettflosse relativ groß. Der Oberkiefer kann bis unter die Augenmitte reichen. Die Kiefer und die Zunge sind mit kleinen starken Zähnen besetzt. Die Basibranchialplatte ist bezahnt.
Der Rücken ist dunkel grünbraun bis blaugrau und der Bauch ist weiß bis schwarzgrau gefärbt. Die Seiten sind bei jüngeren Exemplaren silbrig und bei älteren Tieren dunkel goldbraun gefärbt. Juvenile Fische zieren 8-19 Jugendflecken, die bei adulten Fischen in ein bis mehrere großflächige rotbraune Einfärbungen übergehen. An den Flanken befinden sich in vertikaler Richtung auch grauschwarze bis blaugraue runde bis längliche Flecken, hauptsächlich oberhalb der Seitenlinie. Dunkle runde Flecken sind meist auch an den Kiemendeckeln,

manchmal auch im oberen Teil der Schwanzflosse und in der immer dunkel umrandeten Fettflosse vorhanden. Die Flossen sind blaugrau und die paarigen Flossen haben schmale weiße Vorderkanten.

Verbreitung:
Die Asiatische Forelle kommt nur in Asien in fast allen Flusssystemen, die in den Arktischen Ozean, sowie ins Ochotskische und Japanische Meer münden vor.
Die Asiatische Forelle wird in folgende zwei Unterarten eingeteilt:

Brachymystax lenok lenok Pallas, 1773. **Spitznasenlenok** – kommt von den Quellflüssen des Ob und Irtysch im Westen über Jenissej, Angara, Olenjok, Lena, Yana und Indigirka, bis zum Kolyma im Osten und über den Baikalsee mit Selenga bis zu Amur und Jalu vor (76-40° Nördlicher Breite).

Brachymystax lenok tumensis Mori, 1930. **Stumpfnasenlenok** – kommt von den Oberläufen von Ob und Lena, über Cherlen und Amur sowie Uda und Tugur, bis Nordkorea (Jalu, Tumen, Josen) vor (60-33° Nördlicher Breite). Isolierte Vorkommen gibt es noch in China (Quellregion des Liao-Flusses nordöstlich von Peking und des Wei-Flusses eines Nebenflusses des Huang He – Gelber Fluss). Obwohl Lenoks nicht ins Meer wandern, sind zwei Inselpopulationen bekannt: von Sachalin und den Schantar Inseln im Ochotskischen Meer.
Sympatrische, reproduktiv getrennte, Vorkommen beider Lenoks gibt es im gesamten Amur-Becken, im Jalu in Nordkorea, sowie in zwei eng begrenzten Gebieten des Lena-Beckens.
B. l. tumenis hat eine stumpfere und kürzere Schnauze, ein end- statt unterständiges Maul, sowie durchschnittlich etwas weniger Kiemenreusendornen (17-24 zu 20-34), Seitenlinienschuppen (119-135 zu 130-175) und Pylorusanhänge (65-100 zu 90-150) als *B. l. lenok*.

Lebensweise:
Die Geschlechtsreife wird mit einem Alter von 2-4 Jahren erreicht.
Die Laichwanderung erfolgt in die äußersten Oberläufe mit starker Strömung.
Die Laichzeit erstreckt sich, im Süden und Westen früher als im Norden und Osten, von März bis Juli, bei Wassertemperaturen von 3-10 °C. Im Amur lassen sich zwei Laichperioden jeweils Mitte Mai und Mitte Juni feststellen.

Die Laichabgabe erfolgt nicht in Laichgruben, sondern direkt auf Kies- oder Sandgrund, wo die Eier anschließend festkleben.
Selten hybridisieren die beiden Lenoks auch untereinander.
Die Eimenge beträgt 2.000-8.000 Stück je Weibchen. Die Eier haben einen Durchmesser von 2,5-4,2 mm.
Die Entwicklung dauert bei einer Wassertemperatur von 5-8 °C etwa 175-225 Tagesgrade bis zum Schlupf und 270-290 Tagesgrade bis zur aktiven Nahrungsaufnahme.
Nach dem Laichen bleiben die Laichfische oft noch einige Zeit an den Laichplätzen, bevor sie zum Fressen in den Unterlauf der Laichgewässer wandern. Einige Fische (vor allem Männchen) sterben jedoch auch nach dem Laichen.
Im Sommer wandern die Lenoks in kältere Seitenbäche und halten sich meist in unterspülten Ufern, zwischen größeren Steinen oder anderen Verstecken auf, aus denen sie zur Nahrungsaufnahme hauptsächlich in der Dämmerung hervorkommen. Nach ergiebigen Regenfällen wandern die Fische mit dem Hochwasser wieder flussabwärts, um mit Beginn des Laubfalls sich zu kleinen Gruppen von 10-20 Stück meist gleichaltriger Fische zu sammeln. Große Lenoks wandern dabei auch paarweise ab. Die Überwinterung dieser Gruppen erfolgt dann meist in tiefen Kolken.
Der Lenok bevölkert vor allem die oberen, seltener die mittleren Strecken der Flüsse sowie gelegentlich auch kalte Seen (z.B.: Chövsgöl-See), wo er sich meist in Tiefen bis 30 m aufhält. In den Flüssen hält er sich meist sehr bodenorientiert bevorzugt unterhalb von Stromschnellen auf und ersetzt in seinem Verbreitungsgebiet im wesentlichen die Bachforelle, ist aber nicht so stark an Einstände gebunden.
Die Nahrung besteht bei jüngeren Fischen hauptsächlich aus Insektenlarven und Kleinkrebsen (*Asellus*), bei älteren Fischen überwiegend aus kleinen Fischen (*Coregonus, Cottus, Hucho, Lota, Thymallus, Rutilus*), seltener aus Fröschen und kleinen Nagetieren. Im Amur besteht während der Laichzeit der Pazifiklachse die Nahrung großteils aus deren Eiern und Brut.
Das Wachstum hängt vom Lebensraum und Nahrungsangebot ab und ist in den Flüssen meist etwas schneller als in den Seen. Der Spitznasenlenok wächst meist etwas schneller und wird auch größer als als der Stumpfnasenlenok. Der Lenok erreicht im zweiten Jahr 0,1-0,3 kg, im vierten Jahr 0,3-0,9 kg, im sechsten Jahr 0,5-1,5 kg, und im achten Jahr 1,0-3,0 kg.
Der Lenok kann bis zu 85 cm lang, 6,7 kg schwer und 20 Jahre alt werden.

Bedeutung:
Der Lenok ist in Sibirien und der Mongolei lokal von fischereilicher Bedeutung, wie am Baikal- und Chövsgöl-See, in den Seitenflüssen der Lena, im Altai und am Amur. Der Fang erfolgt in den Seen meist mit Zugnetzen, in den Flüssen hauptsächlich mit unterschiedlichen Reusen die in sogenannte Fischwehre gestellt werden. Früher wurde die zähe Haut der Fische gegerbt und zu wasserdichten Säcken und Schuhen verarbeitet.
Für die Angelfischerei ist der Lenok ebenfalls von Interesse und wird meist von August bis September, weit landeinwärts gefangen. Fische durchschnittlicher Größe können mit leichten Fliegenruten und Schwimmschnüren der Klasse 3-5 auf Heuschrecken-, Grillen- oder Köcherfliegenimitationen sowie Reizmustern der Größen 6-14 gefangen werden. Große Fische bevorzugen Streamer, kleine Popper und Mäuse. 15-30 g schwere Spinn- und Naturköder sind ebenfalls erfolgreich.

Stumpfnasenlenok. (Foto: C. Ratschan)

Hucho hucho Linnaeus, 1758. **Eurasischer Huchen**

Europäischer Huchen. (Foto: M. Hochleithner)

Beschreibung:

11-19 Rückenflossenstrahlen, 10-19 Afterflossenstrahlen, 107-220 Seitenlinienschuppen (141-288 quer laufende Schuppenreihen), 9-19 Kiemenreusendornen, 100-280 Pylorusanhänge, 60-72 Wirbel.

Der torpedoförmige, langgestreckte Körper ist in Höhe der Rückenflosse im Querschnitt fast rund. Die Schwanz- und Fettflosse sind relativ groß, die restlichen Flossen ziemlich klein. Der Kopf ist groß und abgeflacht. Das weit gespaltene Maul reicht bis hinter die relativ großen Augen. Der Stiel des Pflugscharbeins ist zahnlos.

Die Oberseite ist blaugrau bis grünbraun, oft mit rotviolettem Schimmer. Die Seiten sind heller bis leicht silbrig gefärbt. Zahlreiche unregelmäßig angeordnete dunkle Tupfen befinden sich an den Seiten, manchmal auch einige Punkte auf der Rücken- und der Schwanzflosse, in seltenen Fällen auch auf der Fettflosse. Die Tupfen reichen meist vereinzelt und rundlich vom Kopf, unregelmäßig geformt, deutlich und dicht bis zum zweiten Körperdrittel; im letzten Körperdrittel sind die Tupfen wieder locker verteilt oder fehlen gänzlich. Der Rücken und die Flanken werden zur Laichzeit vor allem bei den Männchen von einem kupferfarbenen oder rotbraunen

Ton überzogen, und die Flossen rötlich angehaucht.
Die silbergrauen Jungfische haben 8-10 dunkle Querbinden, die sich nach 2-3 Jahren verlieren, aber noch keine schwarzen Flecken.

Verbreitung:
Bei der Entwicklungsgeschichte geht man davon aus, dass der Huchen während der Eiszeit in der Ponto-Kaspischen Region sein Rückzugsgebiet fand, und anschließend, nach Spaltung des einheitlichen Lebensraumes, das Donausystem und Asien besiedelte.
Der Eurasische Huchen wird in folgende drei Unterarten eingeteilt:

Hucho hucho hucho Linnaeus, 1758. **Europäischer Huchen** – kommt nur im Donausystem in Europa vor (50-43° Nördlicher Breite). Er besiedelt hauptsächlich die rechten Zuflüsse (Alz, Iller, Ilz, Isar, Lech, Loisach, Inn, Salzach, Enns, Traun, Ager, Ybbs, Erlauf, Melk, Krems, Enns, Pielach, Traisen, Drau, Mur, Möll, Gurk, Lieser, Drin, Dobra, Golinja, Kupa, Kupcina, Morava, Odra, Save, Trepla, Una, Vrbas), sowie einige linke Zuflüsse (Regen, Nab, Mühl, Kamp, Waag, Bistrita, Czarna, Orawa, Czadeczka, Turiec, Theiss, Pruth). Das Verbreitungsgebiet erstreckt sich von Bayern über Österreich, Tschechien und Slowenien bis nach Rumänien und die Ukraine. Ursprünglich kam der Europäische Huchen im gesamten Donaugebiet in Bächen ab ca. 5 m breite und 1 m^3/s vor. Er meidet jedoch saure Gewässer. Durch zunehmende wasserbauliche Eingriffe und Wasserverschmutzung ist er heute fast nur in den unteren und mittleren Strecken der größeren Zuflüsse sowie in den oberen Strecken der Donau selbst zu finden.
Zahlreiche Versuche den Europäischen Huchen in andere Gewässer einzubürgern scheiterten, eine Einbürgerung gelang 1927 in unbeabsichtigter Weise in die Karpatenflüsse Dunajec, Poprad und San, sowie 1957 im Magrheb (Marokko), 1969 im Torens (Spanien) und mit mäßigem Erfolg in Belgien, der Schweiz und Frankreich (Rhône System).

Hucho hucho taimen Pallas, 1773. **Sibirischer Huchen** – kommt in Eurasien von Petschora, Wolga und Ural, über ganz Sibirien mit Ob, Irtysch, Jenissej, Lena, Yana und Indigirka über die Mongolei mit Selenga und Orchon, Cherlen und Onon bis zum Amur nach China und Nordkorea vor (70-40° Nördlicher Breite). Er besiedelt hauptsächlich die oberen und mittleren Strecken der Flüsse sowie einige Seen (Baikalsee, Buir, Dood, Terchiin-Sagaan), wo er meist weiträumig im Ab-, seltener im Zuflussbereich vorkommt.

Die Population vom Oberlauf des Jalu Flusses wurde auch schon als eigene Unterart (*Hucho h. ishikawai* Mori, 1928, Koreanischer Huchen) beschrieben.
H. h. taimen hat durchschnittlich etwas mehr Seitenlinienschuppen (107-220 zu 115-160) bzw. mehr Schuppenreihendentlang der Seiten (141-288 zu 175-240) als *H. h. hucho*, außerdem eine etwas spitzere Schnauze, mehr Flecken am Kopf und unterhalb der Seitenlinie, sowie eine intensivere rot-orange Färbung der After- und Schwanzflosse, und während der Laichzeit, auch der hinteren Körperhälfte.

Hucho hucho leptosoma Bleeker, 1879. **Jangtse Huchen** – kommt nur in den Oberläufen einiger Zuflüsse (Dadu, Qingyi, Min, Xiang) des Han-Shui im Jangtse-Becken in der Provinz Sichuan in China vor (34-28° Nördlicher Breite).
H. h. leptosoma hat durchschnittlich etwas weniger Pylorusanhänge (100-150 zu 140-280) als die restlichen Unterarten.

Lebensweise:
Die Geschlechtsreife wird bei den Männchen mit einem Alter von 3-6 Jahren und bei den Weibchen mit einem Alter von 4-8 Jahren bei einer Länge von 60-80 cm und einem Gewicht von 1-4 kg erreicht.
Die Laichwanderung nach der Schneeschmelze ist kurz (bis 5 km flussaufwärts), in die flachen Oberläufe oder Seitenflüsse, oft auch nur bis zur nächsten geeigneten Schotterbank. Die Männchen erscheinen dabei vor den Weibchen an den Laichplätzen.
Die Laichzeit erstreckt sich beim Europäischen Huchen von März bis Mai, beim Sibirischen Huchen von April bis Juni, bei Wassertemperaturen von 5-10 °C, generell etwa 7-10 Tage nach der Äsche.
Die Laichabgabe erfolgt in eine 1,0-3,0 m lange, 0,5-1,5 m breite und 0,1-0,3 m tiefe, ovale bis birnenförmige Laichgrube, die vom Weibchen während mehrerer Tage etwa 5-10 m vom Ufer entfernt, in einer Tiefe von 0,2-1,0 m an Schotterbänken mit einem Korndurchmesser von 10-70 mm bei einer Strömungsgeschwindigkeit von 0,1-1,0 m/s angelegt wird.
Die Eiabgabe erfolgt dann binnen weniger Stunden und die Laichgrube wird anschließend wieder mit Kies bedeckt. Der Laich wird überwiegend bei Beginn einer Warmwetterperiode abgelegt. Treten Temperaturstürze ein, wird der Laichakt häufig unterbrochen. Im Amur kommen gelegentlich auch natürliche Hybriden mit dem Lenok vor.
Die Eimenge beträgt durchschnittlich 10.000-50.000 Stück je Weibchen bzw. 1.000-2.000 Stück je kg Körpergewicht. Die Eier haben einen Durchmesser von 3,6-6,0 mm und ein Gewicht von 60-90 mg.

Die Entwicklung dauert bei einer Wassertemperatur von 5-10 °C etwa 240-303 Tagesgrade bis zum Schlupf. Anschließend wandern die 90-100 mg schweren Dottersackbrütlinge häufig bis mehrere Dezimeter tief ins Lückensystem des lockeren Schotterbodens, um erst nach 10-14 Tagen bei Beginn der aktiven Nahrungsaufnahme an die Oberfläche zu kommen.
Bereits im ersten Herbst wandern die (10-15 cm langen) Junghuchen dann von den Seitengewässern in den Hauptfluss. Während der Europäische Huchen vom dritten Jahr an zum Standfisch wird, der sein Revier gegenüber Artgenossen verteidigt, trifft dies für den Sibirischen Huchen nur bedingt, je nach Gewässerstruktur und Jahreszeit, zu.
Der Europäische Huchen hält sich meist in weit auslaufenden tiefen Kolken unterhalb von Wasserfällen oder Stromschnellen auf und sucht die tiefsten und ruhigsten Stellen im Fluss auf, um zu überwintern. Der Sibirische Huchen hält sich meist bei Flachwasserbereichen und Stromschnellen auf, folgt mit sinkender Wassertemperatur seinen Beutefischen und zieht sich in tiefere Gewässerabschnitte zurück und überwintert dort. Der Huchen wandert nicht ins Meer.
Auf Nahrungssuche geht der Huchen vornehmlich in der Dämmerung.
Die Nahrung besteht bei den Jungfischen bis zu einer Größe von 10 cm hauptsächlich aus Insekten (*Baetis*) und Krebsen (*Gammarus*), später hauptsächlich aus Fischen (*Alburnus, Barbus, Condrostoma, Coregonus, Cottus, Gobio, Esox, Leuciscus, Lota, Perca, Phoxinus, Rutilus, Salmo, Thymallus*), seltener werden auch Frösche, Kleinsäuger und Wasservögel (*Alcedo, Cinclus*) gefressen. Die bevorzugte Größe der Beutefische liegt bei 15-30 % der Länge des Huchens. Bei der Wahl der Futterfische, die mit dem Kopf, aber auch mit dem Schwanz voran verschluckt werden, scheint keine besondere Präferenz zu bestehen. Meist wird diejenige Fischart am häufigsten gefressen, die zahlenmäßig dominiert; einzig Fische mit Stacheln oder Dornen werden verschmäht. Dass der Huchen in einem nicht tragbaren Ausmaß die Forellen- und Äschenbestände dezimiert, stimmt generell nicht. Ein starker Huchenbestand ist zwar am Friedfischbestand merkbar, kann diesem aber nie wirklich gefährlich werden, da es mit Überhandnehmen der Raubfische automatisch zu einer intraspezifischen Selbstregulation durch Futtermangel und Kannibalismus kommt.
Das Wachstum hängt von den jeweiligen Gewässerverhältnissen ab, die Endgröße der Fische hängt mit der Dimension des Wohngewässers (Gewässerbreite und Wasserführung) zusammen. Der Europäische Huchen erreicht im ersten Jahr 50-100 g, im zweiten 200-500 g, im dritten 0,5-2,0 kg, im vierten 1,5-3,0 kg und im fünften Jahr 2,5-5,0 kg.

Der Sibirische Huchen erreicht im dritten Jahr 0,5-1,0 kg, im fünften 1,5-2,5 kg, im siebten 3,0-6,0 kg, im neunten 4,5-8,0 kg, im elften 7,0-10,0 kg, und im dreizehnten Jahr 9,0-12,0 kg.
Der Europäische Huchen kann bis zu 180 cm lang, 60 kg schwer und 35 Jahre alt werden. Der Sibirische Huchen kann bis zu 200 cm lang, 86 kg schwer und 50 Jahre alt werden. Die Durchschnittsgröße beträgt 80-100 cm und 5-20 kg.

Bedeutung:
Der Europäische Huchen ist für die Angelfischerei von Bedeutung. Viel Ausdauer und eine genaue Kenntnis des Jagdverhaltens sind für den Fang notwendig. Die meisten Huchen werden zwischen Oktober und Februar gefangen; besonders Erfolg versprechend sind eine Lufttemperatur von ca. 0 °C und Schneefall. Gefischt wird meist mit starker Spinnangel und Wobbler, Blinker, Gummifisch oder dem Huchenzopf (Imitation der Larven des Bachneunauges). Starke Spinnruten und robuste Stationärrollen mit Schnurstärken von 0,4-0,6 mm finden dabei Verwendung. Wenn es die Strömungsverhältnisse erlauben, kann auch das Befischen mit der Fliegenrute und dem Streamer sehr erfolgreich sein. Dazu werden Fliegenruten der Klasse 8-10 und größere Streamer in der Farbe der Beutefische an Schussköpfen (T200, T300) angeboten. Erschwerend kommt bei dieser Fischerei jedoch hinzu, dass der Huchen sehr gut sieht, der Fliegenfischer für eine effektive Präsentation oft jedoch seine Deckung verlassen muss. In schwierigen Gewässern wird deshalb auch nachts gefischt.
Bereits in der zweiten Hälfte des vorigen Jahrhunderts gingen die Bestände in Mitteleuropa durch Umwelteinflüsse und Befischungsdruck stark zurück. Schon gegen Ende des letzten Jahrhunderts wurde der Huchen in mehreren Fischzuchten regelmäßig vermehrt, wobei die Laichfische in den Flüssen gefangen wurden. Heute wird er in seinem gesamten Verbreitungsgebiet künstlich vermehrt. Es werden jährlich 1-2 Mio. Eier gewonnen, die Brütlinge großteils auch mit Trockenfutter aufgezogen und ca. 100.000 Stück 1-2 jährige Huchen in die geeigneten Flüsse ausgesetzt. Bei der Aufzucht der Brütlinge in Becken beträgt die Überlebensrate etwa 60-70 %, im Naturteich bei einer Besatzdichte von 50.000 Stück/ha hingegen nur 10-20 % bis zum Einsömmrigen. Für den Besatz in geeigneten Fließgewässern gelten 1-10 Stück zweisömmrige oder 10-100 einsömmrige Huchen je Flusskilometer als Richtwert. In stark strukturierten Fließgewässern mit großflächigen Seichtwasserbereichen und reichem Kleintierangebot verspricht auch der Brutbesatz (1.000-5.000 Stück/km) guten Erfolg.

Der Sibirische Huchen ist lokal von fischereilich Bedeutung. Der Fang erfolgt mit Zug- und Wurfnetzen, verschiedenen Reusen und Legleinen, teilweise auch mit Speeren. In Sibirien wurden in den 1930er Jahren jährlich etwa 30 t gefangen.
Angelfischereilich wird der Sibirische Huchen oft im flachsten Wasser gefangen. Dabei kommen Ruten der Klasse 6-8 (Großtaimen bis 10-12) mit 3,0-3,3 m Länge zum Einsatz. Verwendet werden Schwimmschnüre für die Oberflächenfischerei mit Mäusen bzw. Schussköpfe (T200, T300) für die Fischerei mit Streamern. Sibirische Huchen werden besonders nachts mit Mausimitationen (Größe 1/0-2/0) und Poppern mit der Fliegenrute an der Oberfläche gefangen. Untertags sind Streamer (Bunnies, Deceivers, Buggers – Größe 2/0-4/0) erfolgreicher. Auch Nymphen, Trocken- und Nassfliegen sind fängig. Bei der Spinnfischerei kommen große Rappalas, Spinner und Gummifische zum Einsatz. Schnüre bis 0,5 mm und robuste Stationär- oder Multirollen sind dafür geeignet. Die beste Fangzeit ist der Juli. August und September können ebenfalls erfolgversprechend sein. Örtlich ist auch das Eisangeln üblich.
Der Jangtse Huchen hat wirtschaftlich keine Bedeutung. Er ist durch Waldrodungen, Dammbau, Kiesentnahme und Überfischung gefährdet. Die künstliche Vermehrung für Besatzmahnahmen ist in China geplant.

Sibirischer Huchen. (Foto: C. Ratschan)

Oncorhynchus gorbuscha Walbaum, 1792. **Buckellachs**, Pink

Buckellachs. (Foto: J. Vance)

Beschreibung:

12-19 Rückenflossenstrahlen, 9-15 Afterflossenstrahlen, 140-207 Seitenlinienschuppen, 24-35 Kiemenreusendornen, 95-224 Pylorusanhänge, 63-72 Wirbel.

Der Körper ist gedrungen mit schlankem Schwanzstiel. Zur Laichzeit bekommen vor allem die Männchen vor der Rückenflosse einen Buckel, und die Kiefer und Zähne werden länger.

Juvenile Buckellachse kennzeichnet das völlige Fehlen von Flecken und Querbinden. Die Oberseite ist hellgrün bis dunkelblau und die Unterseite weiß gefärbt. Im Meerwasser hat der Buckellachs silbrige Seiten mit wenigen dunklen ovalen Flecken nur oberhalb der Seitenlinie und eine stark gefleckte Schwanzflosse. Während des Laichaufstiegs wird die Färbung dunkler, die Flecken zahlreicher und deutlicher. Beide Geschlechter färben sich schließlich braungrün mit dumpfen rötlichen bis gelblichen Vertikalflecken, sowie dunklem Kopf und Flossen.

Verbreitung:
Der Buckellachs kommt in vielen Flusssystemen (Yukon, Susitna, Alsek, Skeena, Fraser River) entlang der Pazifikküsten vor (79-29° Nördlicher Breite). Sein Verbreitungsgebiet erstreckt sich in Nordamerika vom Puget Sound in Washington über den Prince William Sound in Alaska bis zur Mackenzie Bay in Kanada, sowie die Aleuten. In Ostasien im Norden von Lena, Indigirka, Kolyma, Anadyr und der Beringstraße über die Kommandeur und Kurilen Inseln bis nach Kamtschatka, Sachalin, Hokkaido und Honshu, sowie Nordkorea (Tumen) im Süden.
Außerhalb seines natürlichen Verbreitungsgebietes wurde er in den Großen Seen unbeabsichtigt eingebürgert, als 1956 am Lake Superior einige Setzlinge entwichen. Bereits ein Jahre später konnte die natürliche Vermehrung festgestellt werden und bis 1979 besiedelte der Buckellachs das gesamte Seengebiet, wo er sich zu einer reinen Süßwasserform entwickelte und zum Laichen in die Zuflüsse aufsteigt.
Obwohl zwischen 1959 und 1966 jährlich zwischen 2,5 und 3,4 Mio. Eier des Buckellachses in Neufundland erbrütet und die Jungfische in die Flüsse ausgesetzt wurden, waren diese Versuche wenig erfolgreich.
Auch in Europa wurden durch Russland zwischen 1957 und 1977 über 200 Mio. Smolts im Weißen Meer und der Barentssee ausgesetzt, wo der Buckellachs zum Laichen jetzt bis in den Jenissej aufsteigt und von fischereilicher Bedeutung ist.
Weniger erfolgreich wurde er in die Ostsee und ins Schwarze- und Kaspische Meer, sowie auf der Südhalbkugel in Chile, eingebürgert.

Lebensweise:
Die Geschlechtsreife wird meist mit einem Alter von 1-3 Jahren bei einer Länge von 40-60 cm und einem Gewicht von 1-3 kg erreicht.
Buckellachse verweilen normalerweise 14-18 Monate im Meer und kehren zwischen Juni und September als 2-sömmrige Lachse in die Heimatflüsse zurück. Eine Besonderheit ist, dass sich die verschiedenen Jahrgänge dabei üblicherweise nicht vermischen und es so stets gerade oder ungerade Jahrgänge unter den Laichfischen gibt.
Buckellachse können nicht so gut Stromschnellen und Wasserfälle überwinden, wie andere Pazifische Lachsarten, dafür ist es ihnen möglich, auch in der Gezeitenzone der Flüsse zu laichen. Gewöhnlich befinden sich die Laichplätze daher nicht weit (max. 100 km) von den Mündungen entfernt, manche können aber auch weit flussaufwärts liegen (z.B.: im Amur bis zu 750 km).
Die Laichzeit erstreckt sich von August bis Oktober, bei Wassertemperaturen von 7-15 °C.

Die Laichabgabe erfolgt meist 4-8 Wochen nach dem Einstieg in die Flüsse in zwei dicht nebeneinander liegende 30-60 cm große und 20-30 cm tiefe Laichgruben, die vom Weibchen in einer Wassertiefe von 0,3-0,9 m an Kies- oder Schotterbänken mit einem Korndurchmesser von 10-100 mm bei einer Strömungsgeschwindigkeit von 0,3-1,4 m/s angelegt werden. Von den Eiern landen tatsächlich oft nur 35-80 % in der Laichgrube. Nach der Eiablage wird mit Schotter von oberhalb der Laichgrube ein 1,8-3,6 m langer und 1,0-1,5 m breiter Laichhügel angehäuft, der kurz bewacht wird, ehe die Laichfische zugrunde gehen. Zur natürlichen Kreuzung kommt es in seltenen Fällen mit dem Hundslachs.

Die Eimenge beträgt durchschnittlich 1.000-2.000 Stück je Weibchen. Die Eier haben einen Durchmesser von 5,0-6,0 mm.

Die Entwicklung dauert bei einer Wassertemperatur von 5-10 °C etwa 545-630 Tagesgrade bis zum Schlupf und 868-1034 Tagesgrade bis zur aktiven Nahrungsaufnahme.

Brut und Jungfische werden gerne von Saiblingen, Forellen und Lachsen, sowie Koppen gefressen.

Junge Buckellachse wandern von März bis Juli meist wenige Tage nach dem Schlüpfen mit einer Größe von 3-4 cm relativ schnell ins Meer (in arktischen Breiten aber manchmal auch erst nach einem Jahr). Dort schließen sie sich dann in den seichten brackigen Küstengewässern zu dichten Schwärmen zusammen, um mit 4-12 cm in tiefere Meeresgebiete zu wandern, wo sie dann Tausende Kilometer weit wandern können.

Die Nahrung besteht anfangs hauptsächlich aus Insekten und Krebsen sowie anderen Wirbellosen, und im Meer vor allem aus Fischen.

Das Wachstum ist sehr schnell. Nach dem ersten Sommer im Meer sind Buckellachse etwa 23 cm und nach dem ersten Winter im Meer rund 33 cm lang.

Der Buckellachs kann bis zu 76 cm lang, 6 kg schwer und 4 Jahre alt werden.

Bedeutung:

Der Buckellachs hat eine sehr große wirtschaftliche Bedeutung. Er steht in den Gesamtfängen der Pazifischen Lachse an erster Stelle (in Amerika an erster und in Asien an zweiter). Sein Fanganteil beträgt nach der Stückzahl ca. 60 % und nach dem Gewicht ca. 40 %. Der Fang erfolgt vorwiegend mit Schleppnetzen in Küstengebieten und Buchten. Das Fleisch ist wegen des geringen Fettgehalts minderwertig und wird meist zu Konserven verarbeitet, nur rund 5 % wird gefrostet. Der Rogen ist jedoch hochwertig und wird zu Lachskaviar verarbeitet.

In Russland wurden in den 1930er Jahren jährlich etwa 100.000 t gefangen, wobei das Hauptfanggebiet um Kamtschatka liegt.
Der jährliche Gesamtfang aus der Fischerei betrug in den 1950er Jahren 197.030 t (44.591 t USA, 20.670 t Kanada, 80.910 t Russland, 50.860 t Japan), in den 1960er Jahren 167.550 t (53.450 t USA, 21.470 t Kanada, 33.150 t Russland, 59.481 t Japan), in den 1970er Jahren 161.760 t (48.284 t USA, 17.625 t Kanada, 59.749 t Russland, 36.102 t Japan), in den 1980er Jahren 238.654 t (113.551 t USA, 26.425 t Kanada, 77.624 t Russland, 21.054 t Japan), in den 1990er Jahren 328.578 t (147.121 t USA, 14.973 t Kanada, 143.617 t Russland, 22.867 t Japan), und in den 2000er Jahren 372.357 t (145.418 t USA, 84.350 t Kanada, 200.427 t Russland, 18.077 t Japan).
Für die Angelfischerei ist der Buckellachs schon wegen seiner geringen Größe nicht so bedeutend wie der Königs- und Silberlachs. Buckellachse werden meist als Beifische bei der Fischerei auf die größeren Vertreter der pazifischen Lachse an den Strömungskanten gefangen. Diverse Lachsfliegen sowie Glo-Bugs (Eifliegen) an der 6-8er Fliegenrute gefischt sind sehr fängig. Beim Spinnfischen kommen Spinner und Blinker mittlerer Größe zum Einsatz. Schnüre von 0,3 mm Stärke gefischt mit leichterem Spinngerät sind dabei meist ausreichend.
In Nordamerika und Ostasien wird er künstlich vermehrt und zur Bestandsförderung in Flüsse ausgesetzt. Die Überlebensrate 0,23 g schwerer, nicht angefütterter, Brütlinge während der marinen Phase beträgt etwa 1-5 %. Eine Anfütterung von 2-4 Wochen kann die Überlebensrate der Brütlinge auf 6-10 % steigern.

Buckellachs. (Foto: P. Vecsei)

Oncorhynchus keta Walbaum, 1792. **Hundslachs**, Chum

Hundslachs. (Foto: P. Vecsei)

Beschreibung:

13-17 Rückenflossenstrahlen, 10-14 Afterflossenstrahlen, 124-153 Seitenlinienschuppen, 11-26 Kiemenreusendornen, 120-249 Pylorusanhänge, 59-71 Wirbel.

Der gedrungene Körper mit schlankem Schwanzstiel ist etwas dicker als bei den anderen Pazifiklachsen. Zur Laichzeit werden vor allem bei den Männchen die Kiefer und Zähne länger und der Rücken höher.

Juvenile Hundslachse besitzen hauptsächlich über der Seitenlinie 6-14 dunkle schmale kurze Jugendflecken. Im Meerwasser bekommen die Lachse silbrige Seiten und einen metallisch blauen bis dunkelgrünen Rücken mit vereinzelten fahlen Punkten. Die Flossen sind fleckenlos. Die Spitzen der Bauch- und Afterflosse sind weiß, die der Brust- und Schwanzflosse sind dunkel gefärbt – dies unterscheidet den Hundslachs von dem ihm ähnlichen Buckellachs. Zur Laichzeit bekommen die Männchen eine gelbbraune Grundfärbung mit dunklem Rücken und zeigen eine violette, rotblaue bis grünbraune, 6-7 mal gewundene Querbänderung. Die Weibchen sind an dem breiten, dunklen rotbraunen bis blaugrauen Längsband unterhalb der Seitenlinie zu erkennen.

Verbreitung:
Der Hundslachs hat die weiteste geographische Verbreitung von allen Pazifiklachsen, er kommt in fast allen Flusssystemen (Mackenzie, Yukon, Alsek, Skeena, Fraser, Columbia, Umpqua River) entlang der Pazifikküsten vor (67-24° Nördlicher Breite). In Nordamerika von der Tillamook Bay in Oregon über die Küstenkette in Alaska bis zum Amundsen Golf in Kanada. In Ostasien im Norden von der Ostsibirischen See mit Lena, Indigirka und Kolyma über Anadyr, Kamtschatka, die Kommandeur und Kurilen Inseln, bis Sachalin, Hokkaido und Honshu, sowie Nordkorea (Tumen) im Süden.
Der Hundslachs wurde in den 1930er Jahren mit Erfolg auch im Weißmeergebiet in Russland ausgesetzt. Eine 1955 durchgeführte Einbürgerung in der Hudson und James Bay gelang, blieb aber ohne großen Erfolg. Einbürgerungsversuche in Chile schlugen bisher fehl.

Lebensweise:
Die Geschlechtsreife wird meist mit einem Alter von 3-6 Jahren bei einer Länge von 60-80 cm und einem Gewicht von 3-6 kg erreicht.
Bei der mehrwöchigen Laichwanderung, die meist bei einer Wassertemperatur von 10-12 °C rund 2 Wochen nach der des Buckellachses einsetzt, werden meist 200 km (im Yukon bis zu 2.800 km) mit durchschnittlich 47 km/Tag zurückgelegt und selbst kleinste Bäche aufgesucht. Wie dem Buckellachs ist es aber auch dem Hundslachs möglich, in den Gezeitenzonen erfolgreich zu laichen.
Es haben sich zwei Formen gebildet, die sich durch die Zeit der Laichwanderung und der Laichzeit unterscheiden. Die etwas jüngeren sogenannten Sommerlachse, die von Juni bis August meist nicht so weit aufsteigen und bei Wassertemperaturen von 6-8 °C laichen. Sowie die etwas älter werdenden, schnellwüchsigeren sogenannten Herbstlachse, die von August bis Oktober aufsteigen und bei Wassertemperaturen von 2-4 °C rund 1 Monat nach den Sommerlachsen laichen. Dabei sind die Herbstlachse (z.B.: Amur) im Durchschnitt um rund 14 cm und 1,8 kg größer und schwerer, und haben um etwa 43 % (ca. 1.000 Stück) höhere Eimengen, die bei Beginn der Laichwanderung aber etwas weniger weit entwickelt sind als jene der Sommerlachse. Bei beiden Formen sind die Männchen um etwa 3 cm länger und 0,7 kg schwerer als die Weibchen.
Die Laichzeit erstreckt sich, je nach geographischer Breite, von Juli bis Januar bei Wassertemperaturen von 7-12 °C.
Die Laichabgabe erfolgt in 200-300 cm lange, 100-200 cm breite und 20-40 cm tiefe Laichgruben, die vom Weibchen während 1-2 Tagen in Ufernähe auf Geröllgrund mit einem Korndurchmesser von 10-150 mm,

bei einer Strömungsgeschwindigkeit von 0,1-0,3 m/s angelegt werden. Dabei halten sich oft mehrere Männchen bei einem Weibchen auf, das dann die Eier meist portionsweise während 3-5 Tagen in gewöhnlich drei Laichgruben ablegt, die gleichzeitig von den Männchen befruchtet werden. Dabei landen rund 80 % der Eier tatsächlich in der Laichgrube. Das Weibchen bewacht die mit Kies bedeckte Laichgrube meist 1-2 Wochen, und die Männchen befruchten dann oft noch weitere Eier anderer Weibchen, ehe sie abwärts wandern und alle zugrunde gehen.
Zu einer natürlichen Kreuzung kann es gelegentlich mit dem Buckel- und Rotlachs kommen. Einige Eier und Jungfische werden oft von Forellen, Lachsen und Saiblingen sowie Koppen gefressen.
Die Eimenge beträgt durchschnittlich 1.000-7.000 Stück je Weibchen. Die Eier haben einen Durchmesser von 5,1-9,5 mm.
Die Entwicklung dauert bei einer Wassertemperatur von 5-10 °C etwa 498-545 Tagesgrade bis zum Schlupf und 845-1049 Tagesgrade bis zur aktiven Nahrungsaufnahme.
Die Jungfische wandern nach wenigen Wochen mit einer Größe von 3-7 cm flussabwärts. Die Wanderung in die Mündungsbereiche erfolgt bei Niedrigwasser meist in der Nacht, und bei Hochwasser auch am Tag. Sie schließen sich zu kleinen Schulen zusammen, und ziehen nach einigen Monaten, meist von Juli bis August, ins Salzwasser. Im Meer wandern die Lachse zum Fressen meist in die Beringsee und ins Ochotskische Meer und bleiben gewöhnlich 2,5-4,5 Jahre, bevor sie zum Laichen ins Süßwasser zurückkehren.
Die Nahrung besteht hauptsächlich aus Insekten (*Chironomus*) und Krebsen, sowie im Meer auch aus Weichtieren und Fischen (*Ammodytes, Clupea, Gadus, Hypomesus*).
Der Hundslachs kann bis zu 110 cm lang, 21 kg schwer und 9 Jahre alt werden.

Bedeutung:
Der Hundslachs hat eine sehr große wirtschaftliche Bedeutung. Er steht in den Gesamtfängen der Pazifischen Lachse an zweiter Stelle (in Asien an erster und in Amerika an zweiter). Sein Fanganteil beträgt nach dem Gewicht ca. 35 %. Der Fang erfolgt meist mit Zug- und Kiemennetzen von Juni bis November in den Flussmündungen. Das Fleisch und der Keta-Kaviar sind sehr geschätzt. Das magere helle Fleisch wird getrocknet, gesalzen, geräuchert oder gefrostet, das meiste jedoch in Japan roh gegessen oder in den USA zu Konserven verarbeitet. Im Norden wurde es vor allem als Futter für Schlittenhunde verwendet.

In Russland wurden in den 1930er Jahren jährlich etwa 47.000 t (bzw. ca. 30 Mio. Stück) gefangen.
Der jährliche Gesamtfang aus der Fischerei betrug in den 1950er Jahren 133.058 t (28.388 t USA, 19.860 t Kanada, 52.990 t Russland, 31.820 t Japan), in den 1960er Jahren 96.350 t (21.387 t USA, 8.000 t Kanada, 30.000 t Russland, 36.963 t Japan), in den 1970er Jahren 125.464 t (23.890 t USA, 14.053 t Kanada, 12.164 t Russland, 75.357 t Japan), in den 1980er Jahren 219.712 t (43.070 t USA, 15.033 t Kanada, 20.158 t Russland, 141.452 t Japan), in den 1990er Jahren 319.734 t (58.451 t USA, 13.514 t Kanada, 23.394 t Russland, 224.375 t Japan), und in den 2000er Jahren 327.545 t (53.372 t USA, 78.210 t Kanada, 44.819 t Russland, 221.533 t Japan).
Sportfischereilich wird der Hundslachs meist an Strömungskanten und im Auslauf von Pools gefangen. Er geht von allen pazifischen Lachsen am besten auf die Trockenfliege.
In Nordamerika und Ostasien wird er künstlich vermehrt und zur Bestandsförderung in Flüsse ausgesetzt. Die Überlebensrate nicht oder kurz angefütterter Brütlinge während der marinen Phase beträgt etwa 1-2 %.

Hundslachs. (Foto: J. Vance)

Oncorhynchus kisutch Walbaum, 1792. **Silberlachs**, Coho

Silberlachs. (Foto: P. Vecsei)

Beschreibung:
12-17 Rückenflossenstrahlen, 10-12 Afterflossenstrahlen, 120-148 Seitenlinienschuppen, 18-26 Kiemenreusendornen, 45-114 Pylorusanhänge, 61-69 Wirbel.
Der Körper ist gedrungen, jedoch schlanker als beim Königslachs, mit großem breitem Kopf und hohem kurzem Schwanzstiel. Das Zahnfleisch der Kiefer ist weiß gefärbt. Zur Laichzeit verlängern sich vor allem bei den Männchen die Kiefer hakenförmig.
Im Süßwasser erkennt man die Jungfische an den 8-12 langen und schmalen Jugendflecken die sich gleichermaßen oberhalb und unterhalb der Seitenlinie erstrecken, dazwischen befinden sich ovale bis dreieckige kleinere Flecken. Im Meerwasser erhalten die Silberlachse eine silbrig glänzende Färbung. Der dunkelgrüne bis schwarzblaue Rücken, sowie der Ansatz der Rückenflosse und der obere Teil der Schwanzflosse sind mit kleinen runden bis unregelmäßigen, schwarzen bis dunkelgrauen Flecken übersäht, die an den Seiten heller werden. Zur Laichzeit verfärbt sich bei den Männchen der Rücken grünbraun und die Seiten rotbraun. Die Weibchen sind dann bronzefarben, manchmal mit unregelmäßigen

rötlichen oder violetten Flecken an den Flanken.

Verbreitung:
Der Silberlachs kommt in vielen Flusssystemen (Yukon, Alsek, Skeena, Fraser, Columbia, Klamath und Sacramento River), sowie in einigen Seen (Lake Iliamna) entlang der Pazifikküsten vor (75-22° Nördlicher Breite). Sein Verbreitungsgebiet erstreckt sich in Nordamerika von der Monterey Bay in Kalifornien über den Cook Inlett bis zum Kotzebue Sund in Alaska, sowie über die Aleuten. In Ostasien vom Anadyr und Kamtschatka, über die Kurilen Inseln bis Sachalin und Hokkaido, sowie Nordkorea.
Von 1966-1970 wurden ca. 16 Mio. Silberlachse, hauptsächlich im Lake Erie, Michigan und Superior, ausgesetzt, wo sie sich seit 1968 auch in den Zuflüssen vermehren. Weitere Einbürgerungsversuche an der Ostküste Nordamerikas schlugen bisher fehl. Weltweit wurden Silberlachse in vielen kühlen Regionen, auch auf der Südhalbkugel, verbreitet. 1975 und 1978 wurden einige Tausend 10-13 cm große Silberlachse in den Gardasee eingesetzt und nach 3-4 Jahren konnten bereits etwa 3-4 kg schwere und ca. 60 cm lange Fische gefangen werden. Eine Population konnte sich hier jedoch vermutlich aufgrund des Fehlens geeigneter Laichflüsse nicht etablieren.

Lebensweise:
Die Geschlechtsreife wird meist mit einem Alter von 3-4 Jahren bei einer Länge von 40-60 cm und einem Gewicht von 3-5 kg erreicht.
Der Laichaufstieg erfolgt meist im Norden von Juni bis Juli, im Süden von August bis Oktober. Gerne sammeln sich die Lachse in den Mündungen und steigen bei Hochwasser nach Regenfällen oft am Tag meist bei einer Wassertemperatur von 4-10 °C in die Flüsse ein.
Bei der Laichwanderung werden etwa 200 km (im Yukon bis zu 2.000 km) zurückgelegt. Der Silberlachs wandert meist nach dem Rotlachs, bevorzugt in kleine Küstenbäche und die Quellregionen großer Flüsse, laicht jedoch bei entsprechenden Bedingungen auch in den Unterläufen. Es haben sich zwei Formen gebildet, die sich durch die Zeit der Laichwanderung und die Laichzeit unterscheiden. Die sogenannten Sommerlachse, die von August bis November, und die sogenannten Herbstlachse, die von Dezember bis März bei Wassertemperaturen von 6-12 °C laichen.
Die Laichabgabe erfolgt in 115-195 cm lange, 100-135 cm breite und 20-40 cm tiefe Laichgruben, die vom Weibchen meist in einer Wassertiefe von 0,1-0,5 m im oberen Bereich einer Schotterbank mit

einem Korndurchmesser von 10-150 mm bei einer Strömungsgeschwindigkeit von 0,2-0,7 m/s angelegt werden.
Nach dem Laichen wird die Laichgrube mit Schotter von oberhalb wieder bedeckt. Einige Tiere sterben bereits wenige Tage nach dem Laichen, andere können auch bis zu einem Monat überleben. Die laichenden Lachse werden oft von mehreren kleinen Saiblingen begleitet, die die nicht in die Laichgrube gelangenden Eier fressen. Gelegentlich treten auch Hybriden mit dem Königslachs auf.
Die Eimenge beträgt durchschnittlich 2.000-5.000 Stück je Weibchen. Die Eier haben einen Durchmesser von 4,5-6,9 mm.
Die Entwicklung dauert bei einer Wassertemperatur von 5-10 °C etwa 460-468 Tagesgrade bis zum Schlupf und 777-814 Tagesgrade bis zur aktiven Nahrungsaufnahme.
Die Silberlachse verbringen meist 1 Jahr im Süßwasser, in nördlicheren Breiten auch bis zu 3 Jahre. Im Sommer halten sie sich meist in Flachwasserbereichen auf und ziehen im Herbst in tiefere Abschnitte. Das ausgeprägte Territorialverhalten der jungen Silberlachse bis zum Smoltstadium spiegelt sich in den auffallenden Signalfarbton der Flossen und den deutlich gezeichneten Jugendflecken wieder. Mit einer Durchschnittsgröße von 10-16 cm wandern die Jungfische dann meist von Februar bis August in kleinen Gruppen überwiegend in der Nacht ins Meer ab und verbleiben dort etwa 16-18 Monate. Anfangs meist einige Monate in oberflächennahen Küstengewässern, erst dann wandern sie in tieferes Wasser und können während des folgenden Jahres tausende Kilometer zurücklegen. Ein geringer Teil der Männchen bleibt aber auch im Süßwasser, wird dort geschlechtsreif und wandert nicht ins Meer.
Die Nahrung besteht hauptsächlich aus Insekten, Krebsen (*Cancer*) und Weichtieren, sowie kleinen Fische (*Alosa, Mallotus, Osmerus, Oncorhynchus*). Von den Junglachsen werden gerne die Brütlinge des Buckel-, Hunds- und Rotlachses gefressen.
Der Silberlachs kann bis zu 100 cm lang, 15 kg schwer und 6 Jahre alt werden.

Bedeutung:
Der Silberlachs hat eine sehr große wirtschaftliche Bedeutung. Er steht in den Gesamtfängen der Pazifischen Lachse an vierter Stelle. Sein Fanganteil beträgt nach dem Gewicht ca. 2-3 %. Der Fang erfolgt im Mündungsbereich mit Zug- und Kiemennetzen, überwiegend aber mit Schleppnetzen von Juni bis September. Das Fleisch wird als Konserve, gesalzen oder geräuchert, aber auch gefrostet oder frisch vermarktet.
In Russland wurden in den 1930er Jahren jährlich etwa 3.000 t gefangen.

Der jährliche Gesamtfang aus der Fischerei betrug in den 1950er Jahren 37.277 t (14.777 t USA, 9.950 t Kanada, 4.610 t Russland, 7.940 t Japan), in den 1960er Jahren 39.671 t (13.991 t USA, 11.780 t Kanada, 3.710 t Russland, 10.190 t Japan), in den 1970er Jahren 36.674 t (15.861 t USA, 10.619 t Kanada, 3.422 t Russland, 6.772 t Japan), in den 1980er Jahren 34.635 t (19.798 t USA, 9.290 t Kanada, 3.868 t Russland, 1.670 t Japan, sowie 9 t Chile), in den 1990er Jahren 28.735 t (21.046 t USA, 4.950 t Kanada, 2.299 t Russland, 433 t Japan, sowie 8 t Chile), und in den 2000er Jahren 19.567 t (16.247 t USA, 607 t Kanada, 2.482 t Russland, 231 t Japan).
In den USA wurden Anfang der 1990er Jahre etwa 72 % der Silberlachse durch die Berufsfischerei und 28 % durch die Angelfischerei gefangen.
Sportfischereilich wird der Silberlachs im Mündungsbereich und in den Unterläufen der Flüsse meist an Strömungskanten bzw. am Einlauf von Pools gefangen. Er geht sowohl auf Trockenfliegen, als auch auf Nassfliegen und Streamer und attackiert den Köder oft auch aus größerer Distanz. Meist werden stark leuchtende Fliegen mit silbernem Körper verwendet. Fliegenruten der Klasse 8-9 sind dabei ausreichend. Beim Spinnfischen kommen Blinker, Spinner und Wobbler oder eingelegte Heringe an Schnüren der Stärke 0,35-0,40 mm zum Einsatz.
Durch Überfischung und Kraftwerksbau haben einige Bestände des Silberlachses in den letzten Jahrzehnten um bis zu 90 % abgenommen und sind gefährdet.
Die künstliche Vermehrung wird in Nordamerika regelmäßig durchgeführt. Die Überlebensrate 15-25 g schwerer Setzlinge (Smolts) während der marinen Phase beträgt etwa 5-20 %. Die Aufzucht bis zum Smoltstadium ist etwas einfacher als bei den anderen Pazifiklachsen. In einigen Ländern wird der Silberlachs in Teichen oder Netzgehegen zum Speisfisch aufgezogen. In den 1970er bis 1980er Jahren wurde der Silberlachs auch nach Europa (z.B.: Spanien, Deutschland, Österreich, Zypern) eingeführt, wo er vor allem in Frankreich und Italien von gewisser wirtschaftlicher Bedeutung ist und in Fischzuchtanlagen zum Speisefisch von 0,5-1,0 kg aufgezogen wird.
Die jährliche Gesamtproduktion aus der Aquakultur betrug in den 1960er Jahren 76 t (USA), in den 1970er Jahren 450 t (384 t USA, 19 t Frankreich), in den 1980er Jahren 10.959 t (980 t USA, 581 t Kanada, 7.598 t Japan, 1.484 t Chile, 314 t Frankreich), in den 1990er Jahren 63.712 t (61 t USA, 1.454 t Kanada, 17.055 t Japan, 45.080 t Chile), und in den 2000er Jahren 121.719 t (830 t Kanada, 11.848 t Japan, 109.041 t Chile).

Oncorhynchus masou Brevoort, 1856. **Kirschlachs**, Lotoslachs

Kirschlachs. (Foto: C. Ratschan)

Beschreibung:
13-18 Rückenflossenstrahlen, 12-19 Afterflossenstrahlen, 120-143 Seitenlinienschuppen, 17-22 Kiemenreusendornen, 35-76 Pylorusanhänge, 62-69 Wirbel.
Der Körper ist spindelförmig, aber relativ gedrungen mit dünnem Schwanzstiel und stark eingebuchteter Schwanzflosse. Zur Laichzeit verlängern sich nur bei den Männchen die Kiefer hakenförmig und sie bilden einen leichten Buckel aus.
Juvenile anadrome Kirschlachse haben 6-11 lange schmale Jugendflecken mit einigen kleineren dunklen rundlichen Flecken entlang des Rückens. Die Flossen sind hell orange bis rötlich mit bläulich-weißen Spitzen an Rücken-, After- und Bauchflossen. Die Brustflossen, sowie oberer und unterer Rand der Schwanzflosse sind orange gefärbt. Juvenile stationäre Lotoslachse besitzen längliche bis ovale Jugendflecken, mit schwarzen runden Flecken - auch entlang des Bauches. In einigen Seen Japans gibt es Fische, denen die Jugendflecken auch fehlen.

Die in den Flüssen verbleibenden Lotoslachse behalten meist ihre Jugendflecken und bekommen an den Seiten zinnoberrote, rundliche Flecken. Die in den Seen lebenden Formen bekommen, wie die ins Meer wandernden Formen, silbrige Seiten und einen dunkelblauen bis grünlichen Rücken ohne schwarze Flecken. Laichreife Tiere zeigen karminrote Flanken mit unregelmäßigen runden bis ovalen Flecken, die zur Laichzeit rötlich werden, wobei die Männchen meist intensiver gefärbt sind als die Weibchen.

Verbreitung:
Der Kirschlachs kommt nur an der Pazifikküste in Ostasien vor (62-24° Nördlicher Breite). Er zieht vor allem in die Flüsse des Japanischen und des Ochotskischen Meeres. Das Verbreitungsgebiet erstreckt sich im Norden von Kamtschatka über Sachalin bis Hokkaido, Honshu und Kyushu, sowie Korea und Taiwan im Süden.
Der Kirschlachs wurde 1923 erfolgreich im Biwasee in Japan eingebürgert, wo sich eine reine Süßwasserpopulation entwickelte. Die 1929 durchgeführten Einbürgerungsversuche im Boyne River, eines Zuflusses des Michigan Sees, blieben ohne Erfolg, ebenso wie ähnliche Versuche in Kanada und Chile.
Eine stationäre Süßwasserform, die auch schon als Unterart (*Oncorhynchus m. rhodurus* Jordan et McGregor, 1925), beschrieben wurde, ist der Lotoslachs. Er kommt in einigen Flüssen (Nagara) und Seen auf Hunshu und Kyushu in Japan vor, wobei einige (vor allem Weibchen) auch in die Küstengewässer wandern. Die Reliktpopulation der stationären Süßwasserform, welche im Quellgebiet des Tachia Flusses in Taiwan vorkommt, wurde ebenfalls schon als eigene Unterart (*Oncorhynchus m. formosanum* Jordan et Oshima, 1919) beschrieben.

Lebensweise:
Die Geschlechtsreife wird beim stationären Lotoslachs mit einem Alter von 1-4 Jahren bei einer Größe von 20-40 cm und einem Gewicht von 0,1-1,0 kg und beim anadromen Kirschlachs mit einem Alter von 3-5 Jahren bei einer Länge von 40-60 cm und einem Gewicht von 1-3 kg erreicht.
Die 1-3 monatige kurze Laichwanderung (z.B.: im Amur bis 400 km) erfolgt, im Süden früher als im Norden, von April bis September. Der Kirschlachs wandert am frühesten von allen Pazifischen Lachsarten in die Flüsse, und generell weiter aufwärts als der Buckellachs.
Die 30-40 Tage dauernde Laichzeit erstreckt sich, im Norden früher als im Süden, von Juli bis Dezember bei Wassertemperaturen von 7-15 °C.

Die Laichabgabe erfolgt in 50-200 cm lange, 40-80 cm breite und 10-45 cm tiefe Laichgruben, die in einer Wassertiefe von 0,1-0,5 m im Kiesgrund mit einem Korndurchmesser von 7-60 mm bei einer Strömungsgeschwindigkeit von 0,1-1,0 m/s angelegt werden. Die Eiabgabe erfolgt dabei meist in drei Intervallen.
Alle Kirschlachse, die vom Meer zurückwandern, sterben nach dem Laichen, wohingegen die süßwasserstationären männlichen Kirsch- und einige Lotoslachse sich auch mehrmals fortpflanzen können.
Die Eimenge beträgt durchschnittlich 1.000-4.000 Stück je Weibchen. Die Eier haben einen Durchmesser von 4,0-7,7 mm.
Die Entwicklung dauert bei einer Wassertemperatur von 5-10 °C etwa 440-500 Tagesgrade bis zum Schlupf.
Die Jungfische schließen sich anfangs zu Gruppen zusammen, ehe sie sich nach und nach verteilen. Sie zeigen jedoch kein Territorialverhalten wie der Silber- oder Königslachs.
Junge Kirschlachse bleiben meist 1-2 Jahre (im Norden auch 3 Jahre) im Süßwasser, bevor sie von April bis Juni mit einer Größe von 10-15 cm ins Meer ziehen. Dort verbringen sie meist 1-2 Jahre (im Norden auch 3 Jahre), und entfernen sich meist nicht weit von der Küste. Einige wandern jedoch auch bis ins Ochotskische Meer.
Die Nahrung besteht hauptsächlich aus Insekten und Krebsen, im Meer auch aus Weichtieren und kleinen Fischen.
Das Wachstum der stationären Populationen im Süßwasser ist relativ langsam, jenes der anadromen Populationen im Meerwasser relativ schnell.
Der Kirschlachs kann bis zu 80 cm lang, 9 kg schwer und 6 Jahre alt werden.

Bedeutung:
Der Kirschlachs hat eine geringere wirtschaftliche Bedeutung als die restlichen Pazifiklachse. Er steht in den Gesamtfängen der Pazifischen Lachse an letzter Stelle. Sein Fanganteil beträgt nach dem Gewicht ca. 0,2-0,3 %. Das Fleisch hat eine mäßige Qualität und wird meist gesalzen und geräuchert oder getrocknet.
In Russland wurden in den 1930er Jahren jährlich etwa 415 t gefangen.
Der jährliche Gesamtfang aus der Fischerei betrug in den 1960er Jahren 134 t (Japan), in den 1970er Jahren 3.769 t (Japan), in den 1980er Jahren 3.448 t (Japan), in den 1990er Jahren 2.489 t (2.478 t Japan, 11 t Russland), und in den 2000er Jahren 1.661 t (1.651 t Japan, 10 t Russland).

Im Biwasee in Japan wurden 1950 ca. 68 t, von 1960-1970 ca. 22-37 t und 1980 ca. 11 t jährlich gefangen.
In Ostasien wird er einigen Zuchtanlagen zur Bestandserhaltung künstlich vermehrt (z.B.: in Taiwan seit 1985).
In Chile wurde er eingeführt, wo Anfang der 1990er Jahre 30-100 t jährlich produziert wurden. In den 2000er Jahren wurde er auch in die Schweiz eingeführt und wird dort in einer Fischzucht regelmäßig vermehrt und bis zum Speisefisch aufgezogen.

Lotoslachs. (Foto: J. Prosek)

Oncorhynchus nerka Walbaum, 1792. **Rotlachs**, Sockeye

Rotlachs. (Foto: J. Vance)

Beschreibung:
11-18 Rückenflossenstrahlen, 11-16 Afterflossenstrahlen, 120-150 Seitenlinienschuppen, 28-44 Kiemenreusendornen, 45-115 Pylorusanhänge, 56-67 Wirbel.
Der Körper ist spindelförmig, aber gedrungen mit dünnem Schwanzstiel. Die Brustflossen sind etwas abgerundet und die Afterflosse klein und dick. Zur Laichzeit verlängern sich, vor allem bei den Männchen, die Kiefer hakenförmig und die Tiere bekommen einen leichten Buckel.
Die Jugendfärbung ist ähnlich wie beim Hundslachs, jedoch sind die 8-12 Jugendflecken etwas breiter und unregelmäßiger. Im Meerwasser bekommen die Fische silbrige Flanken und einen metallisch grünblauen Rücken mit wenigen feinen schwarzen Flecken, die gelegentlich auch auf der Rücken- und Schwanzflosse vorhanden sein können. Zur Laichzeit verfärbt sich bei beiden Geschlechtern der Körper orangerot, Rücken-, After- und Fettflossen rot-grau und die restlichen Flossen grün-schwarz. Der Kopf wird hellgrün mit hellem Unterkiefer. Die Männchen sind etwas intensiver gefärbt und bei den Weibchen ist manchmal eine dunkle Querbänderung zu sehen.

Verbreitung:
Der Rotlachs kommt in fast allen Flusssystemen (Yukon, Susitna, Alsek, Skeena, Fraser, Columbia River) und vielen Seen (Redfish und Alturas, Quinalt und Ozetta, Wenatchee und Osoyoos, Arrow, Pend Oreille, Babine, Flathead, Kootenay, Okanagan, Kalamalka und Wood, Washington und Baker, Iliamna und François Lakes) entlang der Pazifikküsten vor (72-42° Nördlicher Breite). Sein Verbreitungsgebiet erstreckt sich in Nordamerika von der Tillamook Bay in Oregon über Vancouver Island in Kanada bis zum Kotzebue Sound in Alaska. In marinen arktischen Gewässern Kanadas ist er sogar bis zur Westküste von Viktoria Island zu finden. In Ostasien vom Anadyr über Kamtschatka, die Kommandeur und Kurilen Inseln bis nach Hokkaido.
1950-1970 wurden ca. 19 Mio. Rotlachse in die Großen Seen (hauptsächlich Lake Ontario und Huron) eingesetzt, wo sie sich seit 1968 auch vermehren. Von den zahlreichen Versuchen den Rotlachs in einige andere Staaten der USA für die Angelfischerei einzubürgern, waren nur wenige erfolgreich.
Anfang der 1900er Jahre wurde der Rotlachs in Neuseeland mit Erfolg eingebürgert, wo er zum Laichen in die Flüsse aufsteigt und in einigen Seen und Flüssen (Waitaki) auch Süßwasserformen bildet.

Lebensweise:
Eine stationäre Süßwasserform, die auch schon als Unterart (*Oncorhynchus n. kennerlyi* Suckley, 1861), beschrieben wurde, ist der Kokanee. Er lebt sowohl in Seen, die vom Meer abgeschnitten sind, als auch in solchen mit Zugang zum Meer, und kommt in Seen von Alaska bis Oregon sowie auf Kamtschatka, Hokkaido und Honshu vor. Gelegentlich laicht er im Bereich von Grundwasseraustritten in den Seen selbst, meist jedoch wandert er in die Zuflüsse, gewöhnlich weiter aufwärts, als der anadrome Rotlachs (Sockeye) und laicht generell etwas früher als dieser.
Die Geschlechtsreife wird beim stationären Kokanee mit einem Alter von 2-5 Jahren bei einer Länge von 20-50 cm und einem Gewicht von 0,5-2,0 kg, und beim anadromen Sockeye mit einem Alter von 4-6 Jahren bei einer Länge von 50-70 cm und einem Gewicht von 2-3 kg erreicht.
Der bis zu 1.900 km lange Aufstieg in die Flüsse mit einer durchschnittlichen Geschwindigkeit von etwa 30 km/Tag erfolgt meist von Mai bis September. Die Rotlachse laichen gewöhnlich nach einem 1- bis 8-monatigem Aufenthalt im See, in den Zuflüssen oder überwiegend im seichten Uferbereich (bis 9 m Tiefe) der Seen selbst.

Die Laichzeit erstreckt sich von Juli bis Januar bei Wassertemperaturen von 3-7 °C.
Die Laichabgabe erfolgt meist in 3-5 kleinen, 40-150 cm großen und 5-30 cm tiefen Laichgruben, die vom Weibchen in kiesigem bzw. schottrigem Boden mit einem Korndurchmesser von 10-100 mm bei einer Strömungsgeschwindigkeit von maximal 0,1 m/s oft bei Quellaustritten angelegt werden. Die Laichgruben werden nach dem Laichen wieder mit Kies bedeckt und meist 2-4 Wochen gegen andere Fische verteidigt. Zahlreiche Eier und Brütlinge werden oft von Koppen, Saiblingen, Forellen und Lachsen gefressen.
Die Eimenge beträgt durchschnittlich 1.000-6.000 Stück je Weibchen. Die Eier haben einen Durchmesser von 4,5-6,6 mm.
Die Entwicklung dauert bei einer Wassertemperatur von 5-10 °C etwa 614-693 Tagesgrade bis zum Schlupf und 943-1088 Tagesgrade bis zur aktiven Nahrungsaufnahme.
Die Junglachse verbringen nach dem Schlüpfen meist 1-4 Jahre, je nach klimatischen Bedingungen, im See, seltener im Fluss, bevor sie zumeist von April bis Juni bei einer Wassertemperatur von 4-5 °C mit einer Länge von 8-16 cm ins Meer wandern. Während seines 1-4 jährigen Aufenthaltes im Meer legt der Rotlachs weite Strecken zurück, im Durchschnitt etwa 3.700 km.
Die Nahrung besteht im Süßwasser hauptsächlich aus Insekten (*Chironomus, Chaoborus*), und Krebsen (*Alona, Bosmina, Calanus, Ceriodaphnia, Chydorus, Cyclops, Daphnia, Diaptomus, Epischura, Eucalanus, Metridia, Podon, Paracallisoma, Pseudocalanus, Themisto, Thysanoessa*), im Meerwasser auch aus Würmern, Weichtieren sowie kleinen Fischen (*Alosa, Cottus, Theragra*).
Der Rotlachs kann bis zu 84 cm lang, 7 kg schwer und 8 Jahre alt werden.

Bedeutung:
Der Rotlachs hat eine sehr große wirtschaftliche Bedeutung. Er steht in den Gesamtfängen der Pazifischen Lachse an dritter Stelle. Sein Fanganteil beträgt nach dem Gewicht ca. 15 %. Der Fang erfolgt meist mit Zug- und Kiemennetzen in den Flussmündungen, zu einem geringeren Teil auch mit Schleppnetzen im Meer. Das Fleisch hat die beste Qualität aller Pazifiklachse und wird seit den 1860er Jahren meist zu Konserven verarbeitet. Der Rogen wird nicht zur Kaviarherstellung verwendet, da er bitter schmeckt.

In Russland betrugen die jährlichen Fänge durchschnittlich in den 1910er Jahren 4.835 t, in den 1920er Jahren 17.850 t, in den 1930er Jahren 14.745 t, und in den 1940er Jahren 8.010 t.
Der jährliche Gesamtfang aus der Fischerei betrug in den 1950er Jahren 71.287 t (34.060 t USA, 14.440 t Kanada, 5.310 t Russland, 17.477 t Japan), in den 1960er Jahren 78.132 t (41.267 t USA, 10.960 t Kanada, 3.910 t Russland, 21.996 t Japan), in den 1970er Jahren 68.699 t (42.188 t USA, 15.376 t Kanada, 2.160 t Russland, 8.975 t Japan), in den 1980er Jahren 135.850 t (104.939 t USA, 20.860 t Kanada, 6.876 t Russland, 3.175 t Japan), in den 1990er Jahren 170.477 t (130.006 t USA, 21.475 t Kanada, 14.468 t Russland, 4.529 t Japan), und in den 2000er Jahren 134.160 t (100.360 t USA, 5.098 t Kanada, 26.008 t Russland, 2.693 t Japan). Die Hauptfangebiete (>90 %) sind für Nordamerika in Alaska und für Ostasien auf Kamtschatka.
Die stationären Süßwasserpopulationen sind vor allem auch für die Angelfischerei von Bedeutung. Der Fang erfolgt überwiegend mit Trockenfliegen vom Boot oder Ufer aus, aber auch mit Lachseiern beköderten Haken. Die anadromen Formen werden wie die anderen Pazifischen Lachse befischt. Dabei kommen jedoch etwas kleinere Fliegen zum Einsatz.
In Nordamerika und Ostasien wird der Rotlachs künstlich vermehrt und zur Bestandsförderung in Flüsse ausgesetzt.

Rotlachs. (Foto: P. Vecsei)

Oncorhynchus tshawytscha Walbaum, 1792.
Königslachs, Chinook

Königslachs. (Foto: P. Vecsei)

Beschreibung:

14-19 Rückenflossenstrahlen, 10-14 Afterflossenstrahlen, 130-165 Seitenlinienschuppen, 16-30 Kiemenreusendornen, 90-240 Pylorusanhänge, 66-75 Wirbel.

Der Körper ist relativ hoch, mit langem schmalem Schwanzstiel. Das Zahnfleisch der Kiefer ist schwarz gefärbt. Zur Laichzeit verlängern sich, vor allem bei den Männchen, die Kiefer hakenförmig.

Im Süßwasser erkennt man die Jungfische an den 6-12 relativ breiten und großen Jugendflecken, die unterhalb der Seitenlinie zunehmend undeutlicher werden, sowie an einem großen hellen Fleck in der Fettflosse. Im Meerwasser erhalten die Königslachse eine silbrige Färbung mit blaugrünem Rücken. Oberhalb der Seitenlinie befinden sich zahlreiche unregelmäßig geformte bis fast runde schwarze Flecken. Dicht gefleckt sind auch Rücken- und Schwanzflosse. Zur Laichzeit verfärben sich bei beiden Geschlechtern der Rücken grünbraun und die Seiten rotbraun. Die Männchen sind etwas dunkler gefärbt und bekommen rötliche Flecken.

Verbreitung:
Der Königslachs kommt in vielen Flusssystemen (Yukon, Alsek, Skeena, Fraser, Columbia, Klamath und Sacramento River), sowie einigen Seen (Lake Iliamna) entlang der Pazifikküsten vor (72-27° Nördlicher Breite). Sein Verbreitungsgebiet erstreckt sich in Nordamerika von der Monterey Bay in Kalifornien über die Kenai-Halbinsel bis Kap Barrow in Alaska, sowie über die Beringstrasse. In Ostasien vom Anadyr über Kamtschatka und den Amur, sowie die Kommandeur Inseln bis Sachalin und Hokkaido. In marinen Küstengewässern kommt der Königslachs noch viel weiter östlich, bis zum Coppermine River in den arktischen kanadischen Gewässern vor.
Bereits seit den 1870er Jahren wurden Versuche unternommen, den Königslachs an der Ostküste Nordamerikas einzubürgern. Von 1873-1933 wurden ca. 11 Mio. und von 1967-1970 ca. 6 Mio. Königslachse in die Großen Seen ausgesetzt, wo sie nun zum Laichen in die Zuflüsse wandern.
Bisher versuchte man in über 30 Ländern den Königslachs einzubürgern. Lediglich in Neuseeland gelang seit 1875 die Akklimatisierung; hier sammeln sie sich im Osten der Südinsel, bevor sie zum Laichen in die Flüsse (z.B.: Waitaki, Hurunui) aufsteigen. In einigen Seen bilden sie auch Süßwasserformen und stellen für die Angelfischerei eine Bereicherung dar. Einbürgerungsversuche in Chile schlugen bisher fehl.

Lebensweise:
Die Geschlechtsreife wird meist mit einem Alter von 3-7 Jahren bei einer Länge von 70-90 cm und einem Gewicht von 5-10 kg erreicht, wobei die Männchen oft 1-2 Jahre vor den Weibchen geschlechtsreif werden.
Der Aufstieg in die Flüsse, nach einem 1- bis 6-jährigen Aufenthalt im Meer, kann in jedem Monat des Jahres erfolgen.
In Nordamerika unterscheidet man zwei Formen, die sich durch die Zeit der Laichwanderung, sowie die Laichzeit selbst unterscheiden. Die sogenannten Sommerlachse, die von April bis Juli, und die sogenannten Herbstlachse, die von August bis Oktober, aufsteigen. In Ostasien ist meist nur ein Laichaufstieg zu verzeichnen, der von April bis August erfolgt. Ein bis drei Monate nach der Einwanderung in die Flussmündungen erscheinen die Lachse an den Laichplätzen.
Bei der Laichwanderung werden oft 1.000 km (im Yukon bis zu 3.000 km) zurückgelegt, wobei die täglichen Wanderstrecken etwa 15-75 km betragen. Obwohl Königslachse auch in kleinen, seichten Flüssen ablaichen können, bevorzugen sie größere und tiefere Flüsse als andere Pazifiklachse.

Die Laichzeit erstreckt sich, je nach Form und Region, von September bis März im Süden und von April bis August im Norden, bei Wassertemperaturen von 8-12 °C.
Die Laichabgabe erfolgt in mehreren etwa 100-150 cm großen und 20-60 cm tiefen Laichgruben, die vom Weibchen in einer Wassertiefe von 0,4-0,7 m im Bodensubstrat mit einem Korndurchmesser von 10-100 mm bei einer Strömungsgeschwindigkeit von 0,1-1,5 m/s angelegt werden. Nach dem Laichen werden die Eier mit etwas Schotter bedeckt und vom Weibchen noch 1-3 Wochen bewacht.
Die Eimenge beträgt durchschnittlich 2.000-17.000 Stück je Weibchen (im Süden weniger als im Norden). Die Eier haben einen Durchmesser von 5,0-8,5 mm und ein Gewicht von 260-560 mg.
Die Entwicklung dauert bei einer Wassertemperatur von 5-10 °C etwa 512-526 Tagesgrade bis zum Schlupf und 854-1087 Tagesgrade bis zur aktiven Nahrungsaufnahme.
Nach dem Schlüpfen nehmen die Junglachse bald ihre individuellen Territorien ein. Ihr Territorialverhalten ist aber nicht so stark ausgeprägt wie bei den Silberlachsen. Sie wandern auch schon mit einer Größe von 4-14 cm ins Meer ab, von den Unterläufen früher als von den Oberläufen; die meisten bereits nach wenigen Monaten von Mai bis August, in nördlichen Regionen oft erst nach 1-3 Jahren. In manchen Flüssen gibt es – ähnlich wie beim Atlantischen Lachs – auch eine stationäre Zwergform unter den Männchen (ca. 10-12 %), die im Alter von 1-2 Jahren mit einer Größe von 8-17 cm geschlechtsreif wird, und sich ebenfalls am Laichen beteiligt.
Im Mündungsbereich bleiben die Junglachse 1-2 Monate. Wie die Silberlachse verbringen auch die Königslachse ihre erste Zeit im Meer in Küstennähe. Im Meer bevorzugen sie eine Tiefe von 20-60 m und wandern oft bis über 7.000 km. Königslachse bevorzugen in jedem Lebensstadium aber generell tieferes Wasser als andere Pazifiklachse.
Die Nahrung besteht anfangs aus Insekten (*Chironomus, Corethra*), im Meer hauptsächlich aus Krebsen (*Gammarus, Neomysis, Crangon*) und Fischen (*Clupea, Mallotus, Osmerus*).
Das Wachstum ist schnell. Die tägliche Wachstumsrate beträgt etwa im ersten Jahr im Süßwasser 0,2-0,3 mm und im Brackwasser 0,6-0,8 mm.
Der Königslachs kann bis zu 150 cm lang, 60 kg schwer und 9 Jahre alt werden, und ist damit der größte Vertreter der Pazifiklachse.

Bedeutung:

Der Königslachs hat eine sehr große wirtschaftliche Bedeutung. Er steht in den Gesamtfängen der Pazifischen Lachse an fünfter Stelle. Sein Fanganteil beträgt nach dem Gewicht ca. 1-2 %. Der Fang erfolgt in Nordamerika meist von Mai bis September im Meer mit Schleppnetzen, seltener Ringwaden oder Schwebnetzen und in Ostasien in den Flüssen vor allem mit Reusen und Stellnetzen. Das Fleisch hat einen hohen Fettgehalt und dadurch eine gute Qualität, es wird zu Konserven verarbeitet oder eingesalzen und geräuchert.

In Russland wurden in den 1930er Jahren jährlich etwa 500 t (ca. 150.000 Stück) gefangen, wobei über 90 % davon von Kamtschatka stammten.

Der jährliche Gesamtfang aus der Fischerei betrug in den 1950er Jahren 23.884 t (16.444 t USA, 5.450 t Kanada, 940 t Russland, 1.050 t Japan), in den 1960er Jahren 19.965 t (12.185 t USA, 5.400 t Kanada, 990 t Russland, 1.390 t Japan), in den 1970er Jahren 25.169 t (14.020 t USA, 7.626 t Kanada, 2.224 t Russland, 1.300 t Japan), in den 1980er Jahren 22.738 t (14.269 t USA, 5.994 t Kanada, 1.583 t Russland, 892 t Japan), in den 1990er Jahren 13.326 t (8.978 t USA, 2.977 t Kanada, 941 t Russland, 430 t Japan), und in den 2000er Jahren 10.784 t (8.576 t USA, 1.450 t Kanada, 618 t Russland, 133 t Japan, sowie 7 t Neuseeland).

In den USA wurden Anfang der 1990er Jahre etwa 70 % der Fänge durch die Berufsfischerei und 30 % durch die Angelfischerei getätigt.

Für die Angelfischerei ist der Königslachs ebenfalls von besonderer Bedeutung. Der Fang erfolgt meist an den Unterläufen der Flüsse bei tiefen langsam fließenden Pools, Hinterwässern und Strömungskanten. Der Königslachs wird hauptsächlich mit der Nassfliege befischt, die knapp über Grund angeboten wird. Gängig sind große Lachsfliegen, die an stärkerem Gerät (Fliegenruten der Klasse 12-14) angeboten werden. Die Vorfachstärke beträgt je nach Strömung 0,4-0,6 mm. Die Spinnfischerei auf Königslachse erfolgt mit großen Blinkern und Spinnern, die tief geführt werden. Vielfach werden sie zusätzlich mit Lockölen bestrichen, da die Lachse den Ködern auch auf längeren Strecken nachschwimmen. Manchmal kommt auch der Spin'n Glo zum Einsatz, ein rotierender Spinnköder, der mit einem Grundblei auf der Wanderstrecke der Lachse verankert wird. Auch die Verwendung von Lachseiern auf Einzelhaken ist in manchen Gegenden sehr populär. Wichtig für den Fang großer Königslachse ist eine stabile Stationärrolle mit gutem Bremssystem oder eine Multirolle. Die Schnurstärken variieren je nach Gewässergrund und Strömung zwischen 0,45-0,60 mm. Im Meer wird der Königslachs auch mit Hering beköderten Schleppangeln gefischt.

Durch Überfischung und Kraftwerksbau haben einige Bestände des Königslachses in den letzten Jahrzehnten um bis zu 95 % abgenommen und sind stark gefährdet.
Die künstliche Vermehrung wird in Nordamerika seit den 1870er Jahren durchgeführt. Die Überlebensrate 5-12 g schwerer Setzlinge (Smolts) während der marinen Phase beträgt etwa 1-9 %. In einigen Ländern wird der Königslachs auch in Netzgehegen im Meerwasser zum Speisefisch aufgezogen.
Die jährliche Gesamtproduktion aus der Aquakultur betrug in den 1980er Jahren 1.812 t (1.320 t Kanada, 441 t Neuseeland), in den 1990er Jahren 14.694 t (9.789 t Kanada, 4.316 t Neuseeland, 505 t Chile), und in den 2000er Jahren 14.024 t (4.160 t Kanada, 7.774 t Neuseeland, 2.090 t Chile).

Königslachs. (Foto: P. Vecsei)

Oncorhynchus chrysogaster Needham et Gard, 1964.
Mexikanische Goldforelle

Mexikanische Goldforelle. (Foto: B. Kuhajda)

Beschreibung:
10-12 Rückenflossenstrahlen, 10-12 Afterflossenstrahlen, 115-158 Seitenlinienschuppen, 17-19 Kiemenreusendornen, 10-30 Pylorusanhänge, 56-59 Wirbel.
Der Rücken ist grünbraun und der Bauch und die unteren Flossen sind orange gefärbt. Die Seiten sind hellgrün bis gelb-gold und entlang der Seitenlinie rosa bis orange. Die Spitzen der Rücken-, After- und Bauchflossen sind weiß. Am Unterkiefer befinden sich hellgelbe "Kehlschnitt"-Markierungen. Vor allem oberhalb der Seitenlinie befinden sich kleine schwarze unregelmäßig geformte, undeutliche Flecken. In der Iris befindet sich an beiden Seiten der Pupille je ein größerer schwarzer Fleck, was den Eindruck erweckt, als würde ein horizontales schwarzes Band durch das Auge verlaufen.
Die großen ovalen blaugrauen Jugendflecken, mit einigen größeren runden gelblichen Flecken darunter, sind auch bei adulten Tieren vorhanden.

Verbreitung:
Die Mexikanische Goldforelle kommt nur in den Quellflüssen des Rio Culiacan, Rio Sinaloa und Rio Fuerte in Mexiko in über 1.800 Meter Seehöhe vor (27-24° Nördlicher Breite).

Einbürgerungsversuche in Neu Mexiko blieben ohne Erfolg.

Lebensweise:
Über die Lebensweise der Mexikanischen Goldforelle ist sehr wenig bekannt, sie dürfte aber ähnlich der Gila- und Rotbandforellen sein.
Die Geschlechtsreife wird mit einem Alter von 2-4 Jahren bei einer Länge von 15-25 cm und einem Gewicht von 0,1-0,2 kg erreicht.
Die Laichzeit erstreckt sich von März bis Juni, bei Wassertemperaturen von 8-12 °C.
Die Nahrung besteht hauptsächlich aus Wirbellosen wie Insekten.
Das Wachstum ist relativ langsam.
Die Mexikanische Goldforelle kann bis zu 50 cm lang, 2 kg schwer und 8 Jahre alt werden.

Bedeutung:
Die Mexikanische Goldforelle hat fischereilich keine Bedeutung.
Sie ist durch Umweltveränderungen (Waldrodung, Wasserbaumaßnahmen) und den Besatz mit Regenbogenforellen gefährdet.

Mexikanische Goldforelle. (Foto: B. Kuhajda)

Oncorhynchus clarkii Richardson, 1836.
Kehlschnittforelle

Küsten-Kehlschnittforelle. (Foto: E. Hoyano)

Beschreibung:
8-13 Rückenflossenstrahlen, 8-13 Afterflossenstrahlen, 116-230 Seitenlinienschuppen, 14-28 Kiemenreusendornen, 23-80 Pylorusanhänge, 59-65 Wirbel.
Die Färbung ist, je nach Lebensraum, sehr unterschiedlich. Der Rücken ist grünblau bis gelbbraun. Stationäre Formen sind generell dunkler gefärbt als wandernde und haben einen kupfer- bis bronzefarbenen Ton, sowie oft gelb bis orange-rot gefärbte untere Flossen. In stehenden Gewässern sind die Seiten meist silbrig. Vor allem bei den Männchen, zur Laichzeit und in Seen, können orange-rote bis violett-rosa Töne vorherrschen. Viele kleine unregelmäßige bis große runde schwarze Flecken befinden sich am Körper einschließlich der Rücken-, Fett- und Schwanzflosse, die sich oft in der hinteren Körperhälfte und am Schwanzstiel konzentrieren. In den Seen sind die Flecken meist kleiner und unregelmäßig bis sternförmig. In den Quellbächen des Carson Rivers in Kalifornien gibt es eine Population, die am Körper komplett fleckenlos ist.

Die Kehlschnittforelle (englisch Cutthroat Trout) erhielt ihren Namen von den orangeroten Schlitzmarkierungen auf beiden Seiten des Unterkiefers. Dieses Kennzeichen ist jedoch kein eindeutiges Unterscheidungsmerkmal, da auch bei *O. chrysogaster, O. gilae* und *O. mykiss gairdneri* manchmal gelborange Markierungen am Unterkiefer vorhanden sein können, und einige Küsten-Kehlschnittforellen dieses Merkmal im Salzwasser verlieren. Ein weiteres bedingt einsetzbares Merkmal ist die Bezahnung der Basibranchialplatte, hinter der Zunge, die bei etwa 90 % der Kehlschnittforellen vorhanden ist, aber auch bei etwa 10 % der restlichen Arten der Untergattung *Parasalmo* (*O. chrysogaster, O. gilae* und *O. mykiss*). Das Fehlen dieser Bezahnung ist aber auch ein Indiz für eine Kreuzung mit Regenbogenforellen. Auch die Länge des Oberkiefers wird oft zur Unterscheidung herangezogen. Das Oberkiefer der Kehlschnittforellen ist länger als die halbe Kopflänge und reicht meist bis hinter das Auge. Bei der Regenbogenforelle ist das Oberkiefer kürzer oder nur halb so lang wie die Kopflänge und reicht, mit Ausnahme von sehr großen Tieren, nur bis unter den hinteren Augenrand.
Juvenile Kehlschnittforellen sind durch ihre eher länglich ovalen Jugendflecken von den Regenbogenforellen mit eher runden Flecken zu unterscheiden. Bei einigen Populationen, vor allem bei stationären Flussformen, sind diese Jugendflecken oft auch noch bei geschlechtsreifen Fischen zu sehen. Bei Kehlschnittforellen unter 5 cm Länge sind die Melanophoren auf der Schwanzflosse entlang der Flossenstrahlen angeordnet und bei den Regenbogenforellen gleichmäßig verteilt.

Verbreitung:
Die Kehlschnittforelle ist von allen amerikanischen Forellenarten am weitesten verbreitet und besiedelte den nordamerikanischen Kontinent schon lange vor den Regenbogenforellen. Das Verbreitungsgebiet der Kehlschnittforellen des Binnenlandes liegt oberhalb der großen Wasserfälle, die vor ca. 60.000 Jahren entstanden. Für die später folgenden Regenbogenforellen waren diese Barrieren unüberwindbar.
Genetischen Untersuchungen zufolge können alle *Oncorhynchus clarkii* Populationen vier unterschiedlichen Evolutionslinien zugeordnet werden. Die Kehlschnittforelle wird in folgende vier Unterarten eingeteilt:

Oncorhynchus clarkii clarkii Richardson, 1836. **Küsten-Kehlschnittforelle** – kommt von der Kenai-Halbinsel im Süden Alaskas bis zum Eel River im Norden Kaliforniens vor (61-40° Nördlicher Breite). Generell kommt sie jedoch nicht weiter ins Landesinnere als bis zu 120-280 km von der Küste entfernt vor.

O. c. clarkii hat durchschnittlich etwas weniger Seitenlinienschuppen (140-180 zu 150-200) als die restlichen Unterarten, außerdem befinden sich zahlreiche (über 25) schwarze Punkte an der Oberseite des Kopfes.

Oncorhynchus clarkii lewisi Girard, 1856. **Westslope-Kehlschnitt-forelle** – kommt im Norden von den Zuflüssen des Columbia Rivers von British Columbia und Oregon, über die Quellflüsse des Saskatchewan Rivers von Alberta bis zu den Oberläufen des Missouri Rivers in Montana im Süden vor. Einzelne verstreute Populationen befinden sich noch in Zuflüssen des Fraser Rivers im Süden von British Columbia, und des Columbia Rivers im Norden Washingtons, sowie in Oregon (53-45° Nördlicher Breite).
O. c. lewisi hat meist eine fleckenfreie Zone, die sich in einem Halbbogen von der Basis der Brustflosse über die Seitenlinie bis zum Anfang der Afterflosse zieht und unterscheidet sich so von den restlichen Unterarten.

Oncorhynchus clarkii bouvieri Bendire, 1882. **Yellowstone-Kehlschnittforelle** – kommt vom Snake River, oberhalb der Shoshone Fälle im Westen, bis zum Yellowstone River, hinunter zum Tongue River im Osten, sowie im östlichen Großen Becken in Utah, Nevada, Idaho und Wyoming vor; Weiters in den Oberläufen des Rio Grande Rivers in Colorado und des Pecos und Canadian Rivers in Neu Mexiko, im Colorado River-Becken oberhalb des Grand Canyon in Utah, Wyoming, Colorado und Neu Mexiko, und in den Quellflüssen des South Platte und Arkansas Rivers in Colorado (43-37° Nördlicher Breite).
Die Populationen des Rio Grande, Pecos und Canadian Rivers, sowie die des Colorado Rivers und die des South Platte und Arkansas Rivers, die etwas intensiver gefärbt sind, wurden auch schon als eigene Unterart (*Oncorhynchus c. pleuriticus* Cope, 1872 – Colorado-Kehlschnittforelle) beschrieben.
O. c. bouvieri hat durchschnittlich etwas mehr Basibranchialzähne (15-30 zu 5-15) als die restlichen Unterarten.

Oncorhynchus clarkii henshawi Gill et Jordan, 1878. **Lahontan-Kehlschnittforelle – kommt** im westlichen Großen Becken in Oregon, Nevada und Kalifornien vor (42-35° Nördlicher Breite).
O. c. henshawi hat durchschnittlich etwas mehr Kiemenreusendornen (21-28 zu 14-24) und mehr Pylorusanhänge (34-80 zu 23-63) als die restlichen Unterarten.

Westslope-Kehlschnittforelle. (Foto: J. Schöffmann)

Yellowstone-Kehlschnittforelle. (Foto: G. Feuerstein)

Lebensweise:
Bei allen Unterarten gibt es stationäre Populationen, die Quellflüsse besiedeln, wandernde Populationen, die Seen und/oder Flüsse besiedeln, und bei der Küsten-Kehlschnittforelle auch noch anadrome Populationen, die ins Meer wandern. Die stationäre Form wandert kaum, die wandernde Form bewohnt entweder Seen und zieht zum Laichen in die Zuflüsse manchmal bis zu 150 km flussaufwärts oder lebt in größeren Flüssen, wo sie zum Laichen in die kleinere Zuflüsse aufsteigt, und die anadrome Form wandert vom Meer in die Flüsse.
Die Geschlechtsreife wird, je nach Lebensraum, mit einem Alter von 2-6 Jahren bei einer Länge von 15-55 cm und einem Gewicht von 0,1-1,5 kg erreicht.
Die Laichzeit erstreckt sich, je nach Umweltbedingungen, von Januar bis Juli, bei Wassertemperaturen von 6-10 °C, wobei die Küstenpopulationen meist früher laichen als die Binnenpopulationen.
Die Laichabgabe erfolgt während 2-3 Tagen in mehreren 30-40 cm großen und 10-15 cm tiefen Laichgruben in einer Wassertiefe von 0,1-0,5 m in kiesigem bis schottrigem Substrat mit einem Korndurchmesser von 10-90 mm bei einer Strömungsgeschwindigkeit von 0,1-0,4 m/s. Nach der Eiabgabe wird die Laichgrube vom Weibchen oft mit 15-20 cm Schotter bedeckt und kurz bewacht.
Die Eimenge beträgt 100-4.000 Stück je Weibchen. Die Eier haben einen Durchmesser von 4,3-5,1 mm.
Die Entwicklung dauert bei einer Wassertemperatur von 8-10 °C etwa 260-310 Tagesgrade bis zum Schlupf.
Küsten-Kehlschnitt- und Regenbogenforellen können sympatrisch in den selben Gewässern vorkommen. Das Aufsuchen verschiedener Laichgründe schützt sie meist vor der Hybridisation. Kehlschnittforellen bevorzugen kleinere Zuflüsse, Regenbogenforellen hingegen eher die größeren Hauptflüsse.
Die Kehlschnittforelle überlebt meist nach dem Laichen und 10-40 % können mehrmals (bis zu 5-mal) ablaichen. Die Jungfische bevorzugen Rückströmbereiche, Tümpel und Seitenkanäle mit geringer Strömung.
Bei der stationären Form wandern die Jungfische kaum bzw. nur wenig.
Bei der wandernden Form verbringen die Jungfische 2-4 Jahre im Fluss, bevor sie mit einer Länge von 17-23 cm in den See abwandern, wo sie nach 1-3 Jahren geschlechtsreif werden. Bei ungünstigen Bedingungen in den Zuflüssen können zur Überwinterung Wanderungen bis 160 km unternommen werden.

Bei der anadromen Form wandern die Jungfische von März bis Juni mit einem Alter von 1-5 Jahren und einer Größe von 15-25 cm ins Salzwasser. Sie meiden das offene Meer und halten sich im Mündungsbereich, in Buchten und entlang der Küsten (bis 150 km entfernt) auf. Oft bleiben sie auch im Brackwasser und wandern mit den Gezeiten. Nach 2-5 Monaten kehren sie von Juli bis Februar in die Flüsse zurück, wobei es im Norden auch zwei Rückwanderungsspitzen (September-Oktober und Dezember-Januar) gibt. Sie überwintern in den Flüssen und wandern meist von März bis April ins Salzwasser zurück.
Die Nahrung besteht anfangs und bei den stationären Populationen hauptsächlich aus Insekten und Krebsen (*Daphnia*), später und bei den wandernden Populationen vor allem aus kleinen Fischen (*Cottus, Gasterosteus, Oncorhynchus, Pimephales, Prosopium*) und Fischeiern, selten auch aus Amphibien und Kleinsäugern.
Das Wachstum ist je nach Lebensraum sehr unterschiedlich und im Süden schneller als im Norden. Es beträgt im Salzwasser rund 2-3 cm pro Monat, wobei in den Seen aber die höchsten Endgewichte erreicht werden.
Die Kehlschnittforelle kann bis zu 100 cm lang, 18 kg schwer und 10 Jahre alt werden. Die Durchschnittsgröße beträgt 40-50 cm, 1-2 kg und 4-6 Jahre.

Bedeutung:
Die Kehlschnittforelle hatte früher eine große Bedeutung, vor allem für die eingeborene indianische Bevölkerung, sowohl fischereilich, als auch kulturell. Heute werden die Kehlschnittforellen kommerziell kaum befischt, für die Angelfischerei haben sie jedoch einige Bedeutung.
Die Kehlschnittforelle ist der Fisch schlechthin für den Fliegenfischer, da sie auch aus großer Tiefe bedenkenlos zu einem kleinen Insekt an der Oberfläche emporsteigt. Auch Nymphen und Streamer sind für größere Fische erfolgreich. Gefischt wird in der Regel mit Trockenfliegenschnüren der Klasse 3-5. Kehlschnittforellen halten sich in größeren Flüssen gern in Gruppen auf und man kann sich beim Fischen oft bis auf Rutenlänge an sie heranbewegen, ohne dass sie sich bei der Nahrungsaufnahme gestört fühlen. Sie werden vor allem im Herbst vor den Flussmündungen gefangen.
Die Kehlschnittforelle ist durch Wald- und Weidewirtschaft, Gewässerverbauung und Wasserverschmutzung, sowie Überfischung, aber auch durch den Besatz mit Bachsaiblingen, Bachforellen und vor allem Regenbogenforellen gefährdet. Die meisten Kehlschnittforellen des Binnenlandes haben sich getrennt von den Regenbogen- und

Rotbandforellen entwickelt. Es fehlen daher die angeborenen Mechanismen zur reproduktiven Isolation. Als der Mensch die Regenbogenforellen aus Zuchtanlagen in die Gewässer des Landesinneren brachte, wurden vielerorts die ökologischen Reproduktionsbarrieren überwunden und es erfolgte bald eine Massenhybridisierung zwischen den zwei Arten, wobei so meist Hybridpopulationen entstanden. Dadurch sind die Bestände der Binnenpopulationen um etwa 95 % zurückgegangen, und einige Populationen, wie jene des Twin Lakes und des Alvord Basins, auch schon ausgestorben.

In Nordamerika wird die Kehlschnittforelle seit den 1870er Jahren künstlich vermehrt und in verschiedenen Gewässern besetzt. Für einige Unterarten und Populationen gibt es auch Wiederansiedelungsprojekte.

Lahontan-Kehlschnittforelle. (Foto: M. Maples)

Oncorhynchus gilae Miller, 1950. **Gila-Forelle**, Apache-Forelle

Gila-Forelle. (Foto: J. Rinne)

Beschreibung:

10-12 Rückenflossenstrahlen, 10-12 Afterflossenstrahlen, 130-172 Seitenlinienschuppen, 18-20 Kiemenreusendornen, 21-48 Pylorusanhänge, 58-63 Wirbel.

Der goldgelb bis olivgrün gefärbte Körper ist höher und gedrungener und die Flossen länger als bei *O. mykiss* und *O. clarkii*. Der Kopf ist bronze- bis kupferfarben. Die Fettflosse ist größer als bei allen anderen amerikanischen Forellen. Gelbliche "Kehlschnitt"-Markierungen befinden sich in Hautfalten an beiden Seiten der Unterkiefer. Die unteren Flossen sind gelborange und die Spitzen der Rücken-, Bauch- und Afterflosse gelborange bis weiß gefärbt. In der Iris befindet sich an beiden Seiten der Pupille je ein größerer schwarzer Fleck, was den Eindruck erweckt, als würde ein horizontales schwarzes Band durch das Auge verlaufen. An Kopf, den Seiten sowie der Rücken- und Schwanzflosse befinden sich viel schwarze Flecken, die bei der Gila-Forelle sehr klein, unregelmäßig geformt und zahlreich (bis zu 30/cm^2) sowie vorwiegend über der Seitenlinie sind, und bei der Apache-Forelle mittelgroß, rund oder oval sowie meist gleichmäßig über die Seiten verteilt sind.

Die Jugendflecken sind stark reduziert bzw. meist gar nicht zu sehen.

Verbreitung:
Die Gila-Forelle, die den Rotbandforellen und der Mexikanischen Goldforelle näher steht als den Kehlschnittforellen, wird in folgende zwei Unterarten eingeteilt:

Oncorhynchus gilae gilae Miller, 1950. **Gila-Forelle** – kommt ausschließlich in etwa 10 Quellflüssen des Gila Rivers mit Iron, McKenna, Diamond Creeks, sowie des San Francisco Rivers mit Spruce und Mineral Creeks in den Mogollon Mountains von Neu Mexiko und Arizona in über 1.600 Meter Seehöhe vor (35-32° Nördlicher Breite).

Oncorhynchus gilae apache Miller, 1972. **Apache-Forelle** – kommt ausschließlich in etwa 20 Quellflüssen des Salt mit Black und White Rivers, Blue und Little Colorado Rivers in den White Mountains von Arizona in über 1.800 Meter Seehöhe vor (34-33° Nördlicher Breite).
O. g. apache hat weniger, aber größere schwarze Punkte, die gleichmäßiger verteilt sind als bei *O. g. gilae*.

Früher gab es auch eine Hybridpopulation beider Unterarten im Verde River, welche aber verschwunden ist. Teilweise haben sich eigene Populationen in den jeweiligen Flüssen gebildet.
Seit 1960 wurde die Gila-Forelle in einigen Flüssen ihres ehemaligen Verbreitungsgebiets wieder eingebürgert. Erfolgreich neu eingebürgert wurde die Gila-Forelle im McKnight Creek des Mimbres Beckens, und die Apache-Forelle in einigen künstlichen Seen (Christmas Tree, Hurricane Lake) im Fort Apache Reservat.

Lebensweise:
Die Geschlechtsreife wird meist mit einem Alter von 3-5 Jahren bei einer Länge von 15-25 cm und einem Gewicht von 0,1-0,2 kg erreicht, wobei die Männchen meist ein Jahr vor den Weibchen geschlechtsreif werden.
Die Laichzeit erstreckt sich, je nach Höhenlage, von März bis Juni, und beginnt sobald die Wassertemperatur über 8 °C steigt.
Die Laichabgabe erfolgt in mehreren 20-30 cm langen, 15-27 cm breiten und 2-9 cm tiefen Laichgruben, welche bevorzugt auf einer Fläche von 0,1-2,0 m^2 am unteren Ende eines Pools in einer Wassertiefe von 0,1-0,3 m bei einer Kiesgröße von 1-40 mm angelegt werden.
Die Eimenge beträgt 100-1.000 Stück je Weibchen bzw. 2.200-3.300 Stück pro kg Körpergewicht. Die Eier haben einen Durchmesser von

2,7-4,0 mm. Die aktive Nahrungsaufnahme beginnt bei einer Größe von 15-20 mm. Die Fische sind besonders standorttreu und wenig territorial. Sie bevorzugen Bäche, die durch Koniferenwälder fließen und einen sandigen bis steinigen Boden aufweisen, sowie Pools mit 0,5 m Tiefe.
Die Nahrung besteht hauptsächlich aus Insekten (*Helicopsyche, Paraleptophlebia*) und Krebsen, seltener aus Würmern und Schnecken, sowie kleinen Fischen (*Agosia, Rhinichthys*).
Das Wachstum ist unter vergleichbaren Umständen etwa wie jenes der Regenbogenforelle, allerdings ist das Endgewicht geringer.
Die Gila-Forelle kann bis zu 58 cm lang, 2 kg schwer und 10 Jahre alt werden.

Bedeutung:
Die Gila- und Apache-Forelle haben keine fischereiliche Bedeutung.
Sie sind durch Umweltveränderungen (Waldbrände, Weidewirtschaft) und den Besatz mit Bachforellen und Bachsaiblingen gefährdet, und hybridisieren auch mit den künstlich eingesetzten Kehlschnitt- und Regenbogenforellen. Heute besiedeln sie nur mehr etwa 5 % ihres früheren Verbreitungsgebietes. Ende der 1990er Jahre wurde der Wildbestand auf etwa 37.000 Fische geschätzt.
Ein Zucht- und Erhaltungsprogramm besteht in Arizona seit den 1960er Jahren und in Neu Mexiko seit den 1980er Jahren, im Rahmen dessen Laichfische vermehrt und Jungfische ausgesetzt werden. Derzeit werden für Besatzmaßnahmen jährlich 1-2 Millionen Eier gewonnen.

Apache-Forelle. (Foto: J. Rinne)

Oncorhynchus mykiss Walbaum, 1792. **Regenbogenforelle**, Rotbandforelle

Regenbogenforelle (Stahlkopfforelle). (Foto: E. Hoyano)

Beschreibung:

10-14 Rückenflossenstrahlen, 8-14 Afterflossenstrahlen, 111-210 Seitenlinienschuppen, 15-24 Kiemenreusendornen, 20-80 Pylorusanhänge, 58-66 Wirbel.

Der spindelförmige, seitlich zusammengedrückte Körper ist am Rücken graublau bis grünbraun und am Bauch hellgrau bis silber-weiß gefärbt. Forellen, die im Meer oder einem See leben, haben meist silbrige Seiten. Grundsätzlich befinden sich auf allen Körperpartien oberhalb der Seitenlinie einschließlich der Rücken- und Schwanzflosse immer zahlreiche unregelmäßig geformte bis runde schwarze Flecken. Unterhalb der Seitenlinie können sich 0-250 schwarze Flecken befinden. Die Fettflosse ist schwarz umrandet oder mit schwarzen Punkten besetzt. Entlang der Seitenlinie befindet sich während der Laichzeit ein rosa bis rot-violettes oder regenbogenfarbenes Längsband, das jedoch manchmal schwach ausgebildet ist oder – wie bei der Stahlkopfforelle – auch gänzlich fehlen kann. Rotbandforellen des Binnenlandes unterscheiden sich von den Regenbogenforellen der Küstenregion nicht

nur durch kräftigere dunklere Farben, sondern auch durch weniger und größere schwarze Flecken, sowie das Vorhandensein von verkümmerten Zähnen am hinteren Zungenbein. Bei einigen stationären Flusspopulationen können gelegentlich auch leichte gelborange Kehlschnittmarkierungen vorhanden sein. Goldforellen, eine Unterart der Regenbogenforelle (nicht zu verwechseln mit den gelb-gold gefärbten Albino-Farbvarianten aus der Aquakultur) sind darüber hinaus noch besonders farbenprächtig. Die Unterseite ist kupfern bis golden gefärbt mit rot-orangem Bauch, vor allem zur Laichzeit.
Die Jungfische haben 5-13 dunkle Querbinden, die elliptisch bei der Binnenform und rund bei den Küstenformen sind. Unter und über diesen Querbinden befindet sich oft eine weitere Reihe kleinerer runder Flecken. Bei vielen kleinwüchsigen Binnenpopulationen sind die Jugendflecken oft auch bei geschlechtsreifen Tieren noch vorhanden und die Rücken-, After- und Bauchflossen haben eine weiße Spitze mit schwarzem Schatten dahinter.

Verbreitung:
Die Regenbogenforelle kommt vom Rio Santo Domingo in Mexiko und Otay River in Kalifornien bis zum Kuskokwim River in Alaska und weiter über die Beringstrasse bis zur Kamtschatka Halbinsel und der Kommandeur und Großen Schantar Insel vor.
Stahlkopfforellen wurden an der Ostküste Nordamerikas und in den Großen Seen künstlich verbreitet und bilden dort heute viele, sich selbst erhaltende Populationen, wo sie von den Seen mit einem Gewicht von 3-9 kg zum Laichen in die Flüsse ziehen.
Goldforellen wurden in zahlreichen Flüssen und Seen (Cook und Surprise, Tahoe, Echo Lakes) in einigen Staaten im Westen der USA mit Erfolg eingebürgert.
Die ersten Regenbogenforellen wurden ab 1874 in Japan, 1880 in Europa, 1883 in Neuseeland, 1905 in Chile, 1907 in Indien und 1908 in Argentinien eingeführt. Heute ist die Regenbogenforelle in ganz Amerika, Europa, Australien, und praktisch fast weltweit künstlich verbreitet.
Die Regenbogenforelle wird in folgende drei Unterarten eingeteilt:

Oncorhynchus mykiss mykiss Walbaum, 1792. **Regenbogenforelle** – Kommt entlang der Pazifikküsten in Nordamerika und Ostasien vor (66-32° Nördlicher Breite).
Die Amerikanischen Populationen wurden auch schon als eigene Unterart (*Oncorhynchus m. irideus* Gibbons, 1855) beschrieben.

Rotbandforelle. (Foto: P. Vecsei)

Goldforelle. (Foto: J. Prosek)

Oncorhynchus mykiss gairdneri Richardson, 1836. **Rotbandforelle** – kommt im Binnenland Nordamerikas, vom oberen Mackenzie Becken (Athabasca River) und dem Fraser Becken, über das Columbia Becken und das Klamath Becken, bis zum Sacramento Becken vor (59-24° Nördlicher Breite).
Die Populationen des McCloud River Systems im Sacramento Becken (Shasta Forelle) wurden auch schon als eigene Unterart (*Oncorhynchus m. stonei* Jordan, 1894) beschrieben.
O. m. gairdneri hat durchschnittlich etwas mehr Seitenlinienschuppen (140-170 zu 120-140) und weniger Pylorusanhänge (35-50 zu 50-65) als *O. m. mykiss.*

Oncorhynchus mykiss aguabonita Jordan, 1892. **Goldforelle** – kommt nur im Kern River System des San Joaquin Beckens in Kalifornien vor (38-37° Nördlicher Breite).
Die Population des Little Kern Rivers wurde auch schon als eigene Unterart (*Oncorhynchus m. whitei* Evermann, 1906) beschrieben.
O. m. aguabonita hat durchschnittlich etwas mehr Seitenlinienschuppen (170-200 zu 140-170) und weniger Pylorusanhänge (20-35 zu 35-50) als *O. m. gairdneri.*

Bisher nicht klassifizierte isolierte Forellenpopulationen, die vermutlich den Rotbandforellen nahe stehen, kommen noch in den Oberläufen des Rio Casas Grandes, Yaqui, Mayo, sowie Rio San Lorenzo, Piaxtla, Presidio, Baluarte, Acaponeta und Rio Conchos in Mexiko vor.

Lebensweise:
Die Geschlechtsreife wird, je nach Lebensweise und Nahrungsangebot, meist mit einem Alter von 2-6 Jahren bei einer Länge von 15-45 cm und einem Gewicht von 0,1-1,5 kg erreicht.
Die Regenbogenforelle ist eine außerordentlich vielgestaltige Art mit zahlreichen Populationen und Formen. Stationäre Populationen gibt es bei allen drei Unterarten. Sehr unterschiedlich ist auch die Lebensweise der verschiedenen anadromen Stahlkopfforellen (englisch "Steelhead" genannt), die man innerhalb der Unterarten *O. m. mykiss* und *O. m. gairdneri* findet. Generell unterscheidet man zwischen zwei Formen:
Der Winter-Steelhead wandert mit bereits reifen Gonaden zwischen November und April bis 200 km in die Flüsse, um bald darauf abzulaichen. Der Sommer-Steelhead wandert mit noch unreifen Gonaden zwischen Mai und Oktober meist weiter landeinwärts (im Snake River bis zu 1.600 km) und laicht erst im darauf folgenden Frühjahr.

Die Laichzeit erstreckt sich, im Süden früher als im Norden, von Januar bis August, bei Wassertemperaturen von 7-15 °C, wobei die Sommer-Steelheads rund 2 Monate vor den Winter-Steelheads laichen. In Südafrika und in hochgelegenen Gebirgsseen der Alpen eingebürgerte Rotbandforellen sind von Juni bis September laichreif. In den von Thermalquellen erwärmten Gewässern des Yellowstone Parks gibt es eingesetzte Rotbandforellen, die im Herbst laichen.
Die Laichabgabe erfolgt in mehreren (2-5) Laichgruben in einer Wassertiefe von 0,1-1,5 m in kiesigem Boden mit einem Korndurchmesser von 10-100 mm bei einer Strömungsgeschwindigkeit von 0,3-1,5 m/s.
Die Eimenge beträgt durchschnittlich 1.600-2.000 Stück pro kg Körpergewicht. Die Eier haben einen Durchmesser von 3,0-6,2 mm und ein Gewicht von 30-120 mg.
Die Entwicklung dauert bei einer Wassertemperatur von 5-10 °C etwa 329-353 Tagesgrade bis zum Schlupf und 636-638 Tagesgrade bis zur aktiven Nahrungsaufnahme, bei der die Brütlinge etwa eine Größe von 23-26 mm und ein Gewicht von 100-120 mg haben.
Rotbandforellen haben sich in ihrem weiten Verbreitungsgebiet an unterschiedliche, zum Teil extreme Lebensbedingungen angepasst. So fand man in Trockenregionen Nevadas Forellen, die bei einer Wassertemperatur von 28 °C noch aktiv Nahrung aufnehmen, jedoch wie andere Forellen der Hochlandwüsten Nordamerikas früh geschlechtsreif werden und oft nach dem Laichen sterben, vor allem die Männchen. Bei den Stahlkopfforellen steigt der Anteil der Tiere, die wiederholt ablaichen meist von Norden nach Süden, ist aber auch abhängig von der Entfernung der Laichgründe von der Küste. Generell laichen 10-70 % der Stahlkopfforellen, hauptsächlich Weibchen, mehrmals ab.
Nach 1-5 Jahren im Süßwasser wandern die anadromen Stahlkopfforellen von März bis Juli bei einer Länge von 15-25 cm, einzeln und nicht wie die Lachse in Schwärmen, ins Salzwasser. Manchmal halten sie sich 1-6 Monate im Mündungsbereich auf, bevor sie ins Meer ziehen. In einigen Flüssen (Klamath und Rogue River) kommen sie im Herbst zum Überwintern auch in den Fluss zurück, allerdings nur im ersten Winter. Im Meer halten sie sich dann 1-3 Jahre auf, wobei sie bis über 4.000 km wandern können.
Die Nahrung besteht hauptsächlich aus Insekten (*Anabolia, Chironomus, Corixa, Hydroporus, Limnophilus, Sialis*) und Krebsen (*Asselus, Daphnia, Gammarus, Mysis, Rivulogammarus*), seltener sowie in Seen und im Meer auch aus Weichtieren (*Pisidium, Radix, Valvata*) und Würmern (*Tubifex, Glossiphonia*), sowie kleinen Fischen (*Alburnus,*

Onchorhynchus, Phoxinus, Rutilus, Salvelinus) und Amphibien.
Das Wachstum ist je nach Lebensweise und Nahrungsangebot sehr unterschiedlich. Das schnellste Wachstum haben Stahlkopfforellen, die durch das reiche Nahrungsangebot im Meer durchschnittlich 2-3 cm pro Monat wachsen.
Die Regenbogenforelle kann bis zu 120 cm lang, 23 kg schwer und 10 Jahre alt werden.

Bedeutung:
Die Regenbogenforelle ist für die Berufsfischerei von geringerer Bedeutung, wohl aber für die Angelfischerei und vor allem für die Aquakultur. Heute ist sie eine der wichtigsten Lachsartigen, und wie keiner weiteren Art gelang ihr eine künstliche Verbreitung um die ganze Welt. Eine natürliche Vermehrung konnte bisher aber nur in wenigen Gewässern Europas beobachtet werden, und da die Regenbogenforelle oft in größere Gewässer abwandert, ist die Bestandserhaltung in Mitteleuropa fast ausschließlich auf Besatzmaßnahmen zurückzuführen.
Der jährliche Gesamtfang aus der Fischerei betrug in den 1950er Jahren 1.870 t (795 t Japan, 590 t USA), in den 1960er Jahren 4.964 t (1.070 t Japan, 375 t USA), in den 1970er Jahren 2.268 t (898 t Japan, 235 t USA), in den 1980er Jahren 2.237 t (576 t Japan, 459 t USA), in den 1990er Jahren 4.379 t (1.066 t Finnland, 871 t Großbritannien, 604 t Japan, 478 t Mexiko, 382 t USA), und in den 2000er Jahren 3.251 t (1.224 t Großbritannien, 639 t Finnland, 254 t Japan, 173 t USA, 167 t Mexiko).
Angelfischereilich wird die Regenbogenforelle sowohl mit Trocken- und Nassfliegen, als auch mit Nymphen und Streamern gefangen. Beim Fliegenfischen werden Ein- und Zweihandruten der Klasse 8-10 verwendet. Gefischt wird entweder mit der Trockenfliege an der Schwimmschnur oder mit Eifliegen oder anderen Reizködern vorwiegend mit einem schnellsinkenden Schusskopf (T200, T300) oder schnell sinkender Sink Tip Leine. Die Vorfachstärke variiert meist zwischen 0,25-0,40 mm. Die Rolle sollte über eine gute Bremse und ausreichend Backing verfügen. Auch Spinnköder (kleine Spinner und Blinker, Twister, u.s.w.) sind beliebt. Diese werden oft auch in Verbindung mit einem Sbirolino angeboten, einem Wurfgewicht, mit dem der Spinnköder in jeder beliebigen Tiefe geführt werden kann. In großen Seen wird auch auf Regenbogenforellen geschleppt. Beim Spinnfischen reicht eine 2-3 m lange Spinnrute mit einem Wurfgewicht ab 15 g. Die Stärke der Hauptschnur beträgt meist 0,25-0,35 mm.

Die jährliche Gesamtproduktion aus der Aquakultur betrug in den 1950er Jahren 8.814 t (3.692 t Dänemark, 2.230 t Frankreich, 1.540 t Spanien, 1.025 t Japan), in den 1960er Jahren 36.999 t (9.228 t Dänemark, 7.390 t Frankreich, 7.189 t Italien, 1.860 t Spanien, sowie 5.454 t Japan und 2.950 t USA), in den 1970er Jahren 96.474 t (16.150 t Italien, 14.752 t Frankreich, 13.661 t Dänemark, 8.901 t Deutschland, 5.920 t Spanien, 2.013 t Finnland, 1.313 t Griechenland, sowie 14.850 t Japan und 13.766 t USA), in den 1980er Jahren 197.608 t (26.710 t Frankreich, 24.510 t Dänemark, 24.500 t Italien, 18.881 t Spanien, 18.180 t Deutschland, 10.177 t Finnland, 10.472 t Großbritannien, 5.320 t Norwegen, 3.269 t Schweden, 2.870 t Österreich, 1.944 t Griechenland, 1.812 t Polen, sowie 16.897 t Japan und 23.483 t USA), in den 1990er Jahren 353.347 t (44.258 t Frankreich, 43.900 t Italien, 40.542 t Dänemark, 24.535 t Deutschland, 23.022 t Spanien, 20.684 t Norwegen, 17.166 t Finnland, 15.666 t Großbritannien, 5.904 t Polen, 2.089 t Österreich, 1.990 t Griechenland 1.302 t Portugal, sowie 38.429 t Chile, 13.732 t Japan und 25.676 t USA), und in den 2000er Jahren 588.453 t (69.456 t Norwegen, 52.075 t Türkei, 7.134 t Frankreich, 35.948 t Italien, 34.550 t Dänemark, 28.213 t Spanien, 22.420 t Deutschland, 14.162 t Polen, 13.527 t Großbritannien, 13.335 t Finnland, 6.538 t Färöern, 4.443 t Schweden, 2.554 t Griechenland, 1.614 t Österreich, 1.594 t Irland, 1.397 t Kroatien, 1.103 Bulgarien, 1.105 t Schweiz), sowie 134.443 t Chile, 36.640 t Iran, 23.053 t USA, 8.597 t Japan 5.889 t Peru, 4.306 t Kolumbien, 3.829 t Mexiko, 2.912 t Korea, 2.569 t Brasilien, 1.380 t Argentinien, 1.260 t Südafrika).

Hauptsächlich anadrome Stahlkopfforellen bildeten das ursprüngliche Ausgangsmaterial für die heute gezüchteten Regenbogenforellen, das später auch mit stationären Shasta-Forellen vermischt wurde und in den 1950er Jahren noch mit Rotbandforellen aus dem Kamloops Lake in Kanada.

Bedeutung erlangten auch die sogenannten "Lachsforellen", das sind über 1,8 kg schwere rotfleischige Regenbogenforellen (1,5 kg ausgenommen bzw. 0,4 kg Filet Seitengewicht) mit einem Fettgehalt von mindestens 8 %.

Parahucho perryi Brevoort, 1856. **Japanischer Huchen**

Japanischer Huchen. (Foto: C. Ratschan)

Beschreibung:

10-13 Rückenflossenstrahlen, 9-13 Afterflossenstrahlen, 87-121 Seitenlinienschuppen (100-120 Schuppenreihen), 12-21 Kiemenreusendornen, 157-260 Pylorusanhänge, 55-62 Wirbel.

Der torpedoförmige, langgestreckte Körper ist in Höhe der Rückenflosse im Querschnitt fast oval. Der Kopf ist groß, abgeflacht und spitz zulaufend. Das weit gespaltene Maul reicht bis hinter die Augen. Der Stiel des Pflugscharbeins ist zahnlos.

Eine dichte schwarze Fleckenzeichnung befindet sich vor allem am Kopf, oft auch am Rücken, sowie in der Rückenflosse und in der oberen Hälfte der Schwanzflosse, und weniger an den Flanken. Zur Laichzeit ist bei den Männchen die hintere Körperhälfte leuchtend rot gefärbt, während die Weibchen oft nur leicht rosa angehaucht sind.

Verbreitung:

Der Japanische Huchen kommt im Japanischen Meer vor, von wo er in die Flüsse am Osthang des Sihote-Alin Gebirges und in die Flüsse und Seen der Inseln Sachalin, Kunaschir, Iturup, Hokkaido und Nord-Honshu

aufsteigt (55-40° Nördlicher Breite).
Auf Honshu sind die Bestände in den 1960er Jahren ausgestorben. Auf Hokkaido haben sich im Ishikari, nach dem Bau von Staudämmen, zwei stationäre Populationen entwickelt, die nicht mehr ins Meer wandern.

Lebensweise:
Die Geschlechtsreife wird bei den Männchen mit 3-6 Jahren und bei den Weibchen mit 4-8 Jahren bei einer Länge von 60-70 cm und einem Gewicht von 3-5 kg erreicht.
Erwachsene Huchen halten sich normalerweise in den Flussmündungen oder im Meer vor der Küste auf. Die Laichwanderung erfolgt meist von April bis Mai. Die Laichplätze liegen meist nicht weit (20-40 km) von der Küste entfernt und oft auch in kleinen 1-3 m breiten Bächen.
Die Laichzeit erstreckt sich von Mai bis Juli, bei Wassertemperaturen von 6-10 °C.
Die Laichabgabe erfolgt in eine ovale Laichgrube, die vom Weibchen während weniger Stunden, bei auslaufenden Pools in einer Wassertiefe von 0,1-0,5 m in schottrigem Boden mit einem Korndurchmesser von 8-13 mm bei einer Strömungsgeschwindigkeit von 0,3-0,9 m/s angelegt wird. Das Männchen begleitet und verteidigt das Weibchen während dieser Zeit gegen andere Konkurrenten. Nach der wenige Sekunden dauernden Eiablage wird die Laichgrube sofort wieder mit Kies bedeckt und nach einigen Stunden Pause oft oberhalb der ersten noch eine weiter Laichgrube angelegt.
Die Eimenge beträgt etwa 2.000-10.000 Stück je Weibchen. Die Eier haben einen Durchmesser von 6,0-7,0 mm und ein Gewicht von 140-150 mg.
Zum Fressen wandern die Fische oft ins Brack- oder Meerwasser und wandern dann von September bis Oktober wieder in die Unterläufe der Flüsse zum Überwintern.
Die Nahrung besteht anfangs hauptsächlich aus Insekten (*Dytiscus, Ephemera*) und Krebsen (*Leander, Neomysis*), später vor allem aus Fischen (*Barbatula, Chaenogobius, Hexagrammos, Hypomesus, Limnophilus, Osmerus, Phoxinus, Platichthys, Pungitius, Tribolodon*), weniger aus Würmern und Weichtieren, und selten auch aus kleinen Säugetieren.
Der Japanische Huchen kann bis zu 210 cm lang, 50 kg schwer und 30 Jahre alt werden. Die Durchschnittsgröße beträgt 80-100 cm.

Bedeutung:
Der Japanische Huchen ist wirtschaftlich kaum von Bedeutung, teilweise wird er jedoch sportfischereilich gefangen.
In Russland betrug der jährliche Beifang zur Lachsfischerei Anfang der 1950er Jahre über 17 t, Anfang der 1960er Jahre ca. 7 t, Anfang der 1970er Jahre ca. 3 t und Anfang der 1980er Jahre unter 1 t.
Der Japanische Huchen ist durch Überfischung (Beifang), sowie Wasserverschmutzung (Landwirtschaft) und Wasserbaumaßnahmen (Dammbau) gefährdet. In den letzen 50 Jahren haben die Bestände um rund 90 % abgenommen.
In Japan wird die künstliche Vermehrung und Aufzucht im experimentellen Maßstab seit den 1980er Jahren durchgeführt.

Japanischer Huchen. (Foto: C. Ratschan)

Salmo marmoratus Cuvier, 1829. **Marmorforelle**, Marmorata

Nördliche Marmorforelle. (Foto: J. Schöffmann)

Beschreibung:

10-15 Rückenflossenstrahlen, 9-14 Afterflossenstrahlen, 117-123 Seitenlinienschuppen, 13-20 Kiemenreusendornen, 40-70 Pylorusanhänge, 55-62 Wirbel.

Der Körper ist langgestreckt und spindelförmig. Der Kopf breit und abgeflacht, er beträgt ca. 20 % der Körperlänge. Das Maul ist weit gespalten und mit starken Kiefern versehen.

Der Kopf und Rücken sowie die Seiten sind gelbbraun marmoriert. Der Bauch ist hellgrau bis gelb und die Flossen dunkler gefärbt. Je nach Standort und Untergrund variiert die Färbung von silbrig-weiß bis gelb-grau. Geschlechtsunterschiede in der Färbung werden insbesondere in der Laichzeit sichtbar. Die Marmorierung am Rücken und Bauch der Männchen verfärbt sich dunkel grünbraun bis schwarz. Brust-, Bauch-, After- und Schwanzflosse nehmen eine schwärzliche Färbung an. Die Weibchen behalten ihre braungraue, deutlich hellere und weniger starke Marmorierung.

Die Jungfische unterscheiden sich während der ersten Lebensmonate kaum von gleichaltrigen Bachforellen, mit roten Punkten an den Seiten und braunen entlang des Rückens. Die Fettflosse ist noch rot umrandet. Schwarze Flecken, wie bei anderen Forellen, fehlen jedoch gänzlich. Die Jugendflecken zeigen eine außergewöhnlich unregelmäßige Form. Ab Ende des ersten Jahres beginnt sich allmählich die Marmorierung auszubilden. Zuerst am Kopf und am Rücken und später auch an den Seiten. Die rote Pigmentierung verliert sich dann im 2. und 3. Jahr, erst mit 30-40 cm nimmt die Marmorata die für sie typische Gestalt an.
Die Marmorforelle wurde lange als Unterart der Gemeinen Forelle behandelt. Sie bildet aber eine eigenständige phylogenetische Gruppe. Die Abspaltung der Marmorforelle von *Salmo trutta* erfolgte vor ca. 500.000 Jahren.

Verbreitung:
Die Marmorforelle kommt ausschließlich in Flüssen der nördlichen und östlichen Adria bis in 1.500 Meter Seehöhe vor. Das Verbreitungsgebiet erstreckt sich von linksseitigen Zuflüssen des Po über Etsch bis Soca, und von Neretva über Skutari-Drin-System mit Skutari See und Moraca bis Shkumbin.
Einbürgerungsversuche in Deutschland scheiterten bisher alle.
Die Marmorforelle wird in folgende zwei Unterarten eingeteilt:

Salmo marmoratus marmoratus Cuvier, 1829. **Nördliche Marmorforelle** – kommt in Norditalien und Slowenien vor (47-45° Nördlicher Breite).

Salmo marmoratus genivittatus Karaman, 1927. **Südliche Marmorforelle** – kommt in Dalmatien, Bosnien, Montenegro und Albanien vor (46-41° Nördlicher Breite).
S. m. genivittatus hat durchschnittlich etwas weniger Wirbelknochen (55-58 zu 59-62) als *S. m. marmoratus*, außerdem eine gestrecktere Körperform mit längerem Kopf und Schnauze. Die Schwanzflosse hat einen rötlichen Farbton und ist vor allem bei jüngeren Tieren merklich stärker gegabelt. Auch die „Marmorierung" ist weniger stark ausgeprägt und weist nicht die typischen vermikularen Muster der nördlichen Marmorforelle auf. Bei älteren Exemplaren verschwindet die Fleckenzeichnung – bis auf ein paar Flecken an den Kiemendeckeln – oft gänzlich und wird durch eine silbrig-graue Färbung ersetzt. Wie molekularbiologische Untersuchungen zeigten, unterscheiden sich die Marmorforellen der beiden Verbreitungsräume auch genetisch.

Lebensweise:
Die Geschlechtsreife wird meist beim Männchen im 3. Jahr und beim Weibchen im 4. Jahr bei einer Größe von 20-40 cm erreicht.
Die normalerweise im November stattfindende, flussaufwärts gerichtete Laichwanderung erfolgt meist in Gruppen gleichaltriger Tiere von 20-30 Stück. Nur größere Exemplare ziehen auch paarweise. Die Männchen erscheinen an den Laichplätzen meist eine Woche vor den Weibchen.
Die Laichzeit erstreckt sich von November bis Januar, bei Wassertemperaturen von 4-6 °C.
Die Laichabgabe erfolgt meist am Abend an Kiesbänken vor schützenden Kolken in einer Wassertiefe von 0,6-0,8 m bei einer Strömungsgeschwindigkeit von 0,4-0,5 m/s. Die Eiablage erfolgt immer im Hauptstrom, die Seitenbäche bleiben den Bachforellen vorbehalten. So kommt es in Gewässern, wo neben den Marmorforellen nur autochthone mediterrane Bachforellen leben, zu keiner Hybridisierung.
Die Entwicklung dauert je nach Wassertemperatur, etwa 40-50 Tage bis zum Schlupf.
Nach dem Laichen wandern die meisten Fische wieder flussabwärts und legen in den tieferen Gewässerabschnitten öfters Pausen zur Erholung und Nahrungsaufnahme ein.
Die Nahrung besteht anfangs hauptsächlich aus Insekten, später vor allem aus Fischen (*Barbus, Chondrostoma, Thymallus*).
Das Wachstum ist schnell, in der Etsch erreicht sie etwa mit 7 Jahren ein Gewicht von 1,5-2,0 kg, mit 9 Jahren 6,5-7,5 kg und mit 11 Jahren 12,0-13,0 kg.
Die Marmorforelle kann bis zu 157 cm lang, 32 kg schwer und 17 Jahre alt werden.

Bedeutung:
Die Marmorforelle ist vor allem für die Angelfischerei von Bedeutung.
Der Fang erfolgt bis ca. 40 cm Länge mit der Trockenfliege, größere Exemplare fängt man mit Nymphen und großen Streamern am Schusskopf (T200, T300) und 35er Vorfach. Die Rute der Klasse 8-10 mit 3,0-3,3 m Länge sollte genügend Rückgrat haben. Bei der Spinnfischerei kommen starke Spinnruten zum Einsatz. Die Stationärrollen sollten je nach Strömungsverhältnissen und Hindernissen mit 0,4-0,5 mm Monofil gefüllt sein. Gefischt wird mit Wobblern, Blinkern, Spinnern oder Gummifischen. Auch Naturköder werden verwendet. Auf Marmoratas fischt man wegen des besonderen Jagdverhaltens nicht wie auf andere Forellen. Sie jagen nämlich oft in Schwärmen und treiben die Fische oft in der Dämmerung an ganz bestimmten Stellen im Flachwasser zusammen.

Die Marmorforelle ist in ihrem Verbreitungsraum durch Überfischung gefährdet. Die größte Bedrohung geht allerdings von den seit 1906 künstlich eingesetzten und verbreiteten (Atlantik- und Schwarzmeer-) Bachforellen aus, die sich mit ihnen kreuzen. Die fruchtbaren Hybriden verdrängen die reinen Marmoratas. So ging Ende der 1980er Jahre der Anteil der Marmoratas in der Soca auf ca. 5 % zurück und jener der Hybriden betrug ca. 25 %. Seit damals gibt es in Slowenien und in Italien schon seit länger Zeit Zuchtprogramme, im Rahmen derer die Laichfische jährlich mit Elektrofischereigeräten in Flüssen gefangen und künstlich vermehrt werden. Jährlich werden über 1 Mio. Eier gewonnen, die Brütlinge teilweise aufgezogen und wieder in die Flüsse ausgesetzt.
In der Neretva, wo der Anteil der Marmorforelle zwischen 0,44 und 2,64 % des Fischbestandes ausmacht, ist ihr Überleben durch Staudämme und eingesetzte Bachforellen (des Atlantik- und Donauraums) ebenfalls gefährdet.

Südliche Marmorforelle. (Foto: J. Schöffmann)

Salmo salar Linnaeus, 1758. **Atlantischer Lachs**, Salm

Atlantischer Lachs. (Foto: E. Hoyano)

Beschreibung:

10-19 Rückenflossenstrahlen, 10-15 Afterflossenstrahlen, 109-130 Seitenlinienschuppen, 15-24 Kiemenreusendornen, 33-77 Pylorusanhänge, 57-61 Wirbel.

Der Körper ist spindelförmig und langgestreckt, mit schlankem Schwanzstiel. Der Kopf ist relativ spitz und das Maul reicht bis zum hinteren Augenrand. Die Platte des Pflugscharbeins ist zahnlos, der Stiel ist mit einer Längsreihe Zähne besetzt. Die Männchen bilden zur Laichzeit einen ausgeprägten Unterkieferhaken aus.

Im Vergleich zur Meerforelle ist der Lachs schlanker gebaut, hat einen kleineren Kopf und einen niedrigeren und längeren Schwanzstiel, auch das Auge liegt tiefer. Die Schwanzflosse und die Kiemendeckel sind am Hinterrand eingebuchtet. Die Afterflosse ist stumpfer, deren längste Strahlen reichen angelegt nicht über die letzten Strahlen – wohl aber bei der Meerforelle. Die Jungfische haben sehr lange Brustflossen, die zurückgelegt bis zum Anfang der Rückenflosse reichen und deren Fläche um etwa 50 % größer ist als bei gleich großen Forellen. Die mittleren Strahlen der Schwanzflosse sind bei Jungfischen nur etwa halb so lange

wie die äußeren, wodurch die Schwanzflosse tief eingebuchtet ist. Die Fettflosse ist graubraun und nicht rot umrandet wie bei der Atlantischen Forelle.
Die Färbung ist je nach Population verschieden, wechselt jedoch mit Alter und Aufenthaltsort. Junge Lachse bis zu einer Länge von 10-20 cm zeigen 7-13 graublau gefärbte Jugendflecken an den Körperseiten, mit vereinzelten roten Tupfen dazwischen. Unregelmäßig geformte, später X-förmige schwarze Flecken sind besonders über die obere Körperhälfte, meist nur im vorderen Körperbereich verteilt. Mit dem Abwandern ins Meer nehmen die Lachse eine silbrige Färbung an und der Rücken ist blaugrau bis grünbraun gefärbt. Erst bei der Rückkehr in die Flüsse bekommen die Lachse ein graubraunes Laichkleid und die Anzahl der Tupfen nimmt zu; diese sind besonders beim Männchen rotbraun und blauschwarz gefärbt. Anders als bei der Gemeinen Forelle sind die Tupfen beim Lachs nicht hell umrandet.

Verbreitung:
Der Atlantische Lachs kommt an den Atlantikküsten und Randmeeren in Nordeuropa und Nordamerika vor (72-40° Nördlicher Breite). Sein Verbreitungsgebiet umfasst alle größeren Flusssysteme, in die er zum Laichen aufsteigt. In Nordeuropa von Petschora, Kara und Ponoj in Russland über das Baltikum und Skandinavien (Namsen, Gaula, Driva, Tana, Surna, Stördalselv, Mörrum, Angermanälv, Skjern), die Britischen Inseln (Dee, Itchen, Test, Avon, Tweed und Spey, Moy), bis zum Mino und Douro auf der Iberischen Halbinsel sowie über Island (Hafralonsá, Hölkená, Grimsa, Ranga) bis Grönland (Kapisigdlit), und in Nordamerika von der Baffin Insel über die Ungava Bay und Kap Cod, Long Island Sound bis zum Connecticut River, früher auch bis zum Hudson River.
Sowohl in Amerika als auch in Europa haben sich Süßwasserformen gebildet, die nicht ins Meer wandern, sondern im Herbst zum Laichen in die Seezuflüsse aufsteigen oder im Frühjahr im See selbst laichen. Diese Binnenformen wurden auch schon als eigene Unterarten beschrieben.
Der Sebago-Lachs (*Salmo s. sebago* Girard, 1853) kommt in Nordamerika in Seen in Neu England (Lake Champlain, Ontario, St. Croix, Green, Sebec und Sebago-See), sowie den nördlichen Zuflüssen des St. Lorenz-Stroms (Lake St. John und Lobstick Lake) vor.
Der Saimaa-Lachs (*Salmo s. saimensis* Seppovaara, 1962) kommt in Europa in Seen Finnlands (Saimaa-, Seesjärvi-, Uikujärvi-, Vieljärvi-See), Schwedens (Vänern-See), Norwegens (Bygglandsfjord-See), sowie Russlands (Ladoga-, Onega-, Segozero- und Vygozero-See) vor.

Die Binnenlachse haben einen gedrungeneren Körper, größere Flossen und Augen, sowie größere runde bis unregelmäßig geformte schwarze Flecken auch unterhalb der Seitenlinie. Zudem kommen in vielen Flüssen männliche Zwerglachse vor, die ebenfalls nicht ins Meer wandern.
In einigen Seen Schwedens (Vättern, Storsjön) wurde der Atlantische Lachs 1965-1970 auch mit Erfolg eingebürgert. 1886-1890 wurde versucht, den Lachs in einige Seen des Donauraumes (z.B.: Millstättersee) einzubürgern, aber ohne Erfolg.
Bereits 1864 wurde der Lachs in Australien und Tasmanien eingebürgert und drei Jahre später stiegen zwischen Februar und März die ersten Lachse in den Derwent zum Laichen auf, verschwanden jedoch 30 Jahre später wieder. Die Einbürgerung gelang auch ab 1868 in Neuseeland und ab 1905 in Patagonien, wo sich auch Binnenlachse entwickelten, die nicht ins Meer wandern. Einbürgerungsversuche für die Angelfischerei an der Pazifikküste Nordamerikas blieben ohne Erfolg.
Durch aus Netzgehegen entwichene Zuchtlachse werden seit 1988 gelegentlich Atlantische Lachse (in schlechter Kondition) an den Pazifikküsten Nordamerikas gefangen. In den Jahren 1996-1997 sind an den Pazifikküsten aus Netzgehegen über 450.000 Atlantische Lachse entkommen. Auf der Insel Vancouver konnte mittlerweile mehrmals eine erfolgreiche Vermehrung nachgewiesen werden.

Lebensweise:
Die Geschlechtsreife wird meist mit einem Alter von 3-6 Jahren bei einer Länge von 70-90 cm und einem Gewicht von 3-8 kg erreicht.
Obgleich in jedem Monat des Jahres Lachse in die Flüsse wandern, sind deutliche Frühjahrs-, Sommer- und Herbstaufstiege zu beobachten. Fische, die drei und mehr Jahre im Meer verbringen, wandern oft von April bis Juli in die Flüsse. Einige Fische können fast ein Jahr im Süßwasser verbringen, um erst im darauf folgenden Herbst zu laichen, vor allem dann, wenn sich die Laichplätze weit entfernt von der Mündung befinden (z.B. in der Petschora bis über 1.400 km). Der Großteil der Lachse wandert mit einer Geschwindigkeit von 12-15 km/Tag im Herbst in die Flüsse. Der Einstieg erfolgt dabei meist in der Nacht, bei mäßigem Hochwasser und schwacher Wassertrübung. Während der Wanderung, die oft von älteren Fischen angeführt wird, können sie auch Wasserfälle überwinden und 2-4 m hoch springen, indem der Sprung durch rasche Schwanzschläge in der reißenden Strömung fortgesetzt wird. Generell wird bei der Wanderung keine Nahrung mehr aufgenommen, stattdessen werden die hohen Fettreserven in Energie umgesetzt und die Gonaden ausgebildet. Auch die Umwandlung vom Blanklachs zum Hakenlachs bei

denen die Haut zäh und dick wird, findet statt. Bei den Männchen entwickelt sich dann ein kräftiger knorpeliger Fortsatz an der Spitze des Unterkiefers und die Fettflosse wird größer.

Die Laichzeit erstreckt sich, im Norden früher als im Süden, von September bis Januar bei Wassertemperaturen von 4-6 °C. Die Männchen erscheinen zumeist 2-3 Wochen vor den Weibchen an den Laichplätzen.

Die Laichabgabe erfolgt über 3-14 Tage, in ein bis mehrere 200-300 cm langen, 40-60 cm breiten und 10-30 cm tiefen Laichgruben, die vom Weibchen meist in der Nacht in einer Wassertiefe von 0,2-0,6 m auf kiesigem bis schottrigem Grund mit einem Korndurchmesser von 20-30 mm angelegt werden. Anschließend werden die Eier ratenweise in Abständen von 5-10 Minuten ablegt und gleichzeitig von den eng aneinander schwimmenden Männchen unter starkem Zittern und Schnappen besamt. Die Laichgrube wird dann wieder mit 10-25 cm Kies bedeckt und die Anlage der nächsten Laichgrube erfolgt meist oberhalb der vorherigen.

Die Eimenge beträgt, je nach Größe und Verbreitungsgebiet, durchschnittlich 1.200-2.200 Stück pro kg Körpergewicht. Die Eier haben einen Durchmesser von 5,0-7,0 mm.

Da die vom Meer kommenden Lachse im Süßwasser keine Nahrung mehr zu sich nehmen, ist die Sterblichkeitsrate nach dem Ablaichen schon hoch (Männchen ca. 70 %, Weibchen ca. 30 %). Nur rund 10 % laichen nach 1-3 Jahren im Meer ein zweites Mal und nur unter 1 % schafft es ein drittes bis maximal fünftes Mal. Die meist von März bis Mai ins Meer zurückkehrenden abgelaichten Lachse (Kelts) sind sehr hell gefärbt und legen oft wochenlange Pausen ein; dabei wird wie während der Aufwärtswanderung kaum Nahrung aufgenommen.

Die Entwicklung dauert bei einer Wassertemperatur von 5-10 °C etwa 477-491 Tagesgrade bis zum Schlupf und weitere 200-300 Tagesgrade bis zur aktiven Nahrungsaufnahme, bei der die Brütlinge etwa eine Länge von 22-28 mm und ein Gewicht von 150-230 mg aufweisen. Anschließend verteilen sie sich (zu etwa 80-90 % bis etwa 50 m flussaufwärts) im Gewässersystem, wobei tiefere Kolke die Wanderung behindern. Sie sind in dieser Zeit relativ standorttreu und verteilen sich in 5 Monaten nur 2-3 km stromauf- und -abwärts. Die Junglachse wandern mit einem Gewicht von 30-100 g je nach klimatischen Bedingungen nach 1-5 Jahren (meist beim ersten Frühjahrshochwasser im April bis Juli, seltener bis September) in relativ geschlossenen Schwärmen ins Meer. Die Männchen bleiben durchschnittlich etwas länger im Süßwasser als die Weibchen.

Gewöhnlich wandern in Zentraleuropa die Vorwüchser als Einjährige mit einer Größe von 9-11 cm und der Rest als Zweijährige mit 12-15 cm, seltener (in der Petschora) als Dreijährige mit 14-17 cm ab. Von den älteren Smolts kommt dann generell ein größerer Prozentsatz als Grilse zurück als bei den jüngeren. Abhängig von Wassertemperatur und Nahrungsangebot bleibt ein Teil (0-80 %) der Männchen, sogenannte frühreife Zwergmännchen, im Süßwasser und wandert nicht ins Meer. Sie werden als Parr meist mit 10-15 cm geschlechtsreif und selten größer als 20 cm, wiegen oft nur 0,15 % ihrer Geschwister und beteiligen sich (in den Oberläufen) ebenfalls sehr aktiv am Laichgeschäft, indem sie sich zwischen die laichenden Tiere drängen und ebenfalls mit großem Erfolg die Eier befruchten. Durch den geringeren Energieaufwand (keine Wanderung und Revierverteidigung) überleben sie die Laichzeit meist und laichen öfters ab, manchmal auch nach einem Aufenthalt im Meer. Frühreife Weibchen dagegen sind sehr selten.
Im Meerwasser halten sich die Smolts einige Zeit in der Nähe der Küstengewässer auf, bevor sie zu den Nahrungsgründen wandern. Die meisten amerikanischen und europäischen Lachspopulationen wandern bis 2.000 km, vorwiegend in die Labradorsee vor West-Grönland. Nur die Lachse aus dem Baltikum bleiben in der Ostsee, und jene östlich von Norwegen bleiben überwiegend im Nordmeer vor Norwegen. Ein geringer Teil der Lachse von Schottland und Irland, sowie vor allem jene von Island halten sich um die Färöer Inseln auf.
Ein geringer Teil der Fische wird nach dem ersten Winter im Meer geschlechtsreif (Grilse), diese wachsen auch schneller. Die meisten werden jedoch erst nach dem zweiten Winter und einige erst nach dem dritten bis vierten Winter im Meer geschlechtsreif. Die europäischen Populationen wandern zum Laichen in einem schmalen Bereich vom Nordatlantik kommend, entlang der Küsten Irlands und Englands mit bis zu 100 km/Tag in ihre Heimatgewässer. Bei der Rückwanderung sind bis zu 5 % der Lachse Irrläufer bzw. Pioniere und wandern zum Laichen in andere Flusssysteme. Dies ist für den Genaustausch und eine neue natürliche Besiedelung besonders wichtig. Die Prägung ans Heimatgewässer erfolgt durch Duftstoffe bei der Abwanderung im Smolt-Stadium.
Die Nahrung besteht anfangs hauptsächlich aus Insekten und im Meer dann meist aus Fischen (*Ammodytes, Clupea, Coregonus, Cottus, Gadus, Mallotus, Osmerus, Salvelinus, Spinachia, Sprattus*), sowie Weichtieren und Krebsen (*Crangon, Gammarus, Pandalus*).
Das Wachstum im Süßwasser ist langsam, im Salzwasser hingegen schnell. Im Süßwasser wachsen die Männchen im ersten Jahr etwas

langsamer als die Weibchen. Im Meerwasser wachsen dann die Männchen etwas schneller und werden auch größer als die Weibchen. Im Meer erreichen die Lachse bereits nach einem Jahr 50-70 cm (1-3 kg), nach zwei Jahren 70-90 cm (3-8 kg) und nach drei Jahren 90-105 cm (8-14 kg).
Der Atlantische Lachs kann bis zu 184 cm lang, 50 kg schwer und 14 Jahre alt werden.

Bedeutung:
Der Atlantische Lachs war fischereilich immer schon von besonderer Bedeutung. Der Fang erfolgte früher in den Flüssen mit Zugnetzen und Hamen, heute vorwiegend vor dem Laichaufstieg im Meer mit Treibnetzen, verschiedenen Reusen und vor allem in der Ostsee mit mit Heringen beköderten Langleinen.
In der UdSSR wurden um 1900 jährlich etwa 1.500-2.000 t gefangen, wobei 50-60 % des russischen Gesamtfangs aus Petschora und Varzuga stammten, und in den 1930er Jahre betrug der Gesamtfang jährlich etwa 520 t. In der Ostsee wurden von 1910-1930 jährlich ca. 950 t an Lachsen und Meerforellen gefangen.
Der jährliche Gesamtfang aus der Fischerei betrug in den 1950er Jahren 9.110 t (1.840 t Kanada, 1.300 t UdSSR, 1.630 t Großbritannien, 1.120 t Norwegen, 1.030 t Dänemark, 870 t Irland, 620 t Schweden, 340 t Finnland, 220 t Deutschland, 150 t Polen), in den 1960er Jahren 12.016 t (2.030 t Kanada, 880 t UdSSR, 2.030 t Großbritannien, 1.790 t Dänemark, 1.618 t Norwegen, 1.220 t Irland, 772 t Grönland, 562 t Schweden, 480 t Finnland, 240 t Deutschland, 210 t Polen, 120 t Island), in den 1970er Jahren 12.587 t (1.909 t Kanada, 799 t UdSSR, 1.770 t Norwegen, 1.717 t Großbritannien, 1.664 t Irland, 1.603 t Dänemark, 1.294 t Grönland, 694 t Finnland, 586 t Schweden, 236 t Island, 134 t Färöern, 99 t Polen, 79 t Deutschland), in den 1980er Jahren 11.860 t (1.383 t Kanada, 1.141 t UdSSR, 1.968 t Norwegen, 1.265 t Irland, 1.137 t Großbritannien, 1.161 t Finnland, 1.100 t Dänemark, 841 t Schweden, 767 t Grönland, 496 t Färöern, 285 t Island, 254 t Russland, 217 t Polen, 57 t Frankreich, 42 t Deutschland), in den 1990er Jahren 7.310 t (203 t Kanada, 1.872 t Finnland, 853 t Norwegen, 852 t Schweden, 674 t Irland, 641 t Island, 619 t Großbritannien, 586 t Dänemark, 248 t Lettland, 236 t Polen, 114 t Grönland, 42 t Deutschland, 20 t Estland, 20 t Litauen, 10 t Spanien), und in den 2000er Jahren 3.655 t (972 t Norwegen, 704 t Finnland, 404 t Schweden, 403 t Irland, 393 t Großbritannien, 251 t Dänemark, 124 t Island, 124 t Russland, 119 t Polen, 57 t Lettland, 45 t Spanien, 28 t Deutschland, 11 t Estland, 7 t Frankreich, 4 t Litauen).

Die Angelfischerei erfolgt überwiegend von Januar bis April in den Unterläufen der Flüsse mit Blinkern und Spinnern. Dabei haben sich Tobies oder der Flying C als besonders fängig erwiesen. Besonders gern wird der Lachs jedoch auch mit der Fliege befischt. Die Köderwahl reicht von der klassischen Lachsfliege bis zur Mausimitation. Immer populärer wird bei der Lachsfischerei auch das Fischen mit der Nymphe. Bei Wassertemperaturen unter 12 °C kommen meist sinkende Schnüre und größere Fliegen zum Einsatz. Im Sommer und Herbst wird dann in der Regel mit kleineren Mustern und der Trockenfliegenschnur geangelt. In größeren Flüssen mit stärkerer Strömung wird meist mit Zweihand-Fliegenruten gefischt (Klasse 8-10). In langsam strömenden Flüssen, in denen der Fliege durch Strippen Leben eingehaucht werden muss, kommen Einhandruten derselben Schnurklasse zum Zug. Angeln auf Atlantische Lachse ist oft eine mühsame Angelegenheit, denn die Fischerei ist vom Wasserstand abhängig. Da der Fisch nicht aktiv Nahrung aufnimmt, sondern nur aus Aggressivität attackiert, gestaltet sich die Fischerei oft unerwartet schwierig. Meist wird der Atlantische Lachs mit Nassfliegen befischt. Nur einige wenige Lachsflüsse bieten eine gute Trockenfliegenfischerei. In Seen und auf dem Meer wird meist mit dem Downrigger, in Irland auch mit der Fliege geschleppt. Angelfischereilich sind atlantische Lachse wesentlich schwieriger zu fangen als pazifische.
In den USA sind im 20. Jahrhundert zahlreiche Bestände (ca. 85 %) durch Gewässerverbauung, Wasserverschmutzung und Überfischung ausgestorben, und die restlichen stark bedroht. In Kanada, Großbritannien und Irland werden immer noch zahlreiche Wildlachse vor den Küsten gefangen. Dabei wurde festgestellt, dass jeder mit der Angel gefangene Lachs ca. 15-mal mehr Geld in die Region bringt, als der durch die Treibnetzfischerei gefangene.
Auch in Zentraleuropa sind in der ersten Hälfte des 20. Jahrhunderts viele Lachsbestände durch Gewässerverbauung, Wasserverschmutzung und Überfischung stark reduziert oder ganz vernichtet worden (z. B.: Elbe 1940er Jahre, Weser und Rhein 1950er Jahre, Ems 1960er Jahre, Oder 1980er Jahre). Bereits 1877-1892 wurden im Einzugsgebiet des Mains jährlich etwa 100.000 Lachseier erbrütet und die Brütlinge ausgesetzt. 1884 begann man im Weser-Ems Gebiet mit der künstlichen Erbrütung von jährlich etwa 150.000 Eiern, dies wurde mit Ausbruch des ersten Weltkriegs eingestellt. Fast 100 Jahre nach den ersten Erbrütungsaktivitäten wurde erneut mit der Erbrütung von Eiern (aus Norwegen, Schottland, Irland, Schweden und Frankreich) begonnen. Zur gleichen Zeit wurde in Polen mit der Wiedereinbürgerung begonnen.

In Russland wird die künstliche Erbrütung seit Anfang der 1920er Jahre durchgeführt. Von den Anrainerstaaten der Ostsee werden jährlich etwa 5-6 Mio. Lachssetzlinge in die Flüsse ausgesetzt. Je nach Jahr werden 2-20 % mit durchschnittlich 5-6 kg wieder gefangen. Heute besteht an der Erhaltung und Wiedereinbürgerung der Lachsbestände internationales Interesse. Derzeit laufen in Europa einige Wiedereinbürgerungsprogramme (z. B.: seit den 1970er Jahren in Ems und seit den 1980er Jahren in Weser, Rhein und Elbe), die bereits Erfolge zeigen.
Überwiegend in Nordeuropa und Kanada wird der Atlantische Lachs in Netzgehegeanlagen 1,5-2,5 Jahre lang im Meerwasser zum Speisefisch aufgezogen. Seit einigen Jahrzehnten verstärkt auch in Chile, wo die Lachsproduktion nach der Kupferindustrie der bedeutendste Wirtschaftszweig wurde.
Die jährliche Gesamtproduktion aus der Aquakultur betrug in den 1970er Jahren 1.662 t (1.343 t Norwegen, 306 t Großbritannien), in den 1980er Jahren 51.987 t (37.344 t Norwegen, 8.686 t Großbritannien, 1.714 t Färöern, 1.235 t Kanada, 1.459 t Irland, 355 t Island, 192 t Schweden, 128 t Finnland), in den 1990er Jahren 457.750 t (246.069 t Norwegen, 71.271 t Großbritannien, 55.007 t Chile, 32.431 t Kanada, 18.695 t Färöern, 12.351 t Irland, 11.976 t USA, 5.295 t Australien, 2.592 t Island, 685 t Spanien, 675 t Frankreich), und in den 2000er Jahren 1.227.843 t (597.324 t Norwegen, 303.121 t Chile, 137.088 t Großbritannien, 101.025 t Kanada, 36.224 t Färöern, 18.780 t Australien, 15.089 t Irland, 14.902 t USA, 3.099 t Island, 757 t Frankreich).
In Norwegen sind bereits viele Wildlachsbestände durch sauren Regen und entwichene Farmlachse bedroht. Durch Netzschäden, die durch Robben und Stürme verursacht werden, sowie aussortierte Fische bzw. illegale Beseitigungen gelangten von 1988-1992 jährlich etwa 1,6 Mio. Farmlachse aus Netzgehegen in natürliche Gewässer. Bereits rund 25 % aller Lachse in norwegischen Flüssen (in Namsen und Vosso ca. 50 % und Oselva ca. 80 %) sind entwichene Farmlachse bzw. deren Nachkommen oder Hybriden. Die Farmlachse wandern und laichen oft später, zum Ende der Laichzeit, und haben im Vergleich zu Wildlachsen, einen geringeren Reproduktionserfolg von nur rund 16 %. Durch die entwichenen Farmlachse stieg auch der Infektionsdruck der Lachslaus auf Wildlachse um das 3-fache. Der aus den Ostseezuflüssen Mitte der 1970er Jahre nach Norwegen eingeschleppte Hautparasit (*Gyrodactylus salaris*) kann die Junglachspopulationen innerhalb von etwa 2 Jahren um 50 % und innerhalb von 6 Jahren um 97 % reduzieren. Seit Ende der 1980er Jahre gibt es in Norwegen auch ein Erhaltungsprojekt, bei dem verschiedene Stämme im Süßwasser gehalten und vermehrt werden.

Salmo trutta Linnaeus, 1758. **Gemeine Forelle**, Europäische Forelle

Atlantische Forelle (Meerforelle). (Foto: G. Feuerstein)

Beschreibung:

11-19 Rückenflossenstrahlen, 9-18 Afterflossenstrahlen, 100-136 Seitenlinienschuppen, 13-25 Kiemenreusendornen, 20-95 Pylorusanhänge, 49-62 Wirbel.

Der Körper ist langgestreckt, torpedoförmig und seitlich etwas zusammengedrückt, mit zunehmendem Alter wird er hochrückiger und gedrungener. Die Schwanzflosse ist bei jungen Fischen gegabelt, bei erreichen der Geschlechtsreife fast gerade bis nach außen gewölbt. Der Kiemendeckelknochen läuft spitz aus. Die Platte und der Stiel des Pflugscharbeins sind mit Zähnen besetzt.

Geschlechtsunterschiede zeichnen sich unter anderem an der Afterflosse ab, deren Rand beim Männchen oft nach außen gewölbt und beim Weibchen eher eingebuchtet oder geradlinig ist. Je nach Alter ist der Unterkieferhaken der Männchen mehr oder weniger stark entwickelt.

Die Oberseite ist dunkel grünbraun bis blaugrau, und die Unterseite heller bis weiß gefärbt. An den Seiten und am Kopf befinden sich, meist auch unterhalb der Seitenlinie, schwarzbraune Flecken.

Die Färbung und Zeichnung variiert jedoch je nach Unterart und Lebensweise beträchtlich. Außerdem wird die Färbung auch der Umgebung angepasst. So sind Forellen, die über grauen sandigen oder steinigen Untergrund leben, oft silbrig mit kleinen roten Punkten und solche, die über braunem, veralgtem oder pflanzlichem Untergrund leben, oft gelbbraun mit großen roten Tupfen. Juvenile Tiere haben 6-14 dunkle, ovale bis längliche oder unregelmäßig geformte Jugendflecken an den Seiten, die in einigen südlichen Verbreitungsgebieten meist auch noch bei adulten Tieren zu sehen sind. Bachformen haben neben kleinen schwarzen Punkten oft hellgelb bis bläulich umrandete rote Punkte an den braungrauen Seiten. Seeformen haben neben großen schwarzen unregelmäßigen Flecken auch kleine rotbraune, aber nie hell umrandete rote Tupfen an den silbrig glänzenden Seiten. Meerformen haben unregelmäßig runde bis X-förmige schwarze Tupfen an den silbrig glänzenden Seiten. Während der Laichwanderung werden die Flanken dunkler und intensiver gefärbt.
Bei der Atlantischen Forelle gibt es zwei abweichende Farbvariationen in Norwegen. Die Forellen zweier kleiner Seen (Svartavasstjønn und Svartavatn) im Hardangervidda Nationalpark zeigen eine dichte Fleckenzeichnung mit feinen schwarzen Punkten, die in der Zeichnung fast der Regenbogenforelle ähnelt, und im Otra-Fluss in Südnorwegen lebt neben der normalen eine "marmorierte" Variante, die in der Zeichnung stark der Marmorforelle ähnelt. Bei der Pontokaspischen Forelle können sowohl bei wandernden als auch bei stationären Formen auch komplett fleckenlose Exemplare vorkommen.

Verbreitung:

Die Gemeine Forelle kommt in ganz Europa in fast allen Küstenregionen, Seen und Flusssystemen vor. Das Verbreitungsgebiet erstreckt sich im Norden von Island über die Britischen Inseln und Skandinavien bis zum Uralgebirge, im Westen von Portugal und im Süden vom Nordafrikanischen Atlasgebirge über den europäisch-asiatischen Mittelmeerraum bis zum Südrand des Kaspischen Meeres und bis zum Hindukusch und Pamir im Osten.
Großteils haben sich eigene Populationen und Formen in den jeweiligen Flusssystemen gebildet. Die phänotypische Plastizität und die große Formenvielfalt innerhalb des Verbreitungsraumes der Gemeinen Forelle spiegeln sich in der taxonomischen Konfusion wieder. Seit 1758 wurden über 100 neue Arten und Unterarten beschrieben (siehe Synonyme), die zum Taxon *Salmo trutta* gehören. Die bis heute noch gebräuchliche Einteilung in Bach-, See- und Meerforelle weist lediglich auf die

Lebensweise und den Lebensraum hin, gibt jedoch keinerlei Hinweis auf die stammesgeschichtlichen Zusammenhänge. Alle Formen eines bestimmten Drainagesystems stammen von gemeinsamen Vorfahren ab, und nicht jede Form von eigenen Vorfahren.
Untersuchungen der mitochondrialen DNA zeigen, dass alle *Salmo trutta* Populationen unterschiedlichen phylogenetischen Gruppierungen zuzuordnen sind. Die Verbreitungsgebiete der einzelnen Hauptgruppen stimmen zumeist mit den großen hydrographischen Einzugsgebieten überein (1. Atlantik, 2. Mittelmeer, 3. Schwarzes- und Kaspisches Meer mit Aralsee). Ausnahmen gibt es bei ehemaligen Verbindungen zwischen verschiedenen Flusssystemen. So fand man z.B.: in der Quellregion des Euphrat Schwarzmeer-Genotypen, während in den weiter flussabwärts gelegenen Euphratzuflüssen Mittelmeer-Genotypen vorkommen. Ebenso ist eine prähistorische Migration zwischen den Oberläufen des Rheins und der Donau nicht auszuschließen. Aufgrund der starken Besatztätigkeiten durch den Menschen in diesem Raum wird aber ein Nachweis wohl kaum mehr zu erbringen sein. Die drei Hauptgruppen lassen sich meist weiter in verschiedene Untergruppen aufteilen.
Die Gemeine Forelle wird in folgende drei Unterarten eingeteilt:

Salmo trutta trutta Linnaeus, 1758. **Atlantische Forelle** – kommt im Einzugsgebiet des Atlantiks von der Barentssee (Tscheskaja-Bucht) und Skandinavien, über Island, den Britischen Inseln, bis zur Iberischen Halbinsel, sowie in Nordafrika von Marokko über Algerien bis Sizilien vor, wo sie auch in den Zuflüssen zum Mittelmeer zu finden ist (71-31° Nördlicher Breite).
Atlantische Forellen wurden seit dem Jahre 1864 meist im Gefolge der englischen Kolonisation in zahlreichen Gewässern in Australien und Tasmanien, ab 1968 in Indien, ab 1883 in Nord- und 1905 in Südamerika, sowie 1892 in Süd- und 1905 in Ostafrika mit Erfolg eingebürgert und sind heute künstlich fast weltweit verbreitet. Die domestizierten Bach-, See- und Meerforellen wurden fast ausschließlich aus Atlantikstämmen gezüchtet. Durch Besatzmaßnahmen sind die Atlantik-Genotypen heute auch in den Einzugsgebieten des Mittelmeeres und des Schwarzen Meeres weit verbreitet.
S. t. trutta hat durchschnittlich etwas weniger Schuppenreihen oberhalb der Seitenlinie (13-25 zu 17-31) als die restlichen Unterarten, außerdem zeigen die Rücken- und Afterflosse oft eine schwarz-weiß gesäumte Vorderkante oder Spitze (ausgenommen Meerform). Die schwarz-weißen Kanten oder Spitzen findet man jedoch manchmal auch bei *S. t. rhodanensis* (auf der Insel Korsika).

Pontokaspische Forelle (Seeforelle). (Foto: J. Schöffmann)

Mediterrane Forelle (Bachforelle). (Foto: J. Schöffmann)

Salmo trutta labrax Pallas, 1811. **Pontokaspische Forelle** – kommt im Einzugsgebiet des Schwarzen Meeres (Donau, Dnjepr, Don, Kuban), Kaspischen Meeres (Ural, Wolga, Terek, Kura bis Sefid-Rud), sowie des Aralsees (Amudarja) einschließlich der Quellregion des Euphrat vor (59-36° Nördlicher Breite).
Die Populationen des Kaspischen Meeres und des Aralsees wurden auch schon als eigene Unterarten (*Salmo t. caspius* Kessler, 1877 bzw. *Salmo t. aralensis* Berg, 1908) beschrieben.
S. t. labrax hat durchschnittlich etwas mehr Kiemenreusendornen (15-25 zu 13-20) als die restlichen Unterarten, außerdem ist der Schwanzstiel (wie beim Atlantischen Lachs) oft etwas niedriger und länger (ausgenommen Bachform). Die hohe Zahl an Kiemenreusendornen findet man jedoch manchmal auch bei *S. t. rhodanensis* (auf der Balkan-Halbinsel und südlich davon).

Salmo trutta rhodanensis Roule, 1923. **Mediterrane Forelle*** – kommt im Eurasischen Einzugsgebiet des Mittelmeeres vor (48-36° Nördlicher Breite).
S. t. rhodanensis hat durchschnittlich etwas weniger Pylorusanhänge (20-50 zu 35-90) als die restlichen Unterarten, außerdem zeigen die Seiten oft vier großflächige vertikale dunkle Flecken (ausgenommen Seeform). Die großflächigen Flecken findet man jedoch manchmal auch bei *S. t. trutta* (auf der Iberischen Halbinsel und südlich davon).
Auch den endemisch im 65 m hoch gelegenen 370 km^2 großen und 350 m tiefen Gardasee lebenden Carpione, der gelegentlich auch schon als eigene Art oder Unterart (*Salmo t. carpio* Linnaeus, 1758) beschrieben wurde, zählt man dazu. Er stellt eine Besonderheit dar, da er in mittleren bis größeren Tiefen lebt und die ökologische Nische einnimmt, die in Alpenseen normalerweise vom Seesaibling besetzt wird. Er ernährt sich von Juli bis September hauptsächlich von Zooplankton und von Oktober bis Juni überwiegend von Bodenorganismen, sowie gelegentlich von kleinen Fischen und Eiern. Die Geschlechtsreife wird mit einem Alter von 2-3 Jahren erreicht. Außerhalb der Laichzeit zeigen beide Geschlechter wenige, unregelmäßig geformte, schwarze Flecken an den silbrig glänzenden Seiten. In der Laichzeit verschwinden die Flecken. Während die Männchen eine prunkvolle, gelb-orange Laichfärbung annehmen, behalten die Weibchen ihr silbergraues Farbkleid. Zwei getrennte Laichperioden (Juli bis August und Dezember bis Februar) sind feststellbar. Die Eiablage erfolgt an den Halden bei unterseeischen Quellen, nicht tiefer als etwa 50 m und zwar im Winter im nördlichen und im Sommer im südlichen Becken. Der Carpione kann bis zu 60 cm lang, 3

kg schwer und 5 Jahre alt werden. Wasserverschmutzung, Überfischung und der Besatz mit allochthonen Arten (*Coregonus, Oncorhynchus*) haben die Fangerträge dramatisch reduziert. Zwischen 1887 und 1967 wurden jährlich 7-46 t gefangen, 1985-1987 nur mehr 1-3 t. Seit 1988 besteht in Italien ein Erhaltungsprojekt, im Rahmen dessen Laichfische in Teichen gehalten und Jungfische aufgezogen werden. Ohne Erfolg blieben Versuche, den Carpione in andere Seen in Italien, Deutschland und Neuseeland einzubürgern.

* Neuen genetischen Untersuchungen zufolge gehören die früher als Mittelmeerforelle bezeichneten Taxons (*Salmo t. cettii* Rafinesque, 1810 bzw. *Salmo t. macrostigma* Duméril, 1858) aus Sizilien und Algerien zum Atlantikstamm und sind so Synonyme von *S. t. trutta.*

Lebensweise:

Aufgrund der Lebensweise, des Lebensraumes und der Färbung sind drei Formen bekannt, die bei allen drei Unterarten vorkommen können:
Die Bachforelle (*Salmo trutta* forma *fario*) ist eine standorttreue Süßwasserform, die Flüsse und Bäche, und in geringerem Ausmaß kleine Seen, bis in eine Höhe von 4.000 m N.N besiedelt. Sie ist besonders an das Vorhandensein von Einständen gebunden, wobei die Revierbindung mit zunehmendem Alter immer ausgeprägter wird und die Reviergröße je nach Gestaltung und Nahrungsangebot zunimmt. Vor der Laichzeit werden die nicht immer streng abgegrenzten Reviere aufgegeben. Zur Laichzeit, welche sich von Oktober bis Februar erstreckt, wandert sie ab August kurze Strecken bis 300 m in die Nebenbäche bzw. Quellgebiete. Nach dem Laichen werden wieder stromabwärts gelegene unbesetzte Reviere aufgesucht. In kleineren Fließgewässern ist dabei die Rückkehr in das heimatliche Revier häufiger als in größeren. Um über steinigem Grund gut in der Strömung stehen zu können, sind die Brust- und Bauchflossen der Bachforelle besonders breit.
Die Seeforelle (*Salmo trutta* forma *lacustris*) kommt in tiefen, kalten Seen bis 1.700 m Seehöhe Islands (Ulfsvatn Thingvallavatn, Veidivötn), der Britischen Inseln (Lough Melvin, Neagh, Mask, Loch Awe, Rannoch, Leven), Skandinaviens (Pjaozero, Mjøsa-See), Russlands (Ladoga- und Onegasee), des Alpenraums (z.B.: Lunzer-, Weissen-, Hallstätter-, Wolfgang-, Traun-, Fuschl-, Mond-, Atter-, Ammer-, Walchen-, Chiem-, Boden-, Walen-, Zürich-, Zuger-, Vierwaldstätter-, Thuner-, Genfer-, sowie Comer- und Gardasee) und im Osten (Ohrid-, Abant-, Ezenam-, Sewansee) vor. Zur Laichzeit wandern sie während 2-4 Wochen entweder ab Juni bis 180 km (bis 16 km/Tag) in die Oberläufe der Zuflüsse und laichen dann ab September, oder sie wandern ab Oktober kurze Strecken in kleinere Zuflüsse oder seltener in Abflüsse (Grundl-,

Boden-, Vierwaldstättersee) bzw. laichen gelegentlich an kiesigen Stellen bei Quellaustritten im See selbst (Ammer-, Bodensee). Bei der Laichwanderung steigen die Fische meist jedes Jahr in die selben Flüsse auf, wobei größere und ältere Forellen dabei meist zuerst in die Zuflüsse einsteigen und die Männchen als erste an den Laichplätzen erscheinen. In einigen Seen (Lough Melvin, Loch Awe, Ohrid- und Sewansee) sind mehrere Morphen bekannt, die sich durch Wachstum, Laichzeit und Laichplätze unterscheiden. Die Jungfische bleiben 1-3 Jahre in den Flüssen und wandern meist bei Hochwasser in den See oder lassen sich bei Niedrigwasser gegen die Strömung gestellt in die Seen abtreiben. Die Seeforelle wandert im See bis zu 40 km pro Tag (bis 2 km/h) – meist tagsüber oder abends – und hält sich gerne im Bereich der Sprungschicht bei 10-15 °C auf. Jüngere Individuen (Schwebforellen) halten sich dabei meist in Ufernähe, ältere, geschlechtsreife oft in größerer Tiefe auf (Grundforellen). Für die Bewirtschaftung ist wesentlich, dass nur die Seeforelle gezielt in der Lage ist, die oft verbutteten, kleinwüchsigen Seesaiblingsbestände zu regulieren und dadurch das Durchschnittsgewicht dieser Bestände zu erhöhen.
Die Meerforelle (*Salmo trutta* forma *trutta*) ist eine anadrome Wanderform und steigt von Mai bis November zum Laichen – oft nach Regenfällen – auf festen Wanderrouten bis über 1.000 km in die Flüsse auf – ähnlich wie der Atlantische Lachs – generell schneller, aber nicht so weit und laicht oft erst nach diesem. In einigen Flüssen (Weichsel, Kura) gibt es auch einen Frühjahrsaufstieg (November-Februar), wobei die Fische auch oft erst im darauf folgenden Herbst laichen. Nach dem Laichen bleiben die Fische oft 1-3 Monate in der Nähe der Laichplätze, ehe sie wieder die Rückwanderung antreten, um nach 1-3 Jahren im Meer wieder bis zu 5-mal aufzusteigen. Die Jungfische bleiben je nach geographischer Breite und klimatischen Bedingungen 1-5 Jahre in den Flüssen und wandern mit einer Größe von 15-25 cm ins Meer ab, wo sie sich, im Norden länger als im Süden, 1-5 Jahre in Küstennähe aufhalten und 200-600 km wandern können. Auch im Winter halten sie sich oft im Brackwasser auf. Meerforellen sind nicht so gut an das Leben im Meer angepasst, wie der Lachs, und wachsen im Süßwasser besser, im Meer aber schlechter als der Lachs.
Die Geschlechtsreife wird je nach Lebensraum, Unterart und Form bei den Männchen mit 2-4 Jahren bei einer Länge von 20-40 cm und einem Gewicht von 0,1-1,0 kg und bei den Weibchen mit 3-5 Jahren bei einer Länge von 30-60 cm und einem Gewicht von 0,2-2,0 kg erreicht.
Die Laichzeit erstreckt sich je nach Klima, Unterart und Form von September bis März, bei Wassertemperaturen von 4-9 °C.

Verschiedene Laichzeiten (Sommer und Winter) sind bei einigen Seeformen aufgrund des Lebensraumes bzw. des Mangels an geeigneten Laichgründen entstanden.
Die Laichabgabe erfolgt in 2-5 ovalen, 20-100 cm großen und 10-30 cm tiefen Laichgruben, die vom Weibchen in einer Wassertiefe von 0,1-0,9 m in kiesigem bzw. schottrigem Grund mit einem Korndurchmesser von 10-70 mm bei einer Strömungsgeschwindigkeit von 0,1-0,9 m/s angelegt werden. Nach der Eiablage, die in Intervallen erfolgt, werden die Laichgruben wieder zugeschüttet.
Die Eimenge beträgt durchschnittlich 1.000-2.000 Stück je kg Körpergewicht. Die Eier haben einen Durchmesser von 3,0-7,0 mm und ein Gewicht von 70-170 mg.
Die Entwicklung dauert bei einer Wassertemperatur von 5-10 °C etwa 383-452 Tagesgrade bis zum Schlupf. Die aktive Nahrungsaufnahme beginnt bei einer Länge von ca. 20-25 mm und einem Gewicht von ca. 100-120 mg.
Je nach Strömungsverhältnissen führen die Brütlinge mit Beginn der aktiven Nahrungsaufnahme in der Nacht Wanderungen durch und driften ab. Im Winter werden von den Jungfischen flussabwärts gelegene Ruheräume aufgesucht. Bei starker Trübung und hohen Wasserständen setzt dann eine Abwanderung der größeren Fische ein. Die Gemeine Forelle ist eher ein Einzelgänger und schließt sich normalerweise nicht zu Schwärmen zusammen.
Die Nahrung besteht hauptsächlich aus Insekten (*Anabolia, Bibio, Caddis, Chironomus, Ephemera, Limnophilus, Rhyacophila, Rithrogena, Phrygonia, Sialis, Tipula*), Krebsen (*Asselus, Bythotrephes, Carinogammarus, Chydorus, Crangon, Cyclops, Daphnia, Echinogammarus, Gammarus, Leptodora, Simocephalus*), Schnecken (*Limnaea, Radix*) und Würmern, sowie Fischen (*Alburnus, Clupeonella, Cottus, Coregonus, Osmerus, Perca, Phoxinus, Rutilus, Salvelinus*).
Das Wachstum ist je nach Nahrungsangebot, Unterart und Form sehr unterschiedlich.
Von allen drei Unterarten wird die Pontokaspische Forelle am größten. Die Bachforelle einiger Donauzuflüsse wird bis zu 25 kg schwer. Die Seeforelle des Wolfgangsees wird bis zu 110 cm lang und 31 kg schwer. Die Meerforelle der Kura wird bis zu 150 cm lang, 51 kg schwer und 19 Jahre alt.

Bedeutung:
Die Gemeine Forelle ist eine bedeutende Salmonidenart für die Berufsfischerei in Europa.

Der jährliche Gesamtfang aus der Fischerei betrug in den 1950er Jahren 180 t (96 t Türkei), in den 1960er Jahren 479 t (240 t Großbritannien, 110 t Türkei), in den 1970er Jahren 776 t (264 t Türkei, 137 t Großbritannien), in den 1980er Jahren 5.844 t (3.056 t Spanien, 613 t Finnland, 431 t Türkei, 315 t Frankreich, 152 t Großbritannien, 48 t Dänemark, 26 t Polen), in den 1990er Jahren 5.807 t (2.308 t Spanien, 1.007 t Irland, 853 t Finnland, 423 t Türkei, 295 t Großbritannien, 192 t Polen, 100 t Belgien, 74 t Dänemark, 37 t Rumänien, 10 t Lettland), und in den 2000er Jahren 3.730 t (1.860 t Spanien, 586 t Polen, 423 t Türkei, 247 t Finnland, 159 t Großbritannien, 100 t Belgien, 53 t Norwegen, 40 t Rumänien, 37 t Dänemark, 37 t Tschechien, 25 t Slowakei, 15 t Bulgarien, 14 t Irland, 13 t Estland, 9 t Lettland, 6 t Slowenien, 2 t Litauen).
Der Fang der Meerforelle erfolgt mit verschiedenen Kiemennetzen, im Meer oft mit Fangleinen und verschiedenen Reusen, und beim Laichaufstieg auch mit Fallen und Hamen. Durch die starke Gewässerverschmutzung und Wasserentnahme am Aralsee ist die Meerforelle dort seit den 1970er Jahren verschwunden. In der UdSSR wurden Mitte bis Ende der 1930er Jahre im Kaspischen Meer jährlich rund 250 t Meerforellen gefangen, wobei der Großteil aus der Kura stammte. Im Iran wurden von Mitte der 1990er bis Mitte der 2000er Jahre jährlich 3-13 t (durchschnittlich 6 t) Meerforellen mit einem Durchschnitts-gewicht von 2-3 kg gefangen. Im selben Zeitraum wurden rund 350.000-500.000 Setzlinge mit 5-20 g in die Flüsse oder Smolts mit über 40 g im Kaspischen Meer ausgesetzt, wobei die Rückkehrrate ca. 0,5 % beträgt. In Deutschland werden jährlich ca. 4 Mio. Meerforellen ausgesetzt, wobei die Rückfangquote der Brütlinge ca. 0,3 % beträgt.
Der Fang der Seeforellen erfolgt mit Kiemennetzen mit einer Maschenweite von 40-120 mm. Bereits einmal gefangene Seeforellen zeigen deutliches Netzvermeidungsverhalten und umschwimmen regelrecht die Netze. In den 1910er bis 1960er Jahren wurden am Bodensee jährlich 4-18 t (durchschnittlich 11 t) Seeforellen gefangen, danach gingen die Fänge bis Mitte der 1980er Jahre kontinuierlich auf unter 2 t zurück, und stiegen anschließend bis in die 2000er Jahre wieder auf bis über 7 t an. Seit der Jahrtausendwende erfolgt der Besatz an Seeforellen (überwiegend vorsgestreckte Setzlinge) ausschließlich in den Zuflüssen. Die jährlichen Seeforellenfänge der Berufsfischer lagen in den Schweizer Seen von 1969-1978 bei 0,1-0,6 kg/ha. Der jährliche Besatz pro Hektar betrug am Vierwaldstättersee von 1905-1932 bzw. 1966-1971 etwa 6-8 Sömmerlinge und wurde bis 1980 auf über 40 Sömmerlinge gesteigert.

Die Gemeine Forelle ist die wichtigste Salmonidenart für die Angelfischerei in Mitteleuropa.
Die Bachforelle wird vor allem mit der Flugangel und Trockenfliege oder Nymphe in den Morgenstunden und am Abend gefangen. Leichtes Gerät der Klasse 3-6 ist ausreichend. Große Bachforellen bevorzugen Streamer. Beim Spinnfischen werden kleinere Spinner, Wobbler und Blinker verwendet.
Die Seeforelle wird meist mit der Schleppangel und System oder Löffel, Blinker und Wobbler vom Boot aus gefangen. Während der Laichwanderungen kommen in den Flüssen neben den oben erwähnten Ködern für große Bachforellen auch Köderfische am System oder Bleikopf zum Einsatz.
Die Meerforelle wird überwiegend mit der Spinnangel und Blinker (10-30 g) bevorzugt zu Beginn der Laichwanderung gefangen. Auch der Fang mit der Fliege ist sehr beliebt. Die Meerforellen werden im Frühjahr in den Abend- und Morgenstunden, im Sommer und Herbst jedoch praktisch ausschließlich während der Dunkelheit gefangen.
Vor allem die Forellen des Mittel- und Schwarzmeerstammes sind heute in vielen Teilen ihres Verbreitungsgebietes durch Überfischung und Umweltverschlechterung (Gewässerverbauung und Wasserverschmutzung) gefährdet. Die stationäre Bachform wurde im Donausystem durch jahrzehntelangen Besatz mit allochthonem Material (Atlantik-Genotypen) in ihrer genetischen Integrität gefährdet und ist nur mehr in wenigen Beständen erhalten geblieben. Die großwüchsige Seeform ist durch anthropogene Einflüsse heute stark reduziert und ebenfalls nur mehr in wenigen Seen vorhanden. Die anadrome Meerform, die aus dem Kaspischen Meer zum Laichen in die Kura und auch in die Wolga aufstieg, ist durch Umweltverschmutzung und Staudamme fast verschwunden.
Alle drei Unterarten und Formen werden in den Verbreitungsgebieten getrennt künstlich vermehrt und in zahlreiche geeignete Gewässer ausgesetzt. Da aber hauptsächlich Atlantik-Bachforellen gezüchtet werden, sind die anderen Unterarten durch den Besatz solcher Fische besonders gefährdet und stark zurückgegangen. Um die genetische Vielfalt der besonders angepassten Populationen zu erhalten, sollte in Zukunft auf diesen Umstand bei der Bewirtschaftung besonders geachtet werden. In einen anderen Lebensraum eingesetzt, passen sich zwar die einzelnen Formen in der äußeren Erscheinung an und nehmen auch oft ähnliche Verhaltensweisen an, sind dann aber nicht so gut für diesen Lebensraum spezialisiert und füllen nicht die speziellen ökologischen Nischen aus.

Die jährliche Gesamtproduktion aus der Aquakultur betrug in den 1950er Jahren 336 t (303 t Deutschland, 33 t Großbritannien), in den 1960er Jahren 966 t (862 t Deutschland, 84 t Großbritannien), in den 1970er Jahren 1.783 t (1.428 t Deutschland, 180 t Großbritannien, 175 t Rumänien), in den 1980er Jahren 3.033 t (1,971 t Deutschland, 356 t Rumänien, 214 t Großbritannien), in den 1990er Jahren 4.225 t (1.377 t Russland, 1.651 t Frankreich, 359 t Rumänien, 237 t Dänemark, 360 t Großbritannien), und in den 2000er Jahren 12.524 t (9.520 t Russland, 1.382 t Frankreich, 311 t Großbritannien, 284 t Rumänien, 220 t Dänemark, 62 t Österreich, 25 t Finnland, 11 t Slowenien, 3 t Schweden, 3 t Portugal).

Carpione. (Foto: F. Vaini)

Salmo obtusirostris Heckel, 1852. **Weichmaulforelle**

Dalmatinische Weichmaulforelle. (Foto: C. Ratschan)

Beschreibung:

12-16 Rückenflossenstrahlen, 10-13 Afterflossenstrahlen, 100-120 Seitenlinienschuppen, 25-32 Kiemenreusendornen, 36-81 Pylorusanhänge, 56-59 Wirbel.

Der hochrückige Körper ist spindelförmig und gedrungen mit hohem, kurzem Schwanzstiel, stark gegabelter Schwanzflosse und langen, spitz auslaufenden Brust- und Bauchflossen. Der Kopf ist klein (kürzer als die Körperhöhe) mit kurzer Schnauze. Das Maul ist breit und unterständig, das Oberkiefer reicht nur bis zur Augenmitte. Die Kiefer sind kürzer aber höher als bei *S. trutta*, mit kleinen Zähnen verhältnismäßig schwach besetzt und von den fleischigen Lippen verdeckt. Besonders die Unterlippe ist relativ weich. Zur Laichzeit bildet sich kein Laichhaken aus. Der Rücken ist graugrün bis grünbraun, die Seiten gelb bis silbrig und der Bauch weißgelb gefärbt. An den Seiten befinden sich runde, stern- bis x-förmige rote, und meist in der vorderen Körperhälfte auch schwarze Tupfen. Die Flossen sind – mit Ausnahme der Rücken- und der Fettflosse – ohne Tupfen einheitlich gelbrau gefärbt oder schwarzblau gesäumt. Die Jungfische haben dunkle Querbinden.

Teilweise haben sich eigene lokale Populationen und Formen in den jeweiligen Flusssystemen gebildet. Zwei unterschiedliche Schnauzenformen (stumpf- und spitzschnäuzig) sind von der Population der Neretva bekannt. Die Population der Krka weist, vermutlich infolge von Hybridisierung mit *Salmo trutta*, mehr (110-130) Seitenlinienschuppen auf und wurde deshalb auch schon als Unterart (*Salmo o. krkensis* Karaman, 1927) beschrieben.

Verbreitung:
Das Verbreitungsgebiet beschränkt sich auf einige wenige Flüsse, die in die Adria münden. Die Weichmaulforelle wird in folgende zwei Unterarten eingeteilt:

Salmo obtusirostris obtusirostris Heckel, 1852. **Dalmatinische Weichmaulforelle** – kommt im Norden von Krka über Jadro bis Verlika und Neretva im Süden vor (46-43° Nördlicher Breite).
Die meisten Umsiedlungsversuche in andere Flusssysteme zur Arterhaltung schlugen bisher fehl. Ein Einbürgerungsversuch im Donauraum scheiterte ebenfalls. Nur in der Zrnovica gelang, nach dem Bau eines Staudammes in den 1970er Jahren, die Einbürgerung mit Fischen aus dem Jadro.

Salmo obtusirostris zetensis Hadzisce, 1960. **Montenegrinische Weichmaulforelle** – kommt nur in der Zeta einem Zufluss der Moraca im Skutari-Drin-Becken vor (43-42° Nördlicher Breite).
S. o. zetensis hat etwas weniger Pylorusanhänge (36-40 zu 48-81) als *S. o. obtusirostris.*

Lebensweise:
Die Geschlechtsreife wird mit einem Alter von 2-4 Jahren bei einer Größe von 20-30 cm und einem Gewicht von 0,1-0,3 kg erreicht.
Die Laichzeit erstreckt sich von März bis Mai, bei Wassertemperaturen von 9-11 °C.
Die Laichabgabe erfolgt in ovale Laichgruben in einer Wassertiefe von 0,5-2,5 m überwiegend an stark überströmten Kiesbänken beim Auslauf größerer Kolke, die anschließend jedoch nicht mit Kies bedeckt werden.
Die Eimenge beträgt 300-2.000 Stück je Weibchen.
Die Eientwicklung dauert, je nach Wassertemperatur, etwa 15-25 Tage.
Selten treten auch Hybriden mit der Bachforelle auf.
Die Weichmaulforelle ist eine stationäre Süßwasserform, die vor allem die mittleren und unteren Flussabschnitte bevölkert und kaum wandert.

Sie hält sich gerne in Gruppen in Flussmitte, nicht aber in Seen auf, und meidet seichte Stellen. Unterstände werden nur selten aufgesucht.
Die Nahrung besteht hauptsächlich aus Krebsen (*Gammarus*) und Insekten, seltener aus Würmern (*Planaria*) und kleinen Fischen.
Das Wachstum ist etwa wie das von Bachforellen. Im Jadro erreicht sie im ersten Jahr 6-7 cm, im zweiten Jahr 20-22 cm, und im dritten Jahr 25-30 cm.
Die Weichmaulforelle kann bis zu 75 cm lang, 6,0 kg schwer und 10 Jahre alt werden. Die Durchschnittsgröße beträgt 30-40 cm und 0,3-0,5 kg.

Bedeutung:
Die Weichmaulforelle ist fischereilich von geringer Bedeutung. Der Fang erfolgt oft mit Netzen und Reusen, gelegentlich auch mit Speeren. Angelfischereilich wird sie bevorzugt mit der Flugangel und Nymphe gefangen.
Sie ist durch Wasserbaumaßnahmen, Wasserverschmutzung, Überfischung, sowie den Besatz allochthoner Arten (Regenbogenforelle, Bachforelle, Huchen) stark gefährdet. Gegen niedrige Sauerstoffgehalte scheint die Weichmaulforelle anfälliger zu sein, als die Bachforelle.
Die künstliche Vermehrung für Besatzmaßnamen ist geplant.

Montenegrinische Weichmaulforelle. (Foto: J. Schöffmann)

Salmo ohridanus Steindachner, 1892. **Ohridforelle**, Belwiza

Ohridforelle. (Foto: S. Stojanovski)

Beschreibung:
11-14 Rückenflossenstrahlen, 12-13 Afterflossenstrahlen, 92-114 Seitenlinienschuppen, 17-22 Kiemenreusendornen, 25-61 Pylorusanhänge, 46-57 Wirbel.
Verglichen mit allen anderen Salmoniden hat diese Art die primitivsten Skelettmerkmale. Die Bezahnung der Zunge unterscheidet sich von der anderer Salmoniden in Eurasien, sie ist nicht in zwei, sondern in vier Reihen angeordnet, und Basibranchialzähne sind ebenfalls vorhanden. Die Kiefer und Schnauze ist kürzer, die Augen größer als bei *S. trutta*.
Die Seiten glänzen silbrig mit einigen schwarzen Punkten an Kiemendeckel, Flanken und Rücken, sowie gelegentlich wenigen rötlichen Punkten entlang der Seitenlinie bei den Männchen. Die Weibchen sind oft ohne Fleckenzeichnung.

Verbreitung:
Die Ohridforelle kommt ausschließlich im 693 m hoch gelegenen 350 km^2 großen und 288 m tiefen Ohridsee in Mazedonien und Albanien vor

(42-40° Nördlicher Breite).

Lebensweise:

Die Geschlechtsreife wird mit einem Alter von 4-6 Jahren bei einer Größe von 20-25 cm erreicht.
Die Laichzeit erstreckt sich von November bis Februar, bei Wassertemperaturen von 7-10 °C.
Die Laichabgabe erfolgt in Ufernähe, entweder über sandigen bis kiesigen Grund mit Muschelschalen (*Dreissenia*) in 8-9 m Tiefe, oder aber auch über Wasserpflanzen (*Characea*) in 4-5 m Tiefe.
Die Eimenge beträgt durchschnittlich 3.000 Stück je kg Körpergewicht.
Die Eier haben einen Durchmesser von 3,0-5,0 mm.
Die Entwicklung dauert je nach Wassertemperatur etwa 45-55 Tage bis zum Schlupf.
Adulte Fische halten sich meist das ganze Jahr im Freiwasser der Tiefe oder an den Halden in 20-60 m Tiefe auf.
Die Nahrung besteht hauptsächlich aus Zooplankton und benthischen Wirbellosen, seltener auch aus kleinen Fischen.
Das Wachstum ist relativ langsam. Die Ohridforelle (Belwiza) erreicht mit 6 Jahren eine Länge von ca. 24 cm (in etwa die Hälfte der Seeforelle (Letnica)), und mit 9 Jahren ca. 32 cm und ein Gewicht von 0,3 kg.
Die Ohridforelle kann bis zu 50 cm lang, 1,0 kg schwer und 10 Jahre alt werden. Die Durchschnittsgröße beträgt 25-30 cm und 0,2-0,3 kg.

Bedeutung:

Die Ohridforelle ist lokal von fischereilicher Bedeutung. Mit etwa 5,3 % des Gesamtfangs im mazedonischen Teil (2/3) von 1970 bis 1990 hat die Ohridforelle (Belwiza) fischereilich eine wesentlich geringere Bedeutung, als die ebenfalls im See vorkommende Seeforelle (Letnica), deren Fanganteil etwa 36,6 % (rund 9 kg/ha) betrug. Der Fang erfolgt überwiegend mit etwa 40 m langen und 1 m hohen Kiemennetzen mit einer Maschenweite von ca. 25 mm, die meist in einer Tiefe von etwa 40 m ausgelegt werden.
Die Ohridforelle ist durch Umweltverschmutzung aus Landwirtschaft und Fremdenverkehr, sowie durch Überfischung gefährdet.
Von Mitte der 1930er bis 1950er Jahre wurde die künstliche Vermehrung in Mazedonien durchgeführt. Die Eier sind sehr empfindlich, die Jungfische jedoch relativ einfach an Trockenfutter zu gewöhnen.

Salvelinus fontinalis Mitchill, 1814. **Bachsaibling**

Bachsaibling. (Foto: E. Hoyano)

Beschreibung:

10-17 Rückenflossenstrahlen, 9-18 Afterflossenstrahlen, 110-130 Seitenlinienschuppen (160-236 quer laufende Schuppenreihen), 13-22 Kiemenreusendornen, 23-55 Pylorusanhänge, 57-62 Wirbel.

Das Maul ist bis weit hinter das Auge gespalten. Der hintere Rand der Schwanzflosse ist nur schwach eingebuchtet oder fast gerade. Die Einbuchtung beträgt aber weniger als 3 % der Flossenlänge. Hinter der Zunge sind keine Basibranchialzähne vorhanden, was den Bachsaibling von allen anderen Saiblingen unterscheidet. Bei Hybriden mit anderen Saiblingen sind diese Zähne dagegen wieder vorhanden.

Die Oberseite ist dunkel grünbraun gefärbt und einschließlich der Rücken- und Schwanzflosse stark gelbbraun marmoriert. An den Seiten befinden sich viele gelbe rundliche Flecken, dazwischen meist kleinere rote Punkte mit bläulicher Umrandung. Die unteren Flossen sind rötlich mit weiß-schwarz gesäumtem Vorderrand. Die unteren Flanken sind gelblich, bei laichbereiten Männchen orange-rot und der Bauch schwarz-grau gefärbt, die Weibchen sind wesentlich blasser. Die Jungfische haben 7-11 dunkle Jugendflecken.

Eine Farbvariante, die auch schon als eigene Unterart beschrieben wurde und keine Punkte oder Marmorierungen besitzt, ist der Aurora-Saibling (*Salvelinus f. timagamiensis* Henn et Rinkenbach, 1925), der nur in einigen Seen (Aurora, Whitepine und Whirligig Lake) des Montreal River Systems vorkommt und auch in diesen Seen laicht. Durch sauren Regen verschwand diese Population während der 1950er Jahre fast gänzlich, konnte aber in den 1990er Jahren dennoch in einigen Seen wieder eingebürgert werden.

Verbreitung:
Der Bachsaibling kommt im Osten Nordamerikas in zahlreichen kleinen kalten Seen (Minonipi) und Quellteichen sowie Bächen und Flüssen vor (62-32° Nördlicher Breite). Sein Verbreitungsgebiet erstreckt sich von Labrador über die Appalachen bis nach Georgia, sowie von der Hudson Bay über die Großen Seen bis zum oberen Mississippi-Becken.
Die südlichen Populationen der Appalachen von Virginia bis Georgia lassen sich durch genetische Marker von den restlichen Populationen differenzieren.
Heute ist der Bachsaibling durch künstliche Verbreitung auch im Westen Nordamerikas und in weiten Teilen Europas beheimatet, so in Kalifornien seit 1872 und in Europa seit 1879. Auch in Südamerika und Neuseeland wurde er mit Erfolg eingebürgert.

Lebensweise:
Der Bachsaibling ist der anpassungsfähigste unter allen Saiblingen. Er verträgt die höchsten Temperaturen und den weitesten Bereich an pH-Werten. Er bewohnt kleine Quellbäche und – vor allem in nördlichen Breiten, wo die Wassertemperaturen auch während des Sommers niedrig sind – auch große Flüsse. In Seen lebt er in den flacheren Bereichen, nicht tiefer als 6-8 m. In den Küstenregionen wandert ein Teil der Populationen mit einem Alter von 2-4 Jahren für 1-5 Monate auch ins Meerwasser. Diese anadrome Form, die dann eher silbrig ist, wurde auch schon als eigene Unterart (*Salvelinus f. hudsonicus* Suckley, 1862) beschrieben.
Die Geschlechtsreife wird mit einem Alter von 2-4 Jahren bei einer Länge von 20-30 cm und einem Gewicht von 0,1-0,3 kg erreicht, wobei die Männchen meist ein Jahr vor den Weibchen geschlechtsreif werden.
Ein kurzer Laichaufstieg in Bäche ist möglich, dabei erreichen die Männchen die Laichplätze meist vor den Weibchen.
Die Laichzeit erstreckt sich, im Norden früher als im Süden, von September bis Dezember bei Wassertemperaturen von 4-10 °C.

Die Laichabgabe erfolgt in eine Laichgrube mit einer Fläche von etwa 0,5 m^2, die vom Weibchen während mehrerer Tage über kiesigem oder schottrigem Boden mit einem Korndurchmesser von 30-80 mm entweder in Bächen oder in Seen vorzugsweise an seichten Quellaustritten angelegt wird. Dabei werden Ablagerungen durch seitliche Schwanzschläge entfernt und größere Steine mit dem Maul am Rand deponiert. Nach Fertigstellung wartet es in der Mitte der Grube auf die Männchen, die das Weibchen anschließend zitternd umwerben und mit geöffnetem Maul und abgespreizter Rückenflosse bis zu 5 Minuten um das Revier kämpfen. Die Eiablage erfolgt überwiegend am Tag in mehreren Etappen. Dabei krümmt sich das am Boden liegende Weibchen und unter heftigem Zucken werden die Eier abgelegt; zur selben Zeit schießt das größte am Rande der Laichgrube wartende Männchen heran, legt sich neben das Weibchen und besamt unter starkem Zittern die Eier. Nach einer Erholungsphase von mehreren Minuten erfolgt der nächste Eischub und der Paarungsvorgang wiederholt sich. Das stark geschwächte Weibchen verbringt noch einige Tage am Laichplatz, ehe es wie die Männchen tieferes Wasser aufsucht. Auch wenn die Bachsaiblinge die Laichzeit meist überleben, so ist die Sterblichkeit während dieser Zeit doch am höchsten.
Die Eimenge beträgt durchschnittlich 2.400-3.000 Stück je kg Körpergewicht. Die Eier haben einen Durchmesser von 3,0-5,0 mm und ein Gewicht von 65-80 mg.
Die Entwicklung dauert bei einer Wassertemperatur von 5-10 °C etwa 459-465 Tagesgrade bis zum Schlupf. Die aktive Nahrungsaufnahme beginnt mit einer Länge von 21-25 mm und einem Gewicht von 60-80 mg.
Die Nahrung besteht hauptsächlich aus Insekten (*Chironomus, Corix, Hydrobius, Nemurella, Sweltsa, Zapada*), Krebsen (*Cambarus*), Weichtieren (*Lymnaea, Pisidium*) und Würmern, sowie kleinen Fischen (*Ammodytes, Cottus, Gasterosteus, Phoxinus*). Gelegentlich und besonders im Norden werden auch Amphibien und Kleinsäuger (*Microtus, Cleithrionomys*) gefressen.
Das Wachstum ist je nach Lebensraum und Nahrungsangebot recht unterschiedlich. In kleinen Bächen können geschlechtsreife Tiere nur 10-20 cm, in nahrungsreichen Seen hingegen auch 50-60 cm messen.
Der Bachsaibling kann bis zu 90 cm lang, 8,6 kg schwer und 24 Jahre alt werden. Die Durchschnittsgröße beträgt 30-40 cm und 0,5-1,0 kg.

Bedeutung:
In Nordamerika ist der Bachsaibling lokal von fischereilicher Bedeutung und sehr geschätzt. Der Fang erfolgt mit Stellnetzen, Reusen und durch die Sportfischerei.
In Europa ist er ebenfalls ein beliebter Angelfisch, der sich vor allem für saure Gewässer, Quellwassertümpel und Hochgebirgsbäche eignet. Ebenfalls sehr gut geeignet ist der Bachsaibling für begradigte und verbaute Bäche, in denen sich die Bachforelle aufgrund des Fehlens von Unterständen nicht gut halten kann. Aus Seen wandert er jedoch gern in die Zu- und Abflüsse ab.
Der Bachsaibling wird vornehmlich mit der Nymphe und dem Streamer erbeutet. Er ist ein sehr beißfreudiger Fisch, der seine Beute oft hektisch attackiert. Fliegenruten der Klasse 3-4 reichen völlig aus. Auch (1-4 g schwere) Spinner und kleine Blinker versprechen Erfolg.
Seit den 1880er Jahren ist der Bachsaibling in Europa eingebürgert und wird seit einigen Jahren auch verstärkt zum Speisefisch gezogen. Wassertemperaturen über 16 °C sollten bei intensiver Haltung vermieden werden, da sonst meist Krankheitsprobleme auftreten. Es werden daher gerne Hybriden (Elsässer Saiblinge) produziert.
Die jährliche Gesamtproduktion aus der Aquakultur betrug in den 1990er Jahren 488 t (348 t Frankreich), und in den 2000er Jahren 722 t (225 t Österreich, 129 t Tschechien, 19 t Slowenien, 5 t Slowakei).

Bachsaibling. (Foto: G. Feuerstein)

Salvelinus namaycush Walbaum, 1792. **Amerikanischer Seesaibling**, Kanadasaibling

Amerikanischer Seesaibling. (Foto: J. Vance)

Beschreibung:

8-15 Rückenflossenstrahlen, 10-15 Afterflossenstrahlen, 116-138 Seitenlinienschuppen (175-228 quer laufende Schuppenreihen), 16-26 Kiemenreusendornen, 81-210 Pylorusanhänge, 61-69 Wirbel.

Der Körper ist schlank und der Kopf groß, mit weit hinter die Augen reichender Maulspalte, starken Kiefern und gut entwickelten Zähnen. Die Bezahnung der Zunge (in parallelen Reihen) und die Form der Schwanzflosse (stark gegabelt), stellen markante Unterscheidungsmerkmale zu allen anderen Saiblingen dar.

Die Oberseite ist hellgrau bis dunkelgrün gefärbt. Der Kopf und Körper, die Rückenflosse und Teile der Schwanz- und Afterflosse sind, je nach Lebensraum, mit zahlreichen hellgelben bis graubraunen, länglichen bis runden, unregelmäßigen Flecken besetzt. Die Fleckenzeichnung vermittelt vor allem am Rücken oft den Eindruck einer Marmorierung. Die paarigen Flossen sind hellrosa bis gelblich und während der Laichzeit sind die bauchseitigen Flossen rostrot, oft mit dünner weißer Vorderkante. Der Bauch bleibt auch zur Laichzeit weißlich gefärbt.

Die Jungfische haben 7-12 dunkle Jugendflecken. Beide Geschlechter bilden zur Laichzeit keinen Laichhaken aus, dafür aber im Bereich des Schwanzstiels und der Afterflosse kleine Warzen an den Schuppen.
In einigen Seen (Lake Superior, Großer Bären- und Sklavensee) kommt auch eine Tiefenform, mit gedrungenerem Körper und längeren Flossen, vor, die auch schon als eigene Unterart (*Salvelinus n. siscowet* Agassiz, 1850) beschrieben wurde.

Verbreitung:
Der Amerikanische Seesaibling ist in Nordamerika in vielen kalten Seen (Oberer, Michigan, Huron, Erie, Ontario See, Athabasca, Großer Bären-, Sklavensee, Lac la Hache, Francois Lake usw.) weit verbreitet (74-41° Nördlicher Breite). Das Verbreitungsgebiet erstreckt sich von Alaska über einige arktische Inseln und die Hudson Bay bis Labrador, und von Neu England über die Großen Seen und den Oberläufen von Mississippi und Missouri bis British Columbia.
Die südliche Verbreitung erfolgte mit der Eiszeit vor ca. 15.000 Jahren.
In den USA wurde er mit wechselndem Erfolg künstlich bis nach Kalifornien (Lake Tahoe, Donner Lake) und Nevada eingebürgert, dabei wurden meist die autochthonen Kehlschnittforellen verdrängt. In Europa wurde er in einige Gebirgsseen der Schweiz, sowie in Schweden mit Erfolg eingesetzt. In einigen Seen in Argentinien und Neuseeland (Lake Pearson) gelang die Einbürgerung ebenfalls. Andere Einbürgerungsversuche blieben ohne großen Erfolg.

Lebensweise:
Die Geschlechtsreife wird, im Süden früher als in Norden, mit einem Alter von 4-12 Jahren bei einer Länge von 40-60 cm und einem Gewicht von 1-2 kg erreicht, wobei die Männchen meist 1-3 Jahre vor den Weibchen geschlechtsreif werden. Die Weibchen werden, vor allem im Norden, häufig nicht jedes Jahr laichreif.
Zum Laichen wandern die Fische, meist bei landwärts gerichteten starken Winden, bis zu 300 km an die Laichplätze. Die Männchen erscheinen meist 1-10 Tage früher an den Laichplätzen und bleiben oft auch länger dort.
Die Laichzeit erstreckt sich von August bis Dezember, meist wenn die Wassertemperatur der Seeoberfläche auf 8-12 °C gesunken ist.
Hauptsächlich wird in Seen gelaicht, gelegentlich auch in Flüssen. Vor dem Laichen schwimmen die Fische in Gruppen bis zu 30 Tiere mit aufgestellter Rückenflosse oft nahe der Wasseroberfläche, wobei diese manchmal sogar aus dem Wasser ragt.

Die Laichabgabe erfolgt meist in der Nacht über scharfkantigen Felsen oder schottrigen Terrassen mit einem Korndurchmesser von 30-150 mm, in einer Tiefe von 1-12 m, bei Tiefenformen gelegentlich auch bis 90 m. Anders als die meisten anderen Salmoniden gräbt der Amerikanische Seesaibling keine Laichgruben sondern verstreut die Eier über Grund, die sich dann in Felsspalten oder zwischen den Steinen entwickeln. Ein Weibchen wird dabei von 1-10 Männchen begleitet.
Die Eimenge beträgt durchschnittlich 1.000-3.000 Stück je kg Körpergewicht. Die Eier haben einen Durchmesser von 3,7-6,8 mm.
Die Entwicklung dauert bei einer Wassertemperatur von 4-10 °C etwa 480-520 Tagesgrade bis zum Schlupf. Die frischgeschlüpften Larven haben eine Länge von etwa 20-30 mm.
Die Jungfische halten sich gerne einzeln in Ufernähe, oder tiefer als die Laichfische auf. Ältere Fische halten sich in kleineren Seen meist in 10-20 m Tiefe, und in größeren Seen bis zu 400 m Tiefe auf, wobei im Sommer die tieferen Regionen bevorzugt werden. Im Norden des Verbreitungsraums bewohnt er auch flache Seen der Tundra und große, tiefe Flüsse, selten wandert er auch ins Brackwasser (bis 10‰).
Die Nahrung besteht in den kleineren Seen beinahe das ganze Jahr über aus Zooplankton und Insekten, in den größeren Seen auch aus Krebsen (*Mysis, Pontoporeia*), und ab einer Länge von 35-45 cm fast ausschließlich aus Fischen (*Alosa, Catostomus, Coregonus, Cottus, Couesius, Osmerus, Myoxocephalus, Phoxinus, Perca*), oft auch kleineren Artgenossen. Selten werden Mollusken, kleine Säugetiere und Wasservögel gefressen.
Das Wachstum ist im Norden langsamer als im Süden und hängt stark von der Ernährungsweise ab, sodass im Alter von 12 Jahren die Größe der Fische von 40-90 cm (1-7 kg) variiert.
Der Amerikanische Seesaibling kann bis zu 150 cm lang, 46 kg schwer und 36 Jahre alt werden, und ist damit der größte Vertreter der Saiblinge.

Bedeutung:
Der Amerikanische Seesaibling ist sowohl für die Berufs-, als auch für die Angelfischerei von besonderer Bedeutung. Kommerziell wird er mit Kiemennetzen oder durch die Eisfischerei gefangen.
Für über ein halbes Jahrhundert war er der wichtigste Wirtschaftsfisch in den Großen Seen, wo um 1880-1890 jährlich ca. 8.000-9.000 t gefangen wurden. Die Fänge sind in den 1940er Jahren vor allem durch die Einschleppung des Meerneunauges, aber auch durch Überfischung, Gewässerverschmutzung und den Besatz von Pazifiklachsen stark zurückgegangen.

Der jährliche Gesamtfang aus der Fischerei betrug in den 1950er Jahren 3.196 t (2.270 t Kanada, 926 t USA), in den 1960er Jahren 1.581 t (1.480 t Kanada, 101 t USA), in den 1970er Jahren 946 t (805 t Kanada, 142 t USA), in den 1980er Jahren 1.290 t (873 t Kanada, 417 t USA), in den 1990er Jahren 993 t (592 t Kanada, 401 t USA), und in den 2000er Jahren 911 t (598 t Kanada, 313 t USA).
Sportfischereilich wird er hauptsächlich mit der Spinnangel beim Schleppen mit Downriggern erbeutet. Als Köder kommen große Wobbler, Blinker, Spinner, Gummifische, sowie Köderfische am System zum Einsatz, die vielfach 1-2 m hinter einem System von Flashern (Lockblinker, -spinner) angeboten werden. Er wird gelegentlich im Frühjahr, nur ganz im Norden auch das ganze Jahr über, mit der Flugangel und großen Streamern gefangen.
Der Amerikanische Seesaibling wurde ab 1881 in Europa eingeführt, wobei er sich in Finnland, Schweden, Frankreich und der Schweiz auch natürlich vermehrt. In Nordamerika und der Schweiz wird er für Besatzmaßnahmen auch regelmäßig künstlich vermehrt. Seit 1960 wurden über 120 Millionen Setzlinge in die Großen Seen ausgesetzt.

Amerikanischer Seesaibling. (Foto: P. Vecsei)

Salvelinus alpinus Linnaeus, 1758. **Arktischer Saibling**

Arktischer Saibling (anadrom). (Foto: V. Steiner)

Beschreibung:
9-19 Rückenflossenstrahlen, 8-19 Afterflossenstrahlen, 123-155 Seitenlinienschuppen (190-280 quer laufende Schuppenreihen), 13-41 Kiemenreusendornen, 20-91 Pylorusanhänge, 60-72 Wirbel.
Das Oberkiefer kann ab einer Größe von 24 cm bis hinter das Auge reichen. Kopf, Kiefer, Augen und Flossen sind bei den Männchen meist etwas größer als bei den Weibchen. Die Männchen bilden zur Laichzeit auch einen kleinen Unterkieferhaken aus.
Die Oberseite ist grünbraun bis blaugrau, zur Laichzeit manchmal auch schwarz, und die Unterseite heller bis silbrig schimmernd. An den Seiten befinden sich runde, gelblich orange-rote bis violettfarbene Tupfen. Bei manchen Populationen befinden sich längliche Flecken auch am Rücken. Die Rücken- und Schwanzflosse ist nicht gefleckt. Die eher durchsichtigen bis grau-schwarz angehauchten Brust-, Bauch- und Afterflossen sind vor allem während der Laichzeit rot-orange gefärbt mit weißen Vorderkanten. Während der Laichzeit wird bei den Männchen auch der Bauch gelb bis rot; die Weibchen sind wesentlich blasser. Bei kleinwüchsigen Formen sind die 9-16 dunklen Jugendflecken oft auch

noch bei geschlechtsreifen Tieren sichtbar.

Verbreitung:
Der Arktische Saibling kommt fast zirkumpolar entlang der Küsten des Nordpolarmeeres in Europa, Asien und Nordamerika vor. Er ist der Süßwasserfisch mit der nördlichsten Verbreitung (bis Spitzbergen und Ellesmere Insel). Die wandernden Formen kommen normalerweise nicht weiter als etwa 100 km von der Küste landeinwärts vor. Die stationären Formen bilden eine Ausnahme, vor allem jene einiger sibirischer Seen um den Baikalsee und jene der kalten Seen der Alpen in den Einzugsgebieten des Rheins und der Donau. Die einzige natürliche Saiblingspopulation im Einzugsbereich des Mittelmeeres (Rhône) ist jene des Genfer Sees. Südlich des Alpenhauptkammes, wo der Seesaibling ursprünglich nicht vorkam, wurde er in verschiedenen Seen (Luganer-, Comersee, Lago Maggiore) mit Erfolg künstlich verbreitet. Darüber hinaus wurde der anpassungsfähige Seesaibling in zahlreichen weiteren Seen und Talsperren (Sorpe-, Ruhr-, Oker- und Grane-Talsperre) mit Erfolg eingebürgert.
Viele Hochgebirgsseen der Alpen wurden seit dem 16. Jahrhundert (Kaiser Maximilian I.) mit Seesaiblingen aus den größeren Niederungsseen (Achen- und Plansee) besetzt. Die zuvor fischlosen Seen boten nach dem Besatz ein reiches Nahrungsangebot, sodass sich rasch zahlenmäßig starke Populationen bildeten. Die starke Nahrungskonkurrenz der Saiblinge untereinander und das große Vermehrungspotential führte zu Hungerformen (sog. "Schwarzreutern"), die nur 15-20 cm lang werden.
In den Alpenraum gelangten die Saiblinge durch die letzte Eiszeit, wo sie durch die Eismassen nach Süden gedrängt und anschließend, vor rund 10.000 Jahren, beim Rückzug zurückgeblieben sind.
DNA-Analysen bei skandinavischen und isländischen Saiblingen zeigten, dass diese verschiedenen phylogenetischen Gruppen angehören. Man nimmt an, dass die Zuwanderung nach Nordeuropa während unterschiedlicher postglazialer Perioden aus den eiszeitlichen Rückzugsgebieten, den Küsten Sibiriens und Südwest-Europas, sowie vom Binnenland am südöstlichen Rand des Eisschilds erfolgte.
Innerhalb dieser sehr variablen Art wurde eine Vielzahl von Formen und Unterarten beschrieben.
Der Arktische Saibling wird in folgende drei Unterarten eingeteilt:

Salvelinus alpinus alpinus Linnaeus, 1758. **Arktischer Saibling** – kommt in Europa und Kanada vor (82-46° Nördlicher Breite). Wandernde

Populationen kommen in Skandinavien und Grönland vor. Stationäre Populationen kommen in tiefen Seen Russlands (Ladoga- und Onegasee), hunderten Seen Skandinaviens (Randsfjorden, Inari-, Takvatn-, Fättjaure-, Hornavan-, Vättern-, Sommen-See), sowie auf den Britischen Inseln (über 200 Lochs) und Island vor.
Die isolierten stationären Populationen des Alpenraumes, die auch schon als eigene Unterart (*Salvelinus a. umbla* Linnaeus, 1758. Seesaibling) beschrieben wurden, zählt man auch dazu. Ebenso die isolierten stationären Populationen im Osten Nordamerikas, die ebenfalls schon als eigene Unterart (*Salvelinus a. oguassa* Girard, 1854. Blaurückensaibling) beschrieben wurden.

Salvelinus alpinus erythrinus Georgi, 1775. **Sibirischer Saibling** – kommt in Sibirien und Kanada vor (82-55° Nördlicher Breite). Von Petschora, über Ob, Jenissej, Pjasina, Taimyr, Khatanga, Lena, Indigirka und Chukochye bis in und um den Baikalsee, sowie in Kanada von den arktischen Inseln bis um die Hudson Bay.
S. a. erythrinus hat durchschnittlich etwas mehr Seitenlinienschuppen (140-150 zu 130-140) bzw. mehr quer verlaufenden Schuppenreihen (230-280 zu 190-240) als *S. a. alpinus*.

Salvelinus alpinus taranetzi Kaganovsky, 1955. **Beringsee Saibling** – Kommt in Sibirien und Alaska vor (72-55° Nördlicher Breite). Im Einzugsgebiet der Bering- und Tschuktschensee von Anadyr und der Tschuktschen-Halbinsel über Coolville, Yukon und Kuskokwim River bis Kodiak und der Kenai-Halbinsel.
S. a. taranetzi hat durchschnittlich etwas kürzere, dickere und weniger Kiemenreusendornen (20-25 zu 25-30) als *S. a. erythrinus*.

Lebensweise:
Bei allen drei Unterarten kommen sowohl wandernde als auch stationäre Populationen vor. Generell kann man diese in folgende Formen einteilen: Der Wandersaibling, der von Juni bis August im Eismeer und im Mündungsbereich der Flüsse lebt und im August bis Oktober mit bis zu 16 km/Tag in die Flüsse aufsteigt, meist in an den Flüssen gelegenen Seen überwintert und überwiegend in Seen laicht. Nach dem Laichen wandern die Saiblinge im Frühjahr wieder ins Meer, wo sie nahe der Küste in Schulen umherstreifen und sich zumeist von Fischen ernähren. Im Herbst zieht die gesamte Population, auch die noch nicht geschlechtsreifen Tiere, wieder ins Süßwasser, wobei die kleineren Fische meist etwas länger im Salzwasser bleiben. Im Jahr, in dem er

laicht, zieht der Wandersaibling nicht mehr ins Meer, sondern bleibt im Süßwasser. Wandersaiblinge erreichen die Geschlechtsreife meist mit 4-9 Jahren bei einer Größe von 45-65 cm und 0,5-1,5 kg.
Der Flusssaibling, der zwischen See und Fluss, aber nicht ins Meer wandert, kommt in einigen nördlichen Flüssen vor. Genetische Untersuchungen ergaben deutliche Unterschiede in der Häufigkeit des Auftretens bestimmter Gene bei Seesaiblingen und Wandersaiblingen, Flusssaiblinge liegen diesbezüglich zwischen diesen beiden Formen. Flusssaiblinge erreichen die Geschlechtsreife meist mit 3-7 Jahren bei einer Größe von 25-45 cm und 0,3-0,5 kg.
Der Seesaibling, er bewohnt natürlicherweise Seen bis 1.400 m Seehöhe, in denen er meist auch ablaicht; nur wenige (10-20 %) wandern zum Laichen auch in größere Zuflüsse (Törrön, Loch Insh, Lunzersee). Als Schwarmfisch hält er sich vorwiegend in den tieferen Schichten der Seen auf und steigt nur im Frühjahr in die oberen Wasserschichten. Seesaiblinge erreichen die Geschlechtsreife meist mit 2-5 Jahren bei einer Größe von 15-25 cm und 0,1-0,2 kg.
Beim Seesaibling werden im Alpenraum und auf den Britischen Inseln oft auch verschiedene Formen unterschieden. Diese Wuchsformen ergeben sich durch die Entwicklungsbedingungen und das Nahrungsspektrum bzw. die Bestandsdichte und sind nicht genetisch verankert. Das genetische Potential zur Aufsplittung bzw. zum Größenwachstum haben alle Populationen. Kleinwüchsige Formen können daher genauso großwüchsige Formen hervorbringen und umgekehrt.
Der "Wildfangsaibling" geht frühzeitig auf Fischnahrung über (auch kannibalisch), wächst daher schnell und wird relativ groß. Dabei werden kleine Fische bevorzugt, es können jedoch auch Fische in Größen von bis zu 40 % der eigenen Länge gefressen werden.
Der „Normalsaibling“ kommt in vielen Seen vor (z.B.: Lunzer-, Grundl-, Altauseer-, Wolfgang-, Traun-, Fuschl-, Irr-, Mond-, König-, Hinter-, Eib-, Alp-, Soin-, Schlier-, Würm-, Tegern-, Plan-, sowie Boden-, Walen-, Zürich-, Zuger-, Bieler-, Thuner-, Brienzer-, Neuenburger- und Genfersee). Dort haben sich eigene, dem Nahrungsangebot und den Verhältnissen der Seen angepasste Populationen entwickelt, die oft unterschiedlich gefärbt sind. Saiblinge verschiedener Seen zeigen nicht nur ein unterschiedliches phänotypisches Erscheinungsbild, sondern haben auch unterschiedliche Wachstumsleistungen. So sind siebenjährige Seesaiblinge je nach See durchschnittlich zwischen 32 und 58 cm lang. Das Durchschnittsgewicht beträgt im Zugersee ca. 120 g, im Grundl-, Mond-, Fuschl- und Plansee ca. 200-250 g und im Altausseersee ca. 500 g.

Der "Tiefensaibling" lebt in den tiefen Seen (wie: Atter-, Ammer-, Kochel-, Schlier-, Boden- und Vierwaldstättersee) und wird meist nur 15-20 cm lang und ca. 100 g schwer. Diese Kümmerform wurde aufgrund besonderer morphologischer Merkmale auch schon als eigene Unterart (*Salvelinus a. profundus* Schillinger, 1901) klassifiziert. Er hat eine fahle Färbung, ohne deutliche Flecken, eine stumpfe Schnauze mit langem Oberkiefer und rückversetztem Unterkiefer, große Augen und die Laichabgabe kann zu allen Jahreszeiten stattfinden. Ähnliche Tiefensaiblinge sind aus dem Ladoga- und Onegasee, sowie vielen Seen Skandinaviens (Vättern) und aus Island (Thingvallavatn) bekannt.
In vielen Seen des Alpenraums, Skandinaviens, den Britischen Inseln und Kanadas kommen daher (sympatrisch) neben großwüchsigen, eher pelagisch in Tiefen bis 30 m lebenden Saiblingen, auch kleinwüchsige, meist profundal in über 30 m Tiefe lebende Saiblinge vor. Kleinwüchsige Saiblinge ernähren sich eher von Bodentieren und Insekten, großwüchsige Saiblinge eher von Zooplankton und Fischen. Kleinwüchsigen Formen haben zur Laichzeit meist sichtbare Jugendflecken, dafür aber weniger Punkte, sind blasser gefärbt, die Brustflossen sind eher gelb-orange gefärbt. Diese Formen haben zumeist auch etwas längere Flossen. Großwüchsige Formen haben meist mehr gelb-rote Punkte an den Seiten, sind kräftiger gefärbt und die Brustflossen sind eher grau-schwarz. Sofern sie sympatrisch vorkommen, laichen kleinwüchsige Formen, bei denen die Männchen dominieren, tiefer und später als schnellwüchsige Formen, bei denen eher die Weibchen dominieren.
Die Laichzeit erstreckt sich über 1-3 Wochen, je nach Unterart und Form, von September bis Dezember, bei einigen Populationen auch von Januar bis Juli; generell sobald die Oberflächentemperatur des Sees auf 4-7 °C abgekühlt ist, etwa 10-14 Tage vor den Renken.
Die Laichabgabe erfolgt in mehreren kleinen Laichgruben, die vom Weibchen in einem Areal von 1-3 m Durchmesser in einer Tiefe von 2-90 m auf kiesigem bzw. schottrigem Substrat mit einem Korndurchmesser von 20-90 mm oder über felsigem Grund, gerne bei Quellaustritten an Geröllhalden angelegt werden. Die Eier werden meist am Tag in 1-8 Etappen abgelegt und anschließend mit 10-20 cm Kies bedeckt. An den Laichplätzen werden oft viele Eier (bis 30 %) von Koppen und Rutten gefressen.
Die Eimenge beträgt durchschnittlich 1.500-3.500 Stück je kg Körpergewicht. Die Eier haben einen Durchmesser von 3,2-5,8 mm.
Die Entwicklung dauert bei einer Wassertemperatur von 5-10 °C etwa 378-448 Tagesgrade bis zum Schlupf. Die frischgeschlüpften Larven sind

15-20 mm lang und 30-45 mg schwer. Die aktive Nahrungsaufnahme beginnt mit einer Länge von 20-25 mm und einem Gewicht von 50-90 mg. Beim Wandersaibling bleiben die Jungfische meist 2-6 Jahre im Süßwasser, ehe sie das erste Mal mit 15-25 cm im Frühjahr in den Unterlauf und ins Brackwasser wandern.

Die Laichfische, vor allem ältere Männchen, die während der Laichzeit aktiver sind, verlieren etwa 10-20 % an Gewicht, das dann während des Jahres kaum wieder zugelegt wird. Größere und ältere Weibchen laichen oft auch nur mehr alle 2-3 Jahre. Die Laichfische wandern nach der Überwinterung in den Seen wieder ins Meer zurück, wobei die größeren Fische meist die Wanderung beginnen. Die tägliche Wanderstrecke beträgt größenabhängig etwa 1-9 km. Im Meer selbst halten sie sich meist nur 1-2 Monate auf und legen dabei bis zu 30-50 % an Gewicht zu. 10-80 % der Fische wandern dabei nicht weiter als 30-50 km entlang der Küsten, einige jedoch auch 100-500 km. Da es sich bei den Wanderungen weniger um Laichwanderungen, sondern vielmehr um Nahrungswanderungen handelt, wandert ein Teil der Fische (bis 30 %) auch in andere nahe gelegene Flusssysteme ein. Etwa 5 % verlassen den Heimatfluss auch für 1-2 Jahre und überwintern in anderen.

Der Arktische Saibling ist der am besten an tiefe Wassertemperaturen angepasste Süßwasserfisch, er ist nahe bis zum Gefrierpunkt voll aktiv. Gegenüber höheren Temperaturen (über 16 °C) ist er allerdings empfindlicher als andere Salmoniden.

Die Nahrung besteht in den Seen im Sommer hauptsächlich aus Planktonkrebsen (*Bosmina, Bythotrephes, Cyclops, Diaptomus, Daphnia, Eurycercus, Heterocope, Holopedium, Leptodora, Mysis, Pallasea, Rivulogammarus*), in den Gebirgsseen auch aus Insekten (*Chaoborus, Chironomus, Heterotricollladius, Lauterbornia, Siphlonurus*) und Amphibien (*Bufo, Rana, Triturus*), im Winter aus Würmern und Weichtieren (*Liparis, Lymnaea, Pisidium, Planorbus, Valvata*), sowie im Meer auch aus kleinen Fischen (*Ammodytes, Boreogadus, Gadus, Coregonus, Cottus, Gasterosteus, Eleginus, Lota, Mallotus, Myoxocephalus, Osmerus, Perca, Pungitius, Salvelinus, Triglops*). Gelegentlich werden Algen (*Nostoc, Cladophora*) mit aufgenommen.

Das Wachstum kann je nach Lebensweise und Nahrungsangebot recht unterschiedlich sein. Generell wachsen wandernde Formen schneller und werden auch größer als stationäre.

Der Arktische Saibling kann bis zu 105 cm lang, 18 kg schwer und 32 Jahre alt werden. Die Durchschnittsgröße beträgt 30-60 cm und 0,3-2,0 kg.

Bedeutung:
Der Arktische Saibling ist in den arktischen Gewässern von Nordamerika und Grönland bis Russland und in Seen Skandinaviens und des Alpenraums von großer fischereilicher Bedeutung. Der Fang erfolgt meist mit Zug- und Stellnetzen (Maschenweite 28-38 mm für Seesaiblinge und 70-80 mm für Wandersaiblinge), sowie ca. 1 km langen beköderten Legleinen, und zur Zeit der Wanderungen in den Flüssen auch mit verschiedenen Reusen. In Island werden Arktische Seesaiblinge auch mit Netzen unter Eis gefangen. Im Norden Kanadas ist der Arktische Saibling der zweitwichtigste Wirtschaftsfisch nach den Coregonen, besonders für die Inuits, von denen er früher vor allem mit Speeren gefangen wurde. Erst seit den 1940-1960er Jahren wird er auch in Kanada kommerziell gefangen und in andere Städte Nordamerikas geliefert, wobei rund 50 % des Gesamtfangs von der Halbinsel Labrador stammen. In Kanada betrugen die jährlichen Fänge an Saiblingen in den 1970er Jahren 194 t, in den 1980er Jahren 163 t, in den 1990er Jahren 39 t, und in den 2000er Jahren 18 t.
Der jährliche Gesamtfang aus der Fischerei betrug in den 1970er Jahren 210 t (146 t Grönland, 58 t Schweden), in den 1980er Jahren 208 t (127 t Grönland, 57 t Schweden, 6 t Norwegen), in den 1990er Jahren 214 t (74 t Norwegen, 66 t Grönland, 46 t Schweden, 27 t Schweiz), in den 2000er Jahren 122 t (41 t Norwegen, 30 t Island, 22 t Grönland, 16 t Schweiz, 12 t Schweden, 2 t Slowenien).
In vielen Seen des Alpenraums sind durch die Gewässereutrophierung und falsche Bewirtschaftungsmaßnahmen die Seesaiblingsfänge (3-6 kg pro ha und Jahr) seit den 1970er Jahren stark zurückgegangen. Aufgrund der Eutrophierung verschlammen die Laichplätze großteils ca. 2 mm/Jahr, an einigen Seen (Zugersee, Fuschlsee) werden deshalb die Laichplätze mit Erfolg regelmäßig (alle 3 Jahre) neu mit Schotter aufgeschüttet. Im Vierwaldstättersee dagegen sind die Fänge aufgrund der entsprechenden Bewirtschaftung von 1966-1980 von ca. 2 t auf etwa 20 t/Jahr angestiegen. Auch am Bodensee sind die Fänge der Berufsfischer wegen der Reoligotrophierung in den 2000er Jahren von knapp 1 t auf über 10 t angestiegen.
Angelfischereilich wird der Arktische Saibling im Herbst beim Aufstieg in den Flüssen mit kleinen Blinkern oder im Frühjahr in Seen vom Boot aus mit der Hegene gefangen. Auch mit der Trockenfliege und der Nymphe lassen sich Seesaiblinge fangen. Dabei wird leichtes Gerät (Klasse 3-5) verwendet. Beim Spinnfischen ist eine 2,5 m lange Rute mit einem Wurfgewicht von 5-20 g und 0,18-0,25 mm Hauptschnur ausreichend. Die Vorfachstärke variiert zwischen 0,14-0,25 mm.

Im Alpenraum, Skandinavien und Kanada wird der Saibling künstlich vermehrt und jeweils ca. 2-3 Mio. Setzlinge jährlich in geeignete Seen besetzt. Die Überlebensrate natürlich abgelegter Eier bis zur Geschlechtsreife beträgt etwa 1-2 %. Beim Besatz mit vorgestreckter Brut kann mit einer Überlebensrate von 3-9 % und bei einjährigen Setzlingen mit 10-20 % gerechnet werden. Die Seeforelle ist ein sehr guter Regulator der Saiblingsbestände und verhindert die Verbuttung bzw. kann das Durchschnittsgewicht der Seesaiblinge erhöhen.
Die jährliche Gesamtproduktion aus der Aquakultur betrug in den 1990er Jahren 926 t (461 t Island, 245 t Norwegen, 157 t Schweden, 51 t Frankreich), und in den 2000erJahren 2.558 t (1.645 t Island, 372 t Schweden, 320 t Norwegen, 68 t USA, 9 t Österreich, 4 t Irland).
Der Arktische Saibling wächst bei einer Wassertemperatur von unter 8 °C besser als alle anderen Salmoniden. Da die Futteraufnahme und das Wachstum nicht kontinuierlich, sondern meist in Schüben erfolgt, wirken sich hohe Besatzdichten (40-60 kg/m³) oder Fütterung während der Nacht besser aus. Seesaiblinge verschiedener Herkunft zeigen jedoch unter gleichen Bedingungen mit Trockenfutter aufgezogen, unterschiedliches Wachstum. So wachsen im Alpenraum die Seesaiblinge vom Altausseersee am schnellsten, gefolgt von denen des Lunzersees, weiters jenen des Grundlsees. Die Seesaiblinge des Attersees wachsen am langsamsten. In Skandinavien wachsen die Seesaiblinge vom Hornavan See am besten, gefolgt von denen des Visjön (bei gleichzeitig spätem Erreichen der Geschlechtsreife), es folgen die des Stensön und anschließend jene des Rensjön und Torrön. Die Seesaiblinge des Näckten wachsen am schlechtesten.

Sibirischer Saibling (stationär). (Foto: C. Ratschan)

Salvelinus confluentus Suckley, 1858. **Flachkopfsaibling,** Bull-Saibling

Flachkopfsaibling. (Foto: G. Holmok)

Beschreibung:

10-14 Rückenflossenstrahlen, 10-15 Afterflossenstrahlen, 110-135 Seitenlinienschuppen, 14-20 Kiemenreusendornen, 20-37 Pylorusanhänge, 60-69 Wirbel.

Der Flachkopfsaibling unterscheidet sich vom Pazifischen Saibling (zu dem er vor 1980 gestellt wurde) durch einen flacheren und längeren Kopf (Kopflänge über 25 % der Körperlänge), ein weit gespaltenes Maul mit kräftigen Kiefern und großen Zähnen, sowie einen runderen Körperquerschnitt. Bei größeren und älteren Exemplaren ist der hintere Rand der Schwanzflosse nur schwach gegabelt und die Fettflosse relativ groß. Kleine, runde helle gelb-orange Flecken befinden sich am Kopf und am braungrünen bis graublauen Rücken, sowie gelb-orange bis orange-rote Flecken an den Seiten. Einige Flecken können sich auch in der Schwanzflosse – aber nie in der Rückenflosse – befinden. Die gelb-orange gefärbten bauchseitigen Flossen zeigen weiße Vorderkanten. Zur Laichzeit färbt sich vor allem bei den Männchen der weiß-graue Bauch gelb-orange und am Unterkiefer bildet sich ein Laichhaken aus.

Verbreitung:
Der Flachkopfsaibling kommt im Westen Nordamerikas vom Süden Alaskas und Kanadas mit den Oberläufen von Yukon und Mackenzie River über Stikine, Skeena und Fraser River bis zum Columbia und Klamath River im Norden Kaliforniens vor (65-42° Nördlicher Breite). In einigen Regionen (z.B.: McCloud River im Sacramento Becken) ist der Flachkopfsaibling in den letzten Jahrzehnten verschwunden.
Es sind zwei Evolutionslinien (Küsten- und Binnenpopulationen) bekannt. Die Binnenpopulationen kommen in Gewässer auch oberhalb der großen Barrieren (Wasserfälle) vor, was bedeutet, dass diese Gewässer schon sehr früh besiedelte wurden.
Es sind sowohl kleinere sesshafte Formen, die kleine Quellflüsse besiedeln, als auch größere wandernde Formen, die größere Flüsse und Seen (Flathead, Oreille, Priest, Kootenay Lake) bevorzugen, bekannt.

Lebensweise:
Die Geschlechtsreife wird, je nach Lebensweise und Nahrungsangebot, bei den kleineren sesshaften Formen mit einem Alter von 3-6 Jahren und einer Länge von 20-30 cm und bei den größeren wandernden Formen mit einem Alter von 6-9 Jahren und einer Länge von 30-50 cm erreicht.
Die Laichwanderung erfolgt von April bis August, bei Wassertemperaturen unter 12 °C. Während sesshaften Formen nur wenige Kilometer flussaufwärts ziehen, steigen die wandernden Formen bis zu 400 km in die Quellflüsse hinauf.
Die Laichzeit erstreckt sich, im Norden meist früher als im Süden, von August bis November bei Wassertemperaturen unter 9 °C.
Die Laichabgabe erfolgt in 100-200 cm großen und 10-20 cm tiefen Laichgruben, die in einer Wassertiefe von 0,1-1,0 m, gerne bei Grundwasseraustritten, in kiesigem bis schottrigem Untergrund mit einem Korndurchmesser von <20 mm bei einer Strömungsgeschwindigkeit von 0,1-0,8 m/s angelegt werden. Nach dem Laichen wandern die Elterntiere meist von November bis Dezember wieder flussabwärts.
Die Eimenge beträgt durchschnittlich 1.000-10.000 Stück je Weibchen. Die Eier haben einen Durchmesser von 4,5-6,2 mm.
Die Eientwicklung dauert, je nach Wassertemperatur, etwa 100-145 Tage bis zum Schlupf. Nach weiteren 65-90 Tagen mit einer Größe von 22-28 mm beginnt die aktive Nahrungsaufnahme.
Die Jungfische bevorzugen Gewässer, die nicht wärmer als 15 °C werden, und wandern überwiegend im Alter von 1-4 Jahren, meist von Mai bis August, flussabwärts.

Die Fische halten sich in den Flüssen hauptsächlich in Grundnähe und bevorzugt bei Treibholzablagerungen auf, in den Seen meist im Sommer im freien Wasser und im Herbst in Ufernähe. Nur sehr selten wandern sie auch ins Brackwasser.
Die Nahrung besteht bei den Jungfischen und sesshaften Formen hauptsächlich aus Insekten, Krebsen (*Daphnia, Gammarus, Mysis*), Weichtieren (*Limnaea, Pisidium*) und Würmern, ab einer Länge von 20-30 cm aber fast ausschließlich aus Fischen (*Catostomus, Cottus, Culaea, Mylocheilus, Oncorhynchus, Perca, Prosopium, Richardsonius, Thymallus*). Selten werden auch Amphibien und Kleinsäuger gefressen.
Das Wachstum ist daher je nach Lebensweise, Lebensraum und Nahrungsangebot sehr unterschiedlich. Die Männchen sind meist etwas größer als die Weibchen.
Der Flachkopfsaibling kann bis zu 100 cm lang, 18 kg schwer und 24 Jahre alt werden.

Bedeutung:
Der Flachkopfsaibling ist für die Angelfischerei von Bedeutung. Er wird mit Nymphen und Streamern gefangen. Muddler Minnows, Zonker, Clouser Minnows oder Woolly Buggers sind ideal. Auch wenn Flachkopfsaiblinge die Nahrung hauptsächlich unter der Wasseroberfläche aufnehmen, so können sie doch auch ab und zu mit der Trockenfliege überlistet werden. In den meisten Gewässern sind Bull Saiblinge inzwischen jedoch geschützt und sollten schonungsvoll zurückgesetzt werden.
Der Flachkopfsaibling ist durch Waldbrände und Abholzungen gefährdet, da sich in derart veränderten Gebieten die Treibholzzufuhr verringert und die Erosion durch Überschwemmung sowie die Wassertemperatur durch Sonneneinstrahlung erhöht. Eine weitere Gefährdung geht durch den in seinem Verbreitungsgebiet künstlich eingebürgerten Bachsaibling aus, der den Flachkopfsaibling verdrängen kann und sich mit ihm kreuzt.
Die künstliche Vermehrung wird in einigen Gebieten der USA regelmäßig durchgeführt.

Salvelinus leucomaenis Pallas, 1814. **Ostasiatischer Saibling**

Ostasiatischer Saibling. (Foto: C. Ratschan)

Beschreibung:
10-15 Rückenflossenstrahlen, 9-12 Afterflossenstrahlen, 112-133 Seitenlinienschuppen (195-230 quer laufende Schuppenreihen), 12-22 Kiemenreusendornen, 11-26 Pylorusanhänge, 59-64 Wirbel.
Das Oberkiefer reicht bis zum hinteren Augenrand oder darüber hinaus. Anders als bei den meisten anderen Salmoniden bildet sich zur Laichzeit kein Haken am Unterkiefer.
Der Rücken ist braun und der Bauch ist weiß gefärbt. Die unteren Flossen sind gelbbraun bis blaugrau und haben weiße Vorderkanten. Charakteristisch sind die runden bis länglichen, hellen gelblichen Tupfen an den Seiten, die größer als die Pupille sind. Bei den stationären Formen Japans verteilen sich unregelmäßig geformte Flecken auch über den Rücken, sowie gelegentlich einige rot-orange Flecken an den Seiten.

Verbreitung:
Der Ostasiatische Saibling kommt von Kamtschatka über die Kommandeur und Kurilen Inseln sowie Schantar und Sachalin bis

Hokkaido und Honshu vor (60-34° Nördlicher Breite).
Eine stationäre Süßwasserform, die auch schon als Unterart (*Salvelinus l. pluvius* Hilgendorf, 1876) beschrieben wurde, ist der Japanische Saibling. Er kommt in Flüssen und Seen (z. B.: Shumarina-, Biwa-See) auf Honshu in Japan vor.
Auf Hokkaido in Japan haben sich nach dem Bau von Staudämmen auch mehrere stationäre Populationen gebildet, die nicht ins Meer wandern.

Lebensweise:
Die Geschlechtsreife wird mit einem Alter von 2-6 Jahren erreicht.
Die Laichwanderung, vom Bering- und Ochotskischen Meer in die Flüsse der ostasiatischen Küsten, ist meist nur kurz.
Die Laichzeit erstreckt sich von Juli bis November bei Wassertemperaturen von 6-8 °C.
Die Eimenge beträgt etwa 1.000-3.000 Stück je Weibchen.
Die Jungfische halten sich im Süßwasser der Flüsse auf und nach 2-5 Jahren wandern viele im Smoltstadium von April bis Mai ins Meerwasser, wo sie sich meist entlang der Küste aufhalten.
Die Nahrung besteht hauptsächlich aus Insekten (*Apatania, Acrydium, Baetis, Bothrogonis, Ephemerella, Idiotephria, Isonycha, Neophylax, Marroscytus, Micrasema, Othiellus, Oxidus, Pentaneura, Plagiodera, Protohermes, Rhagonyca, Rodolia, Scytris, Spaniotoma*), Krebsen (*Araneus, Tibellus, Tetragnatha*) und Fischen (*Cottus, Oncorhynchus*). Selten werden auch Amphibien (Frösche, Salamander) gefressen. Gelegentlich werden auch Detritus und Pflanzenteile mit aufgenommen.
Das Wachstum ist bei den stationären Formen relativ langsam, bei den anadromen Formen relativ schnell.
Der Ostasiatische Saibling kann bis zu 120 cm lang, 15 kg schwer und 10 Jahre alt werden.

Bedeutung:
Der Ostasiatische Saibling hat in Russland und Japan eine wirtschaftliche Bedeutung.
Der jährliche Gesamtfang an Saiblingen betrug in Japan in den 1970er Jahren 211 t, in den 1980er Jahren 299 t, und in den 1990er Jahren 463 t.
Die Sportfischerei wird mit großen Blinkern und Spinnern, aber auch mit Streamern betrieben. Dabei reicht eine Fliegenrute der Klasse 6-8 aus. Besonders der Norden Sachalins, wo der Ostasiatische Saibling den Heringsschwärmen zu den Mündungen folgt, ist ein gutes Fanggebiet. Je nach Fluss und Einstieg können Ostasiatische Saiblinge von Mai bis Oktober gefangen werden.

Salvelinus malma Walbaum, 1792. **Pazifischer Saibling**, Dolly Varden

Arktischer Pazifiksaibling. (Foto: C. Ratschan)

Beschreibung:

10-18 Rückenflossenstrahlen, 10-15 Afterflossenstrahlen, 105-147 Seitenlinienschuppen (186-270 quer laufende Schuppenreihen), 11-41 Kiemenreusendornen, 13-61 Pylorusanhänge, 57-71 Wirbel.

Der Pazifische Saibling lässt sich äußerlich nur schwer vom Arktischen Saibling unterscheiden, als dessen Unterart er früher auch galt. Er hat jedoch einen etwas gedrungeneren Schwanzstiel mit weniger stark gegabelter Schwanzflosse und eine stumpfere Schnauze. Die Männchen bilden zur Laichzeit auch einen kleinen Unterkieferhaken aus und haben etwas längere Bauchflossen.

Der Rücken ist grünblau bis graubraun, die Seiten sind heller und der Bauch ist weiß gefärbt. Rücken und Flanken sind übersät mit kleinen gelb-orangen bis rot-grauen Tupfen, die unterhalb der Seitenlinie größer werden. Diese Flecken sind gewöhnlich kleiner als die Pupille des Auges. Die Rücken-, Fett- und Schwanzflosse ist nicht gefleckt. Im Meer sind die Seiten silbrig und ohne Tupfen. Die bauchseitigen grauen Flossen sind in der Laichzeit rötlich und zeigen weiße Vorderkanten.

Zur Laichzeit bekommen, vor allem die Männchen, einen leuchtend rosa bis roten Bauch. Jungfische besitzen 8-12 dunkle Jugendflecken, die bei den kleinwüchsigen stationären Populationen auch noch bei geschlechtsreifen Fischen zu sehen sind.

Verbreitung:
Der Pazifische Saibling kommt in Ostasien und Nordamerika entlang der Pazifikküsten in vielen Flusssystemen und Seen vor. Sein Verbreitungsgebiet erstreckt sich in Ostasien von Nordkorea (Tumen, Jalu, Josen), sowie Honshu und Hokkaido, über Sachalin, die Schantar und Kommandeur Inseln bis Kamtschatka und den Anadyr; in Nordamerika über die Beringstraße und die Aleuten, sowie vom Mackenzie und Yukon über Alsek, Sikine und Skeena bis zum Fraser River und Puget Sound. Südlichere Vorkommen (wie Columbia River) betreffen den Flachkopfsaibling (*S. confluentus*), der früher zu *S. malma* gestellt wurde.
Einbürgerungsversuche für die Angelfischerei in Kalifornien, Colorado und Neu Mexiko blieben ohne Erfolg.
Der Pazifische Saibling wird in folgende drei Unterarten eingeteilt:

Salvelinus malma malma Walbaum, 1792. **Arktischer Pazifiksaibling** – kommt im Norden Asiens und Amerikas (vom Amur über Kamtschatka und der Alaska Halbinsel bis zum Mackenzie) vor (71-50° Nördlicher Breite).
S. m. malma hat durchschnittlich etwas mehr Kiemenreusendornen (20-30 zu 10-20) als die restlichen Unterarten.

Salvelinus malma lordi Günther, 1866. **Amerikanischer Pazifiksaibling** – kommt im Süden Nordamerikas (südlich der Alaska Halbinsel bis zum Puget Sound in Washington) vor (61-47° Nördlicher Breite).
S. m. lordi hat durchschnittlich etwas weniger Schuppenreihen entlang der Seiten (190-230 zu 230-270) als die restlichen Unterarten.

Salvelinus malma krascheninnikovi Taranetz, 1933. **Asiatischer Pazifiksaibling** – kommt im Süden Ostasiens (südlich des Amur über Sachalin und die Kurilen bis Hokkaido) vor (55-39° Nördlicher Breite).
S. m. krascheninnikovi hat durchschnittlich etwas weniger Wirbelknochen (57-64 zu 63-71) als die restlichen Unterarten.

Lebensweise:
Die Geschlechtsreife wird mit einem Alter von 3-9 Jahren bei einer Länge von 15-45 cm und einem Gewicht von 0,1-1,0 kg erreicht, wobei die Männchen meist ein Jahr vor den Weibchen geschlechtsreif werden.
Wie beim Arktischen Saibling gibt es auch beim Pazifischen Saibling anadrome und stationäre Formen. Die anadrome Form lebt entlang der Pazifikküsten und steigt von Mai bis Dezember, meist nach dem Buckel- und dem Silberlachs, in der Nacht in die Flüsse auf. Die stationäre Süßwasserform bevölkert vor allem die mittleren und unteren Flussabschnitte und kommt seltener auch in Seen (wie auf Kamtschatka) vor.
Die Laichzeit erstreckt sich von August bis Dezember bei Wassertemperaturen von 3-8 °C.
Die Laichabgabe erfolgt überwiegend am Tag in mehrere ovale 30-60 cm große und 10-30 cm tiefe Laichgruben, die in einem Areal von 2-4 m^2 in einer Wassertiefe von 0,2-1,5 m in kiesigem bis schottrigem Boden mit einem Korndurchmesser von 20-60 mm bei einer Strömungsgeschwindigkeit von 0,3-0,9 m/s angelegt werden. Das Weibchen wird dabei oft von 4-5 Männchen begleitet. Die Elterntiere wandern nach dem Laichen meist in einen See, um zu überwintern.
Die Eimenge beträgt durchschnittlich 3.000-4.000 Stück je kg Körpergewicht. Die Eier haben einen Durchmesser von 3,0-6,0 mm. Die frischgeschlüpften Larven haben eine Länge von 15-20 mm und gehen mit einer Größe von 20-25 mm zur aktiven Nahrungsaufnahme über.
Die Jungfische der wandernden Formen bleiben 1-4 Jahre in den Flüssen. Danach wandern sie meist von Mai bis Juli in der Nacht flussabwärts, verbringen 2-4 Monate im Meerwasser, wo sie sich meist nicht weit von der Küste entfernen und durchschnittlich 50-350 km weit wandern (im Norden weiter als im Süden). Sie steigen dann wieder über mehrere Flüsse auf, meist bis sie einen See zum Überwintern gefunden haben. Fische, die aus einem Fluss ohne See stammen, wandern zum Überwintern ebenfalls in Flusssysteme mit Seen. Ein Teil der Fische verlässt den Heimatfluss aber auch für 1-2 Jahre und überwintert in anderen Flusssystemen. Bei Erreichen der Geschlechtsreife wandern sie dann zum Laichen direkt in den Heimatfluss und nach dem Laichen wieder in ein Flusssystem mit See zurück.
Die Nahrung besteht hauptsächlich aus Insekten und Krebsen (*Apherusa, Bosmina, Daphnia*), aber auch aus Mollusken und Würmern, und, vor allem im Meer, aus Fischen (*Ammodytes, Boreogadus, Mallotus, Myoxocephalus, Osmerus, Cottus, Oncorhynchus, Prosopium*). Während der Laichzeit der Pazifiklachse werden vorzugsweise deren Eier und Jungfische gefressen.

Das Wachstum ist, im Süden schneller als im Norden, jedoch je nach Gewässer, Nahrungsangebot und Lebensweise sehr unterschiedlich. Die stationäre Form wächst jährlich etwa 2-4 cm und wird kaum größer als 30-40 cm, und die anadrome Form wächst jährlich etwa 4-6 cm und wird normalerweise 40-60 cm (0,5-1,5 kg).
Der Pazifische Saibling kann bis zu 127 cm lang, 18 kg schwer und 24 Jahre alt werden.

Bedeutung:
Der Pazifische Saibling hat fischereilich nur eine geringe Bedeutung. Der Fang erfolgt oft mit Zugnetzen oder Großreusen. Meist wird er gesalzen und getrocknet, oder als Futter für Schlittenhunde verwendet.
Angelfischereilich sind kleine Saiblinge in vielen Flüssen oft das ganze Jahr über – auch unter Eis – zu fangen. Sowohl mit kleinen Spinnködern, als auch mit Nymphen und Streamern ist die Fischerei an leichtem Gerät interessant. Große anadrome Saiblinge folgen den Lachsschwärmen in die Flüsse. Sie stellen sich meist unter den Laichplätzen ein, wo sie im Flachwasser gemeinsam mit Regenbogenforellen die abtreibenden Lachseier fressen. Dann ist die Fischerei mit Glo Bugs (Eifliegen) sehr erfolgreich. Für schwerere anadrome Fische sollte das Gerät und Vorfach entsprechend stärker gewählt werden, als für die residenten Formen.

Amerikanischer Pazifiksaibling. (Foto: J. Schöffmann)

Asiatischer Pazifiksaibling. (Foto: C. Ratschan)

Salvelinus svetovidovi Chereshnev et Skopets, 1990. **Langflossensaibling**

Langflossensaibling. (Foto: M. Skopets)

Beschreibung:

10-14 Rückenflossenstrahlen, 10-15 Afterflossenstrahlen, 103-119 Seitenlinienschuppen, 39-63 Kiemenreusendornen, 50-70 Pylorusanhänge, 55-59 Wirbel.

Der Körper ist relativ hoch und seitlich zusammengedrückt. Die Augen sind groß, die Schnauze stumpf mit breitem Maul. An den breiten Kiefern und der Zunge sitzen gut entwickelte Zähne. Die gegabelte Schwanzflosse hat abgerundete Enden, die Rücken- und die Afterflosse sind lang und abgerundet, die paarigen Flossen breit und lang. Besonders beim Männchen können die Brustflossen bis zu den Bauchflossen und diese bis zur Afterflosse reichen.

Kopf, Rücken und Seiten sind dunkel, beinahe schwarz und der Bauch golden bis bronzen gefärbt. Über den ganzen Körper verteilen sich viele kleine, runde Punkte, die am Rücken grünlich, an den Seiten weiß erscheinen. Die Flossen sind schwarz mit weißen Spitzen bzw. Rändern.

Verbreitung:
Der Langflossensaibling kommt ausschließlich im 489 m hoch gelegenen und 170 m tiefen El`gygytgyn See des Anadyr Systems im Nordosten Sibiriens, einem ca. 3,6 Millionen Jahre alten Meteoriten Krater mit etwa 12 km Durchmesser vor (68-67° Nördlicher Breite).

Lebensweise:
Die Geschlechtsreife wird mit einem Alter von 4-6 Jahren erreicht.
Die Laichzeit erstreckt sich aufgrund der stabilen Umweltbedingungen über das ganze Jahr, auch während der 9-10 monatigen Eisbedeckung, bei Wassertemperaturen von 4-5 °C.
Die Eimenge beträgt durchschnittlich 300-1.000 Stück je Weibchen. Die Eier haben einen Durchmesser von 2,5-3,0 mm.
Die Fische halten sich überwiegend in Grundnähe meist in Tiefen von 50-150 m auf.
Die Nahrung besteht hauptsächlich aus Krebsen wie bodennahen Copepoden (Zooplankton).
Das Wachstum ist relativ langsam.
Der Langflossensaibling kann bis zu 50 cm lang, 1,0 kg schwer und 30 Jahre alt werden. Die Durchscnittsgröße beträgt 20-30 cm.

Bedeutung:
Der Langflossensaibling ist wirtschaftlich kaum von Bedeutung.
Er ist jedoch durch Gewässerverschmutzung (Fremdenverkehr) und Überfischung gefährdet.

Thymallus arcticus Pallas, 1776. **Arktische Äsche**

Sibirische Äsche. (Foto: J. Schöffmann)

Beschreibung:

17-26 Rückenflossenstrahlen, 9-17 Afterflossenstrahlen, 69-110 Seitenlinienschuppen, 14-23 Kiemenreusendornen, 10-30 Pylorusanhänge, 48-64 Wirbel.

Der Körper ist langgestreckt und seitlich zusammengedrückt. Die Rückenflosse ist höher als bei den anderen Äschenarten und kann bei den Männchen bis 1/3 der Körperlänge erreichen. Das Maul ist end- bis oberständig. Der Oberkiefer reicht bis unter die Augenmitte. Die Kiefer sind mit kleinen Zähnen besetzt. Das Pflugscharbein und die Zunge sind zahnlos.

Die höchste Höhe der Rückenflosse wird bei den Weibchen im vorderen und bei den Männchen in hinteren Drittel erreicht, dabei kann die Rückenflosse bei den Männchen (zurückgelegt) bis zur Fettflosse und die Bauchflossen fast bis zur Afterflosse reichen.

Die Oberseite ist graugrün bis blaugrau und die Unterseite ist gelbgrau bis weiß gefärbt. Der Kopf ist oft grünbraun und die Seiten sind silbergrau bis dunkelblau und schimmern manchmal rosa. Zwischen dem Ansatz der Brustflossen und dem Ansatz der Afterflossen sind manchmal

gelborange Streifen zu sehen. Meist nur in der vorderen Körperhälfte, vor allem über den Brustflossen befinden sich V-förmige oder unregelmäßige schwarze Flecken, die jedoch auch fehlen können. Die grünlichen Jungfische besitzen 10-20 dunkle Querbinden und einige Flecken darüber.
Zur Laichzeit färben sich vor allem bei den Männchen die Seiten gelbgrün bis rotblau und die dunkle Rückenflosse schimmert mit violett-blauen Längsstreifen und rot-orangen Querstreifen oder violett-grünen Punkten. Die schwarzen Bauchflossen haben violett-orange Querstreifen oder Wellen. Die restlichen Flossen sind grau bis bronzefarben.

Verbreitung:
Die Arktische Äsche kommt in Asien über ganz Sibirien und in Nordamerika über ganz Alaska und Kanada bis zur Hudson Bay, sowie bis in den Norden der USA vor.
Aufgrund der im Norden der Mongolei und im Süden Sibiriens vorhandenen Formenvielfalt wird vermutet, dass alle Äschen dort ihren Ursprung haben und von dort aus Eurasien und über die Bering-Landmasse auch Nordamerika besiedelten. Teilweise haben sich eigene Populationen in den jeweiligen Flusssystemen gebildet.
Die Arktische Äsche wird in folgende drei Unterarten eingeteilt:

Thymallus arcticus arcticus Pallas, 1776. **Sibirische Äsche** – kommt von Kara, Petschora, Ob und Jenissej über Pjasina, Taimyr und Khatanga bis Lena und Yana, sowie im Baikalsee vor (70-40° Nördlicher Breite).
Die Population vom Baikalsee wurde auch schon als eigene Unterart (*Thymallus a. baicalensis* Dybowski, 1874) beschrieben.

Thymallus arcticus grubii Dybowski, 1869. **Amur Äsche** – kommt im Amur sowie auf Sachalin und in den Flüssen entlang der ochotskischen Küste (von Tugur und Uda bis Botchi und Koppi) bis nach Nordkorea (Jalu) vor (55-40° Nördlicher Breite).
T. a. grubii hat durchschnittlich etwas weniger Wirbelknochen (49-57 zu 51-64) als die restlichen Unterarten.
Die Population vom unteren Amur wurde auch schon als eigene Unterart (*Thymallus a. tugarinae* Knizhin, Antonov, Safronov et Weiss, 2007) beschrieben.

Thymallus arcticus signifer Richardson, 1836. **Amerikanische Äsche** – kommt in Nordamerika vom Missouri, Saskatchewan und Stikine River über die Hudson Bay bis zum Mackenzie und Yukon River, und in Asien auf Kamtschatka sowie in Penzhino, Anadyr und Kolyma entlang der arktischen Küste bis zum Delta von Lena und Jenissej vor (76-43° Nördlicher Breite).

T. a. signifer hat durchschnittlich etwas mehr Pylorusanhänge (14-30 zu 10-27) als die restlichen Unterarten.

Die Population vom Nordosten Sibiriens wurde auch schon als eigene Unterart (*Thymallus a. pallasii* Valenciennes, 1848) beschrieben.

Die Populationen des Oberen Missouri Rivers in Montana und der Zuflüsse der Großen Seen in Michigan wurden ebenfalls schon als Unterart beschrieben. Sie sind ausgestorben, wurden aber teilweise durch Besatzmaßnahmen mit Fischen aus Kanada wieder etabliert.

Eine künstliche Einbürgerung gelang in den USA im La-Ronge See System in Saskatchewan in einem Fluss und einigen kleinen Seen mit einem Besatz von 10 Mio. Brütlinge, aufgeteilt auf 10 Jahre. In einigen Regionen wie Vermont, Utah und Colorado, Montana, Neu Mexiko, Nevada, Oregon und Arizona war die Einbürgerung ebenfalls erfolgreich.

Lebensweise:

Die Geschlechtsreife wird meist mit einem Alter von 3-5 Jahren bei einer Länge von 30-40 cm und einem Gewicht von 0,2-0,3 kg erreicht.

Die Laichwanderung erfolgt oft nach dem Eisbruch, meist für kurze Strecken in kleinere, schnell strömende Flüsse.

Die Laichzeit erstreckt sich von April bis August, bei Wassertemperaturen von 6-10 °C.

Die Laichabgabe erfolgt während des Tages in kiesigem bzw. schottrigem Boden, bei einer Strömungsgeschwindigkeit von 0,2-0,8 m/s.

Die Eimenge beträgt durchschnittlich 5.000-8.000 Stück je Weibchen bzw. auch je kg Körpergewicht. Die Eier haben einen Durchmesser von 2,5-4,9 mm.

Die Entwicklung dauert bei einer Wassertemperatur von 7-11 °C etwa 13-18 Tage bis zum Schlupf. Die 7-9 mm langen Brütlinge sind nach weiteren 7-10 Tagen mit einer Länge von 12-16 mm fressfähig.

Nach dem Laichen wandern die Elterntiere wieder in größere Flüsse oder Seen zurück. Anders als bei der Europäischen Äsche sind bei der Arktischen Äsche alle Altersstadien territorial und schließen sich während des Sommers nicht zu Gruppen zusammen.

Die Arktische Äsche bevölkert vor allem die oberen und mittleren Strecken der schnellfliessenden Flüsse mit festem Untergrund und steht hier gerne über tieferen Abschnitten und an Strömungskanten. Sie kommt gelegentlich auch in kalten Seen (z.B.: Großer Bären- und Sklavensee, Athabasca- und Rentiersee), meist nicht tiefer als 3 m vor.

Im Baikalsee haben sich zwei Formen gebildet, die unterschiedliche ökologische Nischen ausfüllen und ebenfalls schon als eigene Unterarten beschrieben wurden: Die kleinere dunklere Schwarze Baikal-Äsche (*Thymallus a. baicalensis* Dybowski, 1874) bewohnt die seichten Stellen und die in den Baikalsee mündenden Flüsse (wie Selenga mit Orchon und Egijn-gol), in denen sie auch laicht. Sie ernährt sich hauptsächlich von Krebsen und Insekten. Die größere und schnellwüchsige Weiße Baikal-Äsche (*Thymallus a. brevipinnis* Svetovidov, 1936) lebt in größeren Tiefen und laicht über kiesigem Grund im See selbst. Sie ernährt sich hauptsächlich von Fischen (Grundeln).
Die Nahrung besteht hauptsächlich aus Insekten und Krebsen (*Bosmina, Daphnia, Gammarus*), gelegentlich auch aus Weichtieren, Fischeiern (*Brachymystax, Catostomus, Coregonus, Cottus*) und kleinen Fischen (*Pungitius*). Manchmal werden auch Wasserpflanzen mit aufgenommen.
Das Wachstum variiert je nach Lebensraum, Nahrungsangebot und klimatischen Bedingungen erheblich und ist generell im Norden langsamer als im Süden. Fünfjährige Fische wiegen durchschnittlich etwa 330-530 g, achtjährige etwa 850-1050 g. Die Männchen wachsen gewöhnlich schneller als die Weibchen, nur bei der Weißen Baikal-Äsche ist dies umgekehrt. Die Weibchen werden aber generell etwas älter als die Männchen. Die Arktische Äsche wächst gewöhnlich auch etwas schneller als die Europäische Äsche.
Die Arktische Äsche kann bis zu 80 cm lang, 3,7 kg schwer und 22 Jahre alt werden.

Bedeutung:
Die Arktische Äsche ist lokal von besonderer wirtschaftlicher Bedeutung, so zum Beispiel am Baikalsee, wo sie in manchen Jahren den Hauptfischertrag (170-700 t) liefert. Der Fang erfolgt mit Zug- und Stellnetzen, sowie verschiedenen Reusen, und durch die Angelfischerei. In Nordamerika wurden die Äschen früher von den Eskimos vor allem als Hundefutter verwendet und von den Indianern auch getrocknet.
Sportfischereilich werden die sehr steigfreudigen Arktischen Äschen oft mit der Fliegenrute und der Trockenfliege gefangen. Auch mit Nymphen oder Streamern lassen sie sich überlisten. Manchmal werden Fliegen auch in Verbindung mit Wasserkugeln und Buldos eingesetzt. Auch das Spinnfischen mit leichtem Gerät und kleinen Spinnern verspricht Erfolg.

Amur-Äsche. (Foto: J. Schöffmann)

Amerikanische Äsche. (Foto: P. Vecsei)

Thymallus brevirostris Kessler, 1879. **Mongolische Äsche**

Mongolische Äsche. (Foto: J. Schöffmann)

Beschreibung:

18-20 Rückenflossenstrahlen, 11-14 Afterflossenstrahlen, 70-84 Seitenlinienschuppen, 15-21 Kiemenreusendornen, 20-30 Pylorusanhänge, 56-61 Wirbel.

Der Körper ist langgestreckt und seitlich zusammengedrückt. Die Rückenflosse ist kleiner als bei den anderen Äschenarten. Der Schwanzstiel ist dünn und lang. Das Maul ist endständig. Der Oberkiefer reicht bis über die Augenmitte, bei großen Exemplaren auch weiter. Gut entwickelte Zähne befinden sich an den Kiefern und auf der Zunge.

Die Mongolische Äsche zeigt wenig Farben und hat keine oder nur vereinzelte schwarze Tupfen am silbergrauen Körper. Die Rückenflosse hat blau-violette Flecken, die Fettflosse einen violett-roten Rand und die Schwanzflosse ist manchmal dunkel kirschrot.

Die Geschlechtsunterschiede sind nur schwach ausgebildet. Die Männchen sind jedoch etwas intensiver gefärbt als die Weibchen.

Verbreitung:
Die Mongolische Äsche kommt nur in Flüssen und Seen des westmongolischen abflusslosen Seenbeckens des Altai Gebirges mit den Flüssen Kobdo, Bajdarik, Tes und Dsabchan, sowie im Choton-, Churgan-, Achit-, Tolbo-, Khar- und Chirgis-See vor (50-47° Nördlicher Breite).

Lebensweise:
Die Geschlechtsreife wird mit einem Alter von 4-6 Jahren bei einer Größe von 25-35 cm und einem Gewicht von 0,1-0,4 kg erreicht.
Nach der Überwinterung in Seen oder großen Flüssen erfolgt nach der Eisschmelze die Laichwanderung in die Zu- oder Seitenflüsse.
Die Laichzeit erstreckt sich von Mai bis Juli, bei Wassertemperaturen von 4-6 °C.
Die Laichabgabe erfolgt meist in den frühen Morgen- oder späten Abendstunden, über steinigem Boden.
Die Eimenge beträgt durchschnittlich 2.000-18.000 Stück je Weibchen.
Es kommen zwei Formen vor: eine kleinwüchsige, die hauptsächlich Bodennahrung frisst und in Flüssen lebt, und eine großwüchsige, die hauptsächlich Fischnahrung frisst und im Choton- und Churgan-See vorkommt. Die großwüchsige Form wurde auch schon als eigene Unterart (*Thymallus b. kozovi* Dashdorz, Dulmaa et Zend-Ajusch, 1968) beschrieben.
Im Herbst wander die Fische flussabwärts, um in Seen oder großen Flüssen zu überwintern.
Die Nahrung besteht anfangs hauptsächlich aus Insekten, seltener aus Krebsen (*Gammarus, Cyclops*) und Weichtieren, später vor allem aus Fischen (*Oreoleuciscus, Phoxinus*), sowie gelegentlich auch aus kleinen Nagetieren.
Das Wachstum ist je nach Gewässer und Nahrungsangebot unterschiedlich. Im Durchschnitt erreicht die Mongolische Äsche im vierten Jahr 0,1-0,5 kg, im sechsten Jahr 0,2-1,0 kg, und im achten Jahr 0,3-2,0 kg.
Die Mongolische Äsche kann bis zu 100 cm lang, 5,0 kg schwer und 20 Jahre alt werden, und ist damit der größte Vertreter der Äschen.

Bedeutung:
Die Mongolische Äsche hat wirtschaftlich kaum eine Bedeutung.

Thymallus nigrescens Dorogostaisky, 1923. **Kosogol Äsche**

Kosogol-Äsche. (Foto: M. Hochleithner)

Beschreibung:

17-22 Rückenflossenstrahlen, 12-17 Afterflossenstrahlen, 80-100 Seitenlinienschuppen, 21-35 Kiemenreusendornen, 16-29 Pylorusanhänge, 54-57 Wirbel.

Der Körper ist langgestreckt und seitlich zusammengedrückt, hat aber eine geringe Höhe. Die Rückenflosse ist kurz aber relativ hoch. Der Oberkiefer reicht bis unter die Augenmitte.

Der Körper ist blaugrau und zur Laichzeit schwarzblau gefärbt. Die Flossen haben die gleiche bis etwas dunklere Färbung als der Körper, nur die Rückenflosse hat wenige blau-grüne Flecken.

Die Geschlechtsunterschiede sind nur sehr schwach ausgebildet. Die Männchen sind etwas intensiver gefärbt als die Weibchen.

Verbreitung:

Die Kosogol-Äsche kommt nur im 1.645 m hoch gelegenen, 2.770 km^2 großen und 267 m tiefen Chövsgöl (Hubsugul) See im Norden der Mongolei, sowie gelegentlich in dessen größeren Zuflüssen und im

Abfluss Egijn vor (52-50° Nördlicher Breite).
Sie steht der Arktischen Äsche nahe, die morphologischen Unterschiede zu allen anderen Äschen erlauben die Anerkennung als eigene Art.

Lebensweise:
Die Geschlechtsreife wird mit einem Alter von 3-4 Jahren bei einer Größe von 17-20 cm und einem Gewicht von 60-100 g erreicht.
Die Laichzeit erstreckt sich bei den Fischen in den Zuflüssen von Mai bis Juni, bei Wassertemperaturen von 6-10 °C, und für den anderen Teil der Fische im See selbst von Juli bis August, bei Wassertemperaturen von 7-14 °C.
Die Laichabgabe erfolgt auf sandigem bis steinigem Boden im flachen Wasser der Zuflüsse oder im Uferbereich des Sees in einer Tiefe von 5-15 m.
Die Eimenge beträgt durchschnittlich 1.000-5.000 Stück je Weibchen.
Der gesamte Lebenszyklus läuft gewöhnlich im See ab. Die Fische halten sich meist im westlichen Ufer- und Freiwasserbereich des Sees auf, in der Nacht in einer Tiefe von etwa 15 m und am Tag in einer Tiefe von etwa 30 m, und kommen in Tiefen bis zu 60 m vor.
Die Nahrung besteht bis zu einer Größe von 15 cm fast ausschließlich aus Zooplankton, später hauptsächlich aus Insekten, sowie gelegentlich auch aus Krebsen, Weichtieren und Würmern.
Das Wachstum ist temperatur- und nahrungsbedingt relativ langsam.
Die Kosogol-Äsche kann bis zu 40 cm lang, 0,5 kg schwer und 11 Jahre alt werden.

Bedeutung:
Die Kosogol-Äsche ist lokal von mäßiger wirtschaftlicher Bedeutung. Es besteht eine sportfischereiliche (Angel) und kommerzielle (Netz) Fischerei am Chövsgöl-See. Nach Aussage der lokal ansässigen Fischer sind die Äschenfänge in den letzten Jahren (vermutlich wegen Überfischung) sowohl mengen- als auch größenmäßig zurückgegangen. Die Äschen werden vorzugsweise geräuchert und regional verwertet.

Thymallus thymallus Linnaeus, 1758. **Europäische Äsche**

Europäische Äsche. (Foto: M. Hochleithner)

Beschreibung:

17-25 Rückenflossenstrahlen, 12-16 Afterflossenstrahlen, 74-98 Seitenlinienschuppen, 19-30 Kiemenreusendornen, 11-37 Pylorusanhänge, 50-62 Wirbel.

Der Körper ist langgestreckt und seitlich zusammengedrückt. Der Kopf ist relativ klein und spitz zulaufend. Die Rückenflosse ist relativ groß. Das Maul ist end- bis unterständig. Der Oberkiefer reicht bis unter den vorderen Augenrand. Kiefer, Gaumen- und Pflugscharbein sind mit feinen Hakenzähnen besetzt. Zunge und Zungenbein sind zahnlos.

Die Männchen sind schlanker, hochrückiger, haben einen spitzeren und längeren Kopf, einen längeren Schwanzstiel sowie längere Rücken-, After- Brust- und Bauchflossen, und an den Seiten im Bereich des Schwanzstiels eine rauere, schwartenartige Haut. Die höchste Höhe der Rückenflosse wird bei den Weibchen im vorderen und bei den Männchen im hinteren Drittel erreicht, dabei ist bei den Männchen die Rückenflosse nach hinten auch noch stark ausgefranst.

Der Rücken ist dunkel graugrün bis blaugrau und die Seiten sind glänzend silbergrau bis gelborange gefärbt. Zwischen dem Ansatz der

Brustflossen und dem Ansatz der Bauchflossen sind oft goldgelbe Streifen zu sehen. Die Seiten können je nach Flusssystem mit schwarzen Tupfen überzogen sein; diese können jedoch auch fehlen. Der Bauch ist silbrig weiß. Die After- und Bauchflossen sind hellgelb bis rotbraun gefärbt, die Schwanzflosse zeigt violette Töne. Auch die Fettflosse kann einen violetten oder roten Rand aufweisen. Die silbergrünen Jungfische haben dunkle grüngraue Querbinden.
Zur Laichzeit werden vor allem bei den intensiver gefärbten Männchen die Seiten gelbgrün bis rotblau und die große, hohe Rückenflosse schimmert dunkel rotblau, mit violetten Einfärbungen.

Verbreitung:
Die Europäische Äsche kommt in Europa in zahlreichen Flusssystemen (Rhône, Rhein, Donau) und gelegentlich auch in Seen (Boden-, Achen-, Almsee) vor (71-43° Nördlicher Breite). Das Verbreitungsgebiet erstreckt sich im Westen von der Loire in Frankreich und dem Avon in England, im Norden über Skandinavien (Tana), im Süden über Norditalien und den Balkan (Soca und Drin), bis zu Dnjestr und Wolga im Osten. Im Kara-Fluss überschneiden sich die Verbreitungsgebiete von *Thymallus thymallus* und *Thymallus arcticus*.
In den einzelnen Flusssystemen haben sich teilweise eigene Populationen gebildet, die sich auch genetisch unterscheiden.
Im Konnewesei-See in Finnland wurde die Äsche vom Ladogasee mit Erfolg eingebürgert, wo sie sehr groß wird.

Lebensweise:
Die Geschlechtsreife wird bei den Männchen mit einem Alter von 2-4 Jahren und bei den Weibchen mit einem Alter von 3-6 Jahren bei einer Größe von 25-35 cm erreicht.
Meist wandern die Äschen beim ersten Schmelzwasser ab 4 °C kurze Strecken (ausnahmsweise auch bis zu 50 km weit) mit einer Geschwindigkeit von etwa 1-2 km/Tag flussaufwärts oder in kleinere Zuflüsse. Seeäschen laichen gelegentlich auch an geeigneten flachen Uferstellen im See selbst. Die Männchen und älteren Fische erscheinen meist vor den Weibchen und jüngeren Fischen an den Laichplätzen und bleiben auch länger dort.
Die 2-4 Wochen dauernde Laichzeit erstreckt sich, im Süden und Westen früher als im Norden und Osten, von März bis Juni bei Wassertemperaturen von 5-12 °C.
Die Laichabgabe erfolgt nach heftigem Treiben (Laichspiel) tagsüber in mehreren Portionen in einigen 20-30 cm großen Laichgruben, die in einer

Wassertiefe von 0,1-0,6 m in kiesigem bzw. schottrigem Substrat mit einer Korngröße von 1-3 cm bei einer Strömungsgeschwindigkeit von 0,2-0,8 m/s angelegt werden. Zur Eiablage schwimmen sie meist paarweise zitternd dicht nebeneinander, wobei das Männchen die große Rückenflosse über das Weibchen drückt und beide gleichzeitig die Geschlechtsprodukte abgeben.

Die Eimenge beträgt 5.000-15.000 Stück je Weibchen bzw. auch je kg Körpergewicht. Die Eier haben einen Durchmesser von 3,2-4,1 mm und ein Gewicht von 30-40 mg.

Die Entwicklung dauert bei einer Wassertemperatur von 9-10 °C etwa 170-210 Tagesgrade bis zum Schlupf. Die frischgeschlüpften Larven sind nach weiteren 10 Tagen mit einer Länge von 10-14 mm und einem Gewicht von 10-23 mg fressfähig und schließen sich zu kleinen Gruppen zusammen.

Äschen bewohnen kühle, sauerstoffreiche, klare Flüsse ab einer Durchschnittsbreite von 3-5 m und bis in eine Seehöhe von 1.500 m N.N. Sie bevorzugen eine Strömungsgeschwindigkeit von 0,7-1,1 m/s, sowie eine Substratkörnung von 1-16 mm. Gerne stehen sie in kleinen Gruppen am Grund in Abschnitten von 0,5-2,0 m Tiefe, bei Strömungskanten oder hinter tieferen Kolken. Jüngere Fische halten sich meist am Ufer, ältere in der Flussmitte auf. Im Herbst wandern die Fische meist 0,7-1,6 km in tiefere Kolke mit geringerer Strömung. Ab 60° Nördlicher Breite (in Skandinavien) werden die traditionellen Lebensräume erweitert und die Fische wandern nach 1-2 Jahren in den Flüssen meist in Seen oder ins Brackwasser ab. In der Ostsee, Barentssee und im Weißen Meer wird die europäische Äsche auch im Brack- und Salzwasser entlang der Küste angetroffen.

Die Nahrung besteht hauptsächlich aus Insekten (Zuck- und Kriebelmücken, Köcher- und Steinfliegen), Krebsen (*Asellus, Gammarus, Polyphemus*) und anderen Bodenorganismen, wie Schnecken und Würmern, seltener werden auch Fischeier (*Chondrostoma, Salmo*) und gelegentlich kleine Fische (*Cottus, Perca, Phoxinus, Rutilus*) gefressen.

Das Wachstum ist generell rasch, in den einzelnen Flusssystemen jedoch je nach Nahrungsangebot und Population sehr unterschiedlich. Die Männchen wachsen etwas schneller als die Weibchen.

Die Europäische Äsche kann bis zu 72 cm lang, 4,3 kg schwer und 24 Jahre alt werden. Die Durchschnittsgröße beträgt 30-50 cm, 0,3-1,0 kg und 6-10 Jahre.

Bedeutung:
Die Europäische Äsche ist für die Angelfischerei von besonderem Interesse und ein sehr geschätzter Speisefisch.
Der Fang erfolgt vor allem mit der Flugangel auf Trocken- und Nassfliegen, sowie Nymphen. Im Allgemeinen sind die Hakengrößen (12-20) und Vorfachstärken (meist 0,14-0,18 mm) etwas kleiner zu wählen als bei der Fischerei auf Forellen. Eine Fliegenrute der Klasse 3-5 mit dazu passender Trockenfliegenschnur ist ausreichend. In manchen Gewässern ist auch das Fischen mit dem sogenannten Tirolerhölzl (Schlauchblei), aber auch mit der Laufrolle sehr populär. Dabei finden meist kleine Goldkopfnymphen, und zwar sowohl in der Metall- als auch der Plastikausführung, Verwendung. Die Äsche wird wie die Forelle mancherorts auch mit Hegenen, die mit der Wasserkugel oder mit Buldos geworfen werden, befischt. Diese Fischerei ist besonders an den großen und breiten Flüssen des hohen Nordens (z. B.: Glomma) sehr beliebt. Lokal finden auch spezielle Angelmethoden in Verbindung mit Naturködern Verwendung.
In guten Gewässern können Bestände von 100-200 kg/ha erreicht werden. In den Voralpenflüssen schwankten die Äschenfänge in den 1950er bis 1960er Jahren, in den 1970er Jahren waren gravierende, länger andauernde Bestandseinbrüche zu verzeichnen, in den 1980er Jahren lagen die Fänge auf hohem bis sehr hohem Niveau, und seit den 1990er Jahren weisen die Fließgewässer unterschiedlicher Prägung einen drastischen Rückgang der Äschenbestände auf. Um dem Rückgang etwas entgegenzuwirken, sollte auf die Entnahme von Weibchen verzichtet werden.
Der jährliche Gesamtfang aus der Fischerei betrug in den 1990er Jahren 387 t (344 t Finnland, 5 t Belgien), und in den 2000er Jahren 280 t (254 t Finnland, 11 t Slowakei, 9 t Tschechien, 3 t Slowenien).
In Russland, wo der Fang auch mit Netzen erfolgt, ist die Äsche für die Berufsfischerei von lokaler Bedeutung. Im Kama Flusssystem werden in manchen Jahren bis über 10 t gefangen.
Im Alpenraum und in Skandinavien wird die Äsche künstlich vermehrt und Setzlinge für den Besatz zur Verfügung gestellt. Als Besatzrichtwert an einjährigen Setzlingen gelten 1.000-3.000 Stück pro Hektar nutzbarer Habitatfläche oder 100-300 Stück je Kilometer Fließgewässerstrecke, welche in 2-3 Schwärmen ausgesetzt werden sollten.

AQUAKULTUR

LAICHFISCHFANG:

Bei den schwierig zu haltenden Arten (wie Seesaiblinge, Lachse, Äschen, Maränen) werden die Laichfische meist an oder bei den Laichplätzen gefangen. Dabei werden, je nach Art, Vorkommen, Bestand und Fanggebiet, verschiedene Methoden angewendet:

Mit Zugnetzen wurden im Alpenraum früher oft Seesaiblinge gefangen. Die verwendeten Zugnetze haben eine Flügellänge von 40-80 m, eine Tiefe von 5-20 m und eine Maschenweite von 80-200 mm, die zum Ende hin immer kleiner wird (Sack: Maschenweite 15-25 mm). Dabei wird das Zugnetz über den Laichplätzen an der Halde vom Boot aus in einem Halbkreis ausgelegt und anschließend ans Ufer bzw. ins Boot gezogen. Meist wurden größere Mengen für kommerzielle Zwecke gefangen und davon die reifen Laichfische aussortiert und gleich am Boot abgestreift.

Kiemen- bzw. Stellnetze aus monofilem Polyamid mit einer Fadenstärke von 0,1-0,3 mm und einer Maschenweite von 20-100 mm eignen sich ebenfalls sehr gut für den Fang in Seen und werden heute vor allem für Coregonen und Seesaiblinge verwendet. Die 2-5 m hohen und 30-100 m langen Grundnetze werden an einer Boje fixiert und oft 2-4 Netze zu einem Satz aneinandergehängt. Die Netze werden – meist über Nacht – auf der Halde vom Ufer in Richtung Seemitte ausgelegt. Das Netzende wird nicht verankert, sondern, um entlang dem Netz schwimmende Fische ebenfalls zu fangen, U- bis C-förmig eingeschlagen. Die effektivste Maschenweite von Kiemennetzen beträgt etwa 11-12 % der gewünschten Fischlänge. Je nach Untergrund sind grün oder blau gefärbte Netze am fängigsten, braune Netze fangen dagegen je nach See sehr unterschiedlich. Die Netzkontrolle erfolgt täglich am Morgen, um ein Ersticken der Fische in den Netzmaschen zu vermeiden.

Die empfindlichen, oft verletzten Fische können nach dem Fang meist nicht sehr lange gehältert werden und sollten daher gleich abgestreift und anschließend der Verwertung als Speisefisch zugeführt werden. Es ist darauf zu achten, dass mit Beginn der Laichfischerei auch ein Großteil (über 50 %) der Weibchen laichreif ist. Am Beginn der Laichzeit, die sich meist über einige Wochen zieht, werden überwiegend Männchen (Milchner), zum Ende hin überwiegend Weibchen (Rogner) gefangen.

Treibnetze und Flügelreusen werden in geringerem Ausmaß ebenfalls erfolgreich eingesetzt, vor allem für Äschen. Dabei werden oft die Fische, die sich auf den Laichplätzen befinden in die unterhalb aufgestellten Netze getrieben.

Elektrofischereigeräte mit einer Leistung von 1-10 kW (und einer Spannung von 150-750 Volt) Gleichstrom bei einer Leitfähigkeit von 100-1000 µS (MikroSiemens), sowie eventuell Impulsstrom (50-80 Impulse/s) bei zu hoher oder zu niedriger Leitfähigkeit werden vor allem in Bächen und kleineren Flüssen für den Fang von Lachsen, Forellen und Äschen eingesetzt. Kleinere Geräte bis 25 kg werden meist als tragbares Rückenaggregat gebaut; dies hat den Vorteil, dass kleinere Bäche einfach und schnell zu befischen sind. Gefischt wird meist gegen die Strömung, eine Person geht dabei mit der Anode voraus und "betäubt" durch Eintauchen der Anode ins Wasser alle 1-5 Meter die Fische, die durch die anodische Reaktion "angezogen" werden. Ein bis zwei Personen gehen dahinter und fangen mit Keschern die Fische von der Anode. Die Kathode wird bei Rückengeräten hinterher gezogen oder bei Standgeräten quer zur Fließrichtung ins Gewässer gelegt. Weitere Personen sorgen für den raschen Abtransport der gefangenen Fische und deren Versorgung. Die Elektrofischerei darf in den meisten Ländern nur mit Berechtigungsschein und Genehmigung der Behörden durchgeführt werden.

Die Laichfische werden nach dem Fang nach Reifegrad und Geschlecht sortiert, reife Fische werden meist gleich vor Ort abgestreift oder möglichst schonend sofort in eine Hälterung transportiert. Für die abschließende Gametenreifung können Becken jeder Form und Größe oder kleine Teiche verwendet werden. Am besten eignen sich Rundbecken mit 5-8 m Durchmesser und einer Tiefe von 1-2 m. Das Zuflusswasser sollte eine gute Qualität aufweisen und die Wassertemperatur sollte möglichst gleich bzw. im Frühjahr höher als im Fanggebiet sein (optimal ca. 6-12 °C). Die Becken werden abgedeckt, um Stress und ein Herausspringen der Laichfische zu vermeiden; gefüttert wird im Allgemeinen nicht.

Die aufsteigenden Pazifiklachse werden in Amerika meist beim ersten Aufstiegshindernis gefangen. Oft sind die Zuchtanlagen beim ersten Stauwehr angelegt und die Lachse schwimmen über eine Fischtreppe durch die Ablaufkanäle direkt in die Hälterbecken (Strömungsgeschwindigkeit ca. 0,6 m/s).

Die Salmoniden, vor allem Männchen, verpilzen zur Laichzeit oft stark. Dies ist vermutlich auf den erhöhten Stress durch Aufstieg, Verteidigung bzw. der geringeren Abwehrkraft während der Laichzeit zurückzuführen. Weibchen investieren ca. 6 mal mehr Energie in die Gonadenproduktion als Männchen. Werden Weibchen (Rogner) und Männchen (Milchner) getrennt gehalten, kann die Aggressivität bzw. Revierverteidigung der Männchen reduziert werden und sie verpilzen weniger.

Saibling-Laichfischfang in einem See mit Stellnetz. (Foto: H. Neubacher)

Forellen-Laichfischfang in einem Fluss mit Elektrogerät. (Foto: M. Hochleithner)

LAICHFISCHHALTUNG:

In Fällen, in denen man wegen Qualität und Quantität nicht von Wildfischfängen abhängig sein möchte und/oder Zuchtauslese (Selektion) betrieben werden soll, wird ein Laichfischbestand in künstlichen Gewässern gehalten. Voraussetzung zur Gametenreifung sind optimale Haltungsbedingungen. Hierbei sind gute Wasserqualität (Sauerstoff- gehalt, Temperatur, pH-Wert) und gute Futterversorgung (Qualität und Menge), sowie das Lichtklima von entscheidender Bedeutung. Gesundheitsprobleme und Stress beeinflussen ebenfalls die Gonaden- entwicklung und Fruchtbarkeit.

Eine Methode ist die Haltung in Teichen mit Naturnahrung, die vor allem für Maränen, Äschen und Huchen verwendet wird. Dabei werden Teiche verschiedener Form und Größe benutzt, die einen gesicherten Wasserzufluss haben und nicht zu warm werden. Wichtig ist, dass die von den Laichfischen benötigte Nahrung in ausreichendem Maße vorhanden ist. Die Besatzmenge kann 100-200 kg/ha betragen. Auch ein Besatz der Laichfische zu kleineren Fischen bzw. in gering besetzten Naturteichen ist möglich und eignet sich besonders für Coregonen. Die Fische halten sich das ganze Jahr in den Teichen auf und werden zur Laichzeit bzw. im Herbst abgefischt. Diese Methode hat den Vorteil, dass den Fischen Naturnahrung zur Verfügung steht, was sich positiv auf die Eiqualität und die Befruchtungsrate auswirkt.

Die beste Methode (ausgenommen für Coregonen) ist die Haltung der Laichfische in kleinen Teichen, Fließkanälen oder Netzgehegen. Die Besatzdichte beträgt maximal 10 kg/m³. Die Fische sind dabei unter ständiger Kontrolle. Die Fütterung ist ausschlaggebend für die Eiqualität. Daher sollte, beginnend ein Jahr vor dem Laichtermin und während des Sommers, besonders hochwertiges Futter gefüttert werden. Dies kann in Form von geschnittenen (Cutter) oder grob faschierten Weiß- oder Seefischen (ev. mit 3 % Kleie vermischt) oder durch gefrostete Garnelen, getrocknete Bachflohkrebse oder Insekten (Larven) erreicht werden. Beim Huchen empfiehlt es sich, lebende Futterfische zu verabreichen. Spezielles Trockenfutter für Laichfische wird vor allem nach dem Streifen zur Konditionierung der Fische verwendet. Gesamtmenge und Verhältnis mehrfach ungesättigter Fettsäuren sind unentbehrliche Bestandteile der Zellmembranen und als Vorstufe einer Vielzahl physiologische aktiver Moleküle. Sie wirken sich positiv auf die Qualität von Spermien, Eier und Larven aus.

Bei ungenügender Fütterung wird, vor allem von den Männchen, die Geschlechtsreife früher erlangt, und bei den Weibchen sind die Eier kleiner. Die Eigröße wirkt sich auch meist auf die Mortalität, das Wachstum und die Futterverwertung der Brut aus. Wann die Fische die Geschlechtsreife erreichen, entscheidet sich etwa ein Jahr vorher. Bei den Lachsen wachsen dann die Frühlaicher bis zur Geschlechtsreife etwas schneller, bei den Forellen und Saiblingen langsamer als die subadulten Fische.
Die tägliche Futtermenge beträgt 0,5-1,0 % des Besatzgewichtes bei Trockenfutter und 2-5 % bei Nassfutter. Zur Laichzeit hin wird die Futtermenge reduziert bis schließlich 1-2 Monate davor überhaupt nicht mehr gefüttert wird. Wird die Fütterung zur Laichzeit nicht eingestellt, ist jedenfalls mit höheren Verlusten (vor allem bei Saiblingen) zu rechnen. Der Futterquotient beträgt bei der Verfütterung von Fischen je nach Art und Qualität 3-6. Dieser kann nach Erreichen der Geschlechtsreife – vor allem bei Weibchen – auf bis über 10 ansteigen.
Entscheidend für die Erreichung der Laichreife sind die Tageslichtdauer sowie der natürliche Temperaturverlauf des Wassers. Es empfiehlt sich daher, die Laichfische von der Wassertemperatur und den Lichtverhältnissen her einem Jahreszyklus zu unterwerfen. Hierbei löst die Temperaturentwicklung vor der Laichzeit die Hormonausschüttung bei den Laichfischen aus und induziert die letzten Schritte der Gonadenreifung (Polarisation des Eis). Auch eine Wasserströmung fördert die Laichreife und die Befruchtungsfähigkeit. Um eine gute Befruchtungsrate zu erreichen, dürfen Saiblinge, auch nur kurzfristig, nicht über 10 °C gehalten werden. Besonders wichtig ist eine Winterung (unter 6 °C) bei Frühjahrslaichern, wie z.B. Äschen und Huchen. Bei den Herbst- bzw. Winterlaichern wird die Laichreife gewöhnlich beim Abkühlen der Oberflächen- wassertemperatur auf ca. 6-7 °C erreicht und bei den Frühjahrslaichern beim Anstieg der Wassertemperatur auf ca. 6-7 °C. Die Männchen werden dabei durchschnittlich 1-2 Wochen eher reif als die Weibchen.
Für die Erzeugung von 100 t Speisefischen aus Eiern sind etwa jeweils 1 % an Laichfischen und Laichfischanwärtern zu halten. Eine Tonne Forellenlaicher ergeben dabei etwa rund 2 Millionen Eier.
Zur Vermeidung von unerwünschten Inzuchteffekten, welche sich oft durch erhöhte Missbildungen sowie verringertem Wachstum und Überlebensraten äußern, sollte der Laichtierbestand mindestens 100 Tiere umfassen und für die Nachzucht die Geschlechtsprodukte von mindestens jeweils 20 Elterntieren zufällig verpaart werden.

Bei einem Laichtierbestand von nur 50 Tieren beträgt der Verlust an genetischer Vielfalt etwa 1 % pro Generation. Um die genetische Vielfalt für Satzfische zu erhalten, bewährt sich, die Eier von in der Zuchtanlage gehaltenen weiblichen Fischen mit Sperma von Wildfischen, oder auch umgekehrt, zu befruchten. Alternativ kann auch alle 2-3 Generationen rund 10 % des Elterntierbestandes durch Wildfische ersetzt werden.
Das Geschlechterverhältnis (Männchen zu Weibchen) kann 1:3 bis 1:7 betragen. Generell ist bei den Laichfischen mit Verlusten von 10-20 % pro Jahr zu rechnen.
Um Übertragungen von Bakterienerkrankungen von den Laichfischen auf die Eier zu verhindern, werden die Laichfische auch gelegentlich mit Antibiotika (verschreibungspflichtig) behandelt. Dazu werden 2 Injektionen in die Rücken- muskulatur verabreicht. Die erste Injektion, die eine Einnistung von Bakterien zwischen Dotter und Eischale in der Perivittelinschicht verhindern soll, etwa 8-10 Wochen vor der Laichreife, und die zweite Injektion, die die Ovarienflüssigkeit desinfizieren soll, etwa 4-6 Wochen nach der ersten Injektion. Bei größeren Fischen bzw. höheren Injektionsvolumen sollte die Injektionsmenge auf zwei Injektionen je vor und nach der Rückenflosse aufgeteilt werden.

Laichfisch- und Hälterteiche. (Foto: M. Hochleithner)

Vermehrung

HANDHABUNG:

Laichfische sind einer besonderen Belastung ausgesetzt, dies zeigt sich in einem verringertem Wachstum, minderer Fleischqualität, höherer Aggressivität und höherer Mortalität. Alle Manipulationen sollten daher so gering und schonend wie möglich vor sich gehen.
Im Herbst bzw. Frühjahr, also von Oktober bis Januar bzw. von März bis Mai, während dem allmählichen Abfallen bzw. Ansteigen der Wassertemperatur auf ca. 6-7 °C können die Fische nach Reifegrad und Geschlecht sortiert werden. Da die Männchen meist etwas früher laichreif werden, hältert man sie in Fließrichtung vor den Weibchen, wodurch bei diesen die Reifung etwas beschleunigt wird. Das getrennte Halten der Geschlechter verringert auch die Aggressivität und damit die Verluste. Die Laichzeit, die wesentlich von Art, Population, Kondition und Klima abhängig ist, erstreckt sich meist über 1-2 Monate. Der Zeitpunkt der optimalen Reife (Vollreife) dauert jedoch nur rund eine Woche. Um ein Überreifen der Eier zu vermeiden, müssen die Laichfische daher alle 5-10 Tage kontrolliert werden. Überreife Eier sind nicht mehr befruchtungsfähig oder ergeben mehr deformierte, und – wie überreifes Sperma auch – überwiegend männliche Nachkommen. Eine Arbeitserleichterung kann durch das Ausnützen des natürlichen Verhaltens der Fische erreicht werden. Lässt man die reifen Laichfische durch einen absperrbaren Zulauf in ein der Haltungseinrichtung vorgelagertes Becken oder einen Kanal aufsteigen, erspart man sich das Hantieren etwas (dies ist vor allem bei Schönwetterperioden mit Temperaturanstieg erfolgreich). Die aufsteigenden Laichfische haben eine optimale Reife, was sich in einer höheren Befruchtungsrate niederschlägt. Für die Fische entfällt so größtenteils der Sortierstress und sie verpilzen weit weniger. Generell laichen ältere Fische früher als die jüngeren und im fließenden Wasser erreichen die Salmoniden generell meist früher die Laichreife als im stehenden. Um ein Ablaichen im Becken zu verhindern, sollte sich am Boden kein Schotter befinden.
In Großbetrieben werden auch eigene Streif- und Sortierräume, die auf Schienen über die Fließkanäle zu den Laichfischen verschoben werden können, verwendet. Oder es werden die Haltungseinrichtungen so angeordnet, dass die Fische ohne aus dem Wasser genommen zu werden, in das Becken des Streifraumes gedrängt werden bzw. aufsteigen können.

Ovarienentwicklung bei Forellen
die im Alter von 2 Jahren laichreif werden:
(Nach: Pennell et Barton, 1996)

Stadium Nummer	Benennung Charakteristiken	Zellen Ø (mm)	Alter Monate
1	Prä Vitellogenese Chromatin Nucleolar	0,01-0,06	6
2	Frühes Perinucleolar	0,07-0,25	8
3	Spätes Perinucleolar	0,30-0,40	10
4	Frühe Vitellogenese Vesikelbildung	0,50-1,00	12
5	Späte Vitellogenese Periphere Dotterkügelchen	2,00-3,00	16
6	Wanderung der Dotterkügelchen	3,00-5,00	20
7	Ovulation Auflösung des Zellkerns	4,00-6,00	24

Hypophysieren von Äschen. (Foto: M. Hochleithner)

Kopf, Kiefer, Augen und Flossen sind bei den Männchen meist etwas größer als bei den Weibchen. Zur Laichzeit sind die Männchen hochrückiger und schlanker, sowie etwas dunkler und intensiver gefärbt. Die Weibchen haben durch die nahezu reifen Eier einen weichen, vollen Bauch und einen größeren Leibesumfang. Die Geschlechtsöffnung ist bei reifen Weibchen rötlich geschwollen.

Bei den Lachsen, Forellen und Saiblingen haben die Männchen einen Laichhaken am Unterkiefer, bei den Äschen haben die Männchen eine höhere und längere Rückenflosse und, wie die Coregonen, oft einen Laichausschlag aus kleinen Warzen an den Seiten oder am Schwanzstiel. Je älter die Laichfische werden, desto intensiver sind diese sekundären Geschlechtsmerkmale ausgebildet.

Fische, die die Geschlechtsreife schon im ersten Jahr erreichen (meist Männchen) müssen ausgeschieden werden, da dies genetische Ursachen haben und auch vererbt werden kann. Sperma von frühreifen Männchen erzeugt auch überwiegend männliche Nachkommen.

Unter ungünstigen Bedingungen, wie sie gelegentlich bei Äschen und Huchen auftreten (z.B.: Absinken der Wassertemperatur bei genereller Reife der Wildfische, bzw. zu früher Fang der Laichfische und zu kaltes Haltungswasser) kann mit eine Hypophysierung die Endreifung beschleunigt bzw. überhaupt erst erreicht werden. Durch die Hypophysierung kommt es zum Ansteigen des Gonadotropingehalts im Blut und in der Folge zu einer irreversiblen Reifung und einer Loslösung der Eier im Eierstock (Ovulation), die normalerweise erst kurz vor dem Laichvorgang einsetzt. Bei Karpfen- oder Lachshypophysen werden 2-4 mg/kg Körpergewicht für die Weibchen verwendet. Dabei sind bessere Ergebnisse zu erzielen, wenn davon 10 % in einer Vordosis und die restlichen 90 % ca. 24 h später in einer Hauptdosis verabreicht werden. Die Männchen erhalten, falls nötig, die Hälfte der Hormondosis in einer Gabe zum Zeitpunkt, wenn die Weibchen die Hauptdosis bekommen. Eine Hypophysierung kann aber nur erfolgreich sein, wenn der Zellkern vom Zentrum des Eis zum Animalen Pool gewandert ist. Dies kann durch die Entnahme einiger Eier über die Geschlechtsöffnung und Betrachtung unter dem Mikroskop festgestellt werden, denn der Zellkern kann dann durch die Eihaut gesehen werden.

Frische, kurz vor der Laichzeit gewonnene Hypophysen (Hirnanhangdrüsen) werden zweimal (12 Stunden) in Aceton (1:10) eingelegt, entfettet, entwässert und anschließend auf Filterpapier bei 20 °C getrocknet. Sie sind so, lichtgeschützt und trocken aufbewahrt, auch über Jahre haltbar. Die getrockneten Hypophysen werden in einer Reibschale (Mörser) fein zermahlen, mit 1-2 ml physiologischer

Salzlösung (0,9 %) aufgeschwemmt und in eine Injektionsspritze aufgezogen. Die Injektion erfolgt intramuskulär im Rücken auf etwa 1/3 der Körperlänge hinter dem Kopf. Die Kanüle wird im 45° Winkel in den Muskel gestochen, um mehr Muskelmasse zur Verfügung zu haben. Beim Zurückziehen der Nadel wird ein Finger auf die Einstichstelle gedrückt, und nach Entfernen der Nadel leicht massiert. Die Hypophysenmenge wird immer frisch zubereitet, da die Hormone bei Raumtemperatur nur ca. 1 h wirksam bleiben. Alternativ können auch künstlich hergestellte, synthetische Hormonanaloge wie LH-RHa (Luteinizing Hormone - Releasing Hormone Ethylamide) oder Gn-RHa (Gonadotropin - Releasing Hormone Ethylamide) in einer Dosis von etwa 10-50 µg/kg werden verwendet. Zu hohe Dosen verringern die Eiqualität. Je nach Hypophysenmenge und Wassertemperatur können die Laichfische dann nach 5-10 Tagen abgestreift werden. Die Befruchtungsrate ist jedoch meist etwas schlechter als bei natürlicher Reifung (bei Äschen nur 50 % statt 80 %).
Die meisten Regenbogenforellen werden ca. 6-8 Monate nach den längsten Tagen des Jahres laichreif. Auf der Nordhalbkugel sind die längsten Tage im Juni und die Laichreife wird meist im Dezember bis Februar erreicht. Daher lässt sich der Zeitpunkt der Laichreife durch künstliche Steuerung der Tageslängen bzw. des Lichts (mit Neonröhren 1 m über der Wasseroberfläche montiert) verändern.
Zur Vorverlegung des Laichtermins in den Sommer werden die Laichfische, beginnend unmittelbar nach dem letzten Abstreifen, für 2 Monate (Januar-Februar) unter Dauerlicht (24 h Licht/Tag) gehalten. Anschließend erhalten die Fische wieder die normale Tageslichtdauer. Diese Fische werden dann schon im Juli-August laichreif.
Sollen die Fische bereits im Juni-Juli laichreif sein, erhalten sie nach den zwei Monaten Dauerlicht, anschließend bis zur Laichreife nur 8 h Licht und 16 h Dunkelheit. Zu beachten ist, dass bei den meist höheren Wassertemperaturen im Sommer die Fische schneller überreif werden und öfter kontrolliert werden müssen. Bei einer Haltung der Fische über 18 °C sind die Eier sogar zum Zeitpunkt der Ovulation schon überreif.
Um die Laichzeit um 2-3 Monate zu verschieben, kann man die Fische (im Juli-August) 2 Monate Dauerlicht aussetzen und anschließend wieder auf normale Tageslichtdauer umstellen.
Um von einem Laichfischstamm an verschiedenen Terminen im Jahr Eier zu gewinnen, werden die Fische nach dem ersten natürlichen Ablaichen (November) zuerst 2 Monate Dauerlicht ausgesetzt (siehe oben). Nach dem sommerlichen Laichtermin (Juli) erhalten sie wieder die natürliche Tageslänge (bzw. 16 h Licht und 8 h Dunkelheit mit Rückgang der

Tageslänge auf 8 h innerhalb von 6 Monaten) und werden somit im Februar-März erneut laichreif. Nach dem dritten Streifen werden diese Fische meist nicht mehr als Laichtiere weiterverwendet.
Die im Sommer gewonnenen Eier sind meist etwas kleiner, die Qualitätsunterschiede aber gering. Mit diesen Verfahren und Kombinationen kann man praktisch mit einem Laichfischstamm zu jedem gewünschten Zeitpunkt im Jahr Eier gewinnen. Setzt man die Fische keiner weiteren künstlichen Tageslichtdauer aus, so tritt die Laichreife meist nach etwa 1-2 Jahren wieder zur ursprünglichen Laichzeit ein.
Bei der Zucht der Salmoniden steht noch ein großes Potential zur Verfügung, da viele Arten noch nicht bzw. erst wenig selektiert wurden. Durch Selektion lässt sich der Eintritt der Geschlechtsreife von 2 auf 3 Jahre und die Laichzeit teilweise um einige Wochen verschieben. Wenn die besten 10 % der Fische ausgewählt werden, lassen sich die Werte durchschnittlich um 5-15 % je Generation verbessern. So konnte die Laichzeit durchschnittlich um 7 Tage/Jahr je Generation vorverlegt, oder die Eimenge innerhalb von sechs Generationen vervierfacht, und das Wachstum innerhalb von vier Generationen verdoppelt werden. Auch die Fleischqualität und die Stresstoleranz lassen sich (mit hoher Heritabilität) durch Selektion erhöhen. Wobei stresstolerantere Fische besser wachsen und krankheitsresistenter sind.
Für die Erzeugung ausschließlich weiblicher Fische, die später geschlechtsreif werden und schneller wachsen als männliche, wendet man für die indirekte Feminisierung die diploide Gynogenese an. Für die Selektion entspricht eine Generation der diploiden Gynogenese etwa 10-15 Generationen Geschwisterpaarung. Die Basis für weibliche monosex Bestände sind phänotypische Männchen mit weiblichem Genotyp, deren Sperma zur Befruchtung normaler Weibchen verwendet wird.
Um das männliche Genom zu eliminieren, wird Sperma bei einer Tiefe von 0,35-0,65 mm mit 120-180 W/mm^2 (12.000-18.000 ergs/mm^2) oder 2,5 mW/cm^2 UV-Licht (15 Watt) bei einem Abstand von 5 cm, für 1-2 Minuten bestrahlt. Die Spermien bleiben bewegungsfähig und die Befruchtung kann erfolgen. Durch eine Schockbehandlung der Eier wird dann der Erhalt der Diploidie des weiblichen Erbguts veranlasst und es entstehen nun großteils nur weibliche Nachkommen mit weiblichem Erbgut, die eine große Erbgleichheit (Homozygotie) mit der Mutter haben. Durch die Fütterung von 3-5 mg α-17-Methyltestesteron/kg Brutfutter welches während 500-700 Tagesgrade lang verfüttert wird, werden nun diese Weibchen in phänotypische Männchen verwandelt. Bei ungünstigen Umweltbedingungen entstehen dabei um 20-30 % höhere

Verluste. Da nun den geschlechtsumgekehrten Weibchen das Y-Chromosom fehlt, können mit diesen nun nur weibliche Fische erzeugt werden. Diese "äußerlichen" Männchen sind dann, wegen Deformation der Hoden bzw. Samenleiter, nicht normal abstreifbar, sondern müssen aufgeschnitten werden. Man kann auch gemischtgeschlechtliche Brütlinge mit Hormonfutter behandeln und anschließend die abstreifbaren normalen Männchen, mit Samenleiter, aussortieren. Teilweise werden "äußerliche" Männchen auch später laichreif als normale Weibchen, dem kann aber eventuell durch Hypophysierung oder Steuerung der Tageslichtdauer entgegengewirkt werden.

Eine direkte Feminisierung der frischgeschlüpften Dottersackbrütlinge wäre auch durch ein einmaliges Bad mit Ethynylestradiol-17-α (400 µg/l für 2 h) möglich. Dies ist aber keine echte Alternative, denn eine Hormonbehandlung ist nur für Zuchtfische zulässig, die nicht für den menschlichen Verzehr bestimmt sind, in einigen Ländern ist sie auch verboten. Aus den mit Sperma "äußerlicher" Männchen befruchteten Eiern entwickeln sich ausschließlich normale weibliche Fische, die selbst nie einer Hormonbehandlung ausgesetzt wurden.

Jede Zelle enthält zwei Chromosomensätze, einen von jedem Elternteil. Bevor sich eine Zelle bzw. der Zellkern teilt (Mitose) verdoppelt sich der Chromosomen- satz. Geschlechtszellen hingegen halbieren ihren Chromosomensatz bevor sie reif werden (Meiose). Spermatocyten teilen sich wenn sie reif sind nochmals, bei den Oocyten geschieht dies erst nach der Befruchtung. Bei der Befruchtung dringt nun ein Spermium, mit einem Chromosomensatz, durch die Mikrophyle ein und verschmilzt mit einem der zwei Chromosomensätze der Eizelle.

Um triploide und daher sterile Fische zu erlangen, muss der zweite Chromosomensatz der Eizelle erhalten bleiben. Für diese polare Körperretention wird eine physikalische Schockbehandlung durchgeführt. Diese erfolgt am besten bei der ersten Zellteilung, welche bei Regenbogenforellen bei einer Wassertemperatur von 10 °C etwa 8-9 h nach der Befruchtung stattfindet. Die Behandlung erfolgt mit einem Druckschock von 600-700 bar für 5-10 min., oder mit einem Temperaturschock von 28-32 °C für 5-10 min. Die Befruchtung und Erbrütung selbst erfolgt ganz normal bei etwa 10 °C. Das Wachstum bei triploiden Lachsen ist im Vergleich zu normalen Beständen bis zur Smoltifikation etwas besser, nach der Überführung ins Meerwasser steigen jedoch die Missbildungen. Bei triploiden Forellen ist das Wachstum bis zum Ausbilden der Gonaden (ab etwa 100 g) um ca. 10 % schlechter, anschließend (ab etwa 300 g) jedoch um ca. 20 % besser. Einige Arten mit hohem Anteil an frühreifen Fischen sind daher nach

einem Jahr bis doppelt so schwer. Dabei ist teilweise, bis zum fressfähigen Brütling eine erhöhte Mortalität (ca. 15 %) und danach eine veringerte Mortalität (ca. 10 %) zu verzeichnen, und triploide Fische sind oft etwas schreckhafter und stressanfälliger. Die Futterverwertung ist bei triploiden Fischen, unabhängig vom Alter der Fische, besser als bei diploiden. Wegen des Gonadengewichts sind die Schlachtverluste bei triploiden Fischen um ca. 10 % geringer und die Fische wachsen einheitlicher. Aus Zuchtanlagen entwichene trioploide Fische können sich nicht mit Wildpopulationen paaren.
Es ist auch möglich, rein weibliche triploide Bestände zu erzeugen. Diese bleiben auch zur Laichzeit äußerlich silbrig, das Fleisch rötlich gefärbt und die Gonaden zeitlebens klein, im Gegensatz zu männlichen, deren Gonaden normale Größe erreichen.
Durch Klonen könnten komplett identische Fische erzeugt werden, die dann zur Reproduktion für die Aquakultur verwendet werden könnten. Dazu bedarf es über zwei Generationen zwei Zyklen der Gynogenese (mitosisch und meiosisch) oder eines Zyklus der Androgenese und eines der Gynogenese. Kreuzt man dann zwei so erhaltener Klone untereinander, so entsteht eine identische Klonlinie. Dieses Verfahren ist für Salmoniden jedoch erst im Versuchsstadium.
Durch das Einschleusen artfremder DNA-Abschnitte in das Genom entstehen transgene Organismen. Das Einschleusen von Genen in befruchtete Eier erfolgt über eine Mikroinjektion (Nadeldurchmesser ca. 5 µm) von 1-2 nl (10-100 ng/µl) DNA durch die Eihaut oder Mikrophyle in das Zytoplasma in der Region der Blastoscheibe, wobei die Genretention nach 6 Monaten aber nur bei 10-50 % liegt. So konnte durch das Einschleusen eines Antifrier-Gens der Arktischen Flunder beim Atlantischen Lachs die Produktion von Wachstumshormonen (welche normalerweise nur in der Gehirnanhangdrüse stattfindet) auch in der Leber erreicht werden. Dadurch ist das Wachstum auch im Winter und die Steigerung der Zuwachsraten um 400-600 % erreicht worden. Ähnliche Ergebnisse wurden durch das Einschleusen von Wachstumshormonen des Rotlachses in Seesaiblinge, Königs- und Silberlachse erreicht, infolge dessen die transgenen Fische nach einem Jahr etwa 11 Mal so schwer waren als die normalen Fische. Bei der Regenbogenforelle wurde auch schon die Verdauung von Kohlenhydraten durch einen Gentransfer von Säugetier-Glukose-Transporter verbessert. Gleichzeitig können aber bei einer Vielzahl der genmanipulierten Fische schwerste Körperdeformationen und krankhafte Veränderungen auftreten. Außerdem können sich aus Zuchtanlagen entwichene, transgene Fische mit Wildfischen paaren und so die genetische Identität dieser gefährden.

Narkosestufen
bei 500-1000 ppm Chlorbutanol (Trichlormethylpropanol)
oder 50-100 ppm MS-222 (Tricaine-Methansulphonat):

Stufe	Befunde	Zeit
1	Zunehmende Atemfrequenz nach Einsetzen des Fisches ins Narkosebad, die sich aber verlangsamt; der Fisch schwimmt langsam.	0-1 Min.
2	Abnehmende Atemfrequenz, die unter den Normalwert absinkt; zeitweiser Verlust des Gleichgewichts.	1-3 Min.
3	Niedrige Atemfrequenz (Kiemendeckelbewegung), verliert Gleichgewicht; wird er in Rückenlage gedreht zeigt er keine Reaktion oder Reflexe.	3-5 Min.
4	Unregelmäßige Atemfrequenz, mit Pausen von mehr als 1-2 Minuten; Frischwasser zuführen, kein Betäubungsmittel mehr.	5-7 Min.
5	Keine Atemfrequenz, Kiemendeckel abgespreizt; Fisch sofort in gute Wasserverhältnisse umsetzen, da er sonst verendet.	7-8 Min.

Narkosemittel sind in den meisten Ländern verschreibungspflichtig!

Da in einigen Ländern Trichlorbutanol nicht mehr zugelassen ist, kann stattdessen auch 1 g Benzocaine verwendet werden, das in 10 ml Aceton gelöst und anschließend auf 25 l Wasser verdünnt wird. Beim Herausnehmen des Fisches aus dem belüfteten Narkosebad (gewöhnlich nach etwa 3-5 Minuten), wird der Fisch kurz in sauberem Wasser abgeschwemmt.
Für eine kurzzeitige Narkose kann alternativ auch mit 24-36 Volt Gleichstrom (ca. 0,4 V/cm) bei einer Wassertemperatur von 10-20 °C für 5-10 Sekunden betäubt werden, wobei sich die Fische nach der Elektronarkose rasch wieder erholen.
Eine weitere Möglichkeit ist mit Kohlendioxyd (CO_2) zu Betäuben. Da es dadurch temperaturabhängig aber auch zu einer Versauerung des Wassers kommt, muss auf eine Stabilisierung des Wassers geachtet werden. Für die Betäubung und Stabilisierung eignet sich daher Natriumhydrogencarbonat ($NaHCO_3$), in einer Dosis von 200-600 ppm.

EIGEWINNUNG:

Eine schnelle und einfache Methode der Eigewinnung, die vor allem bei den Pazifiklachsen angewendet wird, besteht darin, die Fische zu töten und zum Ausbluten die Kiemen oder den Schwanzstiel zu durchtrennen. Eine Person hält dann den Fisch am Kiemendeckel senkrecht fest und eine weitere Person den Schwanzstiel seitlich nach unten und schneidet die Leibeshöhle von oberhalb der Bauchflossen bis zur Geschlechtsöffnung mit einem speziellen kleinen Laichmesser vorsichtig auf, ohne die inneren Organe zu verletzen. Die frei in der Leibeshöhle liegenden, herausrutschenden Eier werden in einer Plastikwanne aufgefangen bzw. anschließend mit der Hand herausgestrichen. Blut oder sonstigen Verunreinigungen können das Befruchtungsergebnis beeinträchtigen, und sollten nicht mit den Eiern in Berührung kommen. Da die Eier auch vor der Befruchtung schon schockempfindlich sind; sollten sie generell nicht mehr als 10 cm frei hinunter fallen. Bei einer Fallhöhe von 12-42 cm betragen die Verluste durchschnittlich 10 %.
Sollen die Fische weiter als Laichtiere genützt werden, werden die Fische abgestreift. Salmoniden haben keinen Eileiter, sondern lediglich eine kleine trichterförmige Geschlechtsöffnung; daher ist das Abstreifen besonders einfach. Um den Fisch abstreifen zu können, muss er sich entspannen. Es ist daher von Vorteil, vor allem bei größeren Huchen und Regenbogenforellen, wenn man die Fische vorher betäubt, um sie ruhig zu stellen (Betäubungsgrad 3, siehe Tab.). Bei Lachsen und Seeforellen ist dies nicht unbedingt notwendig, da diese an ihrem dünneren und längeren Schwanzstiel gut festgehalten werden können, und sich die Fische rasch beruhigen bzw. entspannen, wenn man dort fest zugreift. Um einen Blutstau in den Kiemen durch das Gewicht der Innereien zu vermeiden, sollten die Laichfische jedoch am Schwanzstiel generell nicht für längere Zeit hochgehoben werden.
Zum Streifen wird der Fisch mit einer Hand, eventuell mit einem Tuch, am Schwanzstiel nach unten gehalten, mit der anderen Hand werden durch leichtes Massieren vor der Geschlechtsöffnung einige Eier angestreift und anschließend durch mäßigen Druck auf den Bauch vor der Geschlechtsöffnung die Eier durch die Geschlechtsöffnung abgestreift. Während des Abstreifvorganges drückt man den Fisch gegen sich selbst und biegt den Schwanzstiel des Fisches leicht zurück. Um Verunreinigungen durch Kot zu vermeiden, sollten die Fische vorher länger nicht gefüttert worden sein.
In einigen Betrieben hat sich die Eigewinnung mit Druck (Luft oder Wasser) etabliert, vor allem bei großen, schweren Laichfischen. Dabei

wird dem betäubten Weibchen eine 1-2 cm lange Injektionsnadel vor den Bauchflossen durch die Bauchdecke eingeführt und mit einem Überdruck von 0,1-0,3 bar die reifen Eier gewonnen. Anschließend wird mit Unterdruck die Luft wieder herausgesaugt. Oder das Weibchen wird bis vor die Geschlechtsöffnung in eine doppelwandige Gummimanschette gesteckt und dort der angemessene Druck (mit Wasser) aufgebaut. Um die Eiabgabe zu erleichtern, wird in beiden Fällen auch der Schwanzstiel leicht nach oben gebogen. Nach dem Streifen kommen die Laichfische wieder in ein Becken mit guten Wasserverhältnissen und erholen sich dort rasch - meist innerhalb von 5-10 Minuten.

Generell können je nach Art und Alter der Fische, 15-25 % des Körpergewichts an Eiern gewonnen werden. Meist können 95 % der vorhandenen Eier auch abgestreift werden. Die Eizahl je Weibchen kann bei gleichem Alter und Größe einer Art um bis zu 100 % schwanken. Die Eigröße hängt im Allgemeinen mit der Art und der Größe der Mutterfische zusammen. So steigt die Größe und Menge der Eier von zwei- zu vierjährigen Fischen um etwa 40 % an. Bei den Forellen haben dreijährige (750 g) etwa 1.800 Eier/Fisch bzw. 2.400 Eier/kg Körpergewicht und vierjährige (1300 g) etwa 2.500 Eier/Fisch oder 2.000 Eier/kg Körpergewicht. Bei den Großen Maränen haben dreijährige (1300 g) etwa 32.000 Eier/Fisch bzw. 25.000 Eier/kg Körpergewicht.

Länger als 3-5 Jahre werden die Laichfische meist nicht genutzt, da mit diesem Alter die Qualität des Spermas und die Anzahl der Eier wieder abnimmt. Auch die Eiverluste verringern sich in den ersten Jahren, steigen aber mit zunehmendem Alter wieder an.

Durchschnittliche Eigröße bei Forellen
in Abhängigkeit vom Mutterfisch:
(Nach: Bohl et al., 1982; Schäperclaus, Lukowicz et al., 1997; Steffens et al., 1979)

Fischgewicht in g	145	170	210	1000	1250
Eigewicht ca. in mg	40	50	60	70	80
Eidurchmesser in mm	3,7	4,1	4,6	5,1	5,3

Durchschnittliche Eigröße bei Saiblingen
in Abhängigkeit vom Mutterfisch:
(Nach: Steiner, 1972)

Fischalter	Fischgewicht	Fischlänge	Eidurchmesser
3-6 Jahre	110 g	25 cm	4,95 mm
6-9 Jahre	180 g	31 cm	5,38 mm

Abstreifen eines Rogners (Seeforelle). (Foto: M. Hochleithner)

Abstreifen eines Milchners (Marmorforelle). (Foto: M. Hochleithner)

Die Männchen können im Abstand von 7-14 Tagen (ca. 70 Tagesgrade) bis zu 5 Mal zur Spermaentnahme verwendet werden (siehe Abb.). Bei Vollreife beträgt die Konzentration der Spermatozoen etwa 2,5-5,5 x 10^{10}/g Hoden. Meist können jedoch nur 15 % der vorhandenen Spermatozoen auch abgestreift werden. Das Sperma wird durch Zurückbiegen des Schwanzstieles oder mittels eines Katheders durch Absaugen gewonnen. Je Männchen und Abstrich können ca. 5-10 ml Sperma gewonnen werden. Zu Beginn und Ende der Laichzeit sind die Mengen jedoch geringer. Fische, die weniger als 1-3 ml Sperma abgeben, sollten nicht für die Befruchtung verwendet werden. Die Anzahl der Spermatozoen beträgt durchschnittlich etwa 5-15 x 10^{9}/ml Sperma.
Bei 4 °C und ohne Wasser kann man Sperma, je nach Qualität, ohne nennenswerte Einbußen 3-7 Tage in Spritzen oder besser in Schalen lagern bzw. in Thermosflaschen oder Plastikbeuteln auf Eis transportieren. Das Sperma sollte dabei mit 1:10 Luft (oder besser Sauerstoff) verpackt und dies täglich erneuert werden.
Bei den seltenen bzw. gefährdeten Arten wird das Sperma auch gefrierkonserviert – so ist es über Jahrzehnte haltbar. Die Befruchtungsraten sind bei gefrierkonserviertem Sperma je nach Art und Fisch, um 10-50 % schlechter als bei frischem. Die besten Ergebnisse sind mit Sperma zu erreichen, das zu Beginn der Laichzeit möglichst sofort nach dem Abstreifen konserviert wurde. Für die Gefrierkonservierung wird Sperma mit 4 °C kaltem Verdünner im Verhältnis 1:3 bis 1:6 vermischt (Spermienkonzentration 2,0-2,5 x 10^{9}/ml Verdünner), mit 10 % Methanol (oder Dimethylsulfoxid) als Gefrierschutz versetzt und 1,5-2,0 cm über dem Stickstoffspiegel bei -110 °C in Form von 0,1-0,5 ml Pailletten für 10 Minuten eingefroren und anschließend in flüssigem Stickstoff bei -196 °C gelagert. Für den Verdünner werden auf 1 Liter destilliertes Wasser 3 g Glucose oder 6 g Sucrose und 10 % Eidotter sowie eventuell 6-8 g NaCl und 1-3 g $NaHCO_3$ zugesetzt. Für die Befruchtung von einem Liter Eier wird etwa 5-10 ml gefrierkonserviertes Sperma im Wasserbad bei 25 °C für 30 Sekunden aufgetaut und sofort verwendet.
Unbefruchtete Eier können in der Ovarialflüssigkeit bei 2-4 °C 2-4 Tage gelagert werden. Dabei sollte täglich der Sauerstoff über den Eiern erneuert werden. Die Befruchtungsfähigkeit sinkt jedoch um ca. 15 %/Tag. Bei Eiern von Fischen, die bereits tot sind, nimmt die Befruchtungsfähigkeit temperaturabhängig (ab einer Stunde) schnell ab. Nach zwei Stunden sind oft noch etwa 50-60 %, nach drei Stunden nur mehr 5-15 % und nach vier bis sechs Stunden fast wie keine Eier mehr befruchtungsfähig. Das Sperma von toten Fischen ist etwa doppelt so lange befruchtungsfähig als die Eier.

BEFRUCHTUNG:

Eier guter Qualität haben überwiegend zahlreiche gleichmäßig verteilte Fetttröpfchen und die Ovarialflüssigkeit weist einen pH-Wert von über 8 auf. Überreife Eier sind meist hart, milchig und leicht durchsichtig, die helle Dotterscheibe ist sichtbar und oft ist auch mehr Ovarialflüssigkeit vorhanden. Die Ovarialflüssigkeit überreifer Eier vermindert jedoch die Bewegungsfähigkeit der Spermien.

Sperma guter Qualität hat meist eine weiße, rahmartige Konsistenz, sowie einen pH-Wert von über 7,5. Zur Qualitätsbeurteilung wird ein Tropfen Sperma mit Wasser verdünnt und unter dem Mikroskop auf die Bewegungsfähigkeit hin untersucht. Bei gutem Sperma sollten über 75 % der Spermien 30-60 Sekunden lang eine lineare Vorwärtsbewegung zeigen. Das Sperma sollte neben Seminalplasma etwa 10 Millionen Spermatozoen je ml beinhalten. Sicherheitshalber wird meist Sperma von mehreren Männchen für die Befruchtung verwendet.

Für 1 Liter Eier wird mindestens 1 ml frisches Sperma zugegeben. Da die Spermatozoen während der kurzen Aktivitätsphase jedoch nur eine Strecke von rund 3 mm zurücklegen, wird manchmal die zehnfache Menge an Sperma verwendet. Am günstigsten für die Befruchtung hat sich eine Wassertemperatur von 8-10 °C erwiesen. Mehr als ± 5 °C sollte der Unterschied aber nicht betragen, denn mit steigender Temperatur nimmt die Bewegungsintensität der Spermien zu, die -dauer jedoch ab.

Im Wesentlichen haben sich zwei Befruchtungsmethoden etabliert:

Bei der sogenannten „nassen Methode“ wird direkt ins Wasser bzw. besser in eine Salzlösung (0,75 %) gestreift. Dabei wird, beginnend mit dem Männchen, abwechselnd jeweils 1-2 verschiedene Männchen und Weibchen gestreift. Insgesamt werden so meist die Eier von 4-6 Weibchen mit dem Sperma von 2-3 Männchen vermischt. Nach jedem Streifvorgang wird mit der Hand, einer großen Feder (oder der Schwanzflosse des Fisches) vorsichtig kurz verrührt. Dies hat den Vorteil, dass die Salzlösung die Bewegungsaktivität der Spermien verlängert und das Verstopfen der Mikrophylen durch das Eiweiß zerplatzter Eier verhindert.

Bei der sogenannten „trockenen Methode“ werden die Eier ohne Wasserkontakt (Fische vorher leicht abtrocknen) in eine dunkle Plastikschüssel gestreift. Die Gamone in der Ovarialflüssigkeit verlängern und fördern die Beweglichkeit der Spermien, daher sollte sie nicht abgesiebt werden. Anschließend wird das Sperma mit den Eiern vermischt und sofort soviel Wasser zugefügt, damit die Eier 1-2 cm überdeckt sind. Anstatt Wasser kann auch eine Befruchtungslösung (5 g Natriumhydrogencarbonat und 6 g Trispuffer je Liter Wasser) im Verhältnis 1:2 verwendet werden.

Nach etwa 5 Minuten wird weiteres Wasser dazugegeben und die Eier von überschüssigem Sperma, Kot und Verunreinigungen vorsichtig gereinigt. Die weichen frischen Eier nehmen nun während 1-3 Stunden zwischen Eihaut und Dotterhaut Wasser auf und die Eischale wird zäher. Diese Zunahme des Volumens bzw. Gewichts beträgt, je nach Art, zwischen 10-50 % bei Forellen und Lachsen, und bis zu 100-200 % bei Renken und Äschen. Während diesem Quellen und Härten der Eier werden die restlichen meist über den Eiern befindlichen Verunreinigungen durch öfteres Zu- und Abschütten von Frischwasser entfernt. Bei den Coregonen werden oft Schuppen mitgestreift, die jedoch einfach entfernt werden können, indem man die Eier durch ein Gitter oder Netz leert, dessen Maschen etwas größer als die Eier, jedoch kleiner als die Schuppen sind. Durch 2 bis 3 - maliges Zählen (mittels Zählplatten die Vertiefungen mit einem kleinen Loch haben und meist 200 Eier fassen) und Messen einer Probe und durch Umrechnen auf das Gesamtvolumen wird dann die Eimenge bestimmt und vorsichtig in die Brutapparate gebracht. Für wenige Stunden können frisch befruchtete Eier auch vorsichtig im Verhältnis 1:3 mit Wasser transportiert werden. Die Befruchtungsrate kann sehr schwanken, besonders bei Wildfischen, beträgt aber normalerweise um die 90 %.

Eine Desinfektion der Eier gegen Bakterien und Viren, kann beim Quellen und Härten mit Iodophore (ca. 1 % Aktivjod) für 10 Minuten erfolgen (z.B.: 2-3 ml Desamar K30/l Eier). Dabei verpilzen die Eier anschließend auch etwas weniger. Wegen geringerer Verluste ist es allerdings besser, dies erst im Augenpunktstadium durchzuführen, vor allem bei Äschen. Dazu eignet sich dann auch Akriflavin (Trypaflavin) in einer Konzentration von 500 ppm für 25 Minuten oder 10-20 ml Desamar K30/l Wasser für 10-20 Minuten. Die Eier sind alle 5 Minuten etwas in der Lösung zu bewegen und anschließend sorgfältig zu spülen. Das Verhältnis Eier zu Desinfektionslösung sollte etwa 1:5 betragen.

Um die Kapazität einer Erbrütungsanlage optimal auszulasten und schlecht befruchtete Eier durch andere zu ersetzen, kann die Befruchtungsrate bereits ab dem 2. Tag festgestellt werden indem man einige Eier in eine Lösung aus 3 Teile Chromsäure (0,5 %), 4 Teile Salpeter/Sulphat-Säure (10 %) und 30 Teile Alkohol (96 %) für einige Minuten einlegt. Diese Kontrolle kann auch 7-14 Tage nach der Befruchtung erfolgen, indem man einige Eier in 3 Teile Alkohol und 1 Teil Essig für 3 Minuten einlegt. Die Eischale wird durchsichtig und der Entwicklungsstand der Embryonen wird sichtbar. Eier mit Befruchtungsraten unter 50 % verwendet man am besten gleich gar nicht, denn auch bei der weiteren Entwicklung sind dann die Verluste üblicherweise hoch.

ERBRÜTUNG:

In Amerika erfolgt die Erbrütung von Lachsen, Forellen und Saiblingen vor allem in Vertikal-Erbrütungsapparaten (siehe Abb.). Diese Erbrütungstürme können in verschiedenen Anordnungen kombiniert werden, um das Wasser- und Platzangebot optimal zu nützen. Das Zulaufwasser (mind. 2-5 l/min.) fließt vom oben liegende Einlauftrichter unter die ca. 40-50 cm großen und 5 cm tiefen Einsätze und steigt zwischen den auf einem Siebeinsatz liegenden Eier auf, dann fließt es an der Seite zum nächsten Einsatz, wo es Luftsauerstoff aufnimmt und wiederum über den Einlauftrichter von unten her durch die Eier aufsteigt. So werden die übereinander gestapelten Rahmen versorgt. Ohne die anderen Rahmen zu stören, kann jeder einzelne Rahmen von vorne einfach über Schienen herausgezogen und kontrolliert werden und bietet von der Befruchtung bis zur Fressfähigkeit optimale Bedingungen.
In Europa werden dafür oft Langstromrinnen verwendet; diese sind meist 2-6 m lang 0,4 m breit, 0,2 m tief und sind mit bis zu 10 Stück 40 x 40 bis 60 x 40 cm großen, hintereinander liegenden Siebeinsätzen mit 1-2 mm Maschenweite ausgestattet, in denen jeweils 1-2 l Eier in ein bis zwei Lagen erbrütet werden. Bei einlagiger Auflage finden etwa 4-6 l Eier Platz auf einem m^2 (40.000-60.000 Eier mit 4-5 mm Ø). Vor allem bei Lachsen werden in diese Rahmen zweilagige Erbrütungsmatten aus Kunststoff eingelegt die Schlitze und Noppen besitzen. Die Eier werden auf den Matten erbrütet. Nach dem Schlupf gehen die Brütlinge durch die (3 x 15 mm) Schlitze und verstecken sich im Noppensubstrat der gummiartigen Kunststoffmatte. Dieses Schlupfsubstrat ahmt die natürliche Kiesstruktur des Baches nach. Dadurch wird eine Deformierung des Dottersacks verhindert und die Brütlinge sind so kräftiger und werden bis zur Fressfähigkeit auch größer. Zur Verringerung der Dottersack-einschnürung, welche vermutlich durch stärkere Bewegungen der Brütlinge verursacht wird, eignet sich auch ein Gitter mit ca. 10 mm Maschenweite, das auf den Boden des Siebeinsatzes gelegt wird. Damit das Wasser überall zwischen den Eiern aufsteigen kann, muss darauf geachtet werden, dass sich unter den (ersten) Siebeinsätzen keine Luftblasen bilden und der Wasserstand über den Eiern etwa 5 cm, unter dem Siebeinsatz etwa 3 cm beträgt. Die Siebeinsätze sind bis zum Schlupf so eingesetzt, dass das Zulaufwasser die Einsätze von unten her durchströmt; nach dem Schlupf bis zum Anfüttern werden sie so eingesetzt, dass das Wasser von oben nach unten strömt. Die Brütlinge können in diesen Einsätzen auch kurz angefüttert werden. Dies empfiehlt sich vor allem bei Trockenfutter für Fische, die am Boden bleiben.

Erbrütungsschränke zur Erbrütung von Lachseiern. (Foto: M. Hochleithner)

Zugergläser zur Erbrütung von Maräneneiern. (Foto: M. Hochleithner)

Für 1 Million Eier ist ein Wasserdurchfluss von mindestens 0,5-1,0 Liter/Sekunde zu veranschlagen, ab dem Schlupf steigt der Bedarf bis auf das zehnfache an. Um den notwendigen Wasseraustausch zu gewährleisten, ist für Brutrinnen aber eine Mindestdurchflussrate von 0,1 l/s notwendig bzw. im Durchschnitt bis zu Beginn der aktiven Nahrungsaufnahme etwa 0,4 l/s je m^2 Eiauflagefläche.
Für Coregonen sind in Europa Zugergläser (siehe Abb.), in Amerika MacDonald-Gläser (bis 8 l Inhalt mit bis zu 5 l Eiern) oder größere ähnliche trichterförmige Gefäße gebräuchlich, in denen die Eier von unten mittels Wasserströmung (1-6 Liter/Minute) in ständiger Bewegung gehalten werden. Um die Eier nicht durch einen zu starken Wasserstrahl zu schädigen, sollte der Durchmesser der Eintrittsöffnung mindestens 20 mm betragen. Da die Coregoneneier anfangs leicht kleben, wird der Wasserdurchsatz stärker gehalten und die Eier täglich vorsichtig umgerührt. Später wird die Wassermenge verringert, sodass die Eier nur leicht rotieren. Die Eier einiger Coregonen (Renken) sind aber dennoch sehr stoßempfindlich und so können die Erbrütungsverluste bis zum Augenpunktstadium in Gläsern um bis zu 6-mal höher sein, als bei der Erbrütung in Rahmen. Die abgestorbenen weißen, etwas leichteren Eier sammeln sich durch die dauernde Rotation im Glas an der Oberfläche an einer Seite und können dort regelmäßig mit einem kleinen Gummischlauch (5-7 mm Ø) abgesaugt werden. Nach dem Schlupf gehen die Coregonenbrütlinge mit der Strömung aus den Erbrütungsgläsern und werden in einem (Rund-) Becken mit entsprechendem Standsieb (Maschenweite max. 1 mm) gesammelt.
Für die Erbrütung von Forelleneier in Zugergläsern wird das untere 1/5 des Glases mit gewaschenem groben Kies aufgefüllt oder ein Lochblech mit 2 mm Lochgröße bis zum Konus eingelegt, dies verhindert, dass die empfindlicheren Eier vom Wasserstrahl bewegt werden. Nach dem Schlupf wird das Lochblech entfernt und damit die Brütlinge nicht herausgeschwemmt werden, wird ein etwa 5 cm hoher zylinderförmiger Siebeinsatz, der am unteren Ende einen 1 cm breiten Schaumstoffrand hat, so in das Glas gesteckt, dass er noch über die Wasseroberfläche reicht. Die Brütlinge können so notfalls bis zum Erreichen der Fressfähigkeit darin gehalten werden. Bis zum Augenpunktstadium beträgt die Wasserzufuhr für ein 8 l fassendes Glas etwa 0,05 l/s, anschließend 0,10 l/s und ab dem Schlupf 0,15 l/s.
Die Wasserqualität für Eier und Brut sollte so gut als möglich sein (siehe Wasserqualität). Die optimale Erbrütungstemperatur liegt für alle Arten bei 7-8 °C (siehe auch Tab.). Bei einer Wassertemperatur von 4-8 °C muss der Sauerstoffgehalt für Eier mindestens 8 mg/l betragen.

Mit zunehmender Temperatur und sinkendem Sauerstoffgehalt verringert sich generell die Schlupfgröße der Brut. Auch Belichtung erhöht den Sauerstoffbedarf und verringert die Erbrütungsdauer und damit etwas die Schlupfgröße. Der Sauerstoffbedarf der Eier, der allerdings je nach Fischart verschieden ist und dessen Aufnahme durch Diffusion über die Eihaut erfolgt, liegt bei 8 °C anfangs nur bei 5 mg, beim Schlupf jedoch bereits bei 200 mg/kg/h. Im Augenpunktstadium haben Eier etwa einen Sauerstoffbedarf von rund 20 mg/kg/h bei 8 °C und 30 mg/kg/h bei 12 °C. Zur Vorbeugung gegen Pilzbefall (*Saprolegnia*) wird 36 %iges Formalin (1:500 bis 1:1000 für 15-20 Minuten) eingesetzt, welches vom 2. Tag nach der Befruchtung bis zum Erreichen des Augenpunktstadiums alle 1-3 Tage verabreicht wird. Die Behandlung kann im Durchfluss erfolgen, indem man die Menge an (vorverdünntem) Formalin über einen Tropfschlauch, dessen Durchfluss man vorher gemessen hat, während der Behandlungszeit auf die Frischwassermenge dosiert. Organische Wasserbelastung und Wassertemperaturen von über 10 °C begünstigen die Entwicklung von Saprolegnia, saures und kalkarmes Wasser dagegen hemmt. Durch UV-Bestrahlung in einer Dosis von 50 mJ/cm^2 (= mWs/cm^2) kann das Erbrütungswasser auch desinfiziert werden.
Einige Stunden nach der Befruchtung (bzw. ab 30-50 Tagesgrade) nimmt die Empfindlichkeit der Eier bis zu 80-120 Tagesgraden zu, danach bis zum Erreichen des Augenpunktstadiums wieder ab, daher sollte in dieser Zeit nicht mit den Eiern hantiert werden. Die Strömungsgeschwindigkeit bei der 10 % der Eier im empfindlichsten Entwicklungsstadium (nach 88-111 Tagesgraden) absterben, beträgt je nach Fischart: Königslachs 15 cm/s, Silberlachs 23 cm/s, Hundslachs 42 cm/s, Buckellachs 62 cm/s und Rotlachs 84 cm/s. Bei Erreichen des Augenpunktstadiums, welches zwischen 1/2 bis 2/3 der Erbrütungszeit (bzw. nach 200-220 Tagesgraden) eintritt, haben sich die Dotterhäute soweit verstärkt, dass die Eier gegen Erschütterungen und Licht relativ unempfindlich sind. Dies ist der beste Zeitpunkt für Manipulationen und Transporte.
Bei Erreichen des Augenpunktstadiums werden die unbefruchteten und abgestorbenen Eier aussortiert. Durch Reißen der Dotterhaut (Protoplasma), die den Dotter (Globulin) einhüllt, werden die Eier weiß. Oft werden nicht alle unbefruchteten Eier weiß, sodass man, um das Ausfallen des Globulins zu erreichen, die gesamten Eier mit einem etwa ein Meter langen Schlauch in einen Eimer saugt. Dies sollte einen Tag vor dem Auslesen und maßvoll geschehen, um nicht auch befruchtete Eier zu schädigen. Hat der verwendete Eimer im oberen Drittel ein Sieb an der Seite, so kann das überschüssige Wasser abfließen, ohne dass der Eimer übergeht und die Eier herausgeschwemmt werden.

Das Auslesen erfolgt bei einzelnen verpilzten Eiern mit einer speziell geformten Pinzette. Man kann diese auch selbst herstellen, indem man einen ca. 20 cm langen Schilfhalm mit ca. 0,5 cm Durchmesser so abschneidet, dass sich an einem Ende ein Nodium befindet. In den der Länge nach bis kurz vor das Nodium eingeschnittenen Halm wird ein kleines ca. 1 cm langes Stück eines zusammengedrückten Halmes eingeschoben, so dass man eine perfekt passende Pinzette erhält.
Zum Auslesen eignet sich bei kleineren Eimengen auch ein weicher Gummischlauch, der auf ein kleines Glasrohr (5-10 mm Innendurchmesser, je nach Eidurchmesser) gesteckt wird. Saugt man Wasser durch den Schlauch an, entsteht durch das Gefälle zu einem am Boden stehenden Eimer ein Sog, und es kann dieser nun mit zwei Fingern reguliert und einzelne Eier aufsaugen. Besser funktioniert der „Scharflinger Eiersauger", der ebenfalls nach dem Saugheber-Prinzip (mit Gummiball) arbeitet und durch Drücken eines Ventils das anvisierte Ei aufsaugt und in einem kleinen Behälter sammelt. Für größere Eimengen werden spezielle Sortiermaschinen verwendet, die die Eier mittels Photozelle auslesen und oft auch gleich zählen. Die Kapazität dieser elektrischen Auslesemaschinen liegt bei 50.000-200.000 Stück/h.
Bei sehr schlechter Befruchtungsrate können die bereits sehr weit entwickelten Eier durch ein 9-11 %iges Salz-Trennungsbad (Dichte 1,09) vorsortiert werden. Während die befruchteten Eier absinken, sammeln sich die weißen Eier an der Oberfläche und können dort abgeschöpft werden. Der Bereich in dem die lebenden Eier absinken und die weißen aufschwimmen ist sehr klein und auch nur von kurzer Dauer (30-60 s), schwankt jedoch je nach Eier und Entwicklungsstand und wird bei höheren Temperaturen erleichtert. Bei dieser Methode ist besondere Vorsicht und schnelles Arbeiten notwendig, da bei zu langer, unsachgemäßer Anwendung Verluste bis über 30 % eintreten können. Daher sollte der Behälter der Salzlösung so groß sein, dass ein Eieinsatz Platz hat und die lebenden Eier wieder schnell zu entfernen sind, oder besser einen Spezialeinsatz mit einschiebbaren Zwischenboden haben. Sind die Eier nicht gut sortiert sollte dieser Vorgang frühestens nach 1-2 Stunden wiederholt werden. Eine etwas besser verträgliche Trennungslösung kann auch mit etwa 200 g Zucker/l Wasser hergestellt werden.
Für die möglichst exakte Ermittlung einer Eimenge (z.B.: für Versand), wird die Wasserverdrängung oder das Gewicht einer vorher bestimmten Anzahl (1.000 Stück) an Eiern gemessen und das Ergebnis auf die Gesamtmenge umgerechnet. Um ein exaktes Ergebnis zu erhalten, muss beim Wiegen, wie auch bei Jungfischen, die Probe „so feucht" gewogen werden, wie auch die Gesamtmenge der Fische gewogen wird.

Je Liter bzw. Kilogramm rechnet man etwa mit 3.000-5.000 Lachseier, 7.000-12.000 Forellen- und 8.000-14.000 Saiblingseier, sowie 18.000-22.000 Äscheneier. Bei den Coregonen gehen gequollen etwa 60.000-90.000 Stück/l (mit 2,2-2,7 mm Ø) bei der Großen Maräne, 100.000-140.000 Stück/l (mit 2,0-2,3 mm Ø) bei der Peled Maräne und 90.000-180.000 Stück/l (mit 1,6-2,4 mm Ø) bei der Kleinen Maräne.
Für den Versand von 50.000-100.000 Forelleneiern werden eigene Styroporkisten (30 x 40 bis 40 x 60 cm und 40 cm hoch) verwendet, in denen die Eier in 4-6 Einsätzen übereinander gestapelt werden. Der oberste Einsatz enthält Eiswürfel oder Scherbeneis, welches während des bis zu 48 h dauernden Transportes die darunter liegenden Ei-Einsätze mit Feuchtigkeit versorgt und kühl hält. Der unterste Einsatz sollte zur Aufnahme des Schmelzwassers frei bleibt. Beim Befüllen der Einsätze bzw. Kisten muss aber darauf geachtet werden, dass unbedingt noch ein Luftraum über den Eiern bleibt, der für die Sauerstoffversorgung wichtig ist. Ansonst kann es vorkommen, dass einige Brütlinge bereits während des Transportes Notschlüpfen und eingehen. Noch besser sind Kisten mit zusätzlichen seitlichen Luftschächten und Bodenstegen. Der Versand muss auch so rechtzeitig erfolgen, dass die Eier auf alle Fälle noch ungeschlüpft ihr Ziel erreichen.
Die Erbrütung kann auch gut im Kreislauf ohne biologische Reinigung erfolgen. Dies hat den Vorteil, dass der Frischwasserbedarf reduziert und die Wassertemperatur geregelt werden kann, womit sich der Schlupftermin ziemlich genau steuern lässt. Eine Temperaturveränderung um 1 °C bewirkt eine 15-16 %ige Beschleunigung bzw. Verzögerung der Entwicklung. Eine Kalterbrütung unter 4 °C zur Verzögerung des Schlupftermins (wie für Maränen oft an Seen praktiziert) erscheint nicht notwendig, denn sonst hätte sich die Laichzeit schon längst auf natürliche Weise verschoben, da stets die zuletzt geschlüpften Brütlinge die höchsten Überlebensraten gehabt hätten. Zur optimalen Auslastung einer Anlage ist es aber damit möglich den Schlupftermin zu verzögern. Viel höher als bei 4 °C sollte die Erbrütung für den Freiwasserbesatz in Seen und Teichen allerdings auch nicht erfolgen, denn sonst ist möglicherweise das Nahrungsangebot in den Gewässern noch zu gering. Je kälter die Eier erbrütet werden, desto weiter ist die schlüpfende Brut entwickelt und umso kürzer ist dann die Zeit bis zur Fressfähigkeit.
Die Eientwicklung bis zum Schlupfbeginn beträgt je nach Art, Wassertemperatur, Sauerstoffgehalt und Lichtverhältnissen, 200-400 Tagesgrade und ist bei den Frühjahrslaichern bei höheren Temperaturen kürzer und bei niedrigeren Temperaturen länger, bei den Herbstlaichern umgekehrt (siehe auch Tab.).

Bei 4-5 °C kann die Erbrütungsdauer bis zur aktiven Nahrungsaufnahme bei *Salvelinus malma* um ca. 10 % kürzer, bei *S. namaycush* um ca. 10 % länger und bei *S. fontinalis* bis zu 20 % länger als bei *S. alpinus* sein. Bei *S. alpinus* selbst kann die Erbrütungszeit um bis zu 20 % schwanken, kleinwüchsige Formen schlüpfen generell früher, sind kleiner und weniger weit entwickelt und benötigen weniger lang bis zur aktiven Nahrungsaufnahme als großwüchsige Formen.

Theoretische Tagesgrade für die Entwicklung der Eier
in Abhängigkeit von der Wassertemperatur:
(Nach: Jensen et al., 1992; Pennell et Barton, 1996)

Temperatur °C	5,0		7,5		10,0		12,5	
Stadium*	**AP**	**SL**	**AP**	**SL**	**AP**	**SL**	**AP**	**SL**
Königslachs	258	512	257	528	249	526	241	526
Hundslachs	250	498	243	542	229	545	214	533
Silberlachs	231	468	237	474	228	460	214	445
Buckellachs	257	545	243	606	231	630	223	675
Rotlachs	241	614	257	679	250	693	232	693
Regenbogenforelle	171	353	180	354	171	329	156	310
Atlantischer Lachs		491		501		477		443

* (AP = Augenpunktstadium; SL = Schlupf von 50 % der Larven).

Tagesgrade für die Entwicklung der Eier bis Schlupfbeginn
in Abhängigkeit von der Wassertemperatur:*
(Nach: Humpesch, 1985)

Temperatur °C	3	4	5	6	7	8	9	10	11	12	13
Seesaibling	292	320	350	372	392	412	436	455	467	486	500
Bachsaibling	312	328	345	360	378	384	396	410	418	432	448
Bachforelle	318	332	345	357	364	368	378	380	390	396	410
Regenbogenforelle	372	356	345	336	330	328	315	312	310	308	300
Huchen	301	276	263	249	238	224	216	210	208	204	195
Äschen	277	248	230	216	203	192	185	180	176	168	156
Maränen	195	222	250	280	308	335	360				

* (Tagesgrade = Durchschnittliche Wassertemperatur x Tage).

Der Schlupfvorgang selbst dauert bei 8 °C nur rund 30 Minuten und erfolgt normalerweise mit dem Schwanz voran. Ein Schlüpfen mit dem Kopf voran ist meist ein Anzeichen für Sauerstoffmangel. Bis alle Brütlinge geschlüpft sind, dauert es jedoch meist 3-7 Tage bzw. bei der jeweiligen Optimaltemperatur etwa 30-60 Tagesgrade. In der Schlüpfzeit sollten die Eihäute mit einer kleinen Bürste oder einem Sieb entfernt oder mit einem kleinen Gummischlauch abgesaugt werden, damit die Überlaufsiebe nicht verlegen.

Nach dem Schlupf können die Brütlinge in einen schwimmenden (Holz-) Rahmen mit (3 x 20 mm) Schlitzblech geleert werden, durch den die geschlüpften Brütlinge durchgeschwemmt werden und die restlichen unbefruchteten Eier zurückbleiben. Vor allem bei den Äschen drängen bzw. sammeln sich die gesunden Brütlinge einige Zeit nach dem Schlüpfen in den Ecken der Erbrütungsrahmen und können von dort einfach mit einem Saugheber (Gummischlauch) von den abgestorbenen Eiern getrennt und in andere Rahmen umgesetzt werden.

Die Larven ernähren sich nach dem Schlupf vorerst vom Dottersack der anfangs bis zu 70 % ausmacht, und verdoppeln so etwa ihr Gewicht. Je nach Art, Sauerstoffgehalt und Wassertemperatur beginnt nach weiteren 120-250 Tagesgraden die aktive Nahrungsaufnahme. Der optimale Zeitpunkt für die Anfütterung mit minimalen Verlusten und maximalem Wachstum ist kurz (40-60 Tagesgrade) bevor die Brütlinge (ohne Fütterung) ihr Maximalgewicht erreichen. Dieses Maximalgewicht wird bei Lachsen, je nach Fischart und Eigröße, bei einer Wassertemperatur von 8 °C etwa 800-1100 Tagesgrade nach der Befruchtung erreicht.

Die Erbrütungsverluste betragen durchschnittlich 10-30 % (siehe Tab.). Die höchsten Verluste treten in den ersten 3 Wochen und während des vollständigen Umwachsens des Dotters durch die Keimhaut (Blastoderm), sowie beim Schlupf auf. Werden Regenbogenforellen beispielsweise bei 15 °C anstatt bei Optimaltemperaturen erbrütet, so steigen die Verluste bis zum Schlupf um ca. 20 % und bis zur aktiven Nahrungsaufnahme um weitere 5 % an. Bei Lachsen, die bei 12 °C anstatt bei 8 °C erbrütet werden, steigt die Missbildungsrate auf bis zu 50 %. Bei Seesaiblingen, die bei 12 °C erbrütet werden, betragen die Verluste nahezu 100 %. Bei hohen Ausfällen während der Erbrütung ist auch während der Aufzucht mit entsprechenden Verlusten zu rechnen.

Sonneneinstrahlung (weißes und violettes - Licht), sowie intensives Kunstlicht auf Eier und Brut muss verhindert werden, da sonst die Verluste wesentlich höher sind. Die Lichtempfindlichkeit nimmt bis zum Erreichen des Augenpunktstadiums zu, danach wieder ab. Dunkelheit verlängert etwas die Entwicklungszeit, verringert aber auch die Verluste.

Der Optimalbereich für die Erbrütung liegt bei etwa 20 Lux. Um fressen zu können, brauchen alle Salmoniden Licht (mind. 5-20 Lux), absolute Dunkelheit ist daher bei der Anfütterung ebenso zu verhindern, wie direkte Sonneneinstrahlung. 200-400 Lux gilt für eine Fischlänge ab 2-4 cm als optimal. Einige Fische (Lachse) sind bis zum Parr bei 50 Lux weniger aggressiv und verteilen sich besser in der Wassersäule.
Nach dem Füllen der Schwimmblase mit Luft schwimmen die Brütlinge je nach Art, am Boden, im freien Wasser oder an der Oberfläche, wo sie dann zur aktiven Nahrungsaufnahme übergehen und mit dem Anfüttern begonnen werden muss. Da nicht alle Fische die selbe Entwicklungsgeschwindigkeit haben und um die Belastung der noch nicht fressfähigen Brütlinge mit Futterresten und Kot zu vermeiden, kann man die Fische sortieren, indem man die Brütlinge in der hinteren Hälfte einer Langstromrinne hält. Durch Einziehen eines Gitters vom Boden bis zur halben Stauhöhe können die frei stehenden Fische nun nach vorne Richtung Einlauf schwimmen und von dort in ein anderes Becken gesetzt werden. Ähnliches erreicht man, wenn der Brutrahmen mit den Brütlingen im Vorstreckbecken überstaut wird, sodass die gesunden Brütlinge ins Becken schwimmen können, währen die missgebildeten im Rahmen verbleiben und sich so fast von selbst sortieren.
Bei Erreichen der Fressreife können die Brütlinge in Plastiksäcken mit Sauerstoffblase (im Verhältnis 80 % Sauerstoff : 20 % Wasser : 1 % Brütlinge) bei ca. 10 °C in isolierten Kartons transportiert werden.
Die Anpassung an veränderte Wassertemperaturen kann innerhalb der Optimaltemperaturen ohne lange Anpassungszeiten erfolgen. Generell zeigt sich, dass die Herbstlaicher gegen hohe und die Frühjahrslaicher gegen niedere Wassertemperaturen empfindlich sind.

Optimaltemperaturen (Grad C)
für verschiedene Entwicklungsstadien:

Fischart	Erbrütung	Aufzucht	Mast
Maränen	3-7	10-12	12-16
Seesaiblinge	3-7	8-12	12-14
Bachsaiblinge	4-8	8-12	12-14
Bachforellen	4-8	8-12	12-14
Lachse	6-9	10-14	14-18
Regenbogenforellen	7-10	10-14	14-18
Huchen	8-11	12-14	14-18
Äschen	7-11	12-14	14-18

Auslesen der Eier mit Auslesegerät in Erbrütungsrinnen. (Foto: H. Renner)

Fang von Zooplankton mit stationären Netzen im Seeabfluss. (Foto: M. Hochleithner)

Aufzucht

ANFÜTTERUNG:

Die Umstellung der Larven von endogener Ernährung auf exogene Nahrung ist ein kritischer Schritt in der Aufzucht. Sie vollzieht sich kurz bevor die Larven ihren Dottervorrat aufgebraucht haben. Um optimale Ergebnisse zu erzielen und weil nicht alle Fische die selbe Entwicklungsgeschwindigkeit haben, sollte mit der Fütterung begonnen werden, bevor der Dottervorrat vollständig aufgezehrt wurde; wenn etwa noch 25 % des Dottervorrats vorhanden ist, bzw. ca. 10 % der Fische "frei schwimmen". Beschleunigt und erleichtert wird dies mit einer Temperatur- erhöhung um 2-3 °C. Mit steigender Wassertemperatur während der Aufzucht steigen aber auch die Skelettmissbildungen auf bis zu 20 %. Bei zu spätem Anfüttern magern die Brütlinge jedoch ab und können sich nur mehr schwer auf die exogene Nahrungsaufnahme umstellen, in der Folge kann es zu höheren Verlusten kommen, speziell bei Saiblingen und Lachsen.

Für die Anfütterung stehen je nach Fischart verschiedene Methoden zur Verfügung. In der moderneren Fischproduktion werden für die Aufzucht oft Becken oder Fließkanäle verwendet.

Am häufigsten werden Rundbecken (2-3 m Ø) oder Langstrombecken (2-6 x 0,5-1,0 m) mit einem Wasserstand von 20-80 cm verwendet. Diese, vorzugsweise aus glasfaserverstärktem Polyesterharz gefertigten oder aus Beton mit Chlorkautschukanstrich versehenen Becken sind UV- und witterungsbeständig und auf der Innenseite vollkommen glatt und leicht zu reinigen. In hellblauen Becken wachsen Forellen am besten.

Durch den trichterförmigen Auslauf und die Kotgrube in der Mitte reinigt sich das Rundbecken fast von selbst. Die Becken werden je nach Fischart für die Fütterung mit lebendem Plankton mit leicht abfallendem Boden und Standsieben (Maschenweite 0,5-1,0 mm), oder für Trockenfutter mit flachem Boden und Bodensieben (Lochung 2 mm) oder besser Schlitzblech (Lochung 1-2 x 20 mm) ausgestattet.

Bei den Langstrombecken beträgt der Wasserzulauf rund 1 $l/s/m^3$). Bei den Rundbecken erfolgt der Wasserzulauf (min. 0,15 $l/s/m^3$) tangential über ein gelochtes Zulaufrohr, das horizontal über dem Becken oder vertikal am Beckenrand montiert ist, sodass eine Strömung im Uhrzeigersinn entsteht. Je nach Veränderung des Einstrahlwinkels des Wassers und des Wasserstandes kann somit die Strömungsgeschwindigkeit im Becken verändert werden. Die Verteilung der Fische ist bei Rundstrombecken generell besser als bei Langstrombecken.

Rundbecken für Aufzucht mit Trockenfutter. (Foto: M. Hochleithner)

Langstrombecken für die Anfütterung mit Lebendplankton. (Foto: M. Hochleithner)

Für die Anfütterung bis zu einer Größe von 3-5 cm eignet sich lebendes Zooplankton (Copepoden und Cladoceren) für alle Fischarten am besten. Für Coregonen sollte dieses Zooplankton anfangs am besten gesiebt werden (*Diaptomus* und *Cyclops*-Nauplien mit 50-300 µm).
Das Zooplankton wird mit Planktonnetzen (1-2 m Durchmesser und 5-10 m lang, Maschenweite 250-350 µm) in Seen gefangen. Dabei werden meist zwei Netze mit einem Boot in 1-10 m Tiefe, bei ca. 1-2 km/h, 10-20 Minuten lang geschleppt. Je Quadratmeter Netzöffnungsfläche kann im Durchschnitt mit 2-6 kg Plankton je Stunde gerechnet werden. Der Transport zur Aufzuchtanlage erfolgt in Behältern mit 20 l Wasser/l Plankton, oder wird mit einer Flügelpumpe (max. 1.000 U./min.) zu den Aufzuchtbecken gepumpt. An geeigneten Stellen ist der Planktonfang mit im Seeabfluss eingehängten, stationären Netzen wirkungsvoll und sehr einfach möglich (siehe Abb.). Die Zooplanktonproduktion von stehenden Gewässern wird oft unterschätzt. Der Fang von 100-200 g Zooplankton pro Hektar und Tag ist limnologisch absolut unbedenklich; in größeren Seen (Planktonbiomasse 5-10 g/m^3) sind daher ohne weiteres Fänge von bis zu 1.000 kg/Tag bzw. pro ha und Jahr möglich. Ein Liter Zooplankton entspricht dabei etwa einer Million Krebstierchen.
Die Planktonverteilung im See ist jedoch nicht homogen: in der Nacht hält sich das Crustaceenplankton an der Oberfläche auf, am Tag (speziell im Sommer) befindet es sich meist tiefer. Bei Wind sammelt es sich oft aufgrund der entgegengesetzten Unterwasserströmung oberhalb der Sprungschicht nach einiger Zeit gegen die Windrichtung. Die Zusammensetzung des Zooplanktons ist im Frühjahr von Copepoden (*Diaptomus* und *Cyclops*) und bei Erwärmung des Wassers von Cladoceren (*Daphnia* und *Bosmina*) dominiert. Im Sommer kann es zum Auftreten von Raubcladoceren (*Leptodora* und *Bytotrephes*) kommen, die aber zur Aufzucht nicht besonders geeignet sind. Außerdem ist in dieser Zeit in nährstoffreichen Seen häufig mit einem massenhaften Auftreten von planktischen Algen (Phytopankton) zu rechnen, die die feinmaschigen Fangnetze verlegen. Beim Vorstrecken mit lebenden Copepoden kann es, je nach Gewässer und Art, zum Befall mit Bandwürmern (*Triaenophorus*) und gelegentlich zu Verlusten kommen, vor allem bei Äschen und Regenbogenforellen. Die Bandwurmlarven bohren sich durch die Darmwand und dringen in verschiedene innere Organe, bevorzugt in die Leber, ein.
Steht kein lebendes Zooplankton zur Verfügung, oder will man den Befall von Parasiten verhindern, kann mit gefrostetem Zooplankton angefüttert werden. Die Fütterung der Brütlinge muss allerdings mehrmals täglich erfolgen. Dazu werden die gefrosteten Plankton-Brocken direkt beim

Einlauf in kleine Netze gelegt, damit das Zulaufwasser das Plankton abwäscht. Mit einem speziellen Fütterungsautomaten kann die gesteuerte Verfütterung von gefrostetem Zooplankton exakt erfolgen. Die Fütterungstechnik basiert auf einem elektronisch genau gesteuerten "Abwaschen" der Planktonschichten von größeren gefrosteten Planktonbrocken und einem gleichmäßigen Verteilen der getauten Plankton-Rationen über ein selbstreinigendes Verteilersystem mittels Wasserströmung auf bis zu 20 Aufzuchtbecken. Das verbleibende Plankton wird durch ein Kühlaggregat sofort wieder gefrostet.

Salinenkrebschen (*Artemia sp.*) - Nauplien eignen sich ebenfalls für eine kurze Anfütterung von 1-3 Wochen. Dabei werden die *Artemia* Eier in 24-28 °C warmen Salzwasser (2,0-2,5 % Salz, optimal pH 8,0) erbrütet. Man verwendet (meist 3) trichterförmige Behälter (30-300 l Volumen) wobei das Wasser durch Einblasen von Luft in Bewegung gehalten wird. Je Liter Wasser werden 2-3 g Eier besetzt und nach 18-24 Stunden die Belüftung abgestellt. Nach 10-20 Minuten sammeln sich die geschlüpften Artemialarven unten im Trichter und können von dort mit dem Belüftungsschlauch abgesaugt und abgesiebt werden. Dieser Vorgang wird nach 24 Stunden wiederholt. Wenn die Eihüllen abgeschöpft werden, kann das Wasser für einen zweiten Zyklus verwendet werden.

Lebendes Zooplankton wird 1-4 mal/Tag gefüttert. Bei Zooplankton beträgt die tägliche Fütterungsrate während der 1.-4. Woche 30-50 % der Biomasse, dabei wird oft 25 % während der ersten 15 Minuten nach Fütterungsbeginn aufgenommen. Die Nahrungsaufnahme erfolgt dann nicht in Intervallen sondern kontinuierlich, sodass eine permanente Magenfüllung vorliegt. Fütterungspausen haben nachfolgend eine erhöhte Konsumationsrate zur Folge, sodass es zu einem ähnlichem Nahrungsverbrauch kommt. 60-90 Zooplankter entsprechen etwa einer Magenfüllung, die je nach Wassertemperatur, Fütterungsintensität und Art innerhalb von 4-8 Stunden verdaut wird. Die Verdauung kann jedoch bei beginnender Fütterung auch nur 1 Stunde und bei eingestellter Nahrungsaufnahme bis 12 Stunden dauern. Bei den Coregonen reichen etwa 40 Zooplankter pro Fisch und Tag für die erste Woche, anschließend verdoppelt sich der Bedarf ungefähr wöchentlich bis bei etwa 3 cm der tägliche Bedarf bei ca. 1.000 Plankter liegt. Bei der Verfütterung von Zooplankton oder Chironomiden beträgt der Futterquotient 4-7.

Die Umstellung der 3-4 cm großen Fische auf Trockenfutter ist relativ einfach und sollte vom lebenden Plankton ohne Übergangsphase, bei gefrostetem Plankton mit einer Übergangsphase von 2-4 Tagen erfolgen. Für gewöhnlich fressen nach 3-6 Tage alle Fische das angebotene

Trockenfutter. Unterstützt wird die Umstellung durch eine Erhöhung der Wassertemperatur um 1-3 °C.
Sind die Fische auf granuliertes Futter umgestellt, wird nach Bedarf die Größe und Menge der Futtermittel gesteigert (siehe Fütterung). Da die Fressaktivität in den ersten 5-10 Minuten am intensivsten ist, sollten die Futterautomaten entsprechend eingestellt werden. Wird zu früh auf Trockenfutter umgestellt bzw. ausschließlich mit diesem angefüttert (je nach Fischart mit einer Futtergröße von 0,2-0,4 mm), sind vor allem bei den empfindlichen und noch wenig domestizierten Arten die Verluste beim Vorstrecken um 10-20 % größer und die Fische wachsen meist stärker auseinander. Bei Nachkommen (F1-Generation) von nicht domestizierten Wildfischen ist das Anfüttern oft nur mit Zooplankton möglich, nach 1-3 Generationen adaptieren sich die Fische aber relativ schnell an das neue Futter und die Nachkommen können dann auch nur mit Trockenfutter angefüttert werden.
Die Becken müssen mindestens täglich von toten Fischen und Exkrementen gereinigt werden. Durch rasches Absenken des Wasserstandes um 1/4 wird ein Großteil der Exkremente durch das Bodensieb mitgerissen. Bei der Planktonaufzucht werden die Exkremente durch einen Saugschlauch (mit Staubsaugaufsatz) in einen Behälter, der einen Schlitzblecheinsatz (von 1-2 x 10-20 mm Lochgröße) hat und eventuell mitgesaugte Fische sammelt, abgesaugt.
Zur Krankheitsvorbeugung und gegen mögliche Außenparasiten, auf die besonders Jungfische sehr empfindlich reagieren, wird in der Regel 1 x pro Woche mit geeigneten Mitteln behandelt (siehe Krankheitsbehandlung). Die durchschnittlichen Stückverluste, die durch Parasiten verursacht werden, betragen etwa 5 %.
Da mit dem Ansteigen der Photoperiode die Nahrungsaufnahme und damit das Wachstum steigt, können (sofern Futter zur Verfügung steht) die Aufzuchtbecken in der Nacht auch beleuchtet werden. Dies ist vor allem bei der Fütterung mit Zooplankton günstig und verringert auch teilweise die Aufzuchtverluste bei der Fütterung mit Trockenfutter (z.B. bei Seesaiblingen und Renken um rund 10 %). Damit während der Routinearbeiten von den Personen kein Schatten in die Becken fällt, der Stress erzeugt, sollten die Lampen dabei über den Becken montiert sein.
Bei der Anfütterung mit Trockenfutter gilt ein 4-8 maliger Wasserwechsel pro Stunde als optimal. Um die Feststoffbelastung für die Brütlinge auf ein akzeptables Minimum zu reduzieren sollte die Wasserzufuhr mindestens 1,85 l/s/kg Futter betragen. Die Besatzdichte beträgt je nach Art und Beckenform 10.000-50.000 Stück/Kubikmeter und wird mit dem Wachstum der Fische etwa alle 4-8 Wochen halbiert.

Für viele Arten gilt eine Strömungsgeschwindigkeit von 1-2 % der Körperlänge je Sekunde als optimal. Bei der Fütterung mit lebendem Plankton sollte die Strömung so gering als möglich sein. Bei Lachsen und Huchen, die mit Trockenfutter angefüttert werden, sollte die Strömung 10-30 cm/s (bzw. 1-2 x die Körperlänge/Sekunde) betragen, dann ist auch die Futteraufnahme und das Wachstum um etwa 15-30 % besser als ohne Strömung. Je nach Art, Fischgröße und Jahreszeit sowie Salinität ist bei einer Strömungsgeschwindigkeit von etwa 0,8-1,5 mal die Körperlänge je Sekunde die Ausbildung von Hierarchien und Aggressivität reduziert, das Wachstum einheitlicher und schneller und die Futterausnutzung besser als im stehenden Wasser. Beim Schwimmen (1 Fischlänge/Sekunde) verdoppelt sich jedoch auch der Sauerstoffverbrauch etwa jeweils.
Mit zunehmendem Alter ist bei den Salmoniden eine negative Phototaxis zu beobachten. Vom Sonnenlicht wird nur etwa 5 % von der Wasseroberfläche reflektiert, der Großteil dringt daher bis zur doppelten Sichttiefe durch. Bei direkter Sonneneinstrahlung, sowie zur Eindämmung des Algenwachstums, sollten die Produktionseinheiten daher am besten mit wasserdurchlässigen Schattiermatten (Abschattwert 65-85 %) gut abgeschattet werden. Zusätzlich bieten die Schattiermatten Schutz vor Vögeln und Laub und gewährleisten, dass sich die Fische durch die Deckung sicherer fühlen und in den Aufzuchtbecken besser verteilen. Einige Arten wie Saiblinge und Lachse fressen ohnedies hauptsächlich bei Dämmerlicht. Schädigungen durch UV-Strahlung treten vor allem am oberen Rand der Rücken- und Schwanzflosse, aber auch am Kopf auf, wo die Haut dann dicker und gräulich wird. Mit ansteigender Höhe nimmt auch die UV-Intensität um etwa 4 % je 300 m zu.

Mittlere Überlebensraten
für verschiedene Entwicklungsstadien:

Vom Ei an – bis:		**Von – auf:**	
Befruchtung:	92-98 %	Ei – Befruchtung:	95 %
Augenpunkt:	85-95 %	Befruchtung – Augenpunkt:	90 %
Schlupf:	70-80 %	Augenpunkt – Schlupf:	90 %
Fressfähig:	60-70 %	Schlupf – Fressfähig:	80 %
Vorgestreckt:	40-60 %	Fressfähig – Vorgestreckt:	75 %
Einsömmerig:	25-40 %	Vorgestreckt – Einsömmerig:	80 %
Zweisömmerig:	20-30 %	Einsömmerig – Zweisömmerig:	90 %
Ältere:	15-25 %	Zweisömmerig – Ältere:	95 %

INTENSIVHALTUNG:

Bei Erreichen einer Größe von 3-5 cm werden die Fische in größere Rund- (4-6 m) oder Langstrombecken (4-8 x 1-2 m) umgesetzt bzw. ausgedünnt (siehe Tab.). Das weitere Aufziehen erfolgt dann in Becken, Fließkanälen, Teichen oder Netzgehegen unterschiedlicher Form und Größe. Die optimale Beckenform hängt von der jeweiligen Situation des Einzelfalles und der zur Verfügung stehenden Wassermenge ab. Um eine bessere Wassererneuerung zu gewährleisten, sollte die Stauhöhe möglichst niedrig, aber stets der Fischmenge angepasst sein. Damit keine Fische herausspringen können, sollte das Freibord etwa 2-3 mal der Fischlänge entsprechen. Bei zu hohen Besatzdichten steigt das Risiko eines Krankheitsausbruchs und die Fische bekommen Flossenschäden, vor allem an den Brust-, Rücken- und Schwanzflossen. Selbst wenn die Fische genügend Frischwasser zur Verfügung haben, verlangsamt sich bei einer Besatzdichte von über 150 kg/m³ das Wachstum stark und der Futterquotient steigt erheblich an. Als Faustregel gilt das die Besatzdichte (kg/m^3) nicht mehr als das 2,5-3,0-fache der Fischlänge (in cm) betragen sollte.

Durchschnittliche Besatzdichten je Kubikmeter
bei ausreichender Wasserversorgung:

Fischgröße in g	**1**	**10**	**100**	**1000**	**10000**
Besatzdichte in kg	5	10	20	40	80

Silos sind platzsparende Behälter, deren Wasserstand, im Gegensatz zu den üblichen Rundbecken, größer als der Durchmesser ist. Der Zulauf erfolgt entweder von oben wie beim Rundbecken oder von unten wie beim Zugerglas.

Kreisstrombecken stellen ein Mittelding zwischen Langstromrinne und Rundbecken dar. Die Vorteile dieses Beckentyps liegen vor allem in den besseren Strömungsverhältnissen – speziell in Verbindung mit einer Belüfterbrause – und dem geringen Wasserbedarf, sowie der besseren Sauerstoff- und Fischverteilung. Kreisstrombecken haben ein Breiten - Längenverhältnis von 1:3 bis 1:6 und besitzen in der Mitte eine längsseitige Trennwand, die das ovale Becken in einen endlosen Kanal verwandelt. Das Becken besitzt zwei diagonal gegenüberliegende Ein- und Bodenabläufe. Durch Einziehen zweier Absperrwände kann das Becken auch in zwei Langstromtröge verwandelt werden, bzw. durch das Einsetzen von Trenngittern in verschiedene Abteile.

Siloanlage für die Aufzucht von Regenbogenforellen. (Foto: M. Hochleithner)

Fließkanäle für die Produktion von Regenbogenforellen. (Foto: M. Hochleithner)

Fließkanäle sind großteils selbstreinigend, ermöglichen eine sehr intensive Produktion und werden meist für die Mast verwendet. Sie sind gewöhnlich 30 bis 300 m lang, 3 bis 30 m breit und 0,5 bis 1,5 m tief. Ein Verhältnis Länge zu Breite zu Tiefe von 30:3:1 gilt als besonders zweckmäßig und das Gefälle der Sohle sollte 0,4-0,6 % betragen. Zwischen zwei solchen Fließkanälen ist meist ein Fahrweg angelegt.
Naturkanäle sind im Querschnitt trapezförmig mit einer Böschung von 2,5 zu 1. Der Frischwasserbedarf pro Kanal beträgt oft 100-300 l/s. Je nach Stautiefe ergibt sich dann eine unterschiedliche Produktionsfläche, Fließgeschwindigkeit und Wasseraustauschrate. Zur (Selbst-) Reinigung kann der Wasserstand im Kanal gegebenefalls täglich für eine Stunde etwas abgesenkt werden.
Betonkanäle sind gewöhnlich durch 10-30 cm starke Mauern mit Gittereinsätzen in 10-50 m lange Segmente unterteilt, bei denen sich auch Steckdosen für das Betreiben elektrischer Anlagen (Wasserbelüfter, Maschinen) befinden. Bei ausreichendem Gefälle und einem treppenartigen Anlegen der einzelnen Segmente kann sich das Wasser auch wieder mit Sauerstoff anreichern. Der Boden wird oft mit Kies oder Schotter geschüttet oder zum leichteren Reinigen in Beton ausgeführt. Am Einlauf befindet sich meist eine im 45° Winkel montierte, automatische Rechenanlage, die Pflanzenteile und anderes Treibgut aus dem Zulaufwasser befördert. Der Wasserzulauf erfolgt oft über die gesamte Breite und die Strömungsgeschwindigkeit muss, um ein Absetzen von Schlamm zu verhindern, mindestens 3-4 cm/s betragen. Dafür ist je Quadratmeter Kanalquerschnitt ein Frischwasserzulauf von mindestens 30 l/s notwendig. Die erforderliche Wassermenge für eine gewünschte Fließgeschwindigkeit lässt sich auch wie folgt berechnen: Breite (m) x Tiefe (m) x gewünschte Fließgeschwindigkeit (m/s) = Wassermenge (m^3/s). Da die Reinigungswirkung durch die Fische unterstützt wird, sinkt mit steigender Besatzdichte der Wasserbedarf dafür. Bei Setzlingen mit 5, 10 oder 20 cm sind 1, 2 bzw. 3 cm/s als günstig anzusehen. Durch Einziehen von Staubrettern mit etwa 10-20 cm Bodenfreiheit kann die Fließgeschwindigkeit am Auslauf wieder erhöht und so dort das Absetzen ebenfalls verhindert werden. Dazwischengeschaltete kleine Absetzbereiche (ca. 5 m lang) ermöglichen ein Sammeln von Schlamm, der dort abgepumpt oder über Bodenabläufe (Konusabscheider) abgelassen werden kann. Die durchschnittliche Besatzdichte in Kanälen beträgt 20-50 kg/m^3.

TEICHWIRTSCHAFT:

Künstliche Teiche sind meist 50-100 m^2 groß und sollten ein Breiten - Längenverhältnis von 1:3 bis 1:6, eine Tiefe von etwa 1-2 m haben. Um vollständig trockengelegt werden zu können, sollten sie vom Einlauf zum Auslauf ein Gefälle von 2-5 % aufweisen. Eine Wasseraustauschrate von 1-4 x/Tag sollte gegeben sein bzw. je Sekundenliter Zuflusswasser eine Teichfläche von 20-80 m^2. Die gesamte Anlage sollte so gestaltet sein, dass ein gemeinsamer Zulaufgraben zu jeder Produktionseinheit führt und diese unabhängig voneinander gespeist werden können. Der zu jedem einzelnen Teich führende Zulauf erfolgt in offenen Kanälen oder Rohren mit schwenkbarem Knie und eventuell einem Stück aufgezogenen Schlauch (eines Autoreifens) um Verletzungen der in den Zulauf springenden Fische zu verhindern. Damit das Zulaufwasser nochmals Sauerstoff aufnehmen kann, sollte sich der Einlauf mindestens 30 cm über der Wasseroberfläche befinden. Auch ein über der Wasseroberfläche montierter Prallteller erhöht den Gasaustausch im Zulaufwasser und verhindert, dass die Fische in den Zulauf springen. Die Fütterung erfolgt am besten im unteren Drittel der Teiche. Das effektivste Ablassbauwerk ist der sogenannte Mönch, eventuell mit anschließendem unterteilbarem Abfischgraben und zentraler Abfischeinheit. Der Mönch ermöglicht die schrittweise Regulierung des Wasserstandes durch senkrechte Staubretter, wie auch die Entnahme des Wassers aus verschiedenen Tiefen und erlaubt gleichzeitig einen ständigen Überlauf. Ein über die gesamte Vorderfront des Mönches reichendes Stabgitter verhindert das Verstopfen und erleichtert die Reinigung. Um die Durchflussleistung voll nutzen zu können, sollte der Raum zwischen Staubrettreihe und Mönchrückwand mindestens 2 mal so groß wie der Querschnitt des Ablaufrohres sein.

Bei der Photosynthese der Pflanzen wird durch den grünen Blattstoff (Chlorophyll) aus Kohlendioxid und Wasser mit Hilfe von Licht Kohlehydrat aufgebaut und Sauerstoff abgegeben. Bei Dunkelheit verbrauchen die Pflanzen jedoch Sauerstoff und geben Kohlendioxid ab. Abgestorbene Pflanzenteile verbrauchen ebenfalls Sauerstoff, daher sollten Wasserpflanzen stets gering gehalten werden. Die Wirksamkeit von Herbiziden hängt von Wassertemperatur, Säurebindungsvermögen, sowie Pflanzenart und -dichte ab. Am wirksamsten ist eine Behandlung in den frühen Morgenstunden an Schönwettertagen, sowie bei jüngeren Pflanzen. Früher wurden Algen teilweise mit Kupfersulfat (ca. 1 ppm für 5 Tage) bekämpft – in weichem, sauren Wasser (SBV <1) weniger da die Toxizität für Fische zunimmt – was heute in einigen Ländern verboten ist.

Natürliche Teiche werden hauptsächlich für die Aufzucht von Maränen verwendet. Dazu sind am besten Teiche mit einer Größe von 0,1-1,0 ha und einer Tiefe von 1 Meter mit wenig Wasserpflanzenbewuchs geeignet. Die Teiche werden im Winter trockengelegt und gekalkt, um eine Mineralisierung der Nährstoffe im Teichboden zu gewährleisten. Sie werden sorgfältig gepflegt und mit organischem Dünger behandelt (1.000-2.000 kg Stallmist/ha), der entweder im Herbst in den Boden eingearbeitet, oder im Frühjahr in Haufen verteilt wird. Alternativ kann auch mit anorganischem Dünger (Phosphorpentoxid) 30 kg P_2O_5/ha (150 kg Superphosphat/ha, je nach Nährstoffgehalt) gedüngt werden, um eine gute Zooplanktonentwicklung zu erreichen. Die Zooplanktondichte sollte 3-5 g/Kubikmeter (30-50 Planktonkrebschen/l) betragen bzw. je 10.000 Stück Brutbesatz ca. 1 g/m³. Nauplien und Copepodit-Stadien treten erst ab einer Wassertemperatur von ca. 6 °C auf. Daher sollten die Brütlinge nicht unter dieser Wassertemperatur in die Teiche gesetzt werden. Im Jahresdurchschnitt beträgt die Zooplanktonkonzentration in Teichen ca. 10 g/m³, im Frühsommer können Biomassen bis 50 g/m³ erreicht werden. Der Teich wird erst 10-14 Tage vor dem Brutbesatz eingestaut (bespannt), um eine vorzeitige Entwicklung von Insektenlarven (Libellen und Wasserkäfer) zu verhindern. Fischfeinde wie Amphibien und Reptilien sowie Wasservögel sind stets fernzuhalten. Fadenalgen (z.B.: *Spirogyra*) sollten, falls sie auftreten, wie andere Wasserpflanzen auch, kurz gehalten werden. Die Besatzdichte beträgt 50.000-100.000 Stück fressfähige Brut/ha. Zugefüttert wird im Allgemeinen nicht. Nach 30-60 Tagen, bei einer Größe von 3-5 cm kann abgefischt werden, meist wird jedoch erst im Herbst bei einer Größe von 8-12 cm abgefischt. Die Abfischung erfolgt besser in den frühen Morgenstunden oder an Regentagen, um hohe Temperaturen zu vermeiden. Geeignete Abfischmethoden sind der Einsatz von Zugnetzen im Teich vor dem Mönch oder besser die Verwendung einer Abfischgrube hinter dem Mönch. Für genügend Frischwasserzufuhr ist zu sorgen. Der Ertrag beträgt bei einer Überlebensrate von 30-60 % ca. 100-200 kg/ha. Für die Teichpflege gelten die sonst üblichen Richtwerte der Teichwirtschaft.

Kühle (Wald-) Teiche mit einem Zufluss von mindestens 2-5 l/s pro Hektar eignen sich für die Aufzucht von Forellen, Lachsen, Huchen oder Äschen. Bei einem Besatz von 10.000-50.000 Stück Brut/ha ist bis zum Herbst mit Überlebensraten von 10-80 % zu rechnen. Eine Steigerung des Ertrags auf das Doppelte lässt sich oft durch Zufütterung mit Trockenfutter oder den Besatz mit vorgestreckter Brut erreichen.

Kühle und sauerstoffreiche, extensiv bewirtschaftete Karpfenteiche eignen sich auch für die Aufzucht von Coregonen (meist Peled- oder Edelmaränen) als Nebenfisch, in Polykultur mit Karpfen.
In Vorstreckteichen, die eine Größe von 1-5 ha und einer Tiefe von 1-3 m haben, setzt man im ersten Jahr die fressfähigen Coregonenbrütlinge meist bereits im März 5-10 Tage nach dem Schlupf ein – oft noch unter Eis – und wenn möglich erst etwa 1 Monat später die Karpfen. Dabei werden die Coregonen erst im Herbst (mit 10-15 cm) mit den Karpfen abgefischt; die Überlebensrate beträgt ca. 10 %.
In Streckteichen, die eine Größe von 5-10 ha und eine Tiefe von 2-4 m haben, werden im zweiten Jahr die einjährigen Coregonen bei einer Besatzdichte von 3.000-4.000 Stück/ha von 10-50 g auf 200-300 g gezogen.
In Abwachsteichen, die eine Größe von 10-50 ha und eine Tiefe von 3-5 m haben, und nur alle 2 Jahre abgefischt werden, werden im zweiten-dritten oder dritten-vierten Jahr die ein- bis zweijährigen Coregonen bei einer Besatzdichte von 100-500 Stück/ha auf ein Stückgewicht von 0,5-1,5 kg gebracht.
Andere Salmoniden, wie Lachse, Forellen und Saiblinge, eignen sich für eine Polykultur in Karpfenteichen kaum, da sie sehr empfindlich auf höhere Wassertemperaturen und niedrige Sauerstoffgehalte reagieren.

Naturteich für die Äschenaufzucht. (Foto: M. Hochleithner)

NETZGEHEGE:

In Osteuropa wurde in den 1970er Jahren die Methode der Aufzucht von Fischbrut in Unterwassergehegen entwickelt, die heute vor allem in Seen in Mitteleuropa angewendet wird. Diese Produktionsmethode basiert auf einer Planktonfütterung in natürlichen stehenden Gewässern, wobei die Nährtiere mit einer Lichtquelle, die sich im Zentrum der Gehege befindet, angelockt werden. Hauptsächlich Copepoden und Cladoceren – aber auch eine Vielzahl von anderen Nährtieren reagiert positiv phototaktisch und wird durch die zentrale Unterwasserlampe (10-100 Watt) ins Innere der Gehege gelockt. Dies führt zu einer bis 50-fachen Konzentration der Nährtiere, die den Brütlingen als Futter dienen. Da in der Nacht um nur etwa 20 % weniger gefressen wird als am Tag (zumindest von den Coregonen), sollten die Gehege dauernd beleuchtet bleiben. Die würfelförmigen Gehege (2 x 2 x 2 m) sind meist aus hochwertigem, resistenten, monofilen Polyester mit einer Maschenweite von 1-2 mm gefertigt und besitzen einen Durchgang mit Reiß- oder Klettverschluss für die Kontrolle und das Kabel. Die Gehege werden faltenfrei in ein starkes Metallgestell gespannt und über einen Ausleger mit Winde und einem Seil am besten 1 m unter die jeweilige Sichttiefe bzw. ca. 5 m unter die Wasseroberfläche abgesenkt. Montiert werden die Ausleger auf Schwimmstegen und etwas vom Ufer entfernt verankert (siehe Abb.). Die Stromzuleitung erfolgt über Unterwasserkabel und einen Transformator (12 Volt). Für die autonome Funktion in abgelegenen Gebieten bieten sich Solarpaneele an.
Als Standort für eine derartige Gehegeanlage eignen sich Gewässer die zur betreffenden Zeit mindestens 500-1.000 Planktonkrebschen/m³ aufweisen. Der tägliche Bedarf an Nährtieren je Brütling beträgt in der ersten Woche etwa 40-60 Stück und verdoppelt sich ungefähr jede Woche. Abhängig von der Verfügbarkeit des Zooplanktons und der Fischart, können Besatzdichten von 2.000-8.000 Stück/m³ (bis zur Setzlingsgröße von 3-5 cm Länge) und Überlebensraten von 70-90 % erreicht werden. Nach Verringerung der Besatzdichte können je nach Wassertemperatur vor allem Coregonen sogar bis zum Herbst darin aufgezogen werden. Die Betreuung der Anlage beschränkt sich auf die Funktionskontrolle des Systems, die periodische Reinigung der Netze mittels Hochdruckreiniger, um ein Zuwachsen der Gehege durch Detritus, Algen oder Kotreste zu verhindern (je nach Eutrophierung und Jahreszeit alle 1-7 Tage), sowie auf die Überwachung der Planktonentwicklung in dem betreffenden Gebiet. Dieses System ist besonders umweltfreundlich, da weder Futter noch Dünger eingebracht werden.

Seit den 1970er Jahren erfolgt vor allem in Skandinavien die Speisefischproduktion auch in Netzgehegen aus Metall oder Kunststoff (siehe Abb.), sowohl im Süß- als auch im Salzwasser. Mehr als 90 % der weltweit produzierten Salmoniden, insbesondere die Lachse, werden in Netzgehegeanlagen aufgezogen. Der Vorteil der Netzgehege sind vor allem die geringen Investitions- und Betriebskosten und die schnelle Errichtung. Die Nachteile liegen bei der Gewässerbelastung durch Ausscheidungsprodukte, einer umweltabhängigen Produktion, sowie der nur bedingten Beeinflussung des Verlustgeschehens. Je Tonne Produktion sollte mindestens eine Gewässerfläche von 10 ha zur Verfügung stehen. Um aber eine Auswirkung der Produktion auf die Gewässereutrophierung zu minimieren, sollte dieses Verhältnis zumindest 100 ha/t betragen. Die jährliche Verlegung des Standortes der Anlage hilft ebenfalls, dass die akkumulierten Feststoffe unter der Anlage abgebaut werden können. Die Gewässertiefe sollte mindestens dem Dreifachen der Netztiefe entsprechen. Die Oberflächenströmung sollte 0,5 m/s nicht übersteigen. Der optimale Gewässerboden, sowohl für die Gehegeverankerung als auch für den Nährstoffabbau, besteht aus Sand oder Kies.

Quadratische Gehege haben vorzugsweise eine Größe von 5 x 5 bis 10 x 10 m und eine Tiefe von 5-8 m. Mehrere solcher Netzgehege sind meist paarweise zu einer Anlage zusammengeschlossen. Zum einfachen, sicheren Arbeiten sollte sich rundherum ein mindestens 1 Meter breiter Arbeitssteg befinden. Besonders bewährt haben sich Netze aus Polymer ummanteltem Polyester, die auch jahrelangem Dauereinsatz standhalten und weniger stark veralgen. Dabei entfällt die Beschwerung der Netze und sie verformen sich weniger bei stärkerer Strömung als Netze aus Polyamid. Die Maschenweite in mm sollte etwa der Fischlänge in cm entsprechen. Die Verankerung kann mit Ankersteinen (min. je 1-2 t) oder Pflugscharankern (min. je 20-30 kg) mit Schäkel und mindestens 5 m Kette (min. 15-20 mm Ø), Boje, sowie Verankerungsseil (2-5 mal so lang wie die Stelle tief ist) erfolgen. Alle Seile sollten UV-beständig sein (Polyethylen), und zur Sicherheit sollte die Belastung nur 1/4 der Bruchlast betragen. Die Seile sollten nicht direkt festgemacht sein, weder am Ufer noch am Anker, sondern sollten durch eine Sektion einer Kette verbunden sein. Die Kette dient durch ihr Gewicht und Form dazu die Effektivität des Verankerungssystems zu erhöhen, und dient teils als Teil des Ankers, teils zur Entlastung der Ankerleine.

Die Besatzdichte liegt bei kleineren Gehegen meist bei 10-20 kg/m³.

Um eine zu starke Eutrophierung und die Ansammlung von Futterresten und Kotpartikeln unter den Gehegen zu verringern, kann ein Konus aus Kunststofffolie unter die Netzgehege gespannt und diese damit aufgefangen und in Intervallen abgepumpt werden. Das Absaugen des anfallenden Schlamms sollte regelmäßig täglich nach der Fütterung, erfolgen. Auf diese Weise lassen sich 15-70 % der eingetragenen Nähr- und Feststoffe aufgefangen und aus dem Wasserkörper entfernt.
Runde Gehege haben vorzugsweise einen Durchmesser von 20-40 m und eine Tiefe von 10-20 m. Solche Gehege werden oft aus Polyethylen- oder Gummirohren mit 20-30 cm Durchmesser hergestellt. Vor allem wegen der Eutrophierung geht bei der Lachsproduktion im Meerwasser der Trend eher zu solchen Großgehegen, die weit entfernt von der Küste verankert werden und eine Besatzdichte von nur 1-2 kg/m³ aufweisen. Die Hebung des Netzes erfolgt mit Druckluft oder mit einem auf dem Serviceschiff montierten Kran. Meist befindet sich eine auf einer Plattform schwimmende Servicestation (für Futter, Sortierung usw.) bei der Gehegeanlage.
Wegen des hohen Wellengangs bei Stürmen, werden seit den 1980er Jahren gelegentlich auch Gehege aus Stahl eingesetzt, die unter die Wasseroberfläche abgesenkt werden können. Diese Unterwasser-Großgehege (mit einem Volumen bis 5.000 m³) überstehen Wellen bis zu 10 m und eine Oberflächenströmung bis 1 m/s. Am Kopf der Gehege befinden sich computergesteuerte Fütterungsanlagen, die die Versorgung der Fische auch bei längeren Schlechtwetterperioden gewährleisten, sowie ein unter Wasser eingeschlossener Luftvorrat, der den Druckausgleich bei tieferer Installation ermöglicht. Die Überlebensrate und das Wachstum der Fische sind in solchen Unterwasser-Großgehegen meist besser.
Bei Wellengang ist die horizontale Strömungsgeschwindigkeit in den Gehegen um 1/3 bis 2/3 geringer, bei Windstille findet der Wasseraustausch vorwiegend durch eine vertikale Strömung in den Gehegen statt, welche auch durch das Schwimmen der Fische unterstützt wird. Um den entsprechenden Wasseraustausch zu gewährleisten, erfolgt die Reinigung der Netze mit speziellen Unterwasseraufsätzen für Hochdruckreiniger oder rotierenden Bürsten. Die Netze können nach der Entnahme auch mit 5 %igem Formalin eingesprüht und dann trocken abgebürstet oder in eine Lösung aus 1 kg Kupfersulfat und 3 l Ameisensäure je 100 l Wasser für 2-3 Tage eingelegt und anschließend (mit einem Hochdruckreiniger) abgesprüht werden.
Um die Fische vor Vogelfraß zu schützen, sollten die Gehege mit Schutznetzen abgedeckt werden.

Quadratische Netzgehege für die Setzlingsaufzucht in einem See. (Foto: M. Hochleithner)

Runde Netzgehege für die Speisefischproduktion in einem Fjord. (Foto: M. Hochleithner)

Bei den stationären Arten und Formen sollte eine allmähliche Anpassung ans Meerwasser mit langsam steigendem Salinitätsgehalt stufenweise in mehreren Etappen im Verlauf von ein bis zwei Wochen vorgenommen werden, und kann je nach Art, Lebensweise, Temperatur und Salinität mit einem Körpergewicht zwischen 50 und 200 g erfolgen.
Bei den migrierenden Arten und Formen erfolgt der Transfer ins Salzwasser meist direkt, dabei sind durchschnittliche Verluste von ca. 3 % zu verzeichnen. Der beste natürliche Zeitpunkt für eine Meerwasser-adaption ist von Mai bis Juni im Smolt-Stadium, welches abgesehen von der Fischgröße auch von der Photoperiode ausgelöst wird. Bei zu geringen Stückgewichten bzw. zu geringer Anpassungszeit können (vor allem bei Süßwasserarten) hohe Verluste auftreten. Die Verluste lassen sich durch die vorherige Verabreichung (3-6 Wochen lang) von Trockenfutter mit geringem Eiweißgehalt und dem Zusatz von 8-10 % Salz zum Futter oder 24 h Dauerlicht, um über die Hälfte verringern. Alternativ kann eine langsame Anpassung an das Salzwasser die Salz-toleranz (bei Saiblingen) erhöhen. Ein Futterzusatz von 1 % Betain für 6-8 Wochen vor dem Salzwassertransfer erhöht die Osmoregulation und für weitere 2-4 Wochen nach dem Salzwassertransfer den Appetit.
Für die Vorverlegung der Smoltifikation werden die Lachse in wärmerem Wasser (10-14 °C) für 5-6 Monate bei 24 h Dauerlicht aufgezogen. Anschließend erfolgt für 4-8 Wochen (500-600 Tagesgrade) bei 10 h Tageslicht eine künstliche Winterung, und nach weiteren 3-6 Wochen (400-500 Tagesgrade) bei 24 h Dauerlicht (optimal 510-540 nm) erreichen die Fische das Smoltstadium, das dann etwa 2-4 Wochen (250-300 Tagesgrade) anhält und den optimalen Zeitpunkt für den Meerwassertransfer darstellt.
Bei der Smoltifikation von Zuchlachsen verringert sich der Konditions-faktor von über 1,2 auf unter 1,1 und die Fische ändern nun ihr Schwimmverhalten in den Becken von gegen zu mit der Strömung. Um den optimalen Zeitpunkt für den Salzwassertransfer zu testen kann eine kleine Menge Fische für 24 Stunden in 35 ‰ Salzwasser gesetzt werden und anschließend der Gehalt an Na+ und Cl- im Blutplasma gemessen werden, der von über 200 mM auf unter 180 mM sinkt.
Nach dem Salzwassertransfer, der generell bei einer Wassertemperatur von über 6-8 °C erfolgen sollte, ist die Nahrungsaufnahme für einige Wochen stark reduziert. Um möglichst allen Fischen die Adaption zu erleichtern, sollte das Futter möglichst gut verteilt werden. Bei einigen Arten (Saiblinge) sollte die Salinität im Winter nicht über 25 ‰ betragen, da sonst die Verluste zunehmen.

Die Salinitätstoleranz nimmt generell mit der Größe der Fische zu. Bei einem Salzgehalt von 3-7 ‰ ist das Wachstum bei vielen Arten ab 1 g (ausgenommen Saiblinge im Winter) besser als im Süßwasser. Bei über 10 ‰ ist das Wachstum bei 30-100 g schweren Forellen um 3-5 % schlechter als im Süßwasser, ab 200 g ist bei über 14 ‰ Salinität kein Unterschied mehr festzustellen. Bei einigen Arten (vor allem Lachsen) ist das Wachstum im Salzwasser ab dem Smoltstadium um 2-3 mal besser als im Süßwasser.

Neuerdings werden die Netzgehege von November bis Mai 24 Stunden/Tag beleuchtet; damit wird das Wachstum beschleunigt und die Fische werden nicht geschlechtsreif bzw. der Anteil der Grilse wesentlich verringert. Da sich die Fische aber zum Licht hin orientieren, sollte sich die Unterwasserlampe dabei auch vertikal im Zentrum der Gehege befinden (bzw. im Sommer höher und im Winter tiefer).

In Gehegeanlagen im Süßwasser sind oft Verluste durch Otter (*Lutra*), im Meerwasser durch Robben (*Halichoerus*) bzw. in Südamerika durch Seelöwen zu verzeichnen, die jedoch mit Schutzgitter oder Ultraschall reduziert werden können. In Seen und Küstengewässern, sowie Fjorden kann es durch Eutrophierung zu Algenblüten (*Alexandrium, Chaetoceros, Chrysochromulina, Gyrodinium, Heterosigma*) und dadurch auch zu Verlusten kommen. Im offenen Meer können durch Quallen (*Apolemia, Muggiaea, Pelagia, Siphonophora, Solmaris*) Verluste auftreten, welche durchschnittlich 12 % im ersten Jahr ausmachen. Daneben können natürlich auch von Parasiten wie Lachsläusen (*Lepeophtheirus, Caligus*) Ausfälle in Netzgehegen an den Meeresküsten auftreten (siehe Anhang). In Norwegen betragen die Gesamtverluste beim Atlantischen Lachs während der Meerwasserproduktion durchschnittlich etwa 20-25 %.

Da die Verluste auch in der freien Natur, bei der Wanderung ins Meer während den ersten 2 Wochen am höchsten sind (größenabhängig 25-30 %), lässt sich die Rückfangquote beim Searanching durch geschützte Adaption ans Salzwasser (in Gehegen) und direkte Entlassung der Fische ins Meer bis zum 2-fachen, und bei zusätzlich 3-6 Monate späterem Entlassen der Fische um das 3 bis 5-fache (von ca. 10 % auf 40 %) steigern.

Management

Um die Auslastung einer Anlage zu optimieren und die Abfolge verschiedener Generationen optimal zu planen, sollten die erwarteten Ergebnisse im Voraus berechnet werden. Somit sind Rahmendaten für die Produktion zu setzen und laufend mit den aktuellen Produktionsdaten abzugleichen, um den Realitätsbezug herzustellen. Eine Vorabberechnung der Futtermenge bzw. der Zuwachsleistungen ist erst dann sinnvoll zu gewährleisten, wenn Daten aus der Praxis die Grundlage dafür darstellen. Wichtig ist die exakte Erfassung aller für die Produktion relevanten Daten. Hierbei sind nicht nur Wasseranalysen, Sortierergebnisse und Verlustlisten, sondern auch Fütterungs- und Reinigungsprotokolle von wesentlicher Bedeutung.

Verhalten ist ein umfassender Begriff für eine Vielzahl von Lebensäußerungen und Reaktionen der Tiere auf ihre Umwelt. Diese Reaktionen haben vielfach eine Wechselwirkung zwischen Reiz und Reaktion zur Folge, sodass dieses dynamische System sich als ein wichtiger Einflussbereich auf die Haltung der Fische charakterisieren lässt. Zum einen sei als ein wichtiger Bereich die Anpassung der Haltungseinrichtungen und Haltungsbedingungen an das Verhalten der Fische genannt. Dazu werden Informationen herangezogen, die über die natürlichen Lebensbedingungen verfügbar sind. So zum Beispiel Strömungsverhältnisse, Lokalisation, Temperatur, Lichtverhältnisse, Turbidität, Futterpräferenzen usw. Haltungsbedingungen, die an die Bedürfnisse der zu haltenden Art angepasst wurden, minimieren den Stress für die Tiere und führen somit direkt zu besserer Gesundheit und zu besseren Produktionsergebnissen. Der Einfluss des Verhaltens endet aber nicht bei der Ausgestaltung der Anlage, sondern muss das Vorgehen des Betreuers mit in die Überlegungen einbeziehen. Hinzu kommt, dass neue Schlüsselreize an Bedeutung gewinnen, wie die Gewöhnung an die Person, die füttert oder die andere Arbeiten an den Haltungeinrichtungen durchführt, sofern diese nicht zu einer starken Stresserhöhung führen. Im Verlauf der Domestizierung einer Tierart passt sich ein Teil des Verhaltensrepertoires an die veränderten Lebensbedingungen an. Zuerst werden die Verhaltensweisen, die im direkten Zusammenhang mit der Futteraufnahme stehen, modifiziert. So stellen sich die Fische bei festen Fütterungszeiten schnell auf diese ein, und zeigen eine Aktivitätssteigerung zu den entsprechenden Zeiten.

FÜTTERUNG:

Beim Schlupf der Brütlinge ist das Gewebe um den Dotter sowie ein Teil des Darmgewebes noch undifferenziert. Hieraus wird sukzessive der Verdauungstrakt gebildet. Je nach Wassertemperatur und Art kann nach etwa 15-60 Tagen die Entwicklung als abgeschlossen gelten und die Aufnahme der externen Ernährung beginnt.
Salmoniden ernähren sich im Verlauf ihrer Entwicklung von unterschiedlicher Nahrung. Charakterisiert ist die Nahrung durch ihren hohen Protein- und Fettgehalt, sowie das nahezu völlige Fehlen von Kohlenhydraten. Die Präferenzen bezüglich der Artenzusammensetzung des Futters sind dabei je nach Art und Verbreitungsgebiet verschieden, und werden hauptsächlich von der Verfügbarkeit und dem Größenspektrum bestimmt. Prinzipiell lässt sich lebendes Zooplankton als geeignetes Startfutter für alle Fischarten bezeichnen. Die Fütterung mit Zooplankton führt in jedem Temperaturbereich zu besseren Resultaten hinsichtlich der Einlagerung von Reservestoffen und die so aufgezogenen Jungfische sind wesentlich vitaler und intensiver gefärbt. Krebsplankton hat einen Anteil von etwa 90 % Wasser und in der Trockensubstanz etwa 60 % Rohprotein, 10-15 % Rohfett, 9-12 % Rohasche und 8 % Rohfaser.
Das Nahrungsspektrum der größeren Fische ist vielseitig, mit Ausnahme einiger Spezialisten. Sie ernähren sich carnivor, Stärke bzw. Kohlenhydrate (Glukose) sind von ihnen nur bedingt zu nutzen, da Salmoniden im Gegensatz zu den Cypriniden (Karpfenartigen) keine Amylase in ihrem Verdauungstrakt sezernieren. Die Fütterung mit hohen Gehalten an Kohlenhydraten bedingt vielfältige Stoffwechselstörungen, von denen die häufigste eine Verfettung der Leber ist (Speicherung von Glykogen), erhöht aber auch die Wasserbelastung durch Phosphat. Die Verdaulichkeit von Kohlenhydraten nimmt generell mit steigender Molekülgröße ab. Mit steigendem Gehalt an nativer Stärke sinkt auch die Verdaubarkeit von Rohprotein, sowie jener der Kohlenhydrate selbst. Die Rohfaser (Zellulose), als nahezu unverdaulicher Bestandteil der Kohlenhydrate, wirkt energieverdünnend und dient als Ballaststoff. Durch den Aufschluss von Kohlenhydraten durch Wärme (Extrusion) lässt sich jedoch die Verdaulichkeit von Stärke bis zu 100 % verbessern. Der Kohlenhydratgehalt im Futter sollte aber generell nicht über 30 % liegen bzw. der Gehalt an verdaulicher Stärke nicht über 10-20 %.

Salmoniden haben einen hohen Eiweiß- und Aminosäurenbedarf, der mit der Entwicklung der Fische vom Jungfisch zum Laichfisch von 50 % auf 30 % sinkt, aber auch mit der Wassertemperatur von 8 auf 15 °C von 40 % auf 55 % und mit der Salinität von 10 auf 20 ‰ von 40 % auf 45 % ansteigen kann. Die Gesamtzusammensetzung und die Verdaulichkeit des Futters haben ebenfalls einen entscheidenden Einfluss. So ist bei einem Fettgehalt von nur 5 % etwa 50 % Protein und bei 18 % Fett nur rund 35 % Protein für ein gleiches und optimales Wachstum notwendig. Grundsätzlich hat Protein tierischen Ursprungs eine bessere biologische Wertigkeit und Aminosäurenzusammensetzung als Protein pflanzlichen Ursprungs. Das Futter sollte daher generell hauptsächlich aus tierischem Eiweiß (Fischmehl, Krillmehl) mit reinen Aminosäuren (Arginin, Histidin, Isoleucin, Leucin, Lysin, Metheonin, Phenylanin, Threonin, Tryptophan, Valin) zu jeweils 2-6 % vom Protein bestehen. Ein Mangel an essentiellen Aminosäuren kann zu Wachstumsrückgang und Rückgradverkrümmung (Skoliose) führen. Einige freie Aminosäuren sind auch für den Geschmack und damit die Akzeptanz und Aufnahme des Futters wichtig. Bei der Verdauung wird das Eiweiß (Protein) in Aminosäuren aufgearbeitet und durch die Darmwände vom Blutkreislauf aufgenommen und zu anderen Körpergeweben (Leber) transportiert, wo diese dann wieder in verschiedene Eiweißstoffe (Wachstum) umgesetzt werden. Überschüssiges Eiweiß und Kohlenhydrat wird umgewandelt und wie das überschüssige Fett als Depotfett gespeichert. Die Erhöhung des Fettgehalts ermöglicht die Einsparung von (bis zu 20 %) Eiweiß und verringert dadurch die Wasserbelastung mit Ammoniak aus der Stickstoffexkretion, kann jedoch auch den Fettgehalt der Fische (bis 50 %) erhöhen. Der Fettgehalt im Futter sollte daher 20 % nicht überschreiten. Die Fettverdaulichkeit liegt im Durchschnitt bei etwa 85 %, gleichzeitig wird weniger Sauerstoff benötigt als bei Protein.
Da Fische wechselwarme (poikilotherme) Tiere sind, sollte generell Fett mit niedrigem Schmelzpunkt (Fischöl) verwendet werden. Fette mit hohem Schmelzpunkt werden nur schwer verdaut und hemmen zusätzlich die Eiweißverdauung. Ein Teil (25-50 %) des Fetts kann jedoch durch Fett aus pflanzlicher Herkunft (Sonnenblumenöl, Rapsöl, Palmöl) ersetzt werden. Von den mehrfach ungesättigten Fettsäuren sollten etwa 10 % als Omega-3-Fettsäuren (ca. 1 % des Trockenfutters) vorhanden sein. Ein Mangel an essentiellen Fettsäuren im Futter führt zu Wachstumsrückgang und einer Verfettung (Gelbfärbung) der Leber, sowie zu geringeren Eimengen, kleineren Eigrößen und höheren Erbrütungsverlusten, aber auch zu außergewöhnlichen Stressreaktionen.

Für die Leistungsfähigkeit eines Futters ist vor allem die verdauliche Energie wesentlich, welche hoch sein sollte und wiederum sehr von den verwendeten Rohwaren, aber auch von Fütterung und Wassertemperatur, sowie der Partikelgröße abhängig ist. So steigt die Verdaulichkeit von Fischmehl von 80 % auf 87 % mit Verringerung der Partikelgröße von 1,0 mm auf unter 0,1 mm. Aufgrund der günstigen Aminosäurenzusammensetzung sind Futtermittel auf Fischmehlbasis grundsätzlich besser verdaulich (96 % zu etwa 70 %) und führen zu einer besseren Kondition der Fische im Vergleich zu Soja- oder Maisglutenmehl, aber auch zu höherer Phosphatbelastung des Wassers. Ein Teil (50-75 %) des Proteins kann durch Protein aus pflanzlicher Herkunft (Sojabohnenmehl, Lupinienkernmehl, Getreideglutenmehl, Mikroalgenmehl) ersetzt werden. Auch Geflügelabfallmehl oder Bakterieneiweiß kann als Ersatz dienen.
Die Bruttoenergie beträgt bei Protein etwa 23 MJ/kg, bei Kohlenhydrat zirka 17 MJ/kg, und bei Fett rund 40 MJ/kg. Da aber nur ein Teil der Nahrung verdaulich ist, wird die Differenz (16-20 %) als Kot ausgeschieden. Von der verdauten Energie wird ein Teil (8-12 %) als Stickstoff ausgeschieden und verringert somit etwas die energetische Nutzung des Proteins. Die umsetzbare Energie, die für den Stoffwechsel zur Verfügung steht, sollte daher nicht unter 14 MJ/kg Futter liegen. 3-7 % der umsetzbaren Energie gehen noch durch die Wärmeproduktion verloren, der Rest wird als Nettoenergie bezeichnet.
Grundsätzlich kann extrudiertes Trockenfutter mit einem Gehalt an Rohprotein (auf Fischmehlbasis) von 35-45 % und 12-18 % Rohfett (auf Fischölbasis) für alle Salmoniden verwendet werden. Um ein optimales Wachstum, einen günstigen Futterquotienten, sowie eine gute Fleischqualität zu erreichen, sollte das Verhältnis zwischen umsetzbarer Energie (in kJ/kg) und Protein (in %) 300-310 bzw. die verdauliche Energie 0,5 MJ je % Protein betragen. Um das teure Rohprotein im Futter weitgehend in Zuwachs umzusetzen, sollte das Verhältnis von Rohprotein : Energiegehalt im Futter etwa wie folgt betragen: Für Fische unter 10 g ca. 27, für 10-40 g Fische ca. 24, für 40-200 g Fische ca. 19, für 200-350 g Fische ca. 17, und für über 350 g Fische ca. 16 g Rohprotein/MJ.
Der Energiebedarf beträgt gewöhnlich 10-20 MJ/kg Zuwachs (1 Joule = 238,83 Kalorien). Je höher der Energiegehalt des Futters, desto höher ist aber auch der Energieaufwand für den Zuwachs. Da der Erhaltungsenergiebedarf bei 15 °C ca. 100 kJ/kg und der Wachstumsenergiebedarf ca. 300 kJ/kg beträgt, gilt, je schneller das Wachstum erfolgt, desto niedriger ist der Futteraufwand. Im Hungerzustand werden bei 15 °C

etwa 40-60 kJ/kg verbraucht. Eine Produktionszeitverkürzung um 1/2 Jahr bedeutet daher auch einen etwa 20-30 % geringeren Futteraufwand. Der Energieverlust geschlechtsreifer Fische durch die Eiproduktion beträgt rund 4.000-5.000 kJ/kg Körpergewicht.

Vitamine und Mineralstoffe stehen in einer starken Wechselbeziehung zueinander und zu den Nährstoffen. Fettlösliche (A, D, E, K) und wasserlösliche (B, C, H) Vitamine, sowie Mineralstoffe (Phosphor, Natrium, Kalzium, Magnesium) und Spurenelemente (Eisen, Zink, Mangan, Kupfer, Jod, Selen) müssen in einer Menge enthalten sein, die einen ordnungsgemäßen Stoffwechsel sowie hohe Vitalität und Abwehrkraft der Fische sicherstellt. Empfohlen sind mindestens 1-2 % im Futter. Ein Teil der Mineralstoffe und Spurenelemente kann auch durch Diffusion über die Haut und Kiemen aufgenommen werden. Vitamine können von den meisten Fischen in der Leber gespeichert werden. Generell ist der Vitaminbedarf von Jungfischen, sowie bei intensiver Haltung und Stress höher. Ein Vitamin- oder Mineralstoffmangel kann zu Wachstumsrückgang, Leberverfettung, Skelettdeformationen, Erblinden und Blutungen, sowie Blutarmut führen.

Carotenoide wie Astaxanthin ($C_{40}H_{52}O_4$) oder Canthaxanthin ($C_{40}H_{52}O_2$) in einer Menge von 40-50 mg/kg Futter verbessern die Befruchtungrate, Anfütterungsergebnisse, Überlebensrate, sowie den Futterquotient. Das Wachstum ist bis zu 10 % besser und die Fische werden etwas früher laichreif, es ist jedoch auch der Anteil an Erstlaichern höher. Für die Produktion rotfleischiger sogenannter "Lachsforellen" wird dem Futter 60-80 mg Canthaxanthin je kg beigemischt und für 6-8 Wochen verfüttert. Nur 2-10 % der Carotinoide werden absorbiert und im Muskelfleisch gespeichert (bei fetterem Futter besser), Astaxanthin allerdings 2-3 mal besser als Canthaxanthin. Einmal gespeichertes Carotin bleibt auch nach Beendigung der Fütterung noch etwa ein halbes Jahr erhalten und wird nur sehr langsam abgebaut. Der Zusatz von 400-600 mg α-Tocopherol-Acetat je kg Futter erhöht die Speicherung von Carotin und verringert die Fettoxidation im Fischfleisch bei der Lagerung.

Durch den Zusatz von probiotischen Bakterien (*Bacillus, Enterococcus*) zum Futter (ca. 10^8 CFU/g), lässt sich das Wachstum etwas erhöhen und der Futterquotient und die Verluste etwas verringern.

Das Trockenfutter sollte generell nicht mehr als 10 % Wasser enthalten und muss kühl, trocken und dunkel gelagert werden, da es sonst zur Bildung von Pilzen (Mykotoxine), sowie zur Oxidation von Fettsäuren kommen kann. Futtersilos sind zu isolieren und das Futter sollte (wegen der Haltbarkeit der Vitamine) generell nicht mehr als 1-3 Monate gelagert werden.

Damit das Trockenfutter vom Magen zum Darm gelangen kann und verdaulich wird, muss der Fisch rund 70-75 % Wasser aufnehmen, was in etwa zur Hälfte mit der Futteraufnahme geschieht. Bei gleicher Fischgröße ist daher, vermutlich durch die größere Oberfläche und die Anzahl der Pellets, der Futterquotient bei der Verfütterung kleinerer Pellets besser als bei größeren. Generell führt eine Anzahl von 0,5-1,5 Pellets pro Fisch und Portion zu bestem Wachstum und bester Futterverwertung. Bei vielen Salmoniden entspricht die optimale Pelletgröße etwa die Hälfte der Maulbreite bzw. 1,5-2,5 % der Fischlänge. Die Zuordnung verschiedener Futtergrößen zum Fischgewicht ist folgender Tabelle zu entnehmen.

Partikelgröße des Trockenfutters
in Abhängigkeit von der Fischgröße:

Fischgröße in g	**0,1**	**1**	**10**	**50**	**100**	**200**	**500**	**1000**
Futtergröße in mm	0,2	0,6	1,2	1,6	2,0	3,0	5,0	7,0

Um eine optimale Futterversorgung für einen akkuraten Ablauf der Produktion zu gewährleisten, sollten die Futtermengen mindestens wöchentlich an das erwartete Wachstum der Fische angepasst werden. Die Futtertabelle dient zur Orientierung und gilt für optimale Wasserwerte. Bei Zwischentemperaturen sind Mittelwerte heranzuziehen. Da die Futterkosten oft über 40-60 % der Produktionskosten ausmachen, sollten alle Rahmenbedingungen optimal erfüllt sein. Fütterungsversuche zur Anpassung an eigene Produktionsbedingungen sind empfehlenswert.

Tägliche Trockenfuttermenge in % der Biomasse
in Abhängigkeit von Wassertemperatur und Fischgröße:

Temperatur °C		**2-4**	**6-8**	**10-12**	**14-16**	**18-20**	**22-24**
Fischgröße in g	<1	1,3	2,2	3,1	4,0	2,2	1,1
	1-5	1,2	2,0	2,8	3,6	2,0	1,0
	5-10	1,1	1,8	2,5	3,2	1,8	0,9
	10-50	1,0	1,6	2,2	2,8	1,6	0,8
	50-100	0,9	1,4	1,9	2,4	1,4	0,7
	100-500	0,8	1,2	1,6	2,0	1,2	0,6
	500-1000	0,7	1,0	1,3	1,6	1,0	0,5
	1000-5000	0,6	0,8	1,0	1,2	0,8	0,4

Unter 2-3 °C sollte nicht mehr gefüttert werden, da kaum mehr ein Wachstum erfolgt, und bei Temperaturen über 16 °C muss die Fütterung reduziert werden, da fast immer zu wenig Sauerstoff für eine entsprechende Verdauung zur Verfügung steht. Verringert sich die Sauerstoffsättigung, so sollte im gleichen Prozentsatz die Fütterung reduziert werden. Bei der Verschlechterung der anderen Wasserparameter muss die Fütterung ebenfalls reduziert werden.
Die Erhaltungsration, bei der die Fische weder Gewicht verlieren noch zuwachsen, beträgt größen- und temperaturabhängig rund 0,1 %/Tag. Durch eine reduzierte Fütterung (0,4 %/Tag) während des ersten Winters kann der Anteil der frühreifen Fische um etwa 1/3 gesenkt werden.
Der Zeitpunkt und die Art der Fütterung haben einen erheblichen Einfluss auf die Futteraufnahme und -verwertung. Es wird kontinuierlich (2-8 mal täglich) über einen längeren Zeitraum gefüttert. Je kleiner die Fische sind, desto öfter muss gefüttert werden. Die Hauptfuttermengen sollten im Zeitraum der maximalen Aktivität gegeben werden (im Sommer morgens und abends und im Winter am Tag). Es ist wichtig, laufend die Futteraufnahme zu kontrollieren und die Fütterung gegebenenfalls zu unterbrechen, um einen Futterverlust und damit eine Verunreinigung des Wassers zu vermeiden. Einige Arten wie z.B. Saiblinge, brauchen 2-7 mal länger als Regenbogenforellen, um 80 % des Trockenfutters aufzunehmen, und das Futter wird teilweise erst vom Boden aufgenommen. Daher ist auch die Wasserstabilität des Futters wichtig. Verweilzeiten von bis zu einer halben Stunde müssen also ohne Qualitätsverlust der Pellets möglich sein.
Um ein starkes Auseinanderwachsen der Fische zu verringern, sollte das Futter möglichst großflächig verteilt werden. Eine Fütterung per Hand ermöglicht die Fische ständig zu kontrollieren und auf verändertes Verhalten schnell zu reagieren. Es hat jedoch den Nachteil, dass der Sauerstoffgehalt durch den erhöhten Sauerstoffbedarf nach der Fütterung oft stark abnimmt. Am zweckmäßigsten ist daher eine Fütterung mit Futterautomaten, die eine dosierte Futterverteilung während eines längeren Zeitraumes ermöglichen und damit zu einem günstigeren Zuwachs führen.
Der "Scharflinger" Uhrwerk-Bandautomat (für Brütlinge) gibt das Futter über ein Förderband fortlaufend, aber leider nur punktuell an einer Stelle ab und eignet sich daher nur für Aufzuchtbecken oder kleine Teiche. Mindestens ein Futterautomat sollte je 10.000-50.000 Brütlinge bzw. je 1.000-5.000 Setzlinge vorhanden sein.

Uhrwerk-Bandautomat für die Äschenaufzucht. (Foto: M. Hochleithner)

Solarbetriebener Futterautomat mit Streueinrichtung. (Foto: L. Csipek)

Elektronisch gesteuerte Futterautomaten ermöglichen ein exaktes Dosieren in beliebigen Intervallen und auch die gleichmäßigere Verteilung des Futters. Als optimal gelten Fütterungsintervalle von 15-30 Minuten. In Großbetrieben hat sich die computergesteuerte Fütterung durchgesetzt. In Hallen verwendet man auch auf Schienen stehende oder von der Decke hängende Automaten, die über die einzelnen Becken fahren und die jeweilige Menge Futter abgeben. Oder das Futter wird durch Leitungen zu den einzelnen Becken über eine Verteilereinheit mittels Wasserströmung oder Druckluft befördert.

Pendel-Selbstfütterer (die von wenigen Tieren oft zu 80 % bedient werden) sind nicht zu empfehlen und erhöhen den Futterquotienten und die Wasserbelastung um etwa 50-100 %.

Da der Sauerstoffgehalt der erste begrenzende Faktor ist und im Durchschnitt etwa 220 g O_2/kg verabreichtes Futter zur Verdauung benötigt werden, kann die Futtermenge, auch wie folgt grob berechnet werden – Sauerstoffgehalt des Einlaufwassers (z.B.: 10 mg/l) abzüglich Mindestsauerstoffgehalt im Ablaufwasser (empfohlen: 7 mg = 3 mg/l) ergibt umgerechnet auf den Tag (x 86,4) die verfügbare Sauerstoffmenge in g pro Tag (= 259,2 g). Dividiert durch den Sauerstoffbedarf für die Verdauung (220 g) ergibt die mögliche Futtermenge in kg je Sekundenliter Zulaufwasser und Tag (= 1,18 kg).

Der Futterquotient (kg Futter/kg Zuwachs) ist wesentlich von umsetzbarer Energie, Futterdarbietung und Sauerstoffgehalt (über 7 mg/l) abhängig. Er liegt für Setzlinge normalerweise unter 1 und steigt je nach Wassertemperatur, Futterdarbietung und Nährstoffgehalt und mit der Größe und dem Alter der Fische bis auf 2 an. Er kann aber auch innerhalb einer Art und Familie bis 10 % schwanken. Hohe Besatzdichten erhöhen auch den Futterquotient und verringern das Wachstum.

Generell nehmen mit steigender Fischgröße der Nährstoffbedarf und die Wachstumsrate ab. Die Produktionsdauer bis zum Speisefisch von 250-300 g dauert bei Forellen je nach Art, Fütterung und Wasserparameter meist 1-2 Jahre (ca. 4.000 Tagesgrade). Bei täglichen leichten Schwankungen der Wassertemperatur (im Bereich von 8-16 °C) im Tagesverlauf ist das Wachstum generell besser als bei ständig gleich bleibenden Temperaturen.

Bei einer Dauerbeleuchtung (200 Lux in der Nacht) wachsen Forellen etwa 10-30 % besser und haben einen niedrigeren Futterquotienten als bei normaler Tagesbeleuchtung. Sie wachsen mit 150 Lux bei rotem Licht (605 nm) etwas besser, sind bei blauem Licht (480 nm) aber weniger stressanfällig.

Aufgrund steigender Umweltauflagen für die Fischproduktion gewinnt der Nährstoffeintrag über das Futter in die Gewässer zunehmend an Bedeutung. Dabei ist die Höhe des Nährstoffeintrages wesentlich vom Futterquotienten und dem Phosphor- und Stickstoffgehalt des Futters abhängig. Die Energieverteilung ist eine Kennzahl zur Einschätzung der Höhe der Stickstoffeinleitung und kann somit zur ökologischen Beurteilung der Futtermittel herangezogen werden. Die Futtertypen müssen heute Umwelt, Gesundheit, Kondition und Speisefischqualität sowie Rentabilität der Fischproduktion gleichermaßen berücksichtigen.

Durchschnittliche Belastung des Wassers (kg)
in Abhängigkeit vom Berechnungsausgang:

Je Tonne	Futter	Bestand	Zuwachs
Phosphat	5-10	0,1-0,2	10-20
Stickstoff	20-40	0,4-0,8	60-80
Feststoffe	100-200	3,0-4,0	200-300

Je nach Zusammensetzung, Darbietung und Quotient des Futters können diese Werte jedoch um bis zu 50 % gesenkt werden. Bei der Verwendung von extrudiertem Futter sinken die Werte um etwa 30-40 %. In den festen Abfallstoffen (Hauptmasse der Partikel mit einer Größe von 65-75 µm), die als Schlamm anfallen, sind etwa 10-20 % des Stickstoffs (N) und 50-80 % des Phosphats (P) gebunden, sowie 20-30 % BSB_5 (ca. 0,8 kg).
Phosphat wird etwa zu 35 % (3-6 g/kg Futter) im Fisch gespeichert, 11 % werden über den Urin und 51 % über den Kot ausgeschieden. Stickstoff wird etwa zu 32 % im Fisch gespeichert, 53 % werden über die Kiemen und 12 % über den Kot ausgeschieden. Die jeweils verbleibenden 3 % sind Futterverluste und Staubanteile. Die Stickstoffausscheidung (ca. 80 % gelöstes Ammonium) ist etwa 4 Stunden nach der Fütterung am höchsten und beträgt etwa 3-4 mg/kg/h ohne Fütterung und 20-24 mg/kg/h bei normaler Fütterung (2 %/Tag). Die Kotausscheidung beträgt etwa 400 mg/kg/h und macht rund 1/3 des aufgenommenen Futters (auf die Trockensubstanz bezogen) aus.

WASSERREINIGUNG:

In jüngster Zeit sehen sich viele Betreiber von Fischzuchtanlagen auch mit Auflagen zur Reinigung der Ablaufwässer konfrontiert. Zur Reduktion der Schwebstoff-, Phosphor-, Stickstoff- und CSB-Belastung um etwa 75-95 %, 30-60 %, 20-30 % und 30-60 % eignen sich Absetz- bzw. Klärteiche, wobei je Tonne Produktion ein Absetzvolumen von mindestens 5 m^2 bzw. genauer eine Verweildauer des Wassers von mindestens 30 Minuten nötig ist. Alternativ eignet sich zur Reduktion der Schwebstoff-, Phosphor-, Stickstoff- und CSB-Belastung um etwa 75-95 %, 60-70 %, 20-30 % und 60-80 % Pflanzenkläranlagen, die mit Sand (1-2 mm) und im Ein- und Auslaufbereich mit Kies (15-30 mm) geschüttet und mit etwa 20 Schilftrieben (*Phragmites, Typha*) bepflanzt sind, wobei (bei einer Flächenbelastung von 5,0-9,0 g N und 0,5-1,0 g P/m^2/Tag) je Tonne Produktion eine Klärfläche von mindestens 10-30 m^2 und eine Verweildauer von mindestens 2-3 Stunden nötig ist.
Platzsparender sind mechanische Filteranlagen, wie Trommel-, Scheiben- oder Bandfilter, vorzugsweise mit einer Maschenweite von 40-60 Mikrometer (µm). Diese ermöglichen, je nach Wartung und Filtergewebe, eine Reduktion der Schwebstoff-, Phosphor-, Stickstoff- und CSB-Belastung um etwa 50-90 %, 40-80 %, 10-30 % und 20-60 %. Das anfallende Rückspülwasser (ca. 1 % des Durchflusswassers mit einem Feststoffgehalt von ca. 1.000 mg/l), kann dann in Sedimentationsbecken, mit mindestens 70 Grad Bodenneigung, geleitet und so der Wassergehalt bis auf 90 % reduziert werden. Alternativ kann mit Aluminium- oder Eisensalzen (60 mg/l) durch Rühren (20 UPM) binnen 10-20 Minuten eine Flockung der Feststoffe erreicht werden. Damit die Feststoffe nicht in kleinere Partikel zerschlagen werden, sollte der Weg bis zum mechanischen Filter möglichst kurz und ohne Verwirbelungen oder Abstürze sein. Durch den Einsatz von 0,3 % Guar-Gummi, einem linearen Polysaccharid (Galactomannan) aus der Indischen Klusterbohne (*Cyamopsis tetragonolobus*) als Kotbinder zum Trockenfutter, kann die Stabilität der Kotpartikel wesentlich erhöht, und somit der Auswascheffekt verringert werden. Das Volumen der Kotpartikel unter 100 µm kann so um ca. 50 % verringert und die Elastizität der Kotpartikel um bis zu 200 % erhöht werden.

Abscheidevermögen von Siebfiltern
in Abhängigkeit von Haltungsform und Maschenweite:
(Nach: Carlsen, 2008)

Haltung	Fließkanal			Rundbecken		
Masche	**40 µ**	**60 µ**	**90 µ**	**40 µ**	**60 µ**	**90 µ**
Total P	50-75	40-70	35-65	65-85	50-80	45-75
Total N	20-25	15-25	10-20	25-30	20-25	15-20
BSB_5	45-75	40-65	30-60	55-80	50-75	35-70
TSS	50-80	45-75	35-70	60-90	55-85	50-80

In Kreislaufanlagen zur Erbrütung (ohne biologische Reinigung) oder Transportbehältern können die Ammoniumkonzentrationen auch durch die Behandlung (6-18 h) mit Zeolith (um 60-80 %) oder temperaturabhängig mit Aktivkohle (um 20-40 %) reduziert werden. Eine Zugabe von 3-6 % Zeolith zum Fischfutter verbessert die Verdaulichkeit (um bis zu 20 %) und verringert die Anreicherung von Ammonium bzw. bindet die entstehenden Stoffe.
Kleinere Schwebstoffe (<50 µm) sowie Stickstoffverbindungen und Ölfilme können durch Flotation in Eiweißabschäumern entfernt werden.
Durch die geringe Reaktionszeit eignet sich Ozon (O_3) besonders für die Wasseraufbereitung (Desinfektion, Oxidation), Reduktion von Schwebstoffen (<20 µm) und Verbesserung der Nitrifikation in Kreislaufanlagen. Die empfohlene Dosis beträgt, je nach Fütterung und Wasserbelastung, etwa 15-25 g O_3/kg verwendetem Futter (ca. 0,10-0,30 mg/l Wasser bei einer Kontaktzeit von 3-1 Minuten). Zur genauen Dosierung eignet sich die Kontrolle über das Redoxpotential (ca. 250 mV). Die Einbringung kann über ozonresistente Injektoren, Keramikausströmer, oder Kontaktkammern (z.B.: Eiweißabschäumer), ähnlich wie beim Sauerstoff, erfolgen. Besonders zu beachten ist, dass Ozon auch bei sehr niedrigen Konzentrationen (von 0,01 mg O_3/l) noch für viele Lebewesen toxisch ist. Das Restozon muss daher wieder entfernt werden, z. B. durch UV-Bestrahlung (je nach Ozonkonzentration bei 0,1-0,4 mg/l ca. 50-150 mWs/cm^2).
Bei der Fütterung von hitzebehandeltem Fischmehl kommt es oft zu Verfärbungen des Kreislaufwassers, dies kann ebenfalls durch die Behandlung mit Ozon oder UV-Bestrahlung (254 nm) reduziert werden.
Für die Nitrifikation, also den aeroben Abbau von Ammonium zu Nitrit und weiter zu Nitrat, der durch Bakterien (*Nitrosomonas sp.*, *Nitrobacter sp.*, *Nitrospira sp.*) erfolgt, ist (bei etwa 14-16 °C) ein Biofilter mit einer Oberfläche von rund 3 m^2/g N (oder etwa 50-80 m^2/kg Futter) nötig.

Im Fließbett kann 60-80 % des Filtervolumens mit Filtermaterial geschüttet werden. Im Festbett oder Tropfkörper muss mit verringerter Reinigungsleistung bzw. mehr Filtermaterial (von 20-40 %) gerechnet werden. Da sich die nitrifizierenden Bakterien entwickeln und anpassen müssen, sollte die tägliche Fütterung keinen starken Schwankungen unterliegen (max. 10 %/Tag). Bei der Oxidation von 1,0 g Ammonium wird etwa 4,34 g Sauerstoff und 7,14 g Kalk verbraucht, und gleichzeitig 0,21 g Bakterienzellen, 4,43 g Nitrat und 1,98 g Säure produziert. Da von den nitrifizierenden Bakterien also etwa 7,14 g Kalk ($CaCO_3$) je Gramm oxidiertem Gesamt Ammonium-Stickstoff (NH_4-N) verbraucht wird, muss zur Stabilisierung des pH-Wertes dem System wieder Kalk zugeführt werden – dies erfolgt am einfachsten über Natriumbikarbonat ($NaHCO_3$). Durch die Zugabe von Hydratkalk ($Ca(OH)_2$) in einer Dosis von etwa 1,68 mg/l zum Kreislaufwasser kann der Gehalt an freiem Kohlendioxd um 1 mg/l reduziert und der pH-Wert erhöht werden.

Die Wasserumwälzung ist von der Besatzdichte aber auch vom Kohlendioxidgehalt abhängig und verdoppelt sich etwa je 1x/h je 25 kg/m^3. Um nicht stets die gesamte Wassermenge reinigen zu müssen, bietet sich ein Rundbecken mit 2 Abläufen (Boden- und Seitenablauf) an, wobei nur das Abwasser vom Bodenablauf (min. 10 %) gereinigt wird und das Umlaufwasser vom Seitenablauf (max. 90 %) nach einer Belüftung im Bypass wieder dem Fischbecken zugeführt wird.

Der Frischwasserbedarf in Kreislaufanlagen, der jedoch nicht vom System abhängt, sondern dazu dient, das Nitrat aus der Nitrifikation zu verringern, aber auch eine Geschmacksbeeinträchtigung durch Geosmin zu vermeiden, beträgt etwa 300-900 Liter/kg Futter.

Durch eine Denitrifikation, also den anaeroben Abbau von Nitrat zu gasförmigen Stickstoffverbindungen (N_2, N_2O, NO), kann der pH-Wert erhöht und der Frischwasserbedarf in Kreislaufanlagen weiter um rund 50 % verringert werden. Da sich die denitrifizierenden Bakterien hauptsächlich von organischer Kohle (Carbon) ernähren, bilden meist nur die von den Salmoniden nicht voll verwerteten Kohlenhydrate die Nahrungsgrundlage. Es sollte daher 50-100 g hydrolysierte Getreidestärke je kg verabreichtes Futter dem System zugeführt werden oder Fischfutter verwendet werden, das etwa 500 g Kohlenhydrate je kg enthält. Steht keine leicht abbaubare Substanz zur Ernährung der denitrifizierenden Bakterien zur Verfügung, kann alternativ auch Methanol (CH_3OH) als Kohlenstoffquelle zudosiert werden (3,5-4,0 g/g NO_3-N).

Wasserreinigung durch Trommelfilter am Ende einer Produktionsanlage. (Foto: A. Faivre)

Wasserentgasung und Sauerstoffanreicherung durch Prallteller. (Foto: M. Hochleithner)

WASSERQUALITÄT:

Das Wasser ist der wichtigste Faktor für die Produktion von Salmoniden. Bei der Auswahl eines Gewässers sind viele Einzelheiten, wie möglichst konstante Wasserführung, leichtes Gefälle, gute chemische Eigenschaften und geringe Temperaturschwankung zu berücksichtigen. Die Jahresdurchschnittstemperatur eines Standortes ist wesentlich von der geographischen Lage (Breitengrad) und der Höhenlage abhängig. Bei gleichem Breitengrad nimmt die Temperatur je 100 m ansteigende Höhe über dem Meeresspiegel durchschnittlich um 0,6-1,0 °C ab, und 1 °C zu- oder abnehmende Jahresdurchschnittstemperatur verlängert bzw. verkürzt die Vegetationszeit (frostfreie Tage) um rund 14 Tage.
Aus seuchenhygienischen Gründen ist Quell- oder Grundwasser zu bevorzugen. Quellwasser ist kühl, sauber und konstant, hat aber meist einen geringen Sauerstoffgehalt. Bei Wasser aus Oberflächengewässern können die Wasserführung im Jahresverlauf und bei starken Beständen an Wasserpflanzen der Sauerstoffgehalt im Tagesverlauf stark schwanken. Auch Schwebstoffe und Geschiebe werden oft mitgeführt. Für die Vorreinigung geringerer Wassermengen für das Bruthaus eignen sich ein Wirbelseparator und ein bis zwei anschließende Filterkammern mit Holzwolle oder ein Sandfilter zur Absonderung der Schwebstoffe, je nach Filtersand bis zu einer Partikelgröße von 30 µm.
Die Sauerstoffsättigungskonzentration, die von Temperatur und Salzgehalt, sowie Druck und Höhe abhängig ist, beträgt bei Süßwasser und Meereshöhe (760 mm Hg Luftdruck) etwa bei 5 °C rund 12,8 mg, bei 10 °C 11,3 mg, bei 15 °C 10,1 und bei 20 °C noch rund 9,1 mg/l (siehe Tab.). Besonders zu beachten ist, dass Salmoniden wenig tolerant gegen geringe Sauerstoffgehalte sind. Mit steigender Temperatur und Salinität sinkt der Sauerstoffgehalt im Wasser und gleichzeitig steigt der Sauerstoffbedarf der Fische. Bei einer Salinität von 7,5 ‰ ist der Sauerstoffverbrauch am geringsten, bei 0 ‰ und 15 ‰ etwas erhöht und bei 30 ‰ am höchsten. Der Sauerstoffverbrauch ist auch wesentlich von Fischgröße, Aktivität, Futter und Fütterung abhängig. Ein unzureichender Sauerstoffgehalt des Wassers (unter 7 mg/l) macht sich in jedem Fall durch eine Verschlechterung der Futterverwertung und des Wachstums, sowie in Form einer erhöhten Wasserbelastung bemerkbar.
Im Vergleich zu 8 mg O_2/l bei 12-15 °C erhöht sich der Futteraufwand und sinkt das Wachstum bei einem Sauerstoffgehalt von 6 mg/l um ca. 6-7 % und bei 4 mg/l um 24-26 %. Unter 6 mg/l ist auch die Futteraufnahme reduziert. Ein Sammeln der Fische beim Einlauf ist meist ein kritisches Anzeichen für schlechte Sauerstoffwerte (unter 5 mg/l). Notatmung setzt

ab 4 mg/l ein und Sauerstoffgehalte unter 3 mg/l führen im Falle eines plötzlichen Absinkens bei Salmoniden zum Tod. Bei allmählicher Anpassung können auch noch etwas niedrigere Werte überlebt werden.

Reduktion der Wachstumsrate (%)
in Abhängigkeit vom Sauerstoffgehalt:
(Nach: Pennell et Barton, 1996)

O2 Gehalt (mg/l)	7	6	5	4	3
Königslachs	1	7	16	29	47
Silberlachs	1	4	11	21	37
Rotlachs	2	6	12	22	33
Regenbogenforelle	5	9	17	25	37
Bachforelle	1	6	13	23	36
Seesaibling	2	7	16	29	47

Sauerstoffgehalt des Wassers
bei Sättigung auf Meereshöhe und Normaldruck 1013 hPa (760 Torr),
in Abhängigkeit von Wassertemperatur und Salzgehalt:

Temp.	Salinität ‰							
°C	0	5	10	15	20	25	30	35
0	14,64	14,1	13,6	13,1	12,7	12,3	11,9	11,5
1	14,23	13,7	13,3	12,8	12,4	12,0	11,6	11,2
2	13,83	13,4	12,9	12,5	12,1	11,7	11,3	10,9
3	13,45	13,0	12,6	12,2	11,8	11,4	11,0	10,6
4	13,03	12,7	12,3	11,9	11,5	11,1	10,7	10,4
5	12,75	12,3	11,9	11,6	11,2	10,8	10,5	10,1
6	12,42	12,0	11,6	11,3	10,9	10,6	10,2	9,9
7	12,11	11,7	11,4	11,0	10,7	10,3	10,0	9,7
8	11,81	11,5	11,1	10,7	10,4	10,1	9,8	9,4
9	11,53	11,2	10,8	10,5	10,2	9,8	9,5	9,2
10	11,25	10,9	10,6	10,3	9,9	9,6	9,3	9,0
11	10,99	10,7	10,6	10,0	9,7	9,4	9,1	8,8
12	10,75	10,4	10,1	9,8	9,5	9,2	8,9	8,6
13	10,51	10,2	9,9	9,6	9,2	9,0	8,7	8,4
14	10,28	10,0	9,7	9,4	9,1	8,8	8,6	8,3
15	10,06	9,8	9,5	9,1	8,9	8,6	8,4	8,1
16	9,85	9,6	9,3	9,0	8,7	8,5	8,2	8,0
17	9,64	9,4	9,1	8,8	8,6	8,3	8,1	7,8
18	9,45	9,2	8,9	8,6	8,4	8,1	7,9	7,7
19	9,26	9,0	8,7	8,5	8,2	8,0	7,7	7,5
20	9,08	8,8	8,6	8,3	8,1	7,8	7,6	7,4

Als Richtwert für eine intensive Produktion (ohne Belüftung) gilt ein Fischbestand von 100 t je m^3/s und ha. Der aus der Luft ins Wasser diffundiert Sauerstoff entspricht dem Frischwasserzulauf von etwa einem Sekundenliter je 100 m^2, da aber, je nach Belastung, etwa ebensoviel von den Mikroorganismen im Teich verbraucht wird, steht dieser wiederum gewöhnlich nicht zur Verfügung.
Der Sauerstoffgehalt ist der erste begrenzende Faktor für die Produktion, daher sollte er regelmäßig überwacht und falls nötig durch Belüftung auch erhöht werden. Ein wichtiger und willkommener Nebeneffekt der Belüftung mit Luft ist der Austrag anderer Gase (CO_2), die beispielsweise schon im Zulaufwasser vorhanden sind oder von den Fischen ins Wasser ausgeschieden werden. Grundsätzlich gilt, je niedriger die Sauerstoffsättigung im Wasser, desto effektiver ist die Belüftung.
Der Wirkungsgrad bei der Belüftung mit Luft (ca. 21 % Sauerstoff) über Ausströmer liegt bei einer Einblastiefe von einem Meter bei ca. 3 %. Effektiver als Ausströmer sind im Wasser installierte Belüfter, z.B.: Injektorbelüfter für Teiche, die eine Strömung erzeugen und von oben Luft oder reinen Sauerstoff ansaugen und im Wasser verwirbeln oder Propellerbelüfter für Fließkanäle, die Wasser ansaugen und nach oben in der Luft verspritzen. Zur Belüftung und Förderung von (Tiefen-) Wasser (für Netzgehegeanlagen) eignet sich ein hydropneumatischer Höhenförderer (Mammutpumpe) gut. Dabei wird zweckmäßigerweise in ein Rohr das einen Durchmesser von 100-120 mm hat, etwa 10-50 m^3 Luft pro Stunde über Düsen (nicht Ausströmer) eingeblasen. Bei einem Verhältnis Einblastiefe zu Förderhöhe von 10:1 wird durch die aufsteigenden Blasen etwa ebensoviel Wasser wie Luft hoch befördert. Über Luftmenge und Ausströmtiefe lassen sich Fördermenge und Sauerstoffanreicherung auch weitgehend regeln. Wegen des höheren Widerstandes bzw. der geringeren Wasserdurchlässigkeit im Rohr, fördern größere Bläschen dabei mehr Wasser als kleinere und kleinere Rohre im Verhältnis zum Durchmesser, mehr als größere.
Das U-Rohr ermöglicht die Anreicherung von Wasser mit Luft oder Sauerstoff ohne zusätzlichen Energieaufwand. Das Wasser fließt in einem U-förmigen oder doppelwandigen Rohr, das senkrecht in den Boden eingelassen ist, nach unten, im oberen Bereich wird Sauerstoff über einen Ausströmer eingetragen oder Luft angesaugt und die Gasbläschen werden mit dem absteigenden Wasser nach unten transportiert und lösen sich nach und nach auf, anschließend steigt das gesättigte Wasser wieder nach oben. Damit die Gasbläschen mitgerissen werden und die Verweildauer möglichst lange ist, sollte das Rohr so dimensioniert sein, dass die Fließgeschwindigkeit etwa 1 m/s beträgt.

In letzter Zeit werden für die intensive Produktion meist Systeme verwendet, die reinen Sauerstoff (Flüssigsauerstofftanks oder mit einem Generator vor Ort produziert) eintragen. Dabei wird der Sauerstoff oft zu über 90 % ausgenützt. Ohne die vorherige Entfernung anderer Gase (Stickstoff und Kohlendioxid), kann es dabei jedoch zu einer Gesamtgasübersättigung kommen. Mehr als 15 mg/l sollte der Sauerstoffgehalt jedenfalls auch nicht betragen, denn Salmoniden scheiden etwa 1,4 mg CO_2 je mg verbrauchten Sauerstoff aus und die Zunahme des Kohlendioxidgehalts verringert den pH-Wert und dieser verringert wiederum den Ammoniakgehalt (und verringert die Nitrifikation in Kreislaufanlagen).
Der Betrieb der Belüfter kann über eine Zeitschaltuhr geregelt werden. Seit einiger Zeit werden auch computergestützte Systeme eingesetzt, die die Wasserparameter messen und über angeschlossene Geräte (z.B.: Belüfter, Pumpen usw.) regeln und steuern. Dabei können auch die spezifischen Tagesrythmen (z.B.: Absinken des Sauerstoffgehalts nach Fütterung) vermieden werden.
Der Einsatz von Sauerstoffeintragungsgeräten ermöglicht es, den Frischwasserbedarf um bis zu 80 % zu verringern – damit wird auch der Einsatz von Filtern wirtschaftlicher. In Kreislaufanlagen beträgt der Mindestzufluss an mit Sauerstoff angereichertem Wasser etwa 0,1-0,3 l/min/kg Fisch. In derartigen Produktionsanlagen wird dann der vom Futter und den Ausscheidungen abhängige Ammoniumgehalt bzw. die pH-bedingte Ammoniakkonzentration im Wasser zum begrenzenden Faktor.
Im Wasser sind neben Sauerstoff auch andere Gase (wie Stickstoff und Kohlendioxid) gelöst, die sich prinzipiell gegenseitig verdrängen können. Wichtig neben der Sättigung einzelner Gase ist dabei die Gesamtgassättigung, die eine Aussage darüber gibt, wie stark das Wasser insgesamt mit Gasen gesättigt ist.
Bei Gasübersättigung (N_2, CO_2), empfiehlt es sich das Wasser möglichst fein in der Luft zu zerstäuben, um eine Gasblasenkrankheit zu verhindern (meist bei Quell- oder Grundwasser). Dabei ist die Luftaustauschrate entscheidend: je länger und großflächiger Wasser mit Luft in Kontakt kommt, desto besser können Sauerstoff ein- und vorhandene andere Gase ausgetragen werden. Gut bewährt haben sich (3-5 m hohe) Rohr-Gitterkaskaden, die alle 0,3-0,5 m ein Prallgitter haben und bei denen der Durchfluss maximal 3-5 Sekundenliter je Quadratmeter beträgt, oder (2 m hohe) Füllkörper- säulen, bei denen der Durchfluss nicht mehr als 1-2 Sekundenliter je Kubikmeter betragen sollte. Dabei kann eine Zwangsbelüftung (Luft zu Wasser ca. 5:1) oder eine Vakuumabsaugung (0,5-0,7 bar) die Effizienz um etwa das doppelte steigern (Eliminierung ca. 30 %/m Füllkörpersäule).

Da in Rohrleitungen bei einer Temperatursteigerung um ein Grad Celsius der Gesamtgasdruck um ca. 2 % zunimmt, sollte zur Entspannung des Wassers die Zuführung stets in offenen Kanälen erfolgen. Um die Bildung von Stickstoffbläschen im Blut zu verhindern, müssen Fische je Prozent Gasübersättigung zur Ausgleichstiefe etwa 10 cm tiefer tauchen.

Sauerstoffverbrauch von Lachsen in mg/kg/h
bei normalem Aktivitätsstoffwechsel:
(Nach: Dykes, 2007)

Fischgewicht in g		1	5	10	50	100	500	1000	5000
Temperatur °C	4	185	136	118	86	76	74	65	47
	6	245	179	157	115	100	98	85	62
	8	317	232	203	149	120	127	110	82
	10	403	295	257	188	165	161	140	103
	12	464	340	297	218	190	185	162	119
	14	534	391	341	250	219	213	186	137
	16	608	444	389	284	248	242	212	155
	18	686	502	439	321	281	274	240	175

Sauerstoffverbrauch von Forellen in mg/kg/h
bei normalem Aktivitätsstoffwechsel:
(Nach: Danecker, 1973)

Fischgewicht in g		0,25	1	20	100	250
Temperatur °C	5	251	190	105	76	63
	10	488	370	204	148	122
	15	830	630	347	252	208
	20	1320	1000	550	400	330

Haltungsmenge (kg) an Forellen je l/s mit 100 % Sättigung
bei 5 mg O_2/l im Auslauf und 500 m Seehöhe*:

Fischgewicht in g		0,3-1,0	10-30	100-300
Temperatur °C	5	125	250	450
	10	60	125	200
	15	30	75	100
	20	15	30	50

* Je 100 m Höhenunterschied ca. 3 % Zu- bzw. Abschlag! (Nach: Danecker, 1973)

Wasserqualitätskriterien für Salmoniden
bei langfristiger Haltung:

Parameter	Grenzwerte	Anmerkungen
Temperatur	4 - 16 Grad Celsius	
pH-Wert	6,0 - 8,0	
Leitfähigkeit (bei 25 °C)	> 90,0 µS	(SBV x 90 = Mikrosiemens b. 20 °C)
Säurekapazität (SBV)*	1 - 8 mval/l	(x 0,5 mmol = Erdalkaliionen)
Gesamthärte ($CaCO_3$)	> 50,0 mg/l	
Oxidierbarkeit ($KMnO_4$)	< 20,0 mg/l	(Kaliumpermanganatverbrauch)
Sauerstoffzehrung (BSB_2)	< 4,0 mg/l	(x 1,85 = BSB_5)
Sauerstoffkonzentration (O_2)	> 7,0 mg/l	
Kohlendioxyd (CO_2)	< 10,0 mg/l	
Stickstoff (N_2)	< 103 % Gassättigung	(Differenz 15 mm Hg)
Nitrat (NO_3)	< 100,0 mg/l	
Nitrit (NO_2)	< 0,10 mg/l	(0,2 in hartem Wasser SBV >2)
Ammonium (NH_4)	< 0,10 mg/l	
Ammoniak (NH_3)	< 0,01 mg/l	
Schwefelwasserstoff (H_2S)	< 0,001 mg/l	
Ozon (O_3)	< 0,001 mg/l	
Chlor (Cl_2)	< 0,01 mg/l	
Eisen (Fe)	< 0,50 mg/l	
Aluminium (Al)	< 0,10 mg/l	
Kobalt (Co)	< 0,10 mg/l	
Mangan (Mn)	< 0,10 mg/l	
Nickel (Ni)	< 0,10 mg/l	
Arsen (As)	< 0,01 mg/l	
Chrom (Cr)	< 0,01 mg/l	
Blei (Pb)	< 0,01 mg/l	(0,03 in hartem Wasser SBV >2)
Kupfer (Cu)	< 0,01 mg/l	(0,03 in hartem Wasser SBV >2)
Zink (Zn)	< 0,01 mg/l	(0,03 in hartem Wasser SBV >2)
Kadmium (Cd)	< 0,001 mg/l	
Quecksilber (Hg)	< 0,001 mg/l	
Silber (Ag)	< 0,001 mg/l	
Selen (Se)	< 0,001 mg/l	
Zyanid (Cn)	< 0,001 mg/l	
Chlorid (Cl)	< 50,0 mg/l	
Sulfat (SO_4)	< 100,0 mg/l	
Absetzbare Stoffe	< 10,0 mg/l	

* früher SäureBindungsVermögen x 2,8 = °dH (Karbonathärte),
1 °dH = 10,00 mg CaO/l = 17,86 mg $CaCO_3$/l = 7,10 mg MgO/l = 15,00 mg $MgCO_3$/l.

Die Schädlichkeitsgrenze der einzelnen Parameter hängt auch von der Wassertemperatur ab und kann bis um das 3-fache schwanken, ist jedoch auch je nach Größe und Alter der Fische unterschiedlich. Eier sind relativ unempfindlich, generell steigt die Empfindlichkeit bei Jungfischen, nimmt jedoch mit dem Wachstum der Fische wieder ab. Neben der Temperatur beeinflusst jedoch auch der pH-Wert (*potentia Hydrogenii*) stark die Wirksamkeit bzw. Toxizität von Wasserinhaltsstoffen, wie Ammoniak, Nitrit, Metallen, Schwefelwasserstoff, Herbiziden und Insektiziden. So steigt der Ammoniakgehalt temperaturabhängig mit dem pH-Wert und der pH-Wert sinkt wiederum mit dem CO_2 Gehalt. Bei 10-15 °C liegt bei einem pH-Wert von 7 nur 0,2-0,3 % des Ammonium als Ammoniak vor, bei pH 8 bereits 2-3 % und bei pH 9 schon 15-20 %.
Normale Ausscheidung (Exkretion) des beim Eiweißabbau entstehenden Ammoniumstickstoff über die Kiemen ist nur möglich, wenn der pH-Wert des Wassers gleich oder kleiner ist als jener des Blutes (pH 7,3-7,5). Unter diesen Bedingungen diffundiert Ammonium ungehindert aus dem Blut ins Wasser, selbst gegen höhere Ammoniumgehalte. Ist aber der pH-Wert des Wassers höher als jener des Blutes, wird mit steigendem pH-Wert die Diffusion des Ammoniums aus dem Blut bis zur vollständigen Blockade (pH 10,5) vermindert. Ist der pH-Wert im Wasser höher als jener des Blutes und tritt gleichzeitig auch Ammonium im Wasser auf, so nimmt mit steigendem pH-Wert auch der Anteil des giftigen Ammoniaks zu. Die Ammoniumausscheidung aus den Kiemen ist dabei zunehmend nicht mehr möglich und es diffundiert Ammoniak aus dem Wasser über die Kiemen ins Blut. In beiden Fällen erfolgt eine Akkumulation im Fisch und es kann zu einer Kiemennekrose und schließlich zu einer Ammoniakvergiftung kommen. Der Effekt von Ammoniak kann jedoch durch die gleiche Menge an Natrium reduziert werden.
Die Toxizität von Nitrit (NO_2) hängt ebenfalls von der Zusammensetzung des Wassers, insbesondere von der Chloridkonzentration (Cl-) im Wasser ab. Dieser Effekt beruht auf einer Konkurrenz zwischen Chlorid und Nitrit um die Aufnahme über die Kiemen. Der pH-Wert scheint im Bereich zwischen 5-10 wenig Einfluss auf die Toxizität von Nitrit zu haben. Bei Schädigungen durch NO_2, welche sich durch bräunliche Kiemen und Methämoglobinämie äußert, kann 25 mg/l Kalziumchlorid ($CaCl_2$) oder 250 mg/l Kochsalz (NaCl) zur Therapie eingesetzt werden. Freies Chlor lässt sich durch die Zugabe von Natriumsulfid in einer Dosis von 0,2-0,3 mg/l sofort entfernen.

KRANKHEITSBEHANDLUNG:

Hygiene ist eine wesentliche Anforderung in der Fischzucht. Verendete Tiere und Futterreste sind mindestens täglich zu entfernen.
Da sich an den Wänden der Aufzuchtbecken zu 80 % auch Bakterien ansiedeln, die für entzündliche Vorgänge in den Kiemen (Kiemenschwellung) verantwortlich sind, sollten Becken bei Jungfischen alle 6-8 Wochen komplett gereinigt werden. Alle Geräte sind regelmäßig mit geeigneten Mitteln (10 %igen Formalin) zu desinfizieren. Bei Becken kann die Desinfektionslösung (0,3-0,5 l/m^2) gut mit einer Gießkanne verteilt, aufgebracht werden. Die Einwirkzeit ist temperaturabhängig und sollte mindestens 30 min bei 20 °C, 60 min bei 12 °C, oder 150 min bei 4 °C betragen.
Um die Verbreitung von Krankheiten zu verringern sollten auch alle Transportbehälter regelmäßig desinfiziert werden, z. B. mit Chlor (100-200 mg/l) mit einer Einwirkzeit von mindestens 30 Minuten.
Teiche werden gegen die Drehkrankheit nach dem Abfischen sofort mit 1 kg Brantkalk je m^2 desinfiziert, allerdings muss der Teich (um keinen zu hohen pH-Wert zu erhalten) vor einem neuen Besatz 2-6 Wochen lang gefüllt und dann nochmals abgelassen werden.
Grundsätzlich muss festgehalten werden, dass bei "vernünftiger" Haltung der Fische unter guten Bedingungen viele Krankheiten erst gar nicht auftreten. Vor allem bei schlechten Haltungsbedingungen unter intensiven Produktionsbedingungen kann es daher zum Auftreten von Krankheiten kommen. Diese sollten, wenn möglich, unmittelbar bekämpft werden, langfristig sind die Haltungsbedingungen zu verbessern. Das Vorliegen einer Erkrankung kann oft schon am veränderten Verhalten der Fische (Fressunlust, Aggressivität, Schwimmen) festgestellt werden.
Furunkulose tritt zum Beispiel bei allen Salmoniden bei geringem Sauerstoffgehalt und starker Fütterung meist ab 16 °C auf. Wenn möglich sollten die Wassertemperatur und der Sauerstoffgehalt daher stets um den Optimalbereich liegen. Weiters sollte das Hantieren, welches die Fische stresst, nicht zum Zeitpunkt kritischer diesbezüglicher Werte durchgeführt werden. Oft ist die Mortalität durch schleichende Verluste ökonomisch viel gravierender als jene bei Massensterben.
Bei der Verwendung von Chemikalien oder Medikamenten sollte man zur Vorsicht erst einen Test mit einer kleinen Menge (10 Stück) ausprobieren.
Bei größeren Krankheitsproblemen sollte man unbedingt den Fischgesundheitsdienst um Rat fragen, bzw. einige Lebendfische zur Untersuchung einschicken. Einige Medikamente sind ohnedies nur über den Tierarzt (verschreibungspflichtig) erhältlich.

Behandlung gegen verschiedene Parasiten
bei positiver Diagnose:

Erreger	Chemikalie	Konzentration	Dauer
Ektoparasiten			
Einzeller	Kochsalz (NaCl)	1,0-2,0 %	für 1 Stunde
– „ –	Formalin (36 %ig)	300 ppm	für 1 Stunde
– „ –	Wasserstoffperoxyd	100 ppm	für 1 Stunde
– „ –	Detarox AP	20 ppm	für 1 Stunde
– „ –	Chloramin T	10-20 ppm	für 1 Stunde
– „ –	Kaliumpermanganat	10 ppm	für 1 Stunde
– „ –	Trypaflavin	10 ppm	für 1 Stunde
– „ –	Methylenblau	5 ppm	für 1 Stunde
Chilodonella	Formalin (36 %ig)	20 ppm	für 24 Stunden
Costia	Chlorkalk	2 ppm	für 1 Stunde
Trichodina	Kaliumpermanganat	100 ppm	für 10 Minuten
Scyphidia	Kupfersulfat	1-5 ppm	für 1 Stunde
Apiosoma	Malachitgrün	1 ppm	für 2 Stunden
Ichthyophthirius	Malachitgrün	0,1 ppm	für 24 Stunden
Gyrodactylus	Formalin (36 %ig)	20 ppm	für 24 Stunden
Dactylogyrus	Formalin (36 %ig)	300 ppm	für 1 Stunde
Piscicola	Brandtkalk	2000 ppm	für 10 Sekunden
Ergasilus	Masoten	0,5 ppm	für 5 Minuten
Argulus	Diflubenzuron	20 g/100 kg Futter	für 14 Tage
Endoparasiten			
Myxosporiden	Fumagillin	100 g/100 kg Futter	1 x für 10 Tage
Hexamitis	Emtrysidin	1500 g/100 kg Futter	1 x für 5 Tage
Bandwürmer	Mansonil	500 g/100 kg Futter	1 x für 3 Tage
Kratzer	Butyl-Zinnoxid	25 g/100 kg Futter	2 x für 4 Tage

Abkürzungen: ppm = **p**art **p**er **m**illion (Teil pro Million) = 1 g bzw. 1 ml/m^3 bzw. 1 mg/l.

Achtung: *Einige Mittel sind in manchen Ländern nicht mehr zulässig oder nur über den Tierarzt per Verschreibung erhältlich.*
Da Malachitgrün in Verdacht steht, Krebs zu begünstigen, ist die Anwendung an Fischen, die später für den menschlichen Verzehr bestimmt sind, in vielen Ländern verboten!

Bakterienkrankheiten können mit Antibiotika (verschreibungspflichtig) behandelt werden, allerdings wird auf die Angabe von Antibiotika zur prophylaktischen Behandlung bewusst verzichtet, da dies bei unsachgemäßer Anwendung nur zu unerwünschter Resistenz- bildung führen würde. Wenden Sie sich bitte an den für Sie zuständigen Fischgesundheitsdienst (siehe Anhang).
Viruserkrankheiten können nicht direkt behandelt werden, allerdings sind generell alle tierseuchenrechtlichen Bestimmungen zu beachten.

Gegen Bakterienkrankheiten (Furunkulose, Nierenkrankheit, Rickettsien, Rotmaulseuche, Vibriose, siehe Anhang) bewährte sich zur Vorbeugung eine Schutzimpfung (Vakzine) als Tauchbad (1 l/100 kg Fisch, ab ca. 5 g) oder Injektion (0,1 ml/Fisch, ab ca. 25 g). Bei einer höheren Überlebensrate (ab ca. 2 %) amortisieren sich die Kosten dafür wieder schnell und die Einsparung von Antibiotika reduziert die Produktionskosten (bis 20 %).
Gegen Viruskrankheiten (HVS, IHN, IPN, siehe Anhang) wird seit kurzem auch ein Lebendimpfstoff verwendet bzw. an einer genetischen Immunisierung gearbeitet.
Durch UV-Bestrahlung (254 nm) des Wassers können Parasiten, Bakterien und Viren abgetötet werden. Bei einer Dosis von 20-30 mWs/cm^2 etwa VHS- und IHN-Viren, sowie *Aeromonas, Bacilus, Pseudomonas, Vibrio, Sarcina, Saprolegnia, Ceratomyxa, Myxosoma,* und bei einer Dosis von 100-300 mWs/cm^2 etwa ISA- und IPN-Viren, sowie *Costia, Trichodina, Ichthyophthirius.* Zur 90 %igen Reduzierung reicht etwa die Hälfte bis ein Drittel der Dosis aus. Zu beachten ist aber, dass mit der Trübung im Wasser auch die Absorption der Strahlung von 3 auf 60 %/cm Bestrahlungstiefe steigen kann.
Um prophylaktisch vorzubeugen, einzellige Außenparasiten oder Kiemenschwellung (durch Myxobakterien) zu bekämpfen, bietet sich in den meisten Fällen an, eine Behandlung mit Salz (2 % für 1 h) oder Formalin (300 ppm für 1 h) durchzuführen. Während des Behandlungsbades werden die Fische beobachtet, um im Fall von Stressreaktionen frisches Wasser beizufügen oder gegebenenfalls die Behandlung zu unterbrechen. Da Salz eine starke Schleimabsonderung hervorruft, in der sich meist die Parasiten befinden, ist es besser das Bad in einem großen Transportbehälter oder ähnlichem durchzuführen und das Behandlungswasser anschließend zu entfernen. Während des Bades kann das Haltungbecken gereinigt und eventuell desinfiziert werden. Zur Vorbeugung gegen einzellige Außenparasiten kann auch während eines Transportes 1 % Salz (NaCl) zugesetzt werden.
Bei ungünstigen Haltungsbedingungen während der Erbrütung, wie z.B. ungenügender Wasseraustausch und die Ansammlung von Stickstoffverbindungen, können auch umweltbedingte Erkrankungen auftreten. Die Brütlinge zeigen dann meist weißliche Flecken am Dottersack oder der Dottersack ist vergrößert und mit einer oft bläulichen Flüssigkeit gefüllt, zusätzlich treten auch Blutungen (Hämorrhagien) oder Glotzaugen (Exophthalmus) auf. Die erkrankten Tiere sondern sich ab und sind meist heller gefärbt. Auch eine zu grobe Behandlung kann durch Eiweißgerinnung zu weißen Flecken im Dotter der Eier und Brut führen.

SORTIEREN:

Ein wichtiges Kriterium für optimales Wachstum ist die Größenzusammensetzung der gehaltenen Fische. Speziell bei der Fütterung mit Trockenfutter bilden sich bei den Jungfischen innerhalb von Wochen signifikante Größenunterschiede. Aber auch in den folgenden Monaten lässt sich ein Auseinanderwachsen der Fische (durch unterschiedliches Erbgut) immer wieder beobachten. Die Folge, gerade bei punktueller Fütterung, ist, dass nur die dominanten Fische an das Futter gelangen und sich somit die Größendifferenzen verstärken, was bis hin zu erhöhter Mortalität der schwachen Tiere führen kann. Zur Vermeidung solcher teilweise haltungsbedingten Probleme ist eine regelmäßige Sortierung der Tiere in verschiedene Größenklassen notwendig. Meist wird nach Größe in ca. 2-3 Klassen sortiert. Innerhalb einer Größenklasse sollten die Abweichungen nicht mehr als 20 % nach oben und unten betragen. Bei den frühen Lebensstadien wird aus den Becken bei Bedarf sortiert, um die Größenverteilung möglichst einheitlich zu halten. Die Sortierung in einzelne Größenklassen hat eindeutig eine positive Auswirkung auf Wachstum und Mortalität, und sollte alle 2-6 Monate bzw. je nach Wachstum durchgeführt werden. Grundsätzlich gilt – je intensiver die Produktion, desto öfter sollte sortiert werden. In den Naturteichen ist eine geordnete Sortierung natürlich nur beim Besatz und der (herbstlichen) Abfischung möglich. Bei den Lachsen werden die Jungfische meist im ersten Herbst in zwei Größenklassen sortiert. Die kleinere Klasse wird gewöhnlich als Parr preisgünstig für Besatzmaßnahmen verkauft. Die größere Klasse (ca. 65-75 %) wird im darauf folgenden Frühjahr als Smolt (mit 35-45 g) bei einer Besatzdichte von 15-20 Stück/m³ in Meerwassergehege umgesetzt. Nach einem Winter im Meerwasser werden im Frühjahr bis Sommer die Fische der Größe nach sortiert, in potentielle Grilse und Lachse. Im Herbst werden dann die Grilse, die bis zu 30 % des Bestandes ausmachen können, mit 2-3 kg und im Winter die Lachse mit 3-5 kg abgefischt.

Für die Sortierung haben sich verschiedene Methoden etabliert. Die Futtergabe wird einen Tag vor der geplanten Sortierung abgesetzt, damit die Tiere einen reduzierten Sauerstoffbedarf haben und weniger stressanfällig sind. Wichtig ist die exakte Dokumentation der Mengen, da die Daten die Basis für die weiteren Berechnungen darstellen.

Für kleinere Mengen an Setzlingen hat sich der Sortierrahmen bewährt. Dieser meist schwimmfähige quadratische Rahmen aus Holz (ca. 40 x 40 x 20 cm) mit runden Gitterstäben an der Unterseite, lässt sich durch Scharniere zu einer Raute verschieben und so der Abstand zwischen den

Gitterstäben einstellen. In den in ein Becken eingelegten Rahmen wird ein Kescher Fische geleert, diese versuchen nun durch den Zwischenraum der Gitterstäbe hindurchzuschwimmen, die Größeren werden dabei jedoch durch die größere Körperbreite zurückgehalten und in ein direkt daneben befindliches Becken umgesetzt.
Eine einfache, nach dem selben Prinzip arbeitende Methode für Fliesskanäle ist der Einsatz eines Rahmens mit runden Gitterstäben zwischen zwei Abteilungen. Mit einem Zugnetz werden die Fische vom unteren Abteil zum Sortiergitter gedrängt, die kleineren Fische können so nun gegen die Strömung ins neue Abteil schwimmen, während die größeren daran gehindert werden. Ein möglichst heller Untergrund beim Zugnetz (den die Fische meiden) beschleunigt diesen Sortiervorgang, mit dem sich jedoch oft nicht vollständig sortieren lässt.
In moderneren Betrieben sind heute meist elektrisch betriebene Sortiermaschinen mit einer Kapazität von 1-5 t/h im Einsatz. Diese meist auf Anhängern mit Rädern montierten Maschinen haben zwei leicht geneigte V-förmige Seitenwände mit rotierenden Rollen oder Förderbänder deren Abstand sich einstellen lässt und zum Ende hin immer breiter wird. Die in den Einlauftrichter geleerten Fische werden durch Wasser feucht gehalten und fallen, wenn der Abstand der Roste größer wird als die Körperbreite in mehrere einstellbare Bereiche durch. Von dort gelangen sie meist über Rohrleitungen wieder in verschiedene Haltungseinheiten. Angeschlossene elektronische Zählsysteme erfassen (10.000-50.000 Stück/h) die genauen Stückzahlen durch ein Lesegerät.
Für das Überwinden von Höhen bis 4 m (zur Sortiermaschine) verwendet man eine im 45 Grad Winkel aufgestellte (Archimedische) Förderschnecke. Die Fische werden mit einem Zugnetz zum unter Wasser befindlichen unteren Ende der Schnecke gedrängt. Durch eine, mit einem großen Rohr rotierende Schnecke, werden sie nun mit Wasser nach oben befördert.
Weiters verwendet man Vakuumpumpen, die die zusammengedrängten Fische (bis 3 kg Stückgewicht) mit Wasser in einen Kessel (bis 6 m Höhe) ansaugen und dann oft das Wasser durch einen Separator (Gitterstäbe) trennen, anschließend rutschen die Fische (bis 15 t/h) meist in einen Behälter einer elektronischen Waage und weiter in die Sortiermaschine, in einen Transportbehälter oder zur Schlachtung.
Bei Großbetrieben läuft der gesamte Vorgang fast vollautomatisch durch elektronische Systeme geregelt ab. Werden alle Aspekte (Gefälle, Entfernungen) durchdacht und bei der Planung einer Anlage von vornherein berücksichtigt, so kann man sich dabei sehr viel Arbeit und den Fischen etwas Stress ersparen.

Sortiermaschine mit Förderschnecke in einer Produktionsanlage. (Foto: A. Faivre)

Innerbetrieblicher Transportbehälter für den Hubstapler. (Foto: G. Hrastinger)

TRANSPORT:

Für den Transport werden die Fische je nach Transportdauer, Temperatur und Fischgröße mindestens 2-3 Tage vorher nicht mehr gefüttert. Nach 2,5 Tagen ohne Futter sinken die Kot- und Ammoniumausscheidung um rund 50 % und der Sauerstoffverbrauch um etwa 25 %.

Setzlinge und Speisefische werden am zweckmäßigsten in Transportbehältern aus glasfaserverstärktem Polyester mit Sauerstoffversorgung (ca. 1 Liter/Minute je 100 kg Fisch) befördert. Für längere Transporte eignen sich am besten weiße, isolierte Behälter, da diese sich nicht so schnell erwärmen, wie dunkle (siehe Abb.). Bei größeren Fahrzeugen werden meist Flüssigsauerstofftanks mitgeführt. Der Sauerstoff wird bei gelochten Gummiausströmern zu etwa 10-30 % und bei Keramikausströmern zu 50-90 % genutzt. Für Setzlinge haben sich 1-3 am Behälterboden montierte 12 oder 24 Volt Tauchpumpen gut bewährt. Das Wasser (1-4 l/s) wird dabei an der Oberfläche über Düsen wieder verteilt und dadurch mit Luftsauerstoff angereichert. Die Fische stehen dann meist in der Strömung und sammeln sich nicht so am Boden. Wichtig ist, dass kleinere Fische nicht von der Pumpe angesaugt werden und diese verstopfen können. Daher muss ein exakt passendes Absperrsieb die Fische von der Pumpe trennen. Eine Belüftung mit Luft bietet sich vor allem bei kleineren Mengen im PKW an. Die Stromversorgung für Pumpen oder Kompressor erfolgt vom Zugfahrzeug aus.

Wichtig ist eine optimale Sauerstoffversorgung, da es bei starker Sauerstoffübersättigung zu Durchblutungsstörungen in Kiemen, Haut und Flossen kommen kann, deren Folgen (sekundäre Verpilzungen und Verluste) oft erst nach 2-3 Wochen sichtbar werden. Durch Stress steigt der Sauerstoffverbrauch beim Transport anfangs an, sinkt aber nach 1-6 Stunden wieder auf den Normalwert ab. Durch die Ausscheidung von Kohlensäure sinkt der pH-Wert, auf diesen Umstand muss beim Lebendfischtransport ebenfalls geachtet werden.

Um die Fische zu sedieren und den Stoffwechsel und damit die Sauerstoffaufnahme der Fische (um 10-40 %) zu reduzieren, werden dem Transportwasser auch gelegentlich Betäubungsmittel (ca. 10 ppm MS 222) zugesetzt. Ein Zusatz von 1 % Salz zum Transportwasser soll die Kondition und Vitalität etwas erhöhen.

Bei zu warmer Witterung kann das Transportwasser mit Eis gekühlt werden. Dividiert man die Wassermenge des Transportbehälters durch 80, erhält man die Menge (kg) an Eis die zur Abkühlung des Wassers um 1 °C notwendig ist, was die Erhöhung der Transportdichte um etwa 10 % erlaubt. Als optimale Transporttemperatur für Salmoniden gilt ca. 6-10 °C.

Die Anpassung an den Wasserchemismus des Besatzgewässers sollte direkt im Transportbehälter erfolgen, indem 3-4 mal im Abstand von 10-15 Minuten 20-30 % des Wassers gewechselt wird. Kurzfristig sollte die Temperaturdifferenz nicht mehr als 5 °C/Stunde und langfristig nicht mehr als 10 °C/Tag betragen.
Bei Transporten über 10 Stunden sollte ein Wasserwechsel durchgeführt werden. Die Transportdichte ist wesentlich von der Fischgröße und der Wassertemperatur abhängig (siehe Tab.). Wesentlich empfindlichere Smolts werden meist nur mit der Hälfte der ngegebenen Transportdichte und nicht zu lange transportiert.

Fischmenge zu Transportwasser
bei einer Transportdauer bis zu 15 Stunden
und ausreichender Sauerstoffversorgung:

Körpergewicht in g ca.		1	10	100	1000	10000
Wassertemperatur °C	5	1:30	1:20	1:10	1:5	1:3
	10	1:40	1:27	1:15	1:7	1:4
	15	1:50	1:34	1:20	1:9	1:5

Kleinere Mengen an Brut oder Setzlingen können sehr gut in etwa 0,1 mm starken Plastiksäcken mit Wasser und Sauerstoffblase über weite Strecken transportiert werden (siehe Tab.). Um Temperaturschwankungen zu minimieren, verwendet man bei wärmerem Wetter und längeren Transporten am besten Kisten aus Styropor oder isolierte Kartons, in denen die mit Sauerstoff aufgefüllten Säcke gelegt werden.

Transportmenge im Plastiksack
je 10 Liter Wasser und 30 Liter Sauerstoff,
bei einer Temperatur von ca. 10 °C und einer Transportdauer bis 12 h:

Fischgröße in g		Transportmenge in g
Brut	0,05	250
Angefütterte	0,20	250
Vorgestreckte	1,00	500
Setzlinge	10,00	1000
Setzlinge	100,00	2000

Bei kurzer Transportdauer von 1-3 Stunden können die Richtwerte auch um bis zu 100 % gesteigert werden.

Lastkraftwagen mit aufgebautem Sauerstoffgenerator für längere Lebendfischtransporte.

Für den Transport von und zu schwimmenden Gehegeanlagen, sowie für den Besatz von Smolts mit Transportdistanzen bis zu 1000 km, werden auch Transportschiffe mit 50-500 m^3 Containern eingesetzt, wobei die Frischwasserversorgung (1-2 l/min/kg Fisch) durch Pumpen mit Fluss- oder Meerwasser erfolgt.

Für den schonenden, einfachen innerbetrieblichen Transport haben sich auf einen Hubstapler montierbare Behälter mit integrierter Mess- oder Wäageeinrichtung sehr bewährt. Das Entladen der Setzlinge erfolgt durch Heben und Nachvornekippen des Behälters und das Entlassen der Fische über eine Schleuse und eventuell anschließenden Schlauch mit 20-30 cm Durchmesser.

Da Salmoniden um etwa 1-2 % schwerer als Wasser sind, können sie für den innerbetrieblichen Gebrauch auch über das verdrängte Volumen gemessen werden.

Ausblick

ENTWICKLUNG:

Entdecker der künstlichen Vermehrung war Stephan Ludwig Jacobi, der 1741 erstmals Bachforellen in Deutschland abstreifte. Die Erbrütung erfolgte auf einem Kiesbett in einer Holzkiste, deren Schmalseiten und Deckel mit Gitterdraht bespannt war und im Bach verankert wurde.
Etwa hundert Jahre später gelang es Joseph Remy als Erstem, Forellenbrut durch Fütterung aufzuziehen; seine Arbeit führte 1853 zum Aufbau der ersten Brutanstalt für Salmoniden im Elsass. Bereits 1856 entwickelte der Russe Wrasski das Verfahren der trockenen Befruchtung, das sich jedoch erst viel später durchsetzte. Ab 1870 nahmen in den USA einige Bruthäuser den Betrieb auf. Ab 1880 wurde die Regenbogenforelle nach Europa eingeführt und bis 1890 wurden fast 10 Mio. Eier von 6 verschiedenen Arten importiert.
In Dänemark wurde in den 1900er Jahren mit der industriemäßigen Forellenzucht in Erdteichen begonnen. Zur Fütterung wurden damals überwiegend Meeresfische verwendet. In den 1950er Jahren erfolgte die Einführung von industriell gefertigtem Mischfutter. Die Fließkanäle etablierten sich Ende der 1960er Jahre in England und später in Italien.
In Norwegen wurde in den 1970er Jahren mit der Lachszucht in Meeresnetzgehegen begonnen. Die Hauptabnehmer sind Japan (jährlicher Lachskonsum ca. 500.000 t), gefolgt von der EU und den USA.
In Chile werden seit Mitte der 1970er Jahre Regenbogenforellen und Silberlachse und seit Mitte der 1980er Jahre Atlantiklachse in Meeresgehegen aufgezogen. Fast alle Silberlachse (mit 2,0-3,0 kg) werden gefrostet vor allem nach Japan verkauft. Die meisten Atlantiklachse (mit 3,5-4,5 kg) werden frisch auf Eis vor allem in die USA, aber zunehmend auch in die EU verkauft.
In Nordamerika entwickelte sich die Produktion von Silber-, Königs- und Atlantiklachsen fast zeitgleich mit Chile. Die Produktion erfolgt dort sowohl an der Westküste (Washington/USA und Britisch Columbia/ Kanada) als auch an der Ostküste (New Brunswick und Maine/Kanada). In den USA werden dabei großteils (ca. 95 %) Atlantiklachse produziert.
In Ozeanien (Australien und Neuseeland) etwickelte sich seit den 1980er Jahren ebenfalls eine Produktion von Lachsen (Königslachs und Atlantiklachs).
Zusätzlich werden heute in zahlreichen weiteren Ländern Forellen zu Speisefischen aufgezogen. In den letzten Jahren entwickelte sich die Forellenproduktion vor allem in der Türkei, im Iran und in China.

Die Produktion in der Aquakultur wird weltweit von nur fünf Arten dominiert, welche über 99 % aller kultivierten Salmoniden ausmachen und sich in den 1990er bzw. 2000er Jahren (923.989 bzw. 1.987.468 t) wie folgt aufteilen: Atlantischer Lachs (49,54 bzw. 61,78 %), Silberlachs (6,90 bzw. 6,12 %) und Königslachs (1,59 bzw. 0,71 %), sowie Regenbogenforelle (38,24 bzw. 29,61 %) und Gemeine Forelle (1,64 bzw. 1,26 %).

Die Produktion von Lachsen (510.960 bzw. 1.363.586 t) ist geographisch auf wenige Gebiete beschränkt und wird in ca. 15 Ländern betrieben, wobei sich der Anteil auf die Kontinente wie folgt aufteilt: Europa 64,08 bzw. 57,93 %, Amerika 30,61 bzw. 39,25 %, Asien 3,43 bzw. 0,87 %, und Ozeanien 1,88 bzw. 1,95 %. Die Produktion erfolgte dabei zu 99,85 bzw. 99,87 % im Meerwasser, zu 0,11 bzw. 0,06 % im Süßwasser, und zu 0,04 bzw. 0,07 % im Brackwasser. Die größten Lachsproduzenten sind Norwegen, Chile, Großbritannien, und Kanada. In Norwegen wurden im Jahr 1990 Lachse in etwa 600 Gehegeanlagen produziert, wobei diese auf ca. 54 t Trockenfutter je 1.000 m³ konzessioniertes Produktionsvolumen begrenzt sind.

Die Produktion von Forellen (384.648 bzw. 613.423 t) ist geographisch weit verbreitet und wird in ca. 60 Ländern betrieben, wobei sich der Anteil auf die Kontinente wie folgt aufteilt: Europa 67,44 % bzw. 50,69 %, Amerika 20,85 % bzw. 29,97 %, Asien 10,82 % bzw. 18,99 %, Afrika 0,39 % bzw. 0,25 %, und Ozeanien 0,50 bzw. 0,10 %. Die Produktion erfolgte dabei zu 78,40 % bzw. 62,38 % im Süßwasser, zu 17,95 % bzw. 35,75 % im Meerwasser, und zu 3,65 % bzw. 1,87 % im Brackwasser. Die wichtigsten Forellenproduzenten in der Europäischen Union sind Frankreich, Italien, Dänemark, Spanien, Deutschland, Polen, Großbritannien, und Finnland. In der Europäischen Union wurden im Jahr 2000 Forellen in ca. 2.000 Betrieben produziert. Dabei entfallen auf etwa 5 % der Betriebe 50 % der Produktion und auf 2 % der Betriebe etwa 25 % der Produktion, diese produzieren jeweils über 1.000 t/Jahr. In der ehemaligen UdSSR wurden im Jahr 1990 in ca. 60 Anlagen 3.200 t Speiseforellen erzeugt; dies entspricht dort etwa 1 % der Gesamtproduktion aus Teichen. Daneben werden jährlich ca. 16 Mio. Forellensetzlinge für den Besatz produziert.

Die Gesamtproduktion an Salmoniden der Mitglieder der Föderation der Europäischen Aquakultur (FEAP) stieg während der 1990er Jahre von ca. 400.000 auf 800.000 t und während der 2000er Jahre von ca. 900.000 t auf 1.315.000 t (ca. 75 % Lachse und 25 % Forellen).

Es ist zu erwarten, dass sich die Produktion von Lachsen und Forellen in den kommenden Jahren bzw. Jahrzehnten weiter stark erhöhen wird.

Gesamtmenge an Salmoniden
aus Aquakultur und Fischerei:
(Nach: FAO, 1961-1994; Shatz, 2000)

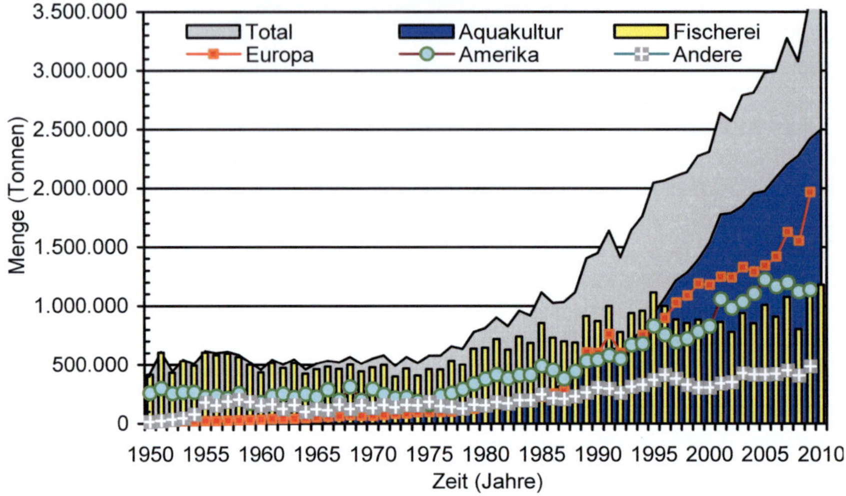

Anteil an der Gesamtmenge
von etwa 1.300.000 t (Durchschnitt von 1985-1994) ohne Coregonen:
(Nach: Shatz, 2000)

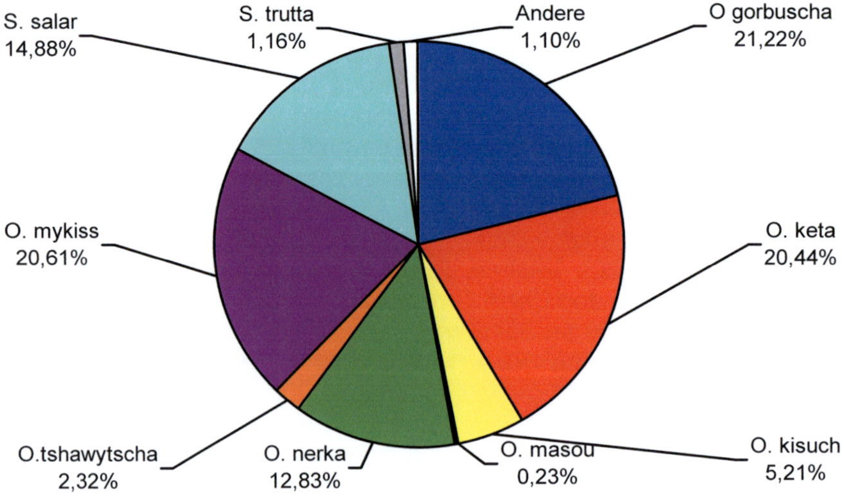

Der Fang aus der Fischerei wird weltweit von neun Arten (plus Coregonen) dominiert, welche zusammen über 99 % aller erbeuteten Salmoniden ausmachen und sich in den 1990er bzw. 2000er Jahren (929.067 bzw. 917.750 t) wie folgt aufteilen: Buckellachs (35,37 bzw. 40,57 %), Hundslachs (34,41 bzw. 35,69 %), Rotlachs (18,35 bzw. 14,62 %), Silberlachs (3,09 bzw. 2,13 %), Königslachs (1,43 bzw. 1,18 %), Kirschlachs (0,27 bzw. 0,18 %), und Atlantischer Lachs (0,79 bzw. 0,40 %), Gemeine Forelle (0,91 bzw. 0,62 %), Regenbogenforelle (0,47 bzw. 0,35 %), sowie Maränen (4,68 bzw. 4,08 %). Der Fang erfolgte dabei zu 88,85 bzw. 86,48 % in Marinegewässern, und zu 11,15 bzw. 13,52 % in Binnengewässern, wobei sich der Anteil auf die Kontinente wie folgt aufteilt: Amerika 47,72 bzw. 39,54 %, Asien 27,88 bzw. 26,84 %, und Europa 24,39 bzw. 33,62 %. Seit Mitte der 1990er Jahre übersteigt die Produktion aus der Aquakultur den Fang aus der Fischerei.
Der Fang von Lachsen (870.648 bzw. 869.755 t) erfolgte zu 94,13 bzw. 90,78 % in Marinegewässern und zu 5,87 bzw. 9,22 % in Binnengewässern, wobei sich der Anteil auf die Gewässer wie folgt aufteilt: 93,52 bzw. 90,55 % Pazifik, 0,61 bzw. 0,23 % Atlantik, und 5,87 bzw. 9,22 % andere Gewässer. Die wichtigsten Länder sind die USA, Japan, Russland, und Kanada. Von den pazifischen Wildlachsen stammen bereits 15-30 % aus Besatzmaßnahmen. In die Pazifikzuflüsse werden weltweit jährlich rund 4-6 Milliarden Lachse ausgesetzt. So im Jahre 1987 in Japan über 2,1 Milliarden (ca. 93,5 % Hundslachse, 5,8 % Buckellachse und 0,7 % Kirschlachse), in den USA über 1,3 Milliarden (ca. 33,7 % Buckellachse, 28,9 % Hundslachse, 23,4 % Königslachse, 9,7 % Silberlachse und 4,3 % Rotlachse), in Kanada über 0,5 Milliarden (ca. 45,8 % Rotlachse, 36,9 % Hundslachse, 10,2 % Königslachse, 4,1 % Silberlachse und 3,0 % Buckellachse), und in Russland über 0,6 Milliarden (ca. 61,5 % Buckellachse, 37,7 % Hundslachse und je 0,4 % Königs- und Silberlachse). Die Wiederkehrrate von Pazifiklachsen beträgt durchschnittlich 1-10 %, wenn bereits größere Setzlinge ausgesetzt werden.
Der Fang von Coregonen (43.494 bzw. 37.429 t) erfolgte zu 90,76 bzw. 91,88 % in Binnengewässern und zu 9,24 bzw. 8,12 % in Marinegewässern, wobei sich der Anteil auf die Gewässer wie folgt aufteilt: 9,24 bzw. 8,12 % Atlantik, und 90,76 bzw. 91,88 % andere Gewässer. Die wichtigsten Länder sind die EU, Russland, Kanada, und die USA. Die wichtigsten Arten sind die Edelmaräne (47,65 bzw. 43,07 % und die Kleine Maräne 15,06 bzw. 16,64 %), ein großer Teil der Maränen (34,73 bzw. 38,63 %) wird in den Fangstatistiken aber nicht nach Arten unterschieden.

VERMARKTUNG:

Die Vermarktung der Forellen entwickelte sich seit den 1950er Jahren sprunghaft. Die Belieferung des Marktes erfolgt meist direkt vom Produzenten oder über den Großhandel an den Einzelhandel, Restaurants und Endverbraucher großteils lebend oder frisch geschlachtet. Manche Gaststätten und Geschäfte haben Becken oder Aquarien, um die Fische kurzfristig zu halten und dem Kunden zu präsentieren. Um einen Gewichtsverlust zu vermeiden, sollten die Speisefische allerdings nicht länger als 1-2 Wochen gehältert werden.

Über den Lebend- und Frischverkauf hinaus werden die Fische auch be- und verarbeitet. Dies geschieht zum einen um sie haltbar zu machen, zum anderen, um wohlschmeckende Fischwaren herzustellen. Um den Kunden den Umgang mit ganzen Tieren zu erleichtern, geht der Trend eher zu bereits weiterverarbeiteter küchenfertiger Ware. Eine alte und weit verbreitete Methode der Haltbarmachung und gleichzeitigen Produktveredelung ist das Räuchern. Geräucherte Fische werden vom Verbraucher hoch geschätzt und gut bezahlt. Der Marktanteil der geräucherten Forellen liegt bei 30-50 %. Der Preis der geräucherten Fische sollte etwa dem dreifachen jenes der lebenden entsprechen und jener von verpackten ausgenommenen oder gefrosteten Fischen etwa dem doppelten. In der Europäischen Union wurden Anfang der 1990er Jahre 28,5 % der Forellen direkt von den Produzenten und 10 % gefrostet vermarktet.

Besonderer Beliebtheit erfreuen sich die als "Lachsforellen" bezeichneten größeren Forellen, die ein rosa bis orangerotes Fleisch mit einem Fettgehalt über 8 % aufweisen und mindestens 1,5 kg wiegen.

In Nordamerika werden die Pazifiklachse seit 1864 auch ohne Haut und Gräten in Weißblechdosen verpackt.

Der Verbraucher beurteilt die Qualität des Fisches nach Aussehen und Geschmack. Die Ernährung der Fische hat zweifellos einen entscheidenden Einfluss auf die Fleischqualität. Diese Tatsache ist bei der Herstellung von Mischfuttermitteln und bei der Fütterung zu berücksichtigen.

Auch über Angelparks lassen sich in einigen Ländern gute Absätze "fangfertiger" Fische erzielen. Die Fische werden meist wöchentlich nachgesetzt und die Kunden können sich die Fische selbst fangen. Aufgrund der Gesetzgebung ist in einigen Ländern diese Form der Vermarktung verboten, da es als "Tierquälerei" angesehen wird, vorher eingesetzte Fische mit der Angel wieder herauszufangen.

Vor allem für den Besatz natürlicher Gewässer geht der Trend zu kleinen Besatzfischen. Optimale Besatzgrößen sind, je nach Gewässer und Art, fressfähige Brut (Maränen, Forellen), vorgestreckte Fische mit 3-5 cm (Lachse, Forellen, Saiblinge) oder einjährige Setzlinge mit 8-12 cm (Forellen, Äschen, Huchen).

Ein kg entspricht mengenmäßig durchschnittlich etwa:
10.000 Stück Eier oder Brütlinge
5.000 Stück angefütterte Brut
1.000 Stück vorgestreckte Brut
100 Stück einsömmerige Setzlinge
10 Stück zweisömmerige Setzlinge
1 kg Speisefische entsprechen wertmäßig etwa:
10 Stück Setzlinge
100 Stück Vorgestreckte
500 Stück Brütlinge
1.000 Stück Eier

Längen – Gewichtsregression
bei Forellen:

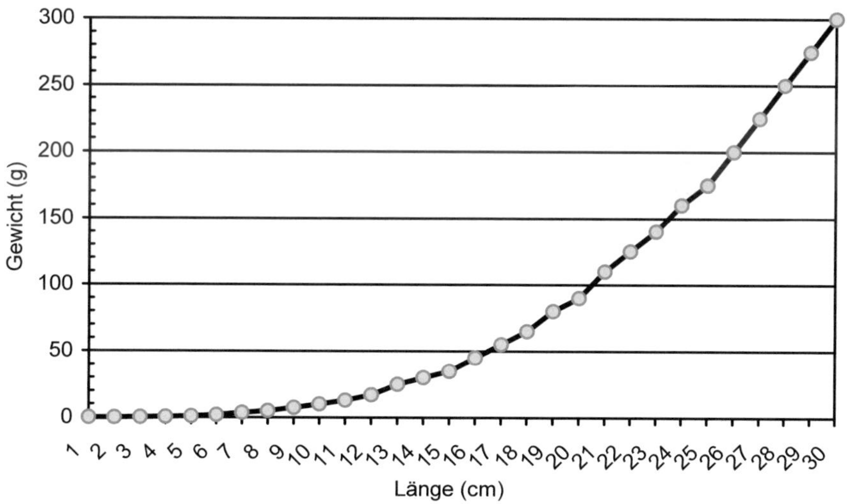

Fischerei

GESCHICHTE:

Salmoniden (vor allem Lachse und Forellen) haben immer schon eine große wirtschaftliche Bedeutung gehabt. Lange bevor zum Fang Hilfsmittel zur Verfügung standen, dürften Menschen, ähnlich wie die Bären, die Lachse anfangs mit der Hand gefangen haben. Bald wurden die zur Jagd auf Landtiere verwendeten Gegenstände, wie Steine und Speere, später auch Pfeil und Bogen verwendet. Reusenartige Fanggeräte, wie Leitwehre und Fallen, finden in ihrem Grundprinzip oft heute noch Anwendung. Jünger ist die Entwicklung des Angelhakens, dessen Grundform weltweit und über die Zeiten bestehen blieb und nur in Bezug auf das Material nach und nach von besserem abgelöst wurde: von Knochen und Stein über Bronze zu Stahl.

An der Gironde in Frankreich ist die Lachsfischerei mit Speeren seit ca. 15.000 Jahren (Steinzeit) bekannt. Im Salzkammergut in Österreich ist der Fischfang ebenfalls mit Speeren seit etwa 5.000 Jahren dokumentiert.

Bereits seit 1.000-2.600 Jahren ist die Fischerei auf Saiblinge in Kanada bekannt. Dabei wurden von den Eskimos im Mündungsbereich der Flüsse zwei Steinwehre (Saputit) errichtet. Ein Wehr wurde so angelegt, dass die aufsteigenden Fische mit der Flut nicht zu weit hinauf wanderten, und ein Wehr so, dass die Fische nicht mit der Ebbe wieder zurück schwammen. Bei Ebbe wurden die Fische dann zwischen den beiden Wehren mit Speeren erlegt.

Quellenmaterial seit der Keltenzeit bietet interessante Einblicke in die Fischerei des Sempachersees in der Schweiz. So war dieser See früher ein freies Gewässer, auf dem jedermann nach eigenem Gutdünken fischen, krebsen und Schilf schneiden durfte. Im frühen Mittelalter legten jedoch kirchliche und weltliche Obrigkeiten ihre Hand auf die Erträge des Sees. Die erste Fischereiordnung des Sempachersees ist aus dem Jahre 1421 bekannt. Bemerkenswert ist, dass alle heute noch angewendeten Schonmaßnahmen, bereits damals aufgeführt waren.

In früheren Jahrhunderten war das Fischereirecht auf Flüssen und Seen hoch geschätzt und Vorrecht der anliegenden Gutsbesitzer und Klöster. Der Lachs als "Herrenfisch" musste an die Hofküche der kirchlichen und weltlichen Fürsten abgeliefert werden. Auch älteste Verleihungsbriefe aus dem Mittelalter, Fischereiordnungen der Städte, sowie alte Flurnamenbezeichnungen und Abbildungen in Ortswappen zeigen, dass der begehrte Lachs schon in früher Zeit allgemeines Ansehen genoss.

Speere die für den Fang von Salmoniden verwendet wurden. (Foto: M. Hochleithner)

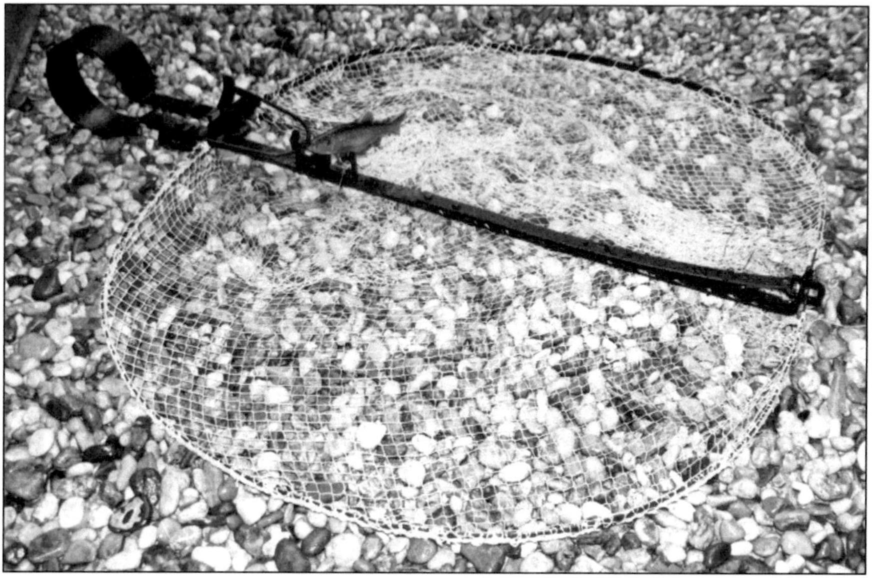

Gespanntes Hucheneisen. (Foto: M. Hochleithner)

Vom 8. bis 18. Jahrhundert wurde im Donauraum der Fischfang in den Flüssen oft mit hölzernen Großreusen mit Leitwerken aus Ästen (sogenannten Archen, Aerch, Arichsteti, Veer, Vennen) durchgeführt und in den Seen wurde bis Ende des 19. Jahrhunderts mit Einbäumen gefischt.
Vom 13. Jahrhundert bis in die 1940er Jahre wurden am Rheinufer zahlreiche "Salmenwaagen" zum Lachsfang eingesetzt. Die einzige erhaltene Anlage, die heute jedoch nicht mehr verwendet wird, steht noch in Rheinfelden.
In Alaska erfolgte der Fang von wandernden Coregonen durch die Eskimos an den zugefrorenen Flüssen mit speziellen Großreusen. Die Fische wurden von einem Leitwerk aus umgedreht in den Fluss gestellten Bäumen in den in der Mitte des Flusses befindlichen Hamen geleitet, der von Zeit zu Zeit herausgehoben wurde.
Der Fang großer Salmoniden erfolgte früher auch mit Fallen, wie Lachs- oder Hucheneisen (im Prinzip große Schlageisen, siehe Abb.). Die Eisen wurden von November bis Februar in größerer Tiefe an der abfallenden Seite von Schotterbänken ausgelegt und mit einem Seil an einem großen Stein verankert. Die größeren über 1,5 m langen Netzeisen (Bügel ca. 100 cm lang und 75 cm hoch) waren mit einem starken Netz bespannt. Die kleineren unter 1,0 m langen Kopfeisen (Bügel ca. 60 cm lang und 30 cm hoch) waren an den Bügeln mit Dornen besetzt und wurden für Huchen von über 20 kg verwendet. Beködert wurden die Eisen mit lebenden 12-15 cm langen Köderfischen (Hasel) und nach Zusammenklappen der Bügel war der Fisch gefangen. Von 1910-1930 betrug der Jahresfang pro Eisen im Unteren Inn etwa 50 Huchen mit einem Durchschnittsgewicht von ca. 7 kg.
Aus Zedernrinde, die aufgeweicht, getrocknet und gesponnen wurde, stellten die Indianer früher Netze her. Mindestens seit dem 14.-15. Jahrhundert ist der Fischfang mit Netzen in Europa bekannt. Später wurden die Netze aus Baumwolle gefertigt und mit Schwimmern aus Holz bzw. Kork versehen und zur Beschwerung Leinen aus Rosshaar mit Wickelblei verwendet. In den 1940-1950er Jahren erfolgte die Einführung von monofilen Kunststofffasern (Polyamid) für die Netzerzeugung, die nur etwa halb so schwer sind, wie multifile Baumwolle und eine etwa 7-8 mal höhere Fängigkeit besitzen. In Kanada erfolgte die Einführung von Netzen erst in den 1770er Jahren, hier wurde dann im Sommer auch im Meer gefischt.
Der Fang erfolgt heute vor allem durch Zug-, Treib- und Stellnetze, verschiedenen Reusen, Senken, Leg- und Fangleinen und durch die Angelfischerei.

Zugnetzfischerei auf Renken. (Foto: M. Hochleithner)

Stellnetzfischerei auf Renken. (Foto: J. Hofer)

GEFÄHRDUNG:

Die Salmonidenpopulationen sind in vielen Gebieten ihrer Verbreitung überfischt und teilweise in ihrem Bestand gefährdet.
Die Gewässerbelastung mit Schwermetallen und Bioziden, sowie die Eutrophierung durch Industrie, Landwirtschaft und Fremdenverkehr beeinträchtigen die Wasserqualität. Dadurch hat sich die Gewässergüte in vielen Flüssen und Seen stark verschlechtert und die Laichplätze verschlammten. Generell gilt ein See als mesotroph, wenn er 15-50 mg Gesamtphosphor (P) und 3-7 mg Chlorophyll a pro m^3 aufweist und die Sichttiefe 7-3 m beträgt, darunter gilt er als oligotroph, darüber als eutroph. Abwasserstöße führen oft zu direkter Vernichtung des Fisch- und Nährtierbestandes, gravierender sind jedoch die schleichenden Veränderungen des Lebensraumes. Nicht zuletzt durch den sauren Regen wurden viele Gewässer für Salmoniden unbrauchbar.
Heute stehen an fast allen Flüssen Kraftwerke und Staudämme, die die Laichwanderung stark einschränken. Durch wasserbauliche Maßnahmen verändern sich die Fließgeschwindigkeiten und es kommt meist zu starken Schwankungen des Wasserspiegels, sowie zur Erhöhung der Wassertemperatur. Das Geschiebedefizit durch Kraftwerksbau und Schottergewinnung führt oft zu Sohlabsenkungen von mehreren Metern (z.B.: im Alpenrhein von 1900-1981 um 3-4 m), die großen Niveauunterschiede verwehren den Fischen den Zugang zu Laichgewässern.
Viele Gewässer sind durch eine harte Uferverbauung monoton begradigt und reguliert worden, dabei wurden die Laichgebiete stark verringert. Gewässerstrukturen haben eine sehr differentielle Wirkung auf den Altersaufbau und die Altersklassenverteilung einer Art. Regulierungen bewirken eine drastische Reduktion der strukturellen Vielfalt des Gewässerbettes und bewirken damit eine deutliche Abnahme der Bestandsdichte und der Artendiversität. In Fließgewässern ist eine deutliche Beziehung zwischen Varianz der Maximaltiefen und Alterstruktur von Forellenpopulationen erkennbar. Eine ähnliche Beziehung der Artenzahl besteht zur Variabilität der Gewässerbreite. Verbauungen sind heute fast unerlässlich, trotzdem sollte Platz für Entwicklungsmöglichkeiten des Gewässers gelassen bzw. geschaffen werden. Unbeeinflusste Fließgewässer im Flachland mäandrieren normalerweise unter physikalischen Gesetzmäßigkeiten und streben diesbezüglich einen Endzustand an, der unter anderem im Verhältnis zwischen mittlerer Gewässerbreite und dem Abstand zwischen den Kurvenscheitelachsen ausgedrückt werden kann. Dieses Verhältnis liegt in der Regel bei 1:5 bis 1:10.

Monoton begradigter und verbauter Flussabschnitt. (Foto: M. Hochleithner)

Restwasserstrecke an einer Kraftwerksausleitung. (Foto: M. Hochleithner)

Für das Abflussprofil ist grundsätzlich die Charakteristik des Gewässers maßgeblich. Der Verlauf muss möglichst abwechslungsreich durch den Einbau von Steinblöcken, Buhnen, Kolken und Bänken gestaltet sein. Der Wechsel von flachen und tiefen, schnell und langsam fließenden Abschnitten ermöglicht die Erhaltung der Artenvielfalt und schafft Lebensraum für viele Lebewesen. Ein möglichst vielfältiges Strömungsmuster im Gewässer ist eine wichtige Voraussetzung für Fische. Fehlen Strömungsrefugien, so können sich dort Fische auf Dauer nicht halten. Forellen können Fließgeschwindigkeiten von 3 m/s nur kurzfristig widerstehen. Als Richtwert bei Normalwasserführung gilt maximal 1,8 m/s. Die größte Fließgeschwindigkeit tritt im oberen 1/3 des Abflussquerschnitts auf, dort wo der Einfluss des Untergrundes am geringsten ist. Außer vom Gefälle und der Beschaffenheit des Gewässergrundes hängt die Fließgeschwindigkeit auch von Gewässerbreite und der Wassertiefe ab. Bei mittlerer Fließgeschwindigkeit sollte die Gewässertiefe auch bei Niedrigwasser zumindest an einer Stelle des Gewässerquerschnitts mindestens 20 cm betragen. Um ein unerwünschtes Zuwachsen mit Wasserpflanzen zu verringern, sollte bei langsam fließenden Gewässern diese Tiefe jedoch 50 cm betragen.
Begradigungen führen zwangsläufig zu größerem Gefälle und erhöhter Fließgeschwindigkeit und die erodierenden Kräfte nehmen zu. Beim Ausbleiben von Gegenmaßnahmen wird sich daher das Gewässerbett mehr und mehr vertiefen. Eine künstliche Sohlbefestigung oder der Einbau von Schwellen und Rampen verhindert dies. Aus fischereilicher Sicht sollte die Überfallhöhe nicht mehr als 20-40 cm betragen und der Kolk so tief sein wie der Absturz hoch ist (mindestens jedoch 40-50 cm). Harte Verbauungen aus Stein oder gar Beton sind fischereilich ungünstiger als weiche aus Holz (Lärche bzw. Weißtanne). Sehr bewährt hat sich die Doppelrundholz-Hohlschwelle (Hewitt-Rampe). Sie verzichtet auf eine Verankerung im Kolkbereich, sondern wird seitlich in der Böschung und bergseits mittels Bohlenschirmes in der Gewässersohle verankert. Dies verhindert auch, dass die Sohle durchbricht und die Schwelle unterspült wird. Durch die seitliche Verbreiterung des Kolkes werden Schäden an den Böschungen vermieden.
Größere Abstürze können von vielen Arten nicht überwunden werden (Äschen über 30 cm, Forellen über 60 cm), daher ist der Einbau von Sohlrampen aus rauem Blocksteinwurf empfehlenswert. Die Abflussmenge beträgt 3-10 m^3/s je Meter Rampenbreite und die Rampenneigung sollte nicht mehr als 1:10-20 betragen. Die Rampenkrone sollte zur Konzentration des Niederwasserabflusses zur Mitte bzw. bei Kurvenlage zum Prallufer hin eine schwache Neigung aufweisen.

Um den für die Hochwasserabführung möglichst großen Querschnitt zu erreichen und andererseits bei Niederwasser nicht zu tiefe Wasserstände zu haben, eignet sich ein Doppelprofil. Das erste untere Profil hat dabei eine Böschungsneigung von 1:1,0 bis 1:1,5 und kann Niedrig- und Mittelwasser aufnehmen. Es kann mit dem ursprünglichen Gerinne identisch sein und erweitert sich zu einem Gesamtquerschnitt, der für die Hochwasserabführung ausreichend ist. Dieses zweite Profil wird dem ersten mehr oder weniger asymmetrisch aufgesetzt. Diese Böschung ist möglichst flach, höchstens 1:4 bis 1:5 auszubilden.
Um eine Erosion zu verhindern, sollten die Uferböschungen an Bachläufen grundsätzlich 1:2 bis 1:5 betragen. Die Uferbepflanzung dient der Uferbefestigung und Beschattung, es soll sich dabei um für die Region typische Pflanzen handeln. Sie soll, wenn möglich, abwechslungsreich entlang der Mittelwasserlinie aus Erlen und Weiden, sowie Röhricht bestehen, an der Böschung aus Ahorn, Eiche und Erle und dazwischen aus Gras und Schwingel. Der überwiegende Teil der gut besiedelten Gewässer ist mit einem begleitenden Gehölzsaum versehen. Eine ökologische Bewirtschaftung von Fließgewässern muss daher neben der Hege des Fischbestandes in besonderer Weise die Pflege der Gewässer und den Schutz der Ufer einschließen.
Künstlich im Böschungsfuß angelegte Kehlbuhnen und Fischunterstände können das Gewässer ebenfalls bereichern. Sie sollten mindestens 50 cm lang, 15 cm hoch und 25 cm tief sein, und sich unter dem Niederwasserspiegel befinden. Auch das Anlegen von künstlichen Laichplätzen kann sich unter Umständen lohnen.
Für Lachse werden auch künstlich serpentinenartig angelegte Laichkanäle (mit vorgeschaltetem Absetzbecken) errichtet, die gut funktionieren. Sie haben etwa eine Länge von 3 km, eine Breite von 6-9 m, eine Tiefe von 18-37 cm und weisen ein Gefälle von 0,3 % und eine Schotterkörnung von 1-10 cm auf. Die Fische werden am unteren Ende durch eine (Elektro-) Sperre, die geöffnet werden kann, vom Fluss in den Kanal geleitet und eventuell oben am Weiterwandern gehindert. Paarbildung und Paarung wird durch die uniform ausgebildete Sohle gefördert. Die grobe Sohlstruktur wirkt stimulierend auf die Fische, ideal für die Verteilung der Eier und positiv auf den Erbrütungserfolg, welcher bei 20-80 % liegt, was dem 2-10fachen der umliegenden Flüsse entspricht. Erhöhte Feinmaterialanteile (über 20 % Sand) im Substrat führen zu einer Reduktion der Fließgeschwindigkeit im Interstialwasser und haben eine erhöhte Mortalität der Eier (50-100 %) zur Folge. Die Bestandszahlen konnten so innerhalb 2 Generationen verzehnfacht und der ursprüngliche Bestand insgesamt verdoppelt werden.

Alle wasserbaulichen Arbeiten müssen sich nach den ökologischen Gegebenheiten im Gewässer richten. In der Zeit von Juni bis September werden Fische am wenigsten gestört.
Da fast alle Salmoniden notwendige Laich-, Nahrungs- und Bestandswanderungen unternehmen, ist die Anlage von Fischaufstiegshilfen an Wehren und Staudämmen zwingend notwendig.
Bereits 1854 wurde vom Iren Cooper die erste "Forellenleiter" gebaut.
Ein Fischpass sollte so angelegt sein, dass die meist entlang des Ufers aufsteigenden Fische in den Einstieg, der in der Nähe der stärksten Strömung (Turbinenausläufe oder Prallufer) liegen sollte, geführt werden. Eine Lockströmung verstärkt die Wirkung. Fischtreppen sind mehrere treppenartig angeordnete und durchströmte Becken, die den Fisch über jeweils diagonal angesetzte Schlupflöcher vom Unter- ins Oberwasser führen. Das Gefälle des Passes soll weniger als 1:10 betragen und die Höhendifferenz je Becken höchstens 20 cm. Die Wasseraufenthaltszeit in den Becken sollte mindestens 10-20 Sekunden betragen. Starke Turbulenzen und Fließgeschwindigkeiten über 0,5 m/s sollten in den Becken vermieden werden. Dies kann durch die Ausgestaltung mit groben Steinen (über 150 mm) unterstützt werden. Eine mindestens 20 cm dicke durchgehende Schicht des natürlichen Sohlsubstrates sollte auch im Aufstiegsbereich vorhanden sein. Bei den Übergängen darf die Strömungsgeschwindigkeit höchstens 2 m/s betragen. Überströmungen sollten mindestens 15 cm Wassersäule aufweisen. Die Becken sollten eine Mindestgröße von 2 x 1 x 1 Meter haben und die Boden- und Kronenschlupflöcher ca. 20 x 30 cm. Bessere Wirkungen können durch horizontal und vertikal schräg versetzte Zwischenwände erreicht werden. Werden die Schlupflöcher etwa 10 cm von der Wand entfernt eingebaut, so entstehen kleine Ruhezonen. Alle 2-3 Höhenmeter sollte ein größeres Ruhebecken vorhanden sein, das Deckung und Einstand gewährt.
Optimal für alle Stadien und Arten ist die Anlage von Umgehungsgerinnen, die etwa einem natürlichen Bachlauf um das Wanderhindernis entsprechen und ein Gefälle von weniger als 1:15 aufweisen sollten. Der wesentlich höhere Platzbedarf dieser Gerinne ist durch die bessere Nutzung gerechtfertigt.
Auch in den Restwasserstrecken sollten ausreichende Wassertiefen und eine Fließgeschwindigkeit von 0,15-0,30 m/s aufrecht erhalten bleiben.
Salmoniden wandern wieder überwiegend in dieselben Gewässer zurück, in denen sie geschlüpft sind bzw. ausgesetzt wurden. Dabei erfolgt die Prägung an das Heimatgewässer beim Abwandern (im Smoltstadium). Bei der Abwärtswanderung im Smoltstadium kommen bei jedem Kraftwerk durch die Turbinen etwa 15-75 % der Jungfische um.

Um im Bereich von Wasserentnahmestellen, Kraftwerkseinläufen und Schleusen einen effektiven Fischschutz und Scheuchung zu gewährleisten, eignen sich elektrische oder akustische Fischleitanlagen. Um bei elektrischen Fischsperren einen wirksamen Scheuchimpuls zu erreichen, sollte die Stromdichte des elektrischen Feldes 2,56 mA/mm^2 betragen. Die beste Wirkung wird mit Stromimpulsen im Bereich einer Viertel-Sinuswelle erreicht. Um den Fischen die Flucht zu ermöglichen, sollte bei flussabwärts gerichteten Sperren in Höhe der Elektroden die Fließgeschwindigkeit im Allgemeinen 0,3 m/s nicht überschreiten. Alle Fische können auch Laute (in Form von Vibration oder Druckwellen) wahrnehmen. Einige Laute werden dabei besonders störend empfunden und führen daher dazu, dass die Fische diesen Bereich meiden. Verstärkt wird die Leitwirkung wenn zusätzlich noch ein "Vorhang" von aufsteigenden Luftblasen installiert wird.

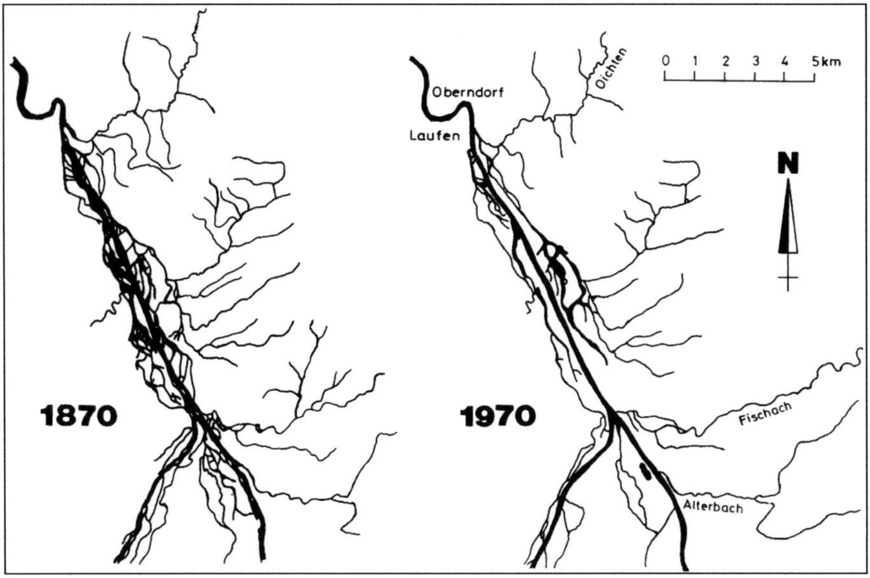

Einfluss der Regulierung und Verbauung. (Nach: Jäger et Schillinger, 1988)

Der Einfluss der Regulierung und Verbauung auf die Gewässer, während eines Jahrhunderts, wird am Beispiel der Salzach zwischen Salzburg und Oberndorf deutlich (siehe Abb.).

BEWIRTSCHAFTUNG:

Das Ziel einer nachhaltigen fischereilichen Gewässerbewirtschaftung ist es, einen natürlichen überlebensfähigen Fischbestand (ca. 50-300 kg/ha etwa 2.000-10.000 Stück) zu erhalten, den jährlichen Zuwachs abzufischen und somit langfristig den höchstmöglichen Ertrag zu gewährleisten. Dieser Maximalertrag beträgt ohne Überfischung aus fangtechnischen und ökonomischen Gründen in kleineren Gewässern meist 30-50 % und in größeren Gewässern meist um 20-30 % der Biomasse des gesamten Fischbestandes. Ohne natürliche Fortpflanzungs- möglichkeiten erreicht der Fangertrag zahlenmäßig aber höchstens 5-10 % der Besatzfischmenge. Die höchsten natürlichen Fischbestände reichen bis 750 kg/ha bei einer Art und bis über 1.100 kg/ha bei mehreren Arten. Die besten Salmonidenflüsse haben einem Nitratgehalt von 0,15-0,25 mg/l, eine Dichte von mehr als 5.000 Wirbellose/m^2 und stabile Schotterbänke mit abwechslungsreicher Gewässerstruktur. Damit die biologische Produktionskraft eines Gewässers optimal genutzt wird, muss die Fischdichte vor allem dem Nahrungsangebot angepasst sein. Zu hohe Fischdichten sind an der Kleinwüchsigkeit der Einzeltiere (Verbuttung) zu erkennen. Viele Laichfische lassen auch nicht immer einen starken Jahrgang heranwachsen. Vielmehr lässt sich beobachten, dass mittlere Bestandsdichten an Elternfischen meist die stärksten Jahrgänge heranwachsen lassen, und somit generell die höchste biologische Produktion und den größten Ertrag ermöglichen, der neben Futteraufkommen jedoch auch sehr von den jeweiligen klimatischen Bedingungen abhängig ist.
In nahrungsarmen künstlichen Gewässern lassen sich die Erträge auch durch Düngung (mit 50-200 kg Phosphat/ha) um etwa 20-100 % steigern.

Naturertrag (ohne Fütterung) je Hektar und Jahr
von Bächen, Flüssen, Teichen und Seen:

Klasse	Menge	Ertrag
I	bis 100 kg	gut
II	bis 75 kg	hoch
III	bis 50 kg	mittel
IV	bis 25 kg	niedrig
V	bis 5 kg	schlecht

Die einzelnen Ertragsklassen entsprechen dabei etwa folgenden Gewässern:

I. Niederungsbäche 2-10 m breit, mit gutem Uferbewuchs und Pflanzenbestand, reichlich Deckungsstruktur und abwechslungsreiche Gewässerstrecken mit geräumige Gumpen und günstigen Flachwasserstrecken, reich an Nährtieren, Boden kalkreich, Wasser schwach alkalisch, Temperatur bis 18 °C, gut befischbar. Eutrophe Seen, Niederungsseen, alte Baggerseen, nährstoffreiche Teiche. Oberflächentemperatur über 18 °C.

II. Bäche im Hügelland, Mittelgebirge, Alpenvorland und auf Hochebenen, mit mäßigem Nährtierangebot, stark veränderten Gewässerprofil, schwankender Wasserführung, Boden kalkreich, Wasser neutral bis schwach alkalisch, überwiegend tiefere Temperaturen. Mesotrophe Seen, Voralpenseen. Oberflächentemperatur bis 18 °C.

III. Gebirgs- oder Quellbäche, regulierte Gewässer mit geringem Wasserstand, geringen Deckungsmöglichkeiten oder größeren Staustrecken, Fischwanderungen durch Hindernisse stark erschwert, Wasser neutral bis sauer, tiefe Temperaturen, schlecht befischbar. Oligotrophe Seen, Talsperren und Staue.

IV. Hochgebirgsbäche mit starker Geschiebeführung, Bäche aus Moor- oder Sumpfgebieten, regulierte Gewässer ohne Deckungsmöglichkeiten, stark schwankender Wasserführung und Temperatur, versandete Gewässer- sohle. Neue Baggerseen, Gebirgsseen, sandige Teiche.

In Salmonidengewässern lassen sich oft Zusammenhänge zwischen Befischungsdichte und Fischbestandsdichte feststellen. Schongebiete bzw. -strecken, die auch zeitlich oder örtlich wechseln können, sind daher sinnvoll und können diese Schwankungen ausgleichen. Fixierte Schonstrecken sollten im unteren Gewässerbereich angelegt sein. Am günstigsten erwies sich alle 3 km Fließgewässer eine 500-600 m lange Schonstrecke einzurichten, die alle 2-3 Jahre örtlich wechseln sollte. Für einen ausgedehnten Bereich geltende Artenschonzeiten (z. B.: im Süßwasser für Lachse) gewährleisten ein ungestörtes Ablaichen und sichern so zumindest teilweise den Bestand. Da die Weibchen die Nahrungsaufnahme reduzieren, erhöht sich oft vor der Laichzeit der Anteil der Männchen beim Angelfang – damit kann bewirtschaftend selektiv eingegriffen werden. Kommen verschiedene Salmonidenarten in einem Gewässer vor, bewährt sich eine zeitlich einheitliche, aber ausgedehnte Schonzeit für alle Arten, um Verwechslungen und Fangstress zu vermeiden.

Grundsätzlich sollte das Schonmaß (Mindestmaß) so gewählt werden, dass jeder Fisch vor seinem Fang mindestens einmal ablaicht und gleichzeitig die Entnahme mit einer wirtschaftlichen Größe erfolgt. Diese Größe schwankt jedoch innerhalb einer Art je nach Nahrungsangebot und klimatischen Bedingungen beträchtlich. So betrug die Durchschnittsgröße dreijähriger Renken im Bodensee in den 1930er Jahren 16-19 cm, in den 1950er Jahren 28-34 und in den 1960er bis 1970er Jahren 36-38 cm. Je länger die Fische durch das Schonmaß geschützt werden, desto geringer wird generell der Flächenertrag. Um der negativen Selektion durch das Mindestmaß, wobei stets die rasch- oder großwüchsigsten Fische mit guten Erbanlagen als erstes gefangen werden, entgegenzuwirken, kann bei einigen Arten oder Formen durch die Einrichtung eines Fangfensters (z.B.: fangbare Größe 40-60 cm bei Seeforellen) die Großwüchsigkeit besonders berücksichtigt und gefördert werden.

Dass der Fangertrag früher nicht immer besser war als heute und ständigen Schwankungen unterworfen ist, zeigt sich am Sempachersee deutlich. Der durchschnittliche Jahresfang an Renken betrug dort während der 1440er Jahre 258.300 Stück, während der 1580er Jahre 374.020 Stück, während der 1620er Jahre 292.700 Stück, während der 1720er Jahre 154.550 Stück, und in den 1840er Jahren 81.130 Stück. Wobei 1600 die höchste Fangzahl mit 894.600 Stück und um 1890 und 1920 der geringste Ertrag zu verzeichnen war. Durch die Eutrophierung und die Bewirtschaftung (jährlicher Besatz über 47.000 Brütlinge/ha) konnten in den 1970er Jahren wieder 342.720 Stück (ca. 64 kg/ha bei einer Durchschnittsgröße von 31 cm und 270 g) erreicht werden.

Durch den Bau von Abwasserreinigungsanlagen und der damit verbundenen Reduktion der stofflichen Belastung der Gewässer (Reoligtrophierung) kann es in der Folge jedoch auch zum Rückgang der Fangerträge kommen (z.B.: Bodensee).

BESATZ:

Gezielte Artenschutzmaßnahmen beginnen mit der Bestandsaufnahme und der Ergründung der Gefährdungsursachen. Nach deren Beseitigung kommt es bei natürlicher Reproduktionsmöglichkeit oft zur selbständigen Bestandserholung. Der natürliche Zustand des Lebensraumes (vielfältige Habitate, die den Ansprüchen der verschiedenen Altersstadien entsprechen) bietet den besten Schutz für die Erhaltung einer Population und erübrigt in vielen Fällen den Fischbesatz. Die Habitatsansprüche der Salmoniden verändern sich jedoch im Verlauf des Lebenszyklus und zeigen zudem eine stark jahreszeitliche Abhängigkeit.
Eine sinnvolle Bewirtschaftung von (Fließ-) Gewässern ist ohne Analyse der Fischhabitate und der Abundanz der Jungfische nicht möglich. Derartige Erhebungen und Untersuchungen sind vor einem Besatz absolut notwendig. Die Notwendigkeit, Besatzfische einzusetzen, hängt daher stark vom Zustand des Gewässers ab. Bei sauberem Wasser, natürlichem Flussbett und natürlichem Abflussregime braucht es bei angemessener Entnahme generell keinen Besatz. Dort, wo durch menschliche Eingriffe (wie: Abwasserbelastung, Wasserbaumaßnahmen) die natürliche Fortpflanzung (jährlich ca. 10-30 abgelegte Eier/m^2) nicht oder nur mehr zum Teil gewährleistet ist, sollte versucht werden, die Population durch Besatzmaßnahmen zu erhalten. Eine Bestandsstützung oder Wiedereinbürgerung hat mit Besatzfischen aus vorhandenen Populationen oder genetisch möglichst nahen verwandten Fischen zu erfolgen, die eventuell in der Fischzucht vermehrt wurden. Eine unbeeinträchtigte Wildfischpopulation weist infolge der natürlichen Selektion die optimalen Genotypen für die jeweilige Lokalität auf. Wesentliches Ziel der Bewirtschaftung muss es sein, die optimal angepassten Lokalpopulationen zu erhalten und die genetische Differenz beizubehalten. Von einer Einbürgerung gebietsfremder Fischarten sollte grundsätzlich Abstand genommen werden. Bei den Pazifiklachsen erbrachten Einbürgerungsversuche langfristig weltweit nur in 2-3 % der Fälle einen Erfolg. Je jünger und damit je mehr Besatzfische zum Einsatz kommen, desto größer ist der Selektionsdruck und umso besser sind die verbleibenden Fische ans Gewässer angepasst. Je natürlicher die Besatzfische aufgezogen werden, und je jünger sie zum Einsatz kommen, desto höher ist auch ihr Besatzwert. Mit Trockenfutter aufgezogene Fische stellen sich oft nur schwer auf Naturnahrung um. Jungfische, die mit Zooplankton angefüttert werden, sind wesentlich vitaler als die mit Trockenfutter aufgezogenen.

Natürlich aufgewachsene Forellen verteilen sich mit zunehmendem Alter nach und nach selbst im Gewässer. Bei Zuchtfischen steigen die Überlebenschancen bei der Verteilung (alle 100-500 m) der Besatzfische im Gewässer dabei um bis zu 100 %; dies ist bei Fließgewässern besonders zu beachten. Die Besatzfische müssen unbeschadet, ohne große Stressbelastung und in guter Kondition ankommen, damit sie nach sorgfältiger Anpassung gute Überlebenschancen im Gewässer haben. Adaptionsschwierigkeiten und Habitatskonkurrenz hauptsächlich gleichaltriger Wildfische haben in den ersten Tagen nach dem Besatz höhere Mortalitäten zur Folge. Im direkten Vergleich von Vorgestreckten und Sömmerlingen beträgt die Mortalität der Zuchtfische innerhalb der ersten Woche nach dem Aussetzen bis 50 % und letztendlich ist die Überlebensrate bei Wildfischen 2-4-mal besser als bei Zuchtfischen. Auch bei fehlendem Konkurrenzdruck sind nur ca. 10 % der ein- und zweijährigen Zuchtfischen nach 5-6 Monaten in der Lage, sich einem Wildgewässer anzupassen. Je länger ein Fisch in einer Zuchtanlage gehalten wird, desto schlechter ist seine altersabhängige Widerstands- und Adaptionsfähigkeit. Durch eine 1-14 Tage dauernde Anpassung der Besatzfische in geschützten Bereichen des Gewässers und in geringen Dichten (1:20) lässt sich die Überlebensrate und die Gewichtszunahme der Fische im Vergleich zu direktem Besatz in den nachfolgenden Monaten um 10-20 % erhöhen. Generell zeigen domestizierte Fische auch weniger Fluchtreaktionen und sind umso leichter mit der Angel zu fangen, je länger sie intensiven Aufzuchtbedingungen ausgesetzt waren. Ältere Besatzfische leisten daher kaum einen wesentlichen Beitrag zum Aufbau einer Population. Nur naturnah aufgezogene Sömmerlinge oder vorgestreckte Setzlinge, die nur kurze Zeit in einer Intensivanlage verbracht haben, scheinen diese Fähigkeiten noch zu besitzen. Die Überlebensrate vorgestreckter Besatzfische hängt aber auch von deren Fütterung ab, so zeigen mit lebendem Zooplankton aufgezogenen Fische eine etwa 5 mal höhere Überlebensrate als mit Trockenfutter aufgezogene Fische. Besatzfische sollten daher in der Regel so jung als möglich in die Gewässer ausgesetzt werden, vorausgesetzt die vorhandenen Habitatstrukturen lassen dies zu. Aber auch die Dichte der vorhandenen Wildfische bestimmt die Anzahl freier Nischen und dadurch direkt das Überleben von eingesetzten Fischen. Bei hoher Wildfischdichte wird mit Besatzfischen die Konkurrenz verstärkt, was in der Folge auch die Überlebensraten der wilden Jungfische verringert. In diesem Fall wird mit einem Besatz eher das Gegenteil des gewünschten erreicht und die Fischdichte ist auch durch vermehrten Besatz nicht zu steigern.

Die Besatzmenge und Größe hängt damit stark vom jeweiligen Gewässer ab, sodass jedes Gewässer individuell betrachtet und ein entsprechender Bewirtschaftungsplan erstellt werden sollte.
Um den Fischen die Adaption ans neue Gewässer und an die Nahrungssituation nicht noch zusätzlich zu erschweren, sollten Besatzmaßnahmen mit Salmoniden grundsätzlich im Frühjahr nach der Schneeschmelze und nicht im Herbst durchgeführt werden. In einigen Fällen, vor allem bei älteren Fischen, ist jedoch auch ein Besatz während der Laichwanderung bzw. -zeit, während der viele Nischen nicht besetzt sind und keine Reviere gebildet werden, sinnvoll. Alle Besatzfische sind art- und größengerecht in den entsprechenden, dem jeweiligen Alter der Fische angepasste Gewässerstrecken auszusetzen.
Da der Einfluss von gezüchteten Fischen schwer abzuschätzen ist, dürfen Besatzfische für freie Gewässer nicht genetisch verändert sein. Speisefische eignen sich daher grundsätzlich nicht als Besatzfische. Im Vergleich zum Ausgangsmaterial konnte bei Zuchtlachsen bereits eine genetische Änderung festgestellt werden. Aufgrund der Umweltbedingungen lassen sich auch morphologische Unterschiede feststellen, so haben Wildfische einen größer proportionierten Kopf, mediane Flossen und mehr Körpertiefe als Zuchtfische.
Beim Besatz mit fangfähigen Fischen werden mit der Angel durchschnittlich ca. 30 % der Regenbogenforellen (15 % innerhalb von 3 Tagen), aber nur ca. 10 % der Bachforellen im ersten Jahr nach dem Besatz gefangen. In Baggerseen wurden aber auch schon 60 % der Regenbogenforellen zwei Monate nach dem Besatz in nur zwei Wochen wieder herausgeangelt und anschließend keine mehr festgestellt. Generell sinkt die Wiederfangrate durch Beangelung mit der Zunahme der Wasserfläche.
Zu empfehlen ist, vor dem Besatz die Fischzuchtanlage und die Besatzfische zu begutachten und zu beurteilen. Um den Fischen Stress zu ersparen, sollten sie beim Aufladen gewogen bzw. gezählt und direkt ans Wasser angeliefert werden. Die Besatzfische sollten von Spezialbetrieben stammen, die sich auf einige wenige Arten spezialisiert haben und nicht vom Händler, der meist alles im Angebot hat. Fische verschiedener Herkunft sollten nicht zur selben Zeit besetzt werden, sondern im Abstand von mindestens 1-3 Wochen.
Krankheitserreger (Viren, Bakterien, Pilze) sind in jedem Gewässer vorhanden, die Fische erkranken aber nur, wenn ihre natürliche Imunabwehr gestört ist oder Stresssituationen auftreten (Veränderungen im Wasserchemismus, erhöhte Besatzdichte, etc.).

Schwimmende Erbrütungsbox. (Foto: D. Firzlaff)

Besatz von Lachssetzlingen. (Foto: M. Hochleithner)

Sinnvoll erscheint ein Besatz etwa beim:
Erstbesatz neuer Gewässer – dort sollte nur so lange besetzt werden, bis die geeigneten Fischarten eingebürgert sind und sich selbständig vermehren. Wird nach mehrmaligem Besatz kein Erfolg erreicht, so ist die Fischart nicht für das Gewässer geeignet bzw. umgekehrt und ein weiterer Besatz zumindest im Moment sinnlos.
Neubesatz nach Fischsterben – dies sollte nach Erfassung des Restbestandes und Etablierung der Fischnährtiere in drei aufeinander folgenden Jahren nach Verbesserung der Wasserqualität mit Jungfischen und nicht mit fangfähigen Fischen erfolgen.
Wiederbesatz zur Arterhaltung – sollte erst nach Sanierung des Gewässers erfolgen und wenn sich die betreffende Art auch wieder natürlich fortpflanzen kann. Stimmen dabei die äußeren Bedingungen nicht, so bleiben langfristig auch alle Besatzmaßnahmen erfolglos.
Fischbesatz zur Gewässerbewirtschaftung – in Seen lässt sich der Ertrag an Fischen, die sich nicht oder nicht mehr ausreichend vermehren können mit einem Besatz erheblich steigern. Dabei sollte Jungfischaufkommen, Wachstum und Alterszusammensetzung stets überwacht werden.
Zu empfehlen sind Bemühungen, das natürliche Aufkommen der Fischarten im Gewässer selbst zu fördern, indem man den kleineren Seitengewässern als Laich- und Brutstrecken gezielt besonderen Schutz zukommen lässt. Nur dort wo längere Verrohrungen, Kanalisierungen oder unüberwindbare Hindernisse die Seitenbäche vom Gewässersystem abschneiden, sollten die Seitenbäche als Aufzuchtgewässer mit dem Elektrofischereigerät bewirtschaftet werden. Die natürlich heranwachsenden Jungfische sind bei schonender Abfischung die optimalen Besatzfische, in anderen Fällen wandern die heranwachsenden Jungfische im Lauf des Jahres selbständig ab und bilden den idealen Jungfischbestand für das gesamte Gewässersystem. In Aufzuchtbächen, die mit dem Elektrogerät abgefischt werden, richtet sich der Besatz natürlich nach dem Nährtieraufkommen. Als Richtwert gelten rund 5-10 fressfähige Brütlinge oder 1-2 vorgestreckte Brütlinge je Quadratmeter bzw. je nach Breite und Bonität 1-10 vorgestreckte Brütlinge je Laufmeter. Dabei können im Herbst bei einer Überlebensrate von 20-80 %, im Durchschnitt 40-60 % hochwertige 8-12 cm lange einsömmeriger Jungfische abgefischt und mit einem Ertrag von 20-200 kg/ha gerechnet werden. Beim zweiten Abfischen im Frühjahr vor dem nächsten Besatz können oft, je nach Wasserführung und Befischungsintensität, weitere 20-50 % des Herbstertrages abgefischt werden.

Für die Erbrütung von Eiern in natürlichen Fließgewässern werden auch die aus Kunststoff hergestellten Whitlock-Vibert Boxen verwendet, in die die Eier gelegt werden. Die Box wird dann im schottrigem Substrat 10-20 cm tief vergraben oder bei geringer Wasserströmung auch in einen Schotterhügel eingegraben. Dabei treten jedoch oft Verluste bis über 90 % durch Verschlammen und Verpilzen auf.
Für die kontrollierte Erbrütung von Lachs- oder Forelleneiern in Fließgewässern eignet sich daher die Firzlaff-Box besser. Diese Erbrütungsbox, die ähnlich wie die von Jacobi bereits in den 1740er Jahren verwendeten Brutkiste funktioniert, gewährt je nach Fischart und Boxgröße für etwa 0,5-1,0 Liter Eier gute Bedingungen vom Augenpunktstadium an. Bei Erreichen der Fressfähigkeit können sich die Brütlinge selbständig im Gewässer verteilen. Die aus Edelstahl gefertigte Box wird am Gewässerboden verankert oder mit Schwimmern an der Wasseroberfläche gehalten. Das Wasser strömt, ähnlich einer Langstromrinne, von der Einlaufklappe durch die Eikästen aus Schlitzblech. Filtermatten schützen vor Verschlammung bei Hochwasser. Unter "normalen" Bedingungen beschränkt sich der Pflegeaufwand auf die periodische Kontrolle (1-2 x/Woche), dabei werden Schlüpfraten von 70-95 % erreicht.
Ähnliche schwimmende Langstromrinnen, die vorne und hinten ein Schlitzblech besitzen, eignen sich auch für die weitere Aufzucht in schwach strömendem Wasser (z.B.: Seeabfluss).
Wo die Kiessohle nicht mehr intakt ist bzw. in größeren Gewässern sind vorgestreckte Setzlinge als Besatz zu empfehlen. In stark strukturierten Gewässern kann andernfalls ein Brutbesatz vorgenommen werden.
Für den Besatz mit Brut oder vorgestreckten Lachsen zur Wiederansiedelung eignen sich flach überströmte, schnellfließende Strecken in Bächen und kleinen Flüssen mit einer Tiefe von 15-30 cm und mindestens 3 m Breite (Fließgeschwindigkeit an der Oberfläche durchschnittlich 0,4 m/s; am Boden etwa um 1/4 weniger). Kolke und schnellfließende Strecken sollten im Verhältnis 1:5 bis 1:6 vorliegen. Eine reichhaltige Oberflächenstruktur mit steinig-kiesigem Substrat und geringem Feinsedimentanteil wird bevorzugt. Deckungsstrukturen, wie große Steine, sollten auch außerhalb des unmittelbaren Uferbereichs vorhanden sein. In solchen Strecken können 1-2 Vorgestreckte/m^2 möglichst gut verteilt ausgesetzt werden. Langsam fließende Strecken und Staubereiche sind nicht zu besetzen, ebenso ist ein zusätzlicher Besatz mit Forellen zu vermeiden.

Durch die Abwasserbelastung kam es in zahlreichen ehemals nährstoffarmen Voralpenseen zu Sauerstoffmangel in den Tiefenbereichen mit der Folge, dass einige Fischarten, deren Eier sich am Gewässergrund entwickeln (Renken, Saiblinge), zurückgegangen sind. Zur Aufrechterhaltung der Fischbestände wurden zahlreiche Bruthäuser errichtet, in einigen Seen wurden aufwendige technische Ringkanalisationen gebaut und das Tiefenwasser teilweise mit reinem Sauerstoff belüftet.

Der Fischbestand in den natürlichen Seen konnte sich während tausender Jahre entwickeln und adaptieren, er ist daher an die Verhältnisse der jeweiligen Seen optimal angepasst. Einbürgerungsversuche scheiterten daher alle (wie: Lachse in Alpenseen), mit Ausnahme einiger weniger Fälle, bei denen jedoch in der Folge die dort heimischen, angepassten Arten verdrängt wurden. Von der Einbürgerung neuer Fischarten wird aufgrund der zahlreichen negativen Erfahrungen dringend abgeraten, vielmehr sollte versucht werden die heimischen Arten gezielt zu fördern. Zudem ist der Besatz gebietsfremder Fischarten in Freigewässer in vielen Ländern genehmigungspflichtig.

Baggerseen entstehen durch die Kies- bzw. Schottergewinnung und verändern im Lauf der Jahre ihren Charakter. Junge Baggerseen sind vom Grundwasser durchströmt und eignen sich für Forellen und Saiblinge. Mit zunehmendem Alter verdichtet sich jedoch die Gewässersohle, der See erwärmt sich stärker und wird nahrungsreicher. Dann eignet er sich noch für Forellen und Maränen, bis er schließlich für Salmoniden nicht mehr geeignet ist.

Talsperren dienen der Energiegewinnung, der Trinkwasserversorgung oder Bewässerung. Als See im klassischen Sinn gilt ein Gewässer dann, wenn es im Sommer eine Temperaturschichtung aufweist (bei 3,94 °C ist Wasser am schwersten) und die Fließgeschwindigkeit weniger als 2 cm/s beträgt. Tiefe, nährstoffarme Speicher eignen sich für Forellen und Saiblinge oder Maränen.

In Gewässern ohne natürliche Vermehrung gelten als Richtwerte für den Besatz je ha bzw. km: 5.000 - 10.000 Stück Brut, 1.000 - 2.000 Stück Vorgestreckte oder 100 - 500 Stück Einsömmerige.

Bachforellen ernähren sich in erster Linie von Bodennahrung, sie können sich jedoch auch von planktischen Organismen ernähren. Wird die planktische Futternische aber von einer diesem Futter besser angepassten Art belegt, kann sich die Bachforelle dieser Art gegenüber schlechter durchsetzten und ist bei fehlender benthischer Nahrung gezwungen auf Anflug- oder Driftnahrung auszuweichen. Sie ist für Seen trotz ihrer Anpassungsfähigkeit kein idealer Wirtschaftsfisch.

Seeforellen bilden hier eine Ausnahme, sie halten sich anfangs in den Zuflüssen und im Uferbereich auf, und gehen anschließend auf Fischnahrung über. Dadurch können sie vor allem das Durchschnittsgewicht der Seesaiblinge in verbutteten Beständen erhöhen.
Seesaiblinge ernähren sich ebenfalls gerne von Bodennahrung. Leben sie mit weiteren Arten zusammen, die ebenfalls Bodennahrung bevorzugen, weichen sie, je nach Jahreszeit, meist auf Planktonnahrung aus und wachsen in solchen Seen durchaus vergleichbar, solange keine besser an Zooplankton adaptierte Art vorkommt. Im Mischbestand mit Forellen dominieren stückmäßig meist die Seesaiblinge zu 60-90 %.
Maränen sind auf Planktonnahrung spezialisiert, kommen sie mit Seesaiblingen zusammen vor, dominieren meist die Maränenbestände. Kommen keine an Bodennahrung angepassten Arten vor, ernährt sich die Maräne (je nach Jahreszeit) auch davon. Sie sind optimale Wirtschaftsfische für tiefe, kühlere Seen und Speicher.
Äschen ernähren sich ebenfalls von Boden- und Anflugnahrung, in Seen sind sie der Konkurrenz anderer Fische mit wenigen Ausnahmen selten gewachsen.
Amerikanische Seesaiblinge ernähren sich anfangs vorwiegend von Bodennahrung, später sollte für ein entsprechendes Wachstum jedoch Fischnahrung verfügbar sein. Sie können sich auch von Zooplankton ernähren, wachsen dann aber schlechter und werden früher geschlechtsreif und bleiben kleiner.
Regenbogenforellen können sich anfangs durchaus von Zooplankton ernähren. Später bevorzugen sie jedoch große Insekten, Krebse und kleine Fische. Sie sind daher geeignete Wirtschaftsfische für flache, kühle Gewässer. Besser an Planktonnahrung adaptierten Arten gegenüber kann sich die Regenbogenforelle jedoch nicht behaupten. Da sie keine Unterstände benötigt und wärmeres Wasser verträgt, eignet sie sich für begradigte Bäche oder die Unterläufe von Flüssen.
Rotlachse (Süßwasserpopulationen) sind auf Planktonnahrung spezialisiert und können einen größeren Anteil der aufgenommenen Nahrung (etwa 1/3 mehr als Regenbogenforellen) umsetzen. Sie verenden jedoch nach dem Laichen und bringen damit einen Nährstoffeintrag (bis zu 23 % des Gesamteintrags) ins Gewässer. Rotlachse eignen sich ebenfalls als Wirtschaftsfische für größere nicht zu hoch gelegene Stauseen oder als Futterfische für Raubfische.
Bachsaiblinge eignen sich besonders für kleine kühle, flache Seen, sauerstoffarme Quellbäche und unterstandsarme begradigte Bäche sowie besonders für saure Gewässer.

Zur Kontrolle des Besatzerfolges werden die Fische gelegentlich markiert, dabei werden folgende Methoden verwendet:
Das Abschneiden der Fettflosse kann bei Fischen ab 10-12 cm erfolgreich durchgeführt werden. Damit die Flosse nicht wieder nachwächst, ist es wichtig, die Fettflosse (am besten mit einer Nagelschere) direkt oberhalb der Basis abzuschneiden und die Wunde anschließend zu desinfizieren. Auch ein Durchtrennen einiger Weichstrahlen an der Rücken- oder Afterflosse ist möglich, die verheilten Wunden hinterlassen kleine knötchenartige Narben, die lange sichtbar bleiben.
Spaghetti - Marken, sind lange dünne und flexible Kunststoffröhrchen. Die in verschiedenen Farben erhältlichen und mit einer Nummer versehenen Marken werden bei größeren Fischen mit einer Markierungspistole, vorzugsweise an der Basis der Rückenflosse, unter die Haut geschossen und verankern sich dort. Nachteil dieser Markierung ist, dass sich die Marken in der Strömung bewegen und mit der Verankerung eine Heilung nur schwer zulassen.
Alcianblau ist ein Farbstoff, der mit einer nadellosen Druckpistole (durch subkutane Injektion) auf der Bauchseite vor den Flossenansätzen unter die Haut geschossen - "tätowiert" - wird. Dabei können für verschiedene Gruppen unterschiedliche Regionen und eine unterschiedliche Anzahl von Punkte verwendet werden. Diese Markierung ist einfach anzuwenden und ab einer Fischgröße von 7-10 cm zu verwenden, ist jedoch je nach Wachstum der Fische nur einige Jahre sichtbar. Zur längeren Haltbarkeit der Markierung kann der Farbstoff auch mit Elastomere bzw. Naturlatex vermischt werden.
Passive Integrierte (Mikro-) Transponder (PIT) ermöglichen eine individuelle Markierung von Fischen ab 8-10 cm Länge. Die ca. 12 mm langen und 2 mm dicken, steril in einer Injektionskanüle verpackten Transponder werden mit dieser unter die Haut in die Rückenmuskulatur oder in die Bauchhöhle injiziert (ev. Fische narkotisieren). Die Einstichstelle ist in etwa drei Tagen verheilt und der Transponder wächst in das Gewebe der Muskulatur ein. Der 10-stellige Alphanumerische Identifikations-Code wird weltweit nur einmal vergeben. Da der Mikrochip ein passives Element ist, benötigt er keine Energie. Die Aktivierung erfolgt über die elektromagnetische Induktion des Handlesegeräts bis zu einem Abstand von ca. 30 cm, oder einer Antenne, über die der Fisch schwimmt. Über eine Schnittstelle und einem Computer erfolgt dann die Zuordnung des Codes zu den entsprechenden gespeicherten Daten.

Bestandsaufnahmen mit dem Elektrofischereigerät geben einen relativ guten Einblick in die Bestände ausgewählter Strecken in Fließgewässern, wobei der Fangerfolg in Bächen mit 1-8 m breite oft bei 25-75 % liegt. Bei richtigem Einsatz der Elektrofischerei mit geglättetem Gleichstrom (Restwelligkeit unter 5 %) entstehen dabei kaum direkte Schäden (1-4 %) und die Fische erholen sich nach 1-2 Minuten wieder problemlos. Nach 1-6 Stunden ist auch der Stress wieder abgebaut. Da es sich aber um einen direkten Eingriff ins Gewässer handelt, reduziert sich der Besatzwert um 2/3 wenn die Fische wieder ausgesetzt werden. Daher sollte der Einsatz von Elektrofischereigeräten (vor allem Impulsstrom) auf das Notwendigste (Kontrollen, Laichfischfang, Bewirtschaftung) beschränkt werden. Wird mit Impulsstrom gefischt, so sollten Spannung und Impulsfrequenz niedrig sein (100-150 Volt, 50-80 Impulse/s), und mit exponentiell abfallenden Impulsen von 3-4 Millisekunden gearbeitet werden. Um eine Wachstumsverminderung zu vermeiden, sollte der Abstand zwischen zwei Befischungen mindestens 3 Monate betragen.
Eine ausschließliche Bewirtschaftung mit der Angel kann die Bestandsentwicklung ungünstig beeinflussen. Daher ist die Voraussetzung einer geordneten Gewässerbewirtschaftung ein ausgewogener und angemessener Einsatz verschiedener Fanggeräte.

Fischbestandsaufnahme (Streifenbefischungsmethode) mit dem Elektrofischereigerät.

ANGELN:

So vielfältig wie das Artenspektrum der Salmoniden, so vielfältig sind auch die Methoden, mit denen ihnen nachgestellt wird. Der folgende Überblick über die einzelnen Befischungsmethoden erhebt keinen Anspruch auf Vollständigkeit. Dem Interessierten gibt er jedoch einen kleinen Einblick in die Angelfischerei auf Salmoniden.

Fliegenfischerei

Das Fliegenfischen wird als die „königliche" Art des Fischens bezeichnet. Es ist aber nicht nur die eleganteste Art des Angelns, sondern auch die schonendste. Da mit künstlichen Imitaten von Fischnährtieren, aber auch mit Reizködern gefischt wird, und die Fische den Betrug schnell feststellen, spucken sie den Köder sofort wieder aus. So ist gewährleistet, dass der Haken nicht geschluckt, sondern meist nur im vorderen Maulbereich hängt, wo er schonend entfernt werden kann. Fast alle Fische lassen sich mit der Fliegenrute fangen. Der markanteste Unterschied zu anderem Fischereigerät ist der, dass das Wurfgewicht nicht in Form eines Bleis, Bleiersatzes oder eines Spinnköders vorhanden ist, sondern die Fliegenschnur das zu werfende Gewicht darstellt. Die Fliegenschnüre haben je nach Art der Fischerei verschiedene Formen (keulenförmig, parallele, verjüngt), Längen (meist 25-33 m) und Eigenschaften (schwimmend, sinkend, etc.).
Mit der Einhandrute (bis 3,5 m Länge) wird durch elliptische oder 8er-förmige Bewegung der Rutenhand (je nach Stil) und Unterstützung durch Züge der Schnurhand die Schnur in Bewegung gesetzt. So können auch große Weiten erzielt werden. Könner verwenden auch diverse Trickwürfe. Als Köder kommen Trockenfliegen (imitieren die am Wasser abtreibenden, bereits geschlüpften Wasserinsekten), Nymphen (imitieren diese Insekten in ihren Larvenstadien), Nassfliegen (imitieren ertrunkene Insekten) und Streamer (imitieren Fischchen), aber auch Phantasiefliegen zum Einsatz. Diese werden in der Regel aus Federn und Tierhaaren, aber auch aus künstlich erzeugten Materialien hergestellt. Lachsfliegen sind reine Reizfliegen, da der Lachs während seines Laichzuges keine Nahrung mehr zu sich nimmt. Durch die richtige Kombination von sogenannten Reizfarben wird der Lachs zum Attackieren des unerwünschten Fremdkörpers veranlasst. Die meisten Fliegen für die Lachs- und Meerforellenfischerei sind Nassfliegen, denn nur in ganz wenigen Flüssen lassen sich Lachse mit der Trockenfliege überlisten. Immer populärer wird auch die Fischerei mit der Nymphe auf Lachse.

Mit der Zweihandrute (meist 4,5 m Länge) wird in großen, fließenden Gewässer auf Lachse gefischt. Dabei wird die Rute mit beiden Händen gehalten und meist kommen Rollwürfe (Single-, Double Spey) zum Einsatz. Die Lachsfliege lässt man mit der Strömung abtreiben, um an der gewünschten Stelle dann zum eigenen Ufer her zu driften. Oft kommt die Attacke des Lachses oder der Meerforelle genau in diesem Moment. Das Zweihand-Werfen ist wesentlich einfacher als das Werfen mit der Einhandrute und erspart unnötige Wurfarbeit. Erst wenn der Fluss nur noch träge dahin fließt, kommt die Einhandrute wieder zum Zug. Durch "Einstrippen" der Schnur während des Abtreibens wird der Fliege zusätzliches Leben gegeben. Dafür kann die Rute nur mit einer Hand gehalten werden. Die wesentlich schwereren Zweihandruten sind für diese Fischerei somit weniger geeignet. Viele der besten Lachsgewässer sind nur der Fliegenfischerei vorbehalten.

Spinnfischerei

Sehr weit verbreitet ist auch die Spinnfischerei auf Forellen. Dabei kommt eine Spinnrute und eine Stationärrolle, oder, immer häufiger, eine Multirolle zum Einsatz. Die Spinnfischerei ist eine einfache Art der Fischerei und kann auch schnell erlernt werden. Der Bügel der Stationärrolle wird einfach geöffnet, und die Schnur wird zwischen Zeigefinger und Rutengriff eingeklemmt (kann auch frei über den Zeigefinger in Spulenhöhe laufen). Bei der Multirolle hingegen drückt der Daumen gegen die Trommel. Die Rücklaufsperre ist dabei ausgeschaltet. Es wird ausgeholt und beim Vorwurf wird die Schnur freigegeben. Der Spinnköder fliegt alsdann dem gewünschten Zielpunkt entgegen. Immer mehr setzt sich in unseren Breiten auch die Verwendung von Multirollen durch. Ein wahrer Profi zeichnet sich dadurch aus, dass er seine Spinnköder sehr genau kennt und weiß, welchen Köder er bei welchem Wetter, welchem Wasser und welcher Strömungsgeschwindigkeit wie schnell und mit welchen Bewegungen der Rutenspitze einsetzen muss.
Beim Spinnfischen kommen meist eigenschwere Metall-, Gummi- und Hartplastikköder zum Einsatz. Mit Spinnködern werden alle beweglichen Wasserbewohner vom Fisch bis zur Maus, vom Krebs bis zum Neunauge imitiert. Auch tote Köderfische werden auf Systeme montiert, speziell um Forellen zu überlisten. Manchmal wird noch zusätzlich Gewicht vorgeschaltet. Besonders wichtig ist bei dieser Art der Fischerei die Verwendung von Karabinern oder Wirbeln, damit Schnurverdrallungen verhindert werden.

Schwimmerfischerei

Für das Fischen mit dem Schwimmer kommen entweder Stationärrollen (stehende Gewässer) oder sogenannte Laufrollen (fließende Gewässer) zum Einsatz. Während bei Stationärrollen der Bügel vor dem Anschlag geschlossen werden muss oder die Hand die ablaufende Schnur direkt festhalten muss, ist die in der Schweiz beheimatete Fischerei mit der Laufrolle in Fließgewässern wesentlich effektiver und bequemer. Die Laufrolle dreht sich mit der Geschwindigkeit des Wassers und somit ist ein ständiger Kontakt zum Köder gewährleistet. Ein Finger bleibt am Spulenrand und bremst die Spule leicht, damit der Köder dem Schwimmer vorantreibt. Beim Anschlag wird die Spule mit dem Zeigefinger blockiert. Während des Drills wird der Bremsdruck mittels Zeigefinger variiert. Stationärrollen sind hingegen mit justierbaren Bremsen ausgestattet.

Beim Schwimmerfischen wird durch die vorab eingestellte Tiefe (Fix- oder Laufschwimmer) der Köder in der gewünschten Wassertiefe platziert. Beißt der Fisch, so taucht der Schwimmer weg oder bewegt sich unnatürlich, worauf ein Anhieb gesetzt wird. Als Köder kommen sowohl Naturköder als auch Nymphen zum Einsatz. Ganz allgemein gilt die Fischerei mit Naturködern auf Salmoniden als nicht weidgerecht. Wird dennoch mit Naturködern gefischt, so sollte der Anhieb sehr rasch gesetzt werden, sodass das Schlucken des Köders möglichst verhindert werden kann. Eine Ausnahme bilden hier "Put & Take" Gewässer, deren Fische alle groß genug sind und mitgenommen werden. Der Naturköder ist äußerst fängig und die Fischerei mit dem Lachsei und Shrimps ist sehr populär.

Grundfischerei

Beim Grundfischen wird der Köder mit Hilfe eines Grundbleies oder Bleiersatzes am Gewässergrund präsentiert. Dabei werden sehr oft Naturköder verwendet. Die Rute wird nach dem Einwerfen meist auf einem Rutenständer gelegt. Ein Glöckchen an der Rutenspitze signalisiert den Biss. Diese Art der Fischerei kostet in Forellengewässern leider vielen Jungfischen das Leben. Bis eine Rute im Fließgewässer nämlich ausschlägt, haben Forellen meist den maden- oder wurmbestückten Haken geschluckt. Werden Fischfetzen als Köder verwendet, so ist die Möglichkeit des Schluckens durch Kleinfische aufgrund der Ködergröße wesentlich geringer. Trotz allem muss die Weidgerechtigkeit dieser Art der Fischerei im Salmonidengewässer stark bezweifelt werden.

Auf Lachse werden jedoch auch verankerte Kunstköder verwendet. Das Fischen mit dem Spinn' Glow, einem um eine Achse rotierenden Plastikpropeller in Schockfarbe, ist sehr beliebt und nicht minder fängig. Wenn diese Art der Fischerei nicht gerade aufregend ist, so ist es doch eine viel schonendere Art der Grundfischerei, als jene mit dem Naturköder.

Hegenefischerei

Speziell für die Fischerei auf Seesaiblinge und Renken werden in Seen Hegenen eingesetzt. Mehrere Nymphen, Twister, Schläuchli usw. werden dazu am Vorfach befestigt und fischen je nach Abstand einen größeren oder engeren Bereich ab. Die Köder können dabei direkt an das Vorfach oder durch kurze Seitenarme (mehr Beweglichkeit) daran befestigt werden. Am Ende der Hegene befindet sich ein Blei. Die Hegene wird zu den Fischen hinab gelassen und durch langsame (Maränen) oder eher ruckhafte Bewegungen (Saiblinge) eingezogen.

Die Hegene wird entweder von Hand gefischt oder es kommt eine spezielle Hegenenrute mit sensibler Spitze zum Einsatz. Der Biss kann entweder über Daumen und Zeigefinger erspürt, oder durch das Vibrieren der Spitze erkannt werden.

Hölzlfischerei

Durch das "Tiroler" Hölzl (Schlauchblei) oder ähnliche Wurfgewichte lassen sich Hegenen auch vom Ufer aus einsetzen. Vor allem in den größeren Flüssen ist diese Art der Fischerei auf Äschen sehr populär. Dazu werden feinste Nymphen verwendet. Das Gewicht wird leicht schräg stromauf geworfen, man lässt es dann zum Grund absinken und das Hölzl in Strömungsgeschwindigkeit mit erhobener Rute abtreiben. Ein Vibrieren der Rutenspitze signalisiert den Biss.

Diese Fischerei ist so effektiv, dass dadurch großer Schaden an den Äschenbeständen entstand, da praktisch jede Stelle im Fluss befischt werden kann und den Fischen die Rückzugsmöglichkeit fehlt. Deshalb ist die Fischerei mit dem Hölzl, auch Rieseln genannt, an vielen Gewässern verboten worden. Ähnlich der Hölzlfischerei funktioniert im hohen Norden die Fischerei auf Lachs und Meerforelle mit der Spinnfliege. Dabei wird allerdings statt einer Hegene mit mehreren Nymphen ein bis zu 4 m langes Vorfach mit einer Lachs- oder Meerforellenfliege verwendet, die dem Gewicht vorantreibt.

Schleppfischerei

Beim Schleppfischen werden ein oder mehrere Spinnköder hinter dem Boot hergezogen. Dazu werden oft stärkere Spinnruten verwendet, wobei dann meist nur obere Wasserschichten befischt werden können. Wesentlich effektiver ist das Fischen mit dem "See-Hund", einer speziellen Vorrichtung, die dazu dient, den Spinnköder mit Abstand seitlich hinter dem Boot zu führen. Durch Schnüre, die zwischen Boot und Hund an Dreiweg-Karabinern eingeklinkt werden, können somit bis zu zehn oder mehr Spinnköder gleichzeitig angeboten werden. Erfolgt ein Biss, so schnellt die "Kelle" des Hundes (Bissanzeigevorrichtung) nach oben und der Fisch, der sich durch das fahrende Boot selbst gehakt hat, wird von Hand gedrillt. Es braucht viel Geschick um bei der gleichzeitigen Verwendung mehrerer Leinen beim Drill keinen "Schnursalat" zu erzeugen. Deshalb wird beim Drill in der Regel auch der Motor nicht abgestellt, sondern das Boot fährt mit minimaler Geschwindigkeit weiter. Zum Schleppfischen auf Lachse und Seesaiblinge wurde der Downrigger erfunden. Diese Art der Schleppfischerei, die es ermöglicht, auch in großen Tiefen zu fischen, wird auch in Europa immer mehr zum Fischen auf Seeforellen verwendet. Werden auf dem Echolot gute Fische entdeckt, wird mit einer speziellen Winde ein bis mehrere Kilo schweres Gewicht an einem Stahlseil auf die gewünschte Tiefe gebracht. Zwischen Boot und Gewicht sind in bestimmten Abständen Release Clips angebracht. Spezielle Bootsruten werden verwendet und die Schnüre der Bootsruten werden in die Abrissclips eingeklemmt. Beißt ein Fisch, so hakt er sich meist selbst und durch einen starken Anschlag, wird die Schnur aus dem Release Clip gerissen. Dadurch lässt sich der Fisch dann ganz gewöhnlich über die Rute drillen. Fischt man in größeren Tiefen, so werden ca. 2 m vor dem Spinnköder sogenannte Flasher angebracht. Es sind dies blinkerähnliche, meist noch fluoreszierende Plastikplatten, die den Fisch von größerer Distanz her zum Köder locken sollen. Oft werden auch ganze Ketten von speziell dafür entwickelten überdimensionalen Spinnerplättchen verwendet.

Verantwortung

Bei hohen Wassertemperaturen sollte die Fischerei auf Salmoniden eingestellt werden. Der Verzicht auf Widerhaken sollte selbstverständlich sein. Sollte dennoch einmal ein untermassiger Fisch den Köder zu tief geschluckt haben, kann das Vorfach unmittelbar vor dem Maul abgeschnitten werden.

Grundsätzlich sollten folgende Regeln beachtet werden:
Den Fisch nicht zu lange drillen. Dies kann speziell bei höheren Wassertemperaturen zum Tod auf Verzögerung führen (Milchsäureschock).
Den Fisch während des Hakenlösens möglichst im Wasser belassen. Falls der Fisch trotzdem in die Hände genommen werden muss, dies nur mit nassen und abgekühlten Händen tun, um die Schleimhaut des Fisches nicht zu verletzen. Dabei soll behutsam mit dem Fisch umgegangen werden.
Den Fisch locker in der Hand halten, ohne die Bauchseite zu drücken.
Den vom Haken befreiten Fisch mit dem Kopf gegen die Strömung stellen. Dies solange machen, bis der Fisch selbständig aus der Hand schwimmen kann.
Korrekt geführte Fangstatistiken liefern die beste Kontrolle für die Bewirtschaftung, auf die auch relativ schnell reagiert werden kann.

Angelfischerei auf Salmoniden. (Foto: P. Vecsei)

VERARBEITUNG:

Bei der Verarbeitung von Fischen sind die aktuellen Vorschriften wie: Tierschutz-, Marktordnungs-, Lebensmittel-, Bedarfsgegenständegesetz sowie Zusatzstoff-, Höchstmengen-, Kennzeichnungsverordnung und Hygienebestimmungen etc. zu beachten.
Generell sind nur Trinkwasser, sowie leicht zu reinigende Materialien (wie Edelstahl, Plastik usw.) zu verwenden. Der Wasserverbrauch beim Schlachten beträgt durchschnittlich 6 Liter/kg Fisch. Um der Ausbreitung von Krankheiten entgegenzuwirken und Viren und Bakterien zu vernichten, werden die Schlachtabwässer teilweise durch ein 0,5 mm Sieb von festen Stoffen getrennt und mit Hitze (mit Wärmetauscher) bei 65-70 °C für 1-2 Minuten behandelt.
Zum Schlachten verwendete Fische sollten vorher zur Ausnüchterung (Entleerung des Magen und Darms) in sauberem, kühlem Wasser 3-7 Tage gehältert werden. Beim Hältern sind Besatzdichten von 50-100 kg/m^3 möglich. Wurden die Fische mit sehr fettreichem Futter (über 20 % Fett) aufgezogen, so erhöht eine 1-2 monatige Hälterung ohne Fütterung oder nur mit fettarmem Futter die Fleischqualität.
Zum Töten werden die Fische betäubt. Dies geschieht bei einer kleinen Menge an Fischen mit einem (30-50 cm langen) Holzstiel durch einen kräftigen Schlag auf den Kopf hinter die Augen. Bei größeren Mengen wird oft mit Strom (1-3 V/cm für 1 Minute) betäubt. Da dabei jedoch Qualitätseinbußen (Blutungen in der Muskulatur im Bereich der Wirbelsäule) auftreten können, ist das Betäuben mit CO_2 bei einer Konzentration von 250-350 mg/l möglich, was aber lange (ca. 15 Minuten) dauert. Bei der Verwendung von Nelkenöl (Eugenol) als Betäubungsmittel, kann der Eintritt der Leichenstarre etwa um 12 Stunden verzögert werden, allerdings kann dabei auch eine leichte Geschmacksbeeinträchtigung eintreten. Bei größeren Fischen, wie Lachsen, werden meist mit einem kleinen Messer die Kiemenlamellen bzw. die Hauptblutbahn durchgetrennt. Um die Frische zu gewährleisten, kommen die geschlachteten Fische oft gleich in einen mit Eiswasser gefüllten Behälter und kühlen so schnell auf ca. 0 °C herunter.
Zum Ausnehmen wird die Bauchseite mit einem kleinen, hakenförmigen Messer vom After zum Kopf hin aufgeschnitten und die Eingeweide ohne diese zu verletzen, manchmal auch gleich samt Kiemen, entfernt. Anschließend wird mit einem Teelöffel die Niere herausgekratzt und die Fische werden gründlich gewaschen. Bei größeren Mengen werden oft Schlachthilfen eingesetzt, die die Eingeweide heraussaugen und eventuell mit einer rotierenden Bürste mit Wasserspülung säubern.

Salmoniden werden meist nicht geschuppt, bei Coregoniden und Thymalliden sollten die Schuppen jedoch entfernt werden, ausgenommen beim Räuchern. Dies erfolgt bei wenigen Fischen mit einem Messer, das schräggestellt gegen die Schuppen gestrichen wird. Für größere Mengen verwendet man Schuppmaschinen, die mit einer perforierten rotierenden Trommel arbeiten.
Zum Filetieren per Hand wird ein langes dünnes Messer von innen direkt über der Wirbelsäule hinter dem Kopf mit einem Schnitt Richtung Schwanzflosse gezogen und die Seitenhälfte vom Kopf geschnitten. Anschließend wird die andere Seite hinter dem Kiemendeckel und Brustflossen bis zur Wirbelsäule eingeschnitten und auch diese Seitenhälfte mit einem Schnitt Richtung Schwanzflosse von der Wirbelsäule getrennt. Die so erhaltenen Seitenhälften werden noch mit einem Schnitt von Bauchgräten sowie Rücken- und Afterflosse getrennt, sowie zugeschnitten und gesäubert. Bei der Verarbeitung größerer Mengen werden heute großteils Filetiermaschinen eingesetzt, die mit rotierenden Rundmessern, die Filets von der Karkasse schneiden.
Vom Lebendgewicht an gerechnet beträgt im Durchschnitt: der Rumpf ca. 60 % (davon ca. 10 % Skelett), der Kopf ca. 15 % (davon ca. 3 % Kiemen), die Haut und Flossen ca. 10 % (davon ca. 4 % Schuppen und Schleim), und die Innereien ca. 15 % (davon ca. 5 % Darminhalt).

Durchschnittliche Gewichtsverluste
vom lebenden Fisch an gerechnet:

Verarbeitungsschritt	Verluste
bis ausgenommen (je nach Geschlecht und Reife):	10-20 %
bis warm geräuchert (je nach Dauer und Temperatur):	20-30 %
bis warm geräuchert und filetiert:	40-50 %

Das Fleisch hat einen Anteil von etwa 60-80 % Wasser, 12-22 % Eiweiß, 2-15 % Fett und je nach Fettgehalt einen Nährwert von 100-250 kcal/100 g. Dabei haben kleinere Portionsforellen meist einen Fettgehalt von 2-5 % und größere Lachse 8-15 % im essbaren Anteil.
Als zentraler Messwert für die physikalische Fleischbeschaffenheit unterliegt der pH-Wert des Fleisches starken Änderungen und beträgt frisch geschlachtet 7,0-7,5 und nach 24 Stunden 6,5-6,8.

Die wohlschmeckende Leber, welche 1-2 % des Gesamtgewichts ausmacht, kann von Galle befreit und gebraten oder an Restaurants oder im Detail verkauft werden.
In Mitteleuropa wurde früher auch das Fett der Äsche zu Heilzwecken verwendet.
In einigen Ländern gilt die gebratene oder gegrillte Haut der Lachse als Delikatesse. Die gegerbte Haut der Lachse wurde früher auf Kamtschatka zu Schuhen und wird heute noch in Japan zu Taschen verarbeitet. Auch in Großbritannien wird seit kurzem die gegerbte Haut der Zuchtlachse zu Lederwaren verarbeitet.
In Nordamerika wurden früher Skeletteile zu Angelhaken und Schmuckgegenständen verarbeitet, wie z.B. Wirbelkörper zu Halsketten.
Die Eier werden oft zu Kaviar verarbeitet. Manchmal werden reife, lose in der Leibeshöhle liegende Eier für die Kaviarerzeugung "herausgestreift", diese werden jedoch hart und zäh und sind minderwertig, sie sollten daher nicht verwendet werden. Zur Herstellung von Kaviar werden die weiblichen Fische vor der Laichreife getötet, gewaschen, aufgeschnitten und die Eierstöcke (Ovarien), die 20-25 % des Gesamtgewichts ausmachen können, entnommen. Die Ovarien werden nun durch ein Siebnetz mit 6-9 mm Maschenweite gerieben, sodass sich die Eier aus dem Ovariengewebe lösen. Anschließend werden die Eier in leichtem Salzwasser gewaschen und mit 3-5 % Salz gesalzen, kurz vermischt, und die überschüssige Flüssigkeit abgesiebt. Dann wird der Kaviar in Ringpulldosen oder Gläsern möglichst ohne Luft abgefüllt und teilweise pasteurisiert. Pasteurisierter Kaviar ist dann bis zu einem Jahr haltbar.
Zum Beizen wird die Haut größerer Filets ca. alle 2 cm eingeschnitten. Je kg werden die Filets mit 2 Esslöffel Salz, 1 Esslöffel Zucker, und eventuell ½ Teelöffel gemahlenen weißen Pfeffer sowie reichlich gehackter Dille oder Petersilie (nur auf der Fleischseite) bestreut, in Alufolie eingewickelt, und 1-3 Tage beschwert und unter öfterem Umdrehen gebeizt.
Zur Trockensalzung werden die Filets oder Seiten mit der Hautseite auf ein Salzbett gelegt und mit der Hand auf der Fleischseite nachgesalzen (ca. 3 %). Zum Einsalzen wird nur Speisesalz und kein Pöckelsalz verwendet. Anschließend kommen die Filets für 6-12 Stunden bei 2-4 °C in den Kühlraum. Dann wird das überschüssige Salz abgewaschen, das Filet getrocknet und geräuchert. Auch das Salzen mittels automatischem Injektionsverfahren mit Salzlake ist möglich, selbst für die Erzeugung von gebeiztem Lachs. Bei starker Salzung (0,2 kg Salz je kg Fisch) erzielt man einen im Salz gegarten und haltbaren Fisch.

Zur Nasssalzung wird 1 Teil Fisch in 1 Teil 5-10 %iger Salzlösung in einer Plastikwanne für 12-24 Stunden eingelegt. Die Fische müssen vollkommen mit Lake überdeckt sein – eventuell mit Deckel beschweren. Will man auch Gewürze (Lorbeer, Wacholder, Pfeffer, Dill, Thymian etc.) verwenden, sollte die Salzlösung zur Geschmacksverstärkung kurz aufgekocht und anschließend wieder abgekühlt werden. Hat man nicht so viel Zeit, werden die Fische in einer gesättigten Salzlake (ca. 25 % Salz) für nur etwa 2 Stunden eingelegt. Nach der Salzung werden die Fische gründlich mit Trinkwasser gewaschen, der Schleim muss restlos entfernt sein. Die Salzlake sollte nur einmal verwendet werden. Der Gewichts-(Wasser)-Verlust durch die Salzung beträgt etwa 3 %.

Zum Kalträuchern werden größere Fische (ab 1 kg Lebendgewicht) filetiert und meist trocken eingesalzen. Geräuchert werden die Filets mit der Hautseite nach unten auf Gitterrosten (mit ca. 10 mm Maschenweite und mind. 10 cm Höhenabstand), oder ganze Seiten auch hängend. Je nach Fischgröße, Rauchintensität und gewünschtem Geschmack wird 6-48 Stunden bei einer Temperatur von 20-30 °C mit Hartholz (Teak-, Buchen-, Eichen-, Ahorn- oder Erlenspänen) geräuchert. Bei dieser Verarbeitung ist besondere Hygiene notwendig. Nach dem Räuchern werden die Fische rasch abgekühlt und 6-12 Stunden zum Durchziehen in den Kühlraum gelegt. In Großbetrieben werden oft Rauchgeneratoren verwendet, bei denen die Rauchintensität exakt gesteuert werden kann oder neuerdings auch Flüssigrauchanlagen, bei denen die schädlichen Rauchinhaltsstoffe großteils ausgefiltert sind.

Zum Warmräuchern werden kleinere Fische (mit 100-900 g Lebendgewicht) meist im Ganzen, vorwiegend nass, eingesalzen. Die vorbereiteten Fische werden in den Ofen mit der Bauchseite nach oben eingelegt oder mit Doppelhaken aus Metall mit Kopf nach oben oder mit Hanfschnur um den Schwanzstiel mit Kopf nach unten eingehängt. Um die Bildung von Wasserdampf zu verhindern, gibt man die Fische in den kalten Ofen und trocknet die Fische bei offener Türe und Abzugschieber mit langsam steigender Temperatur bei 30-60 °C für 10-30 Minuten. Dann gart man die Fische mit Hitze, bei anfangs keiner bis nur geringer Rauchentwicklung, bei 90-150 °C. Die Kerntemperatur im Fischfleisch muss mindestens 10 Minuten lang bei 60 °C liegen. Diese wird nach 30-60 Minuten (je nach Räucheranlage und Fischgröße) erreicht. Anschließend wird die Temperatur des Räucherofens auf 60-90 °C reduziert und mit trockenem, harzfreiem entrindetem Laubholz (Buchen-, Eichen- oder Ahornspänen eventuell mit Zusatz von Wacholderzweigen oder Obstbaumgehölz) weitere 30-90 Minuten geräuchert.

Eine Besonderheit ist der sogenannte Stremel-Lachs – in schmale Querstreifen geschnittene Lachsstreifen, die roh oder wenig gesalzen mit Bast umbunden und anschließend heiß geräuchert werden.
Nach dem Räuchern werden die Fische zum Abkühlen und Durchziehen bei offener Ofentür und Rauchabzugschieber noch im Ofen belassen oder in einen Kühlraum verbracht. Der Gewichts-(Wasser)-Verlust durch das Räuchern beträgt etwa 10 %.
Abgedeckt sind Räucherfische im Kühlschrank bei +4 °C 1-2 Wochen haltbar. Für die längere Haltbarkeit (2-4 Wochen) können frische oder geräucherte Fische oder Filets unter Vakuum oder Schutzatmosphäre (ca. 30 % CO_2 und 70 % N_2) verpackt werden. Dies verhindert auch die Austrocknung gekühlter oder gefrosteter Fische.
Der Zeitaufwand für die manuelle Verarbeitung liegt in Kleinbetrieben etwa bei 7 Minuten je Forelle (Schlachten und Ausnehmen ca. 1 Min., Salzen und Räuchern ca. 2 Min., Filetieren und Verpacken ca. 4 Min.). Bei der Verwendung von automatischen Verarbeitungsmaschinen lässt sich der Zeitaufwand um etwa 75-25 % reduzieren.
Um die erforderliche Kerntemperatur (-10 °C) beim Einfrieren schnell zu erreichen und damit die Bildung von großen Eiskristallen im Fleisch zu verhindern, sollten die Fische rasch, möglichst einzeln glasiert oder vakuumverpackt gefrostet werden. Die Gefriergeschwindigkeit sollte 1-2 cm/h betragen. Zum Glasieren wird der frisch gefrostete Fisch ein bis zweimal kurz in sehr kaltes Wasser getaucht und erhält so eine schützende Eishülle. Da auch im gefrosteten Zustand die Eiweißdenaturierung und Fettoxydation stattfindet, wenn auch wesentlich langsamer, sollten Fische bei -18 °C generell nicht länger als 2-3 Monate gelagert werden.
Das Auftauen gefrosteter Fische sollte schnell, möglichst im Kühlschrank oder in fließendem kaltem Wasser erfolgen.
Auf Eis (bei ca. 0 °C) sind frische Salmoniden bis zu 10-14 Tage haltbar. Durch eine Behandlung mit Gammastrahlen (3 kGy) lässt sich generell die Keimbelastung verringern und somit die Haltbarkeit verlängern.
Das Fleisch der Salmoniden ist schmackhaft und je nach Nahrung, weiß bis rötlich. Der Verwendung in der Küche sind kaum Grenzen gesetzt. Egal ob sie im Ganzen oder filetiert zubereitet werden, eignen sie sich zum Kochen und Dünsten, ebenso wie zum Braten und Grillen. Die Bauchgräten samt Rückgrat lassen sich relativ leicht entfernen. Eine Zerlegung in Steaks sollte bei Salmoniden jedoch nur für sehr große Fische erfolgen.

Rotfleischige "Lachs"-Forelle und Filets. (Foto: M. Hochleithner)

Heißgeräucherte Saiblinge. (Foto: N. Schotzko)

ANHANG

Rezepte

für jeweils 4 Personen

VORSPEISEN:

Forellencremesuppe

Zutaten	Zubereitung
1 Forelle (ca. 0,40 kg) 0,05 kg Butter 1 l Wasser 1/8 l Weißwein 1 Karotte 1 Sellerie 1 Jungzwiebel 1 Knoblauchzehe Kräuterstiele, Lorbeerblatt Pfefferkörner, Salz 1/4 l Sahne 1 Essl. Maisstärke Zitrone, Dille	Die Forelle filetieren. Die Haut und Karkasse mit der Hälfte des Gemüses und der Butter anschwitzen, mit Wein ablöschen, mit Wasser aufgießen und mit den Gewürzen 1/2 Std. köcheln. Das restliche Gemüse in feine Streifen (Julienne) schneiden, in der abgeseihten Suppe kurz kochen. 1/8 l Sahne mit Maisstärke verrühren und in die Suppe einkochen, mit Salz, Zitronensaft und -zeste abschmecken. Die Filets in 2 cm breite Streifen schneiden und 5 min. in der Suppe ziehen lassen. Restliche Sahne schlagen und unter die Suppe ziehen, mit Dille garnieren.

Renkenleber auf Blattsalate

Zutaten	Zubereitung
0,20 kg Leber (Renken oder anderer Salmoniden) 4 Essl. Sonnenblumenöl Div. Blattsalate Dressing: 0,05 kg Haselnüsse 1 Bund gemischte Kräuter (Dille, Schnittlauch, Petersilie, Rauke) 2 Essl. Weinessig 1 Essl. Wasser Salz und Pfeffer	Gewaschenen Salat auf Teller anrichten. Haselnüsse im Mixer zerkleinern, mit anderen Zutaten und 2 Esslöffel Öl mixen und den Salat damit napieren. Leber kurz in 2 Esslöffel Öl braten und auf den Salat drapieren. Eventuell mit rotem Pfeffer garnieren. Dazu getoastetes Schwarzbrot und Butter servieren.

Saibling mit Raukedressing

Zutaten	Zubereitung
2 Saiblinge (á 0,25 kg) 3 Essl. Rapsöl Div. Blattsalate Dressing: 2 Essl. Zitronensaft 1 Essl. Weinessig 4 Essl. Olivenöl extra 3 Essl. gehackte Rauke	Saiblinge filetieren, kurz in Rapsöl braten. Noch warm auf Salatgarnitur anrichten, mit Dressing betropfen. Mit Zitronenspalte und Baguette servieren.

Lachsforellenterrine

Zutaten	Zubereitung
0,50 kg Lachsforelle 0,15 l Sahne 0,10 kg Mascarpone 2 Eier Salz und Pfeffer Saft von 1/2 Zitrone 0,20 kg Garnelen 1 Bund Dille, Salatblätter Sauce: 1 Teel. gestoßene Senfkörner 2 Essl. Weinessig 2 Essl. Öl 0,20 l Sauerrahm 1 Teel. Senf	Eisgekühltes Lachsforellenfilet mit Sahne, Mascarpone, Eier, Salz und Pfeffer cutten, Dille unterziehen. Eine Form mit Klarsichtfolie auslegen, die Hälfte der Farce einfüllen, darauf die mit Zitronensaft marinierten, geschälten Garnelen, dann die restliche Farce. Auf einem Tuch fest aufstoßen und im Wasserbad bei 170 °C ca. 1 Std. kochen. Die Zutaten für die Sauce verrühren. Die kalte Terrine auf Salatblatt mit Sauce und Toast servieren.

Pasta mit Räucherlachs

Zutaten	Zubereitung
0,20 kg Räucherlachs 2 Schalotten oder 1/2 Zwiebel 0,03 kg Butter 1/8 l Weißwein 1/4 l Sahne Salz und Pfeffer, Zitronensaft 0,25 kg Pappadelle oder Fettucini Dille	Zwiebel oder Schalotten in Butter anschwitzen, mit Wein reduzieren, mit Sahne nochmals reduzieren, mit Salz, Pfeffer und etwas Zitronensaft abschmecken. Den in Streifen geschnittenen Räucherlachs in der Sauce erwärmen. Über die „al dente“ gekochten Nudeln geben und mit Dille bestreut servieren.

Risotto mit Räucherforelle

Zutaten	Zubereitung
0,20 kg Räucherforelle 0,20 kg Risottoreis (Arborio) 1/8 l Weißwein ca. 3/4 l Gemüsebrühe oder Fischfond 1 Schalotte 0,06 kg Butter 0,03 kg Parmesan 0,20 kg Zuckerschoten Salz und Pfeffer Kerbel	In 1/3 Butter die feingehackte Schalotte anschwitzen, den Reis darin kurz anlaufen lassen, mit Wein aufgießen und einkochen lassen. Nach und nach mit der Flüssigkeit den Reis cremig weich kochen. Zuletzt 1/3 Butter und geriebenen Parmesan einrühren und die filetierte und in Streifen geschnittene Räucherforelle unterheben. Auf Teller einen Kranz von kurz in 1/3 Butter gedünsteten Zuckerschoten legen, in der Mitte das Risotto und mit Kerbel bestreuen.

HAUPTSPEISEN:

Gebratene Äsche

Zutaten	Zubereitung
2 Äschen á 0,50 kg 0,04 kg weiche Butter Petersilie 1 gehackte Schalotte 1 Knoblauchzehe Zitronensaft und -schale Öl	Die Äschen ausnehmen und waschen. Die Butter mit dem gepressten Knoblauch und den anderen Zutaten, außer Öl, mischen und die Fische innen damit bestreichen und mindestens 1 Std. ziehen lassen. Trockentupfen, salzen, mit Öl bestreichen und am Rost braten. Auf diese Weise kommt das feine Aroma der Fische am besten zur Geltung.

Renke im Strudelblatt

Zutaten	Zubereitung
4 Renken á 0,3 kg 1 Schalotte 0,06 kg Butter 0,50 kg Spinat 0,10 kg Mascarpone 1 Essl. Pignoli 1 Ei Salz und Pfeffer Zitronensaft Strudelteig: 0,15 kg glattes Mehl 1 Essl. Essig 1 Essl. Öl	Aus Mehl, Salz, Essig, Öl und warmen Wasser Strudelteig machen und rasten lassen (oder fertige Teigblätter verwenden). Renken filetieren und mit Salz, Pfeffer und Zitrone marinieren. Die Schalotte in 0,02 kg Butter anschwitzen den Spinat darauf zusammenfallen lassen, mit Salz und Pfeffer würzen und Mascarpone und Pignoli untermischen. Teig ausrollen und ausziehen, 4 Rechtecke schneiden mit restlicher flüssiger Butter bestreichen. Je ein Filet auflegen, darauf Spinat, mit 2. Filet bedecken. Teig zusammenfalten, mit verquirlten Ei bestreichen und bei 200 °C ca. 15 min. backen.

Kräuterforelle

Zutaten	Zubereitung
4 Portionsforellen 2 Scheiben Toast 0,10 kg Mascarpone 4 Essl. gehackte Kräuter (Petersilie, Schnittlauch, Kerbel, Basilikum)	Die Forellen am Rücken öffnen, Rückgrat und Innereien entfernen. Toast in etwas Milch einweichen, ausdrücken, passieren, mit Mascarpone und Kräuter, Salz, Pfeffer, Zitronensaft und -zeste mischen und füllen. Mit Spieß zusammenstecken, in Mehl wenden, salzen und in Butter braten. Champignonreis und junges Gemüse passen gut dazu.

Gedämpfter Saibling

Zutaten	Zubereitung
2 Saiblinge á 0,50 kg 1/4 l Weißwein 1/2 l Fischfond Salz und Pfeffer, Zitrone 4 Dotter 0,1 kg Butter	Fond und Wein in einem Fischtopf mit Einsatz erhitzen. Die ausgenommenen und geputzten Fische würzen, einsetzen und ca. 1/2 Std. dämpfen. 1/8 l Fond mit den Dottern im Wasserbad aufschlagen. Die geklärte Butter langsam einschlagen und eventuell Estragon unterziehen.

Renkenröllchen in Basilikumcreme

Zutaten	Zubereitung
4 Renken á 0,25 kg 2 Karotten 2 Zucchini 0,04 kg Butter 1/8 l Weißwein 1/8 l Sahne 1 Teel. Maisstärke Salz und Pfeffer, Zitrone Auflauf: 0,40 kg Kartoffel 1/8 l Milch 2 Eier 1 Knoblauchzehe Majoran Salz und Pfeffer Butter	Renken filetieren und aus den Karkassen Fond bereiten (siehe Suppe). Von Karotten und Zucchini mit Spargelschäler lange und breite Streifen hobeln, kurz im Fond blanchieren und kalt abschrecken. Filets auflegen, mit Salz, Pfeffer und Zitrone würzen mit den Streifen belegen, aufrollen und festspießen. Butter aufschäumen, die Röllchen einstellen, Wein und 1/8 l Fond angießen und zugedeckt ca. 10 min. köcheln. Fond mit Sahne und Maisstärke binden und gehacktes Basilikum einstreuen. Dazu passt gut folgender Kartoffelauflauf: 4 kleine, flache Auflaufförmchen ausbuttern. Milch, Eier, Majoran, gepresste Knoblauchzehe, Salz und Pfeffer in einer Schüssel verrühren. Rohe, geschälte Kartoffel grob hineinreiben, auf die Förmchen verteilen, mit Butterflocken bei 180 °C ca. 20 min. backen.

Lachssteak im Sesammantel

Zutaten	Zubereitung
0,8 kg Lachs (Rückenfilet) 2 Essl. Sesamöl 2 Essl. Sojasauce 1 Teel. Wasabi 1 Zitrone 4 Essl. Sesam (weiß und schwarz)	Das Lachsfilet in 4 dicke Stücke schneiden und mit Sojasauce und Zitrone ca. ½ Stunde marinieren. Die Fischstücke in der Pfanne oder am Grill mit Sesamöl kurz und kräftig „englisch" braten und die Seiten anschließend mit Wasabi (Meerrettich) bestreichen und in gemischten (weißen und schwarzen) Sesam wälzen. Mit Wokgemüse und Kartoffelstampf servieren.

Entwicklung

der Regenbogenforelle
bei verschiedenen Wassertemperaturen (in T°):
(Nach: Jensen et al., 1992)

Stadium	Beschreibung	Wassertemperatur °C		
Nr.:	**Entwicklung**	**5,0**	**7,5**	**10,0**
1	Befruchtung (Bipolare Differentiation)	1,4	1,7	1,8
2	1. Zellteilung (2-Zellstadium)	2,8	3,4	3,7
3	2. Zellteilung (4-Zellstadium)	4,8	4,3	4,3
4	3. Zellteilung (8-Zellstadium)	6,3	5,7	5,6
5	4. Zellteilung (16-Zellstadium)	7,4	6,7	6,5
6	5. Zellteilung (32-Zellstadium)	9,1	8,3	8,5
7	Morulation	11,8	10,9	11,3
8	Blastoscheibe abgeflacht	26,9	20,7	19,1
9	Kleimring formiert	42,4	44,3	43,1
10	1/3 Epibolie	65,7	67,6	65,1
11	1/2 Epibolie	73,2	76,4	74,4
12	3/4 Epibolie	83,9	85,0	80,8
13	Keimring verengt	86,0	86,3	82,7
14	Dottersack geschlossen	88,0	87,5	84,6
15	Rumpf-Schwanz und Hinterhirn vergrößert	94,7	93,1	89,1
16	Schwanzknospe frei	101,4	98,7	93,5
17	Herzschlag beginnt	129,9	129,7	119,8
18	1/4 des Dotters vaskularisiert	138,4	135,9	123,9
19	1/2 des Dotters vaskularisiert	158,8	164,4	155,1
20	3/4 des Dotters vaskularisiert☺	171,4	179,5	171,0
21	Schwanzstiel flexibel	195,1	188,1	178,3
22	Kiemendeckel bedeckt ersten Kiemenbogen	246,4	236,4	224,1
23	Schlupfbeginn einzelner Larven	314,9	309,7	298,0
24	Schlupf von 50 % der Larven	353,4	354,0	328,7
25	Externe Nahrungsaufnahme	637,8	662,1	635,9

Abkürzungen:
T° = Tagesgrade (Durchschnittliche Wassertemperatur x Tage).
☺ = Augenpunktstadium (Stadium 20).

Feinde

Die häufigsten Feinde der Salmoniden in Europa:

***TELEOSTEI* (Knochenfische):**

Acipenseridae (Störe)
Cottidae (Koppen)
Esoxidae (Hechte)
Gadidae (Rutten)
Percidae (Barsche)
Salmonidae (Lachse)

***AVES* (Vögel):**

Alcedo atthis (Eisvogel)
Ardea cinerea (Graureiher)
Cinclus cinclus (Wasseramsel)
Haliaeetus albicilla (Seeadler)
Larus argentatus (Silbermöwe)
Larus ridibundus (Lachmöwe)
Mergus merganser (Gänsesäger)
Mergus serrator (Mittelsäger)
Mergus albellus (Zwergsäger)
Milvus migrans (Schwarzer Milan)
Pandion haliaetus (Fischadler)
Phalacrocorax carbo (Kormoran)
Podiceps cristatus (Haubentaucher)
Sterna paradisaea (Küstenseeschwalbe)
Tachybaptus ruficollis (Zwergtaucher)

***MAMALIA* (Säugetiere):**

Lutra lutra (Fischotter)
Neomys fodiens (Wasserspitzmaus)
Orcinus orca (Schwertwal)
Phoca vitulina (Seehund)
Putorius putorius (Iltis)
Ursus arctos (Braunbär)

***REPTILIA* (Reptilien):**

Tropidonotus natrix (Ringelnatter)

***AMPHIBIA* (Amphibien):**

Rana esculenta (Wasserfrosch)

***INSECTA* (Insekten):**

Corixa punctata (Ruderwanze)
Dytiscus marginalis (Gelbrandkäfer)
Dytiscus latissimus (Breitrandkäfer)
Hydrometra lacustris (Wasserläufer)
Notonecta glauca (Rückenschwimmer)

Wie viele Lebewesen, spielen auch die Lachsfische für einige Tierarten zumindest zeitweise eine wesentliche Rolle für deren Ernährung. Meist werden die Populationen dabei aber nicht beeinträchtigt. Neben einigen Fischen sind auch wasserbezogen lebende Vögel und Säugetiere Feinde und können in den vom Menschen veränderten Lebensräumen, sowie in Fischzuchtanlagen hohe Verluste und Schäden verursachen.
Reiher und Kormorane verursachen durch ihre starke Zunahme und Einwanderung meist im Herbst und Winter oft hohe Fischverluste in Bächen, Flüssen, Teichen und Zuchtanlagen. Im Irischen Bush River werden fast 2/3 aller abwandernden Lachs-Smolts von Kormoranen gefressen. In Mitteleuropa richten Gänsesäger und vor allem Kormorane in vielen Flüssen große Schäden an den Äschenbeständen an.
Leider gewöhnen sich die Vögel oft sehr rasch an Störungen. Während des Ablassens eines Teiches bewährt sich jedoch eine akustische und optische Scheuchung (Feuerwerkskörper, Schreckschuss-Attrappe, Greifvogelattrappen, bewegliche Windscheuchen, Wimpelketten).
Akustische Scheuchen haben in der Regel eine geringere Wirkung als optische. Gegen Reiher können Teiche, die mindestens 40 cm tief sind und eine Böschung von 1:2 bis 1:3 haben, mit sogenannten Stolperdrähten geschützt werden. Dazu werden Pfähle an der Wasserlinie schräg zur Wasseroberfläche eingeschlagen, die so lange sind, dass sie den für den Reiher nutzbaren Uferbereich überragen. Entlang der Pfähle werden Randnetze mit 10-20 cm Maschenweite oder mindestens zwei Schnüre oder Drähte (0,7-1,0 mm, alle 20 cm) gespannt, wobei sich der erste Draht ca. 10 cm über der Wasserlinie befinden sollte. Die Drähte können zur noch besseren Wirkung auch wie ein Weidezaun elektrifiziert werden. Sind die Uferböschungen steiler als etwa 60 Grad und befindet sich der Wasserspiegel etwa 40 cm darunter, so kann der Reiher nicht mehr erfolgreich fischen. Das Anlegen von dichten Uferpflanzen, wie Schilf und Weiden, hindert den Reiher ebenfalls und hat den selben Effekt wie ein steiles Ufer.
Der Reiher kann, wenn auch ungern, ähnlich wie Möwen schwimmen oder gelegentlich im Flug fischen und der Kormoran auch noch tauchen. Daher ist die wirksamste Abwehrmethode die Überspannung der Aufzuchtanlagen bis 100 m Breite mit Drähten (alle 10-20 cm) oder Netzen, die sich oft schon nach wenigen Jahren bezahlt machen. Meist wird die Überspannung so durchgeführt, dass man darunter bequem arbeiten und mit Fahrzeugen fahren kann.
Auch mit Ultraschall lassen sich Fischfeinde wirkungsvoll vertreiben. Die vom menschlichen Ohr nicht wahrnehmbaren Töne werden von den Tieren als störend empfunden, so dass sie diesen Bereich meiden.

Parasiten

Die häufigsten Parasiten der Salmoniden im Süß- und Salzwasser:

(Nach: Johnson et Burns, 1984; Reichenbach-Klinke et al., 1980; Scott et Crossman, 1973)

PROTOZOA (Einzeller)

***CILIATA* (Wimpertierchen):**

Balantidium sp.
Chilodonella cyprini
Glossatella piscicola
Ichthyophthirius multifiliis
Trichodina nigra, T. truttae
Trichodinella epizootica
Tripartiella californica

***FLAGELLATA* (Geißeltierchen):**

Ichthyobodo necatrix
Cryptobia salmonsitica
Hexamita salmonis, H. truttae
Trypanoplasma salmositica

***MICROSPORA* (Mikrotierchen):**

Enterocytozoon salmonis
Loma salmonae
Pleistophora salmonae

***MYXOSPORA* (Myxotierchen):**

Ceratomyxa shasta
Chloromyxum coregoni, C. truttae, C. leydigi, C. thymalli
Henneguya salminicola, H. fontinalis, H. zschokkei
Kudoa thyrsites
Myxidium oviforme, M. minteri, M. salvelini, M. truttae
Myxobolus aeglefini, M. arcticus, M. neurobius, M. kisutchi
Myxosoma cerebralis, M. squamalis
Parvicapsula pseudobranchiola
Sphaerospora truttae
Tetracapsuloides bryosalmoniae
Zschokkella orientalis

***SPOROZOA* (Sporentierchen):**

Dactylosoma salvelini
Eimeria truttae
Haemogregarina irkalukpiki
Leucocytozoon salvelini

***SUCTORIA* (Sauginfusorien):**

Capriniana piscium
Trichophrya intermedia

METAZOA (Mehrzeller)

CESTOIDEA (Bandwürmer):

Abothrium crassum
Bothrimonus sturionis
Bothriocephalus cuspidatus
Cyathocephalus americanus, C. truncatus
Dibothrium fasteni
Diphyllobothrium cordiceps, D. dendriticum, D. ditremum, D. latum, D. norvegicum, D. oblongatum (Larve)
Diplocotyle olrikii
Eubothrium crassum, E. salvelini
Gilquinia squali
Glaridacris catostomi
Hepatoxylon trichiuri (Larve)
Ligula intestinalis
Nybelina surminicola
Pelichnibothrium caudatum, P. speciosum (Larve)
Phyllobothrium ketae
Proteocephalus salmonidicola, P. amblopIitis, P. exiguus, P. longicollis, P. neglectus, P. parallacticus, P. thymalli
Scolex pleuronectis (Larve)
Triaenophorus crassus, T. lucci, T. nodulosus (Larve)

MONOGENEA (Hakenwürmer):

Dactylodiscus borealis
Dactylogyrus vastador
Discocotyle sagittata
Gyrodactyloides bychowskii
Gyrodactylus birami, G. salaris, G. derjavini, G. elegans, G. lavareti, G. lenoki, G. taimeni, G. thymalli, G. truttae
Tetraonchus alaskensis, T. borealis, T. grosdevi, T. rodersi

TREMATODA (Saugwürmer):

Apophallus brevis
Azygia lucii, A. robusta
Brachyphallus crenatus
Bucephalus gracilescens
Bunodera luciopercae
Bunocotyle cingulata
Cardicola alseae, C. davisi
Clinostomum marginatum (Larve)
Crepidostomum cooperi, C. farionis, C. transmarinum
Derogenes varicus
Diplostomulum spathaceum (Larve)
Discocotyle salmonis
Genarches mulleri
Genolinea anura, G. oncorhynchi
Hemiurus levinseni, H. ocreatus
Ichthyocotylurus erraticus (Larve)
Lampritrema nipponicum

Lecithaster confusus, L. gibbosus
Nanophytes salmincola
Neascus sp.
Phyllodistomum conostamum, P. coregoni, P. folium, P. limnosum, P. megalorchis, P. smile, P. superbum
Plagiophorus angusticolle
Pleurogenes sp.
Podocotyle atomon
Prosorhynchoides ozakii
Prosorhynchus crucibulum, P. squamatus
Ptychogonimus fontanus
Sanguinicola davis, S. klamathensis
Schistocephalus solidus
Sphaerostoma globiporum. S. bramae, S. salmonis
Tetracotyle intermedia (Larve)
Tetraonchus alaskensis, T. huchonis, T. rauschi
Tubulovesicula lindbergi

***NEMATODA* (Fadenwürmer):**

Anisakis laevis (Larve)
Ascarophis malmae, A. skrjabini
Bulbodacnitis albinus, B. globosa, B. occidentalis
Camallanus lacustris, C. truncatus
Capillaria coregoni, Ca. eupomotis, Ca. salvelini
Contracaecum aduncum, Co. brachyurum, Co. spiculigerum
Cucullanus laevis, Cu. lebedevi, Cu. cirratus, Cu. clitellarius, Cu. scotti, Cu. sphaerocephalus, Cu. truttae
Cystidicola cristivomeri, Cy. farionis
Cystidicoloides ephemeridarum, C. harwoodi, C. tenuissima
Dacnitis laevis, D. sphaerocephala
Dacnitoides cotylophora
Dogielina inexpectata
Eustrongylides excisus (Larve)
Goezia ascariodes
Heterotyphlum obtusocaudatum
Hepaticola bakeri
Hysterothylacium bidentatum
Ichthyobronema gnedini
Metabronema salvelini, M. canadense
Philonema agubernaculum, P. oncorhynchi, P. salvelini
Phocanema dicipiens
Piscicapillaria tuberculata
Porrocaecum reticulatum (Larve)
Rhabdochona amago, R. cascadilla, R. denudata, R. filamentosa, R. milleri, R. salvelini
Rhaphidascaris acus, R. alius
Salvelinema salminicola
Skrjabinocapellaria bakeri
Spinitectus gracilis
Sterliadochona ssavini
Thynnascaris adunca
Truttaedacnitis truttae

***ACANTHOCEPHALA* (Kratzer):**

Acanthocephaloides propinguus
Acanthocephalus anguillae, A. incrassus, A. lucci
Bolbosoma caenoforme
Corynosoma sememe, C. strumosum
Echinorhynchus borealis, E. coregoni, E. solmonis, E. truttae
Leptorhynchoides plagicephalus, L. thecatus
Metechinorhynchus lateralis, M. salmonis, M. truttae
Neoechinorhynchus rutili, N. cylindratus, N. tumidus
Paracanthocephalus tenuirostris, P. rauschi
Pomphorhynchus laevis, P. bulbocolli
Pseudoechinorhynchus borealis, P. clavula
Tanaorhamphus ambiguus

***HIRUDINEA* (Egel):**

Acanthobdella livanowi, A. peledina
Cystobranchus respirans
Hemiclepsis marginata
Piscicola geometra, P. milneri, P. salmositica
Paracanthobdella livanowi

***BIVALVIA* (Muscheln):**

Anodonta yukonensis (Larve)
Margaritifera margaritifera (Larve)

***CRUSTACEA* (Krebstiere):**

Achtheres coregonorum, A. percarum, A. pseudobasanistes
Argulus coregoni, A. foliaceus
Basanistes huchonis, B. woshoboinikovi
Caligus elongatus, C. rapax
Ceratothoa gaudichaudii
Ergasilus sieboldi, E. caeruleus
Lepeophtheirus pollarchii, L. salmonis
Lernaea esocina
Neoparamoeba pemaquidensis, N. perurans
Salmincola salmonea, S. siscowet, S. thymalli

***CYCLOSTOMATA* (Rundmäuler):**

Lampetra japonica
Petromyzon marinus

***FUNGI* (Pilze):**

Achlya flagellata
Branchiomyces sanguinis, B. demigrans
Dermocystidium branchialis, D. pusula, D. salmonis
Exophiala salmonis
Ichthyophonus hoferi
Ochroconis tshawytschae
Paecilomyces farinosus
Pythium monospermum
Saprolegnia diclina, S. ferax, S. mixta, S. parasitica

Wie viele andere Wirbeltiere werden auch die Salmoniden je nach Verbreitung und Lebensweise unterschiedlich stark von zahlreichen Parasiten befallen. Meist ist das Wirt - Parasit Verhältnis ausgeglichen, und die Parasiten beeinträchtigen den Wirtsfisch nicht. Unter ungünstigen Umwelt- und Haltungsbedingungen (Wasserqualität, Besatzdichte usw.), wie sie oft in der Aquakultur vorkommen, können jedoch erhebliche Verluste auftreten.

Von den Copepoden verursachten oft Lachsläuse (*Lepeophtheirus salmonis, Caligus elongatus*) Ausfälle in Netzgehegen an den Meeresküsten. Sie unternehmen Vertikalwanderungen im Meer, konzentrieren sich in den oberen Wasserschichten und bis 200 m um die Gehegeanlagen. Die Copepodit-Stadien dieser Parasiten haben die höchste Überlebensrate bei einer Salinität von 25 ‰; während 3-18 Wochen erfolgen 7 Häutungen (1-5 Tage/Häutung bei 15 °C), bevor es zum Befall der Fische kommt. Sie befallen hauptsächlich den Kopf der Fische und ernähren sich von Schleim, Haut und Blut. Eine Behandlung (ab 2-3 Läuse/Fisch) ist aufwendig aber möglich, z. B.: bei Fischen über 300 g ein 20-minütiges Bad mit 1,5 ppm Wasserstoffperoxyd bei max. 10 °C, oder besser eine 7-tägige Verfütterung von Emamektin-Benzoat (50 µm/kg Fisch/Tag). Eine Reduktion der Lachsläuse gelingt auch einigen Lippfischen (*Crenilabrus, Centrolabrus, Ctenolabrus*), die diese von den Lachsen fressen. Diese Putzerfische werden in einer Relation von mindestens 5 % zu den Lachs-Smolts in die Gehege gesetzt und fressen (bei 16 °C) mindestens 4 % ihres Körpergewichts pro Tag, zwar auch andere Parasiten und Aufwuchs, jedoch kein Trockenfutter. Damit sich die Putzerfische wohl fühlen, sollte die Salinität über 15 ‰ betragen und Verstecke, wie Rohre, in den Gehegen geschaffen werden, wo sie sich während der Nacht und bei Temperaturen unter 6 °C verbergen können.

Von den Myxosporiden verursacht *Ceratomyxa shasta* hohe Verluste in Fischzuchtanlagen im Westen Nordamerikas. Die Investation beginnt im Darm der Fische, im akuten Stadium treten die Sporen in Leber, Galle, Milz, Niere, Herz, Gonaden, Kiemen und Muskulatur auf und es kommt zu schweren Zerstörungen in diesen Organen. Der Zusatz von Fumagillin DCH-Salz (0,1%) zum Futter kann wirksam gegen Myxosporiden eingesetzt werden. Ebenfalls zu den Myxosporiden gehört der Erreger der Drehkrankheit, *Myxosoma cerebralis* mit einer Größe von 6,5-9,0 Mikrometer. Als Zwischenwirt des Parasiten dienen Schlammröhrenwürmer (*Tubifex*), die sie nach 90-180 Tagen ausscheiden. Die Ansteckung der Forellen, Lachse und Saiblinge erfolgt durch vom Teichboden aufgewirbelte Sporen. Im Darm verlassen die Trophozoiten die Spore und wandern amöboid durch die Darmwand in die Blutbahn

und von dort in das Knorpelgewebe des Kopfes und der Wirbelsäule. Im Knorpel kommt es zur Keimvermehrung und zur Neubildung von Sporen. Es entstehen Entzündungen, die zu Verkrüppelungen von Unterkiefer, Kiemendeckel, Schädelkapsel und Wirbelsäule führen. Durch Reizung der für die Körperfärbung verantwortlichen Nerven kommt es zur Schwarzfärbung des Schwanzes. Durch Entzündungen in den Bogengängen der Gehörorgane werden die Fische empfindlich gegen Erschütterungen, so dass sie anfallsweise im Kreis herumschießen und anschließend erschöpft am Boden liegen bleiben. Gehen die Fische ein und verwesen, gelangen die Sporen wieder ins Wasser und können auch im feuchten Boden jahrelang überleben. Je nach Alter der Fische zum Zeitpunkt der Ansteckung können auch hohe Verluste auftreten. Nach der 4. Lebenswoche ist das Knorpelgewebe bereits so weit verknöchert, dass ein Eindringen der Parasiten nicht mehr möglich ist. Bei etwa 15 °C dauert es ca. 50 Tage von der Ansteckung bis zum Auftreten von ersten Symptomen. Verseuchte Teiche sind trockenzulegen und mit Brandkalk (1 kg/m^2) zu desinfizieren. Da Jungfische heute überwiegend in Becken angefüttert werden, ist die Krankheit aber bereits stark zurückgegangen.
Der Fischbandwurm (*Diphyllobothrium sp.*) kann auch dem Menschen gefährlich werden und empfindliche Schädigungen – vor allem hochgradige Anämie (Blutarmut) – verursachen. Der erste Zwischenwirt des Parasiten ist ein Planktonkrebs der Familie der Cyclopiden. Der Fisch (Forelle, Hecht, Barsch, Aalrutte) frisst nun diese Kleinkrebse und die Bandwurmlarven wachsen in dessen inneren Organen oder im Muskelfleisch heran. Die Ansteckung des Menschen erfolgt, wenn parasitenhaltige Fischteile (Leber, Fleisch) roh gegessen werden. Im Fisch ist die Larve schwer zu entdecken, da sie nur 1-3 cm lang und gelblich-weiß gefärbt ist. Im Endwirt Mensch wächst der Bandwurm sehr rasch heran und wird bis zu 15 m lang. Auch Wasservögel (*Gavia, Larus*) oder Säugetiere können einigen Arten als Wirte dienen. Wenn die Fische ausreichend gegart werden, wird die Larve jedoch abgetötet und es besteht keine Gefahr. Früher war der Befall besonders im nördlichen und arktischen Raum häufig.
Einige Parasiten sind sehr wirtspezifisch und nur an Salmoniden festzustellen, z. B.: *Margaritifera margaritifera*, die Flussperlmuschel, deren Larven (Glochidien) in ihrer Entwicklungsphase als Wirt den Atlantischen Lachs oder die Gemeine Forelle benötigen. Da die Glochidien den Wirt nicht schädigen und andere Arten als Wirt nicht geeignet sind, sollte in Bächen, in denen noch Flussperlmuscheln vorkommen, keine anderen Fischarten (wie etwa: Regenbogenforelle, Bachsaibling, etc.) ausgesetzt werden.

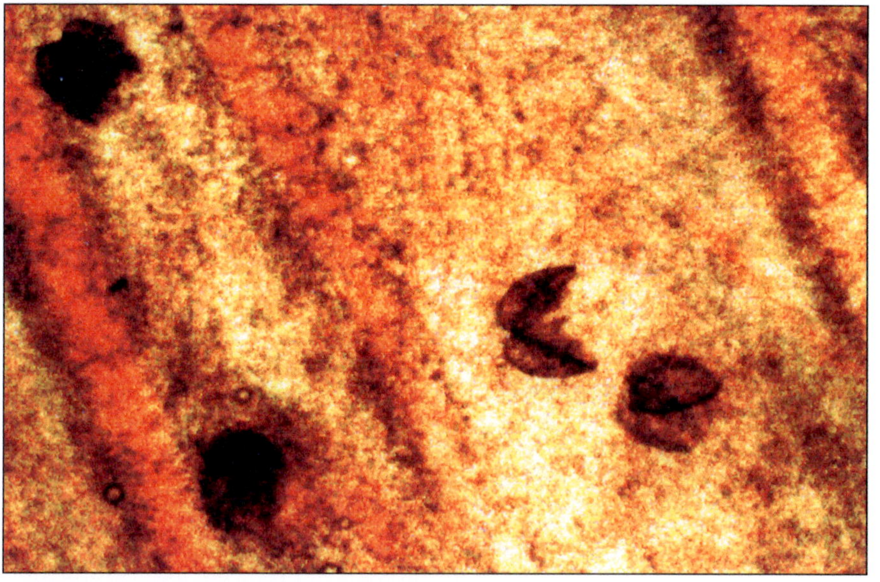

Margaritifera margaritifera (Larven) auf den Kiemen einer Forelle. (Foto: H. Kraus)

Basanistes huchonis (adult) von den Kiemen eines Huchens. (Foto: N. Schotzko)

Krankheiten

Neben Parasiten werden auch von Pilzen, Bakterien und Viren Krankheiten hervorgerufen. Krankheiten brechen meist bei schlechten Haltungsbedingungen, vor allem unter intensiven Produktionsbedingungen, aus. Eine Verbesserung der Haltungsbedingungen (Wasserparameter, Fischdichte) kann daher Krankheitsprobleme vermindern.

PILZKRANKHEITEN (Mykosen):

Kiemenfäule

Die Erkrankung tritt vor allem bei starker organischer Belastung und höheren Temperaturen bei vielen Fischarten auf. Die Erreger sind Algenpilze (*Branchiomyces*). Die Infektion erfolgt mit Sporen über die Kiemen, die dort die Kapillaren und Arterien bis zum Zerreißen auftreiben.

Als Folge der Ephithelwucherungen und Blutstauungen treten Schwellungen und (rotbraune) Verfärbungen der Kiemen auf. Der Verlauf ist durch die unzureichende Sauerstoffversorgung meist schnell und es können Verluste von 10-50 % auftreten. Eine Kurzzeitbehandlung für 10-30 Minuten ist mit 100 ppm Kupfersulfat möglich. Zur Prophylaxe werden 2-3 kg Kupfersulfat je ha verwendet (was mittlerweie aber in einigen Ländern nicht mehr zulässig ist).

Fischschimmel

Die Verpilzung von Eiern, sowie von Fischen (Haut, Kiemen, Maul, Flossen) kann bei allen Fischarten und Wassertemperaturen auftreten. Die Erreger sind Pilze (*Saprolegnia, Achlya*), die Hyphen und ein reich verzweigtes Mycel in einer Breite bis zu 20 µm besitzen. Bei der Infektion dringen zweigeiselige Schwärmsporen in die (bereits verletzte) Oberhaut ein, kapseln sich vorübergehend ab und bilden aus diesem Zwischenstadium neue Pilzschläuche, die auch in tiefere Gewebeschichten eindringen können und dadurch starke Schäden verursachen.

Im Anfangsstadium scheuern die Fische, danach treten an den erkrankten Körperstellen sichtbare weißliche watteartige Pilzrasen auf. Eine Prophylaxe ist mit 36 %igem Formalin (200-300 ppm), Methylenblau (10-20 ppm) jeweils für ca. 30 Minuten oder Malachitgrün (0,2 ppm) für 12 Stunden möglich (letztere sind mittlerweile aber in vielen Ländern verboten).

BAKTERIENKRANKHEITEN (Bakteriosen):

Furunkulose

Die Erkrankung kann bei Salmoniden (bevorzugt Saiblinge und Äschen) bei jeder Temperatur auftreten, besonders jedoch über 10 °C, wobei über 15 °C auch die Verluste mit 30-70 % hoch sind. Obwohl die 1-2 µm großen Bakterien (*Aeromonas salmonicida*) 40-60 Tage im Wasser überleben können, erfolgt die Übertragung vor allem über Fische oder Eier. Die Infektion erfolgt über Verletzungen der Haut oder die Kiemen, sowie über den Verdauungstrakt (Parasiten). Nach einer Inkubationszeit von 1-2 Wochen, erfolgt eine degenerative Veränderung der Niere, Milz und anderer Organe. Es sind sowohl akute als auch chronische Krankheitsverläufe möglich. Die Symptome sind vor allem punktförmige Blutungen in Haut, Flossen, Kiemen, Leber, Niere und Muskulatur sowie Beulen und Geschwüre mit hellen Randzonen. Bei Brut kann die Furunkulose auch ohne Symptome verlaufen.

Vibriose

Die Erkrankung tritt vor allem im Salzwasser auf. Die Erreger sind 1-2 µm große Bakterien (*Vibrio salmonicida, Vibrio anguillarum, Vibrio ordalli*). Die Infektion erfolgt vermutlich über den Verdauungstrakt, sowie über die Kiemen und die Haut. Nach einer Inkubationszeit von 3-8 Tagen ist sowohl ein akuter als auch ein chronischer Verlauf mit Verlusten von 40-70 % möglich. Beim akuten Verlauf treten starke Blutungen an Flossen und Körper auf und die Milz und Niere sind stark geschwollen. Oft sterben die Fische unter krampfähnlichen Zuckungen. Beim chronischen Verlauf treten oft Beulen, Geschwüre und Darmentzündungen auf.

Rotmaulseuche

Der Erreger (*Yersinia ruckeri*) gehört zu den Enterobakteriazeen. Anfällig sind hauptsächlich Regenbogenforellen und Atlantischer Lachs; andere Fische können aber symptomlose Überträger sein. Die Übertragung kann aber auch mit Wasser und Geräten erfolgen. Die Symptome sind eine durch Gas und Flüssigkeit aufgetriebene Bauchhöhle, Dunkelfärbung, Vergrößerung der Milz, Blutungen an den Flossenansätzen, Haut und Augen, später besonders auch am Maul. Verluste von etwa 10-60 % sind möglich.

Nierenerkrankung
Die Bakterielle Kidney Krankheit (BKD) wird von grampositiven, unbeweglichen und nicht säurefesten Corynebakterien (*Renibacterium salmoninarum*) hervorgerufen, und kann sowohl im Süß-, als auch im Meerwasser auftreten. Besonders empfindlich sind Pazifiklachse, aber auch andere Salmoniden, wie Saiblinge und Huchen, können erkranken. Typische Symptome sind Dunkelfärbung, Glotzaugen, Schwellung und Hellfärbung der Niere mit hellen Knötchen und Blutungen auch in Milz und Leber, sowie blutige Bläschen entlang der Seitenlinie und starke blutige Flüssigkeitsansammlung in der Leibeshöhle. Da der Krankheitsverlauf sehr langsam ist und bis zu einem Jahr dauern kann, treten diese Symptome aber oft erst ab 15 cm Fischlänge in Erscheinung. Die Übertragung erfolgt vor allem direkt über Eier, aber auch über Fische, und die Infektion wird über geschädigte Hautstellen ermöglicht.

Flossenfäule
Charakteristische Symptome sind Zerstörungen (Läsionen) der Flossen, die bei den Aeromonaden und Pseudomonaden von den Flossenrändern und bei den Myxobakterien von der Flossenbasis ausgehen. Oft sind auch Mischinfektionen vorhanden. Die Erkrankung tritt meist nach Primärschädigung auf und beginnt mit der Trübung der Flossenränder. Zunächst wird das weiche Gewebe zwischen den Flossenstrahlen zerstört, sodass die Flossenränder ausfransen, was bis zu Flossenstummeln führen kann. Im fortgeschrittenen Stadium kann eine rötliche Entzündung auf die Muskulatur übergreifen.
Durch Flexibakterien oder Myxobakterien verursacht wird auch die sogenannte "Sattelkrankheit", bei der es bis zu Hautverlust und Nekrosen im Bereich der Rückenflosse kommen kann. Befallen werden meist Salmoniden bis 10 cm Länge und die Verluste können bis über 50 % betragen.

Kiemenschwellung
Die Erkrankung kann durch 1 x 3-9 µm große Myxobakterien verursacht werden und tritt vor allem bei ungünstigen Haltungs- und Fütterungsbedingungen bei jeder Temperatur auf. Die Inkubationszeit beträgt (temperaturabhängig) 1-6 Wochen. Die Symptome sind Schwellung der Kiemen und Verschmelzung der Kiemenblättchen bis zur Fusion ganzer Kiemenbereiche. Die Verluste sind anfangs gering, steigen aber stark mit zunehmender Vermehrung der Bakterien. Eine Behandlung ist möglich (z.B.: 250 ppm Wasserstoffperoxid 2 mal, im Abstand von 2 Tagen). Prophylaktisch eignet sich auch 150-250 ppm Formalin (36 %ig) für 2 h.

Rickettsiale Septikämie
Die Rickettsiale Septikämie der Salmoniden wird durch in und außerhalb von Zellen parasitierenden, virusähnlichen Bakterien (*Piscirickettsia salmonis*) verursacht. Die Erkrankung ist bisher nur beim Silber-, Königs- und Atlantischen Lachs im Meerwasser in Chile und Norwegen aufgetreten. Symptome sind blasse Leber und stark geschwollene Milz, Glotzaugen, Blutungen im Gewebe sowie Herzbeutel- und Muskelentzündung. Die Erkrankung tritt oft zusammen mit der BKD auf.

Zusätzlich gibt es noch weitere Bakterienkrankheiten, die aber oft nur lokal vorkommen oder weniger bedeutend sind. Da bei vielen bakteriellen Erkrankungen durch Aeromonaden und Pseudomonaden ähnliche Symptome auftreten, ist nur der serologische oder kulturelle Erregernachweis sicher.

VIRUSKRANKHEITEN (Virosen):

Hämorrhagische Virus Septikämie (HVS) - *Rhabdovirus*
Das Virus kann lange im Teichboden (in Ein- oder Mehrzeller) überleben, wenn die Anlage nicht gründlich trockengelegt und desinfiziert wird (1 kg Brannt- oder Chlorkalk/m^2 oder 10 %ige Formalinlösung). Da das Virus sehr umweltlabil ist, ist eine direkte Übertragung mit Wasser allein eher unwahrscheinlich. Die Infektion der Salmoniden, bevorzugt Regenbogenforelle und Äsche, aber auch andere, erfolgt meist über Hautverletzungen oder die Kiemen. Zielorgan ist die Niere, anschließend erfolgt eine Ausbreitung auf Milz, Leber, Pankreas und Muskulatur, aber auch im gesamten übrigen Organismus wie Blut, Darm, Schwimmblase, Augen und Nervensystem. Die Inkubationszeit beträgt etwa 2-8 Wochen. Sowohl akute als auch chronische Krankheitsverläufe mit Verlusten von über 50-80 % können auftreten. Temperaturen unter 8 °C begünstigen den Ausbruch, verlängern die Dauer und erhöhen die Sterblichkeit, bei Temperaturen über 16 °C umgekehrt. Die Symptome sind Blutungen (*Hämorrhagien*) in Augen, Schwimmblase, Leber, Milz, Niere, Herz, Muskeln und Haut, sowie Glotzaugen (*Exopthalmus*), Blutarmut (*Anämie*), helle Leber und Milz, sowie Flüssigkeitsansammlung in der Leibeshöhle (*Ascites*). Die Fische neigen auch dazu, plötzlich spiralige Schwimmbewegung um die Längsachse durchzuführen. Da mehrere Krankheitsformen auftreten, können all diese Symptome auch fehlen, fließend oder kombiniert sein.
Die Diagnose aller Viruserkrankungen erfolgt über den Erregernachweis auf Zellkulturen.

Infektiöse Hämatopoese Nekrose (IHN) - *Rhabdovirus*
Die Infektion der Salmoniden (besonders der Pazifiklachse) erfolgt bevorzugt über die Kiemen oder den Magen-Darm-Trakt. Die Erkrankung beginnt binnen 3-10 Tagen im blutbildenden (hämatopoetischen) Gewebe der Niere und breitet sich von dort auf Milz, Leber und Pankreas aus. Erkrankungen treten im Süß- und Salzwasser auf, vorwiegend bei 6-8 °C, bei Wassertemperaturen über 14 °C so gut wie gar nicht. Die Symptome sind Dunkelfärbung, Glotzaugen, Blutungen an Haut, Rücken und Flossen, sowie in Niere, Schwimmblase und Augen. Kiemen, Herz, Niere und Leber sind auffallend blass. In Leibeshöhle, Magen und Darm ist meist eine weißlich-gelbe Flüssigkeitsansammlung vorhanden. Bei Brut fallen die hochgradigen Blutungen des Dottersackes auf. Die Verluste können bis über 90 % ausmachen, vor allem bei Brütlingen.

Infektiöse Pankreas Nekrose (IPN) - *Birnavirus*
Die Infektion erfolgt bevorzugt über den Magen-Darm-Trakt oder die Kiemen. Zielorgane sind Pankreas und Niere. Das erste Anzeichen der Erkrankung ist eine plötzliche Zunahme der Sterblichkeit bei Salmonidenbrut kurz (1-3 Wochen) nach Beginn der Anfütterung. Die erkrankten Fische, bevorzugt Vorwüchser, schwimmen in Seitenlage und führen Spiralbewegungen aus. Niere und Milz sind blass, in den Eingeweiden sind Blutungen feststellbar, sowie eine im vorderen Bereich stark aufgetriebene Leibeshöhle. Dunkelfärbung und Glotzaugen können ebenfalls auftreten. Die Verluste betragen oft 4-5 %/Tag und insgesamt 50-80 %. Gefährdet sind Setzlinge bis 15 cm Länge, größere Fische können aber Virusträger und -ausscheider sein. Die Übertragung kann auch über Geräte und Eier erfolgen. Das Virus kann über 8 Monate im Wasser überdauern.

Infektiöse Salmon Anämie (ISA) - *Isavirus*
Die Erkrankung ist bisher nur beim Atlantischen Lachs (Jung- bis Laichfisch) in Norwegen, Großbritannien, Kanada, USA und Chile aufgetreten. Die Übertragung erfolgt mit Besatzfischen oder Schlachtabfällen. Die Inkubationszeit kann bis zu 16 Monate dauern. Die kritische Ausbruchstemperatur mit Verlusten bis über 80 % liegt um 10 °C, ab 14 °C sind die Verluste geringer. Die erkrankten Lachse zeigen blasse Kiemen und Herz, Glotzaugen mit Blutungen, Schwarzfärbung der Leber und Vergrößerung der Milz, sowie Blutungen auf allen inneren Organen besonders Leber und Körperfett, nicht aber in der Muskulatur, später auch hochgradige Blutarmut. Diese Symptome treten jedoch auch bei anderen Infektionserkrankungen auf.

Adressen

Deutschland:

Fischgesundheitsdienst Bayern, Senator-Gerauerstr. 23, 85586 Poing/Grub
Fischgesundheitsdienst Aulendorf, Löwenbreitestr. 20, 88326 Aulendorf
Fischgesundheitsdienst Stuttgart, Atzenbergstr. 16, 70174 Stuttgart
Fischgesundheitsdienst Freiburg, Am Moosweiher 2, 79108 Freiburg
Fischgesundheitsdienst Heidelberg, Czernyring 22, 69115 Heidelberg
Fischgesundheitsdienst Hessen, Marburgerstr. 54, 35396 Gießen
Fischgesundheitsdienst Nordrhein-Westfalen, Heinsbergerstr. 51, 57399 Kirchhundem
Fischgesundheitsdienst Rheinland-Pfalz, Blücherstr. 34, 56073 Koblenz
Fischgesundheitsdienst Niedersachsen, Eintrachtweg 17, 30173 Hannover
Fischgesundheitsdienst Schleswig-Holstein, Gutenbergstr. 75-77, 24116 Kiel
Fischgesundheitsdienst Sachsen-Anhalt, Haferbreiterweg 132-135, 39576 Stendal
Fischgesundheitsdienst Potsdam, Pappelallee 2, 14469 Potsdam
Fischgesundheitsdienst Sachsen, Berlinerstr. 34, 04105 Leipzig
Fischgesundheitsdienst Cottbus, Schlachthofstr. 18, 03044 Cottbus
Veterinärinstitut Jena, Naumburgerstr. 96, 07743 Jena
Veterinärinstitut Bad Langensalza, Tennstedterstraße, 99947 Bad Langensalza
Fischdiagnostik Mecklenburg-Vorpommern, Eldenburg 71, 17192 Waren/Müritz
Bayer. Landesanstalt für Fischerei, Weilheimerstr. 8a, 82319 Starnberg
Bayer. Landesanstalt für Wasserforschung, Kaulbachstr. 37, 80539 München
Institut für Binnenfischerei, Müggelseedamm 310, 12587 Berlin
Institut für Meereskunde, Düsternbrooker Weg 20, 24105 Kiel
Bundesforschungsanstalt für Fischerei, Palmaille 9, 22767 Hamburg
Fischereiamt Bremen, Fischkai 31, 27572 Bremerhaven

Österreich:

Bundesamt für Wasserwirtschaft, Scharfling 18, 5310 Mondsee
Institut für Fischforschung, Eduard-Bodem-Gasse 5, 6020 Innsbruck
Institut für Fischkunde, Veterinärplatz 1, 1210 Wien
Institut für Hydrobiologie, Max Emanuel-Straße 17, 1180 Wien
Institut für Limnologie, Mondseestraße 5, 5310 Mondsee
Institut für Seenforschung, Kirchengasse 43, 9020 Klagenfurt
Institut für Wassergüte, Marxergasse 2, 1030 Wien

Schweiz:

Zentrum für Fisch- und Wildtiermedizin, Lengass-Str. 122, 3001 Bern
Bundesamt für Umwelt, Worblentalstraße 68, 3003 Bern
Bundesamt für Landwirtschaft, Mattenhofstraße 5, 3003 Bern

Niederlande:

Zentraler Fischgesundheitsdienst, Postfach 65, 8200 Lelystad
Institut für Fischreiforschung, Haringkade 1, 1970 AB Ijmuiden
Organisation zur Verbesserung der Binnenfischerei, Buxtehudelaan 1, 3420 Nieuwegein

Autor:

Fischzuchtmeister Martin Hochleithner, Unterbrunnweg 3, A-6370 Kitzbühel, Österreich
Tel: 05356/71399, Fax: 05356/64870, Mobil: 0664/1048297

Synonyme

Bezeichnung Seite

***Coregonus huntsmani* Scott, 1987** 48

Coregonus quadrilateris Huntsman, 1922
Coregonus labradoricus Piers, 1927
Coregonus clupeaformis Dymond, 1947
Coregonus canadensis Scott, 1967

***Coregonus lavaretus* Linnaeus, 1758** 50

***Coregonus lavaretus lavaretus* Linnaeus, 1758**
Salmo lavaretus Linnaeus, 1758
Salmo oxyrinchus Linnaeus, 1758
Salmo maraena Bloch, 1779
Salmo renke Schrank, 1783
Salmo wartmanni Bloch, 1784
Salmo ferra Walbaum, 1792
Coregonus clupeoïdes La Cepède, 1803
Tripteronotus hautin La Cepède, 1803
Salmo rostratus Shaw, 1804
Salmo muraena ferra Gmelin, 1818
Salmo muraena gutturosus Gmelin, 1818
Coregonus heglingus Schinz, 1822
Coregonus fera Jurine, 1825
Coregonus hiemalis Jurine, 1825
Coregonus palaea Cuvier, 1829
Coregonus lacepedei Parnell, 1838
Coregonus microcephalus Parnell, 1838
Coregonus cepedii Valenciennes, 1848
Coregonus nilssoni Valenciennes, 1848
Coregonus pallasii Valenciennes, 1848
Coregonus pennantii Valenciennes, 1848
Coregonus reisingeri Valenciennes, 1848
Coregonus rondeletii Valenciennes, 1848
Coregonus wartmanni alpinus Fatio, 1850
Coregonus acronius Rapp, 1853
Coregonus megalops Widegren, 1863
Coregonus widegreni Malmgren, 1863
Coregonus baerii Kessler, 1864
Coregonus pachycephalus Malmgren, 1864
Coregonus gracilis Günther, 1866
Coregonus humilis Günther, 1866
Coregonus lapponicus Günther, 1866
Coregonus lloydii Günther, 1866
Coregonus maxillaris Günther, 1866
Coregonus widegreni Kessler, 1868
Coregonus megalops Malmgren, 1871
Coregonus tscholmugensis Danilevskii, 1873
Coregonus lavaretus lavaretoides Poljakov, 1874

Coregonus ludoga Polyakov, 1874
Coregonus ludoga var. *baeri* Polyakov, 1874
Coregonus ludoga var. *kessleri* Polyakov, 1874
Coregonus ludoga var. *lavaretoides* Polyakov, 1874
Coregonus ludoga var. *swirensis* Polyakov, 1874
Coregonus ludoga var. *verchoswirka* Poljakov, 1874
Coregonus maraenoides Polyakov, 1874
Coregonus megalops var. *kessleri* Polyakov, 1874
Coregonus megalops var. *nelmuschka* Polyakov, 1874
Coregonus generosus Peters, 1875
Coregonus lavaretus forma *bolmensis* Malm, 1877
Coregonus lavaretus forma *bullarensis* Malm, 1877
Coregonus lavaretus forma *ringsjöensis* Malm, 1877
Coregonus aspius Smitt, 1882
Coregonus nobilis Haack, 1882
Coregonus nordmanni Mela, 1882
Coregonus macrophthalmus Nüsslin, 1882
Coregonus macrophthalmus var. *steckbornensis* Nüsslin, 1882
Coregonus macrophthalmus var. *zugensis* Nüsslin, 1882
Coregonus macrophthalmus var. *zürichensis* Nüsslin, 1882
Coregonus steindachneri Nüsslin, 1882
Coregonus sulzeri Nüsslin, 1882
Coregonus candidus Goll, 1883
Coregonus bolmeniensis Smitt, 1883
Coregonus exiguus Klunzinger, 1884
Coregonus annectus Fatio, 1885
Coregonus annectus balleoides Fatio, 1885
Coregonus asperi Fatio, 1885
Coregonus asperi dispar Fatio, 1885
Coregonus asperi maraenoides Fatio, 1885
Coregonus balleus Fatio, 1885
Coregonus confusus Fatio, 1885
Coregonus crassirostris Fatio, 1885
Coregonus crassirostris compactus Fatio, 1885
Coregonus disperus cognatus Fatio, 1885
Coregonus restrictus Fatio, 1885
Coregonus restrictus bondella Fatio, 1885
Coregonus schinzii Fatio, 1885
Coregonus schinzii alpinus Fatio, 1885
Coregonus suidteri Fatio, 1885
Coregonus wartmanni dolosus Fatio, 1885
Coregonus microcephalus Smitt, 1886
Coregonus microps Smitt, 1886
Coregonus microps pycnocentrus Smitt, 1886
Coregonus nilssonii manocentrus Smitt, 1886
Coregonus nilssonii pycnocentrus Smitt, 1886
Coregonus bezola Fatio, 1888
Coregonus exiguus albellus Fatio, 1890
Coregonus exiguus nusslinii var. *bodensis* Fatio, 1890
Coregonus schinzii duplex Fatio, 1890
Coregonus schinzii helveticus Fatio, 1890
Coregonus schinzii helveticus var. *bodensis* Fatio, 1890

Coregonus schinzii helveticus var. *thunensis* Fatio, 1890
Coregonus tigurinus Fatio, 1890
Coregonus wartmanni acutirostris Fatio, 1890
Coregonus wartmanni coeruleus Fatio, 1890
Coregonus fera var. *tscholmugensis* Mikhailovskii, 1904
Coregonus exiguus var. *danneri* Vogt, 1908
Coregonus stigmaticus Regan, 1908
Coregonus acronius var. *bavaricus* Hofer, 1909
Coregonus hiemalis var. *austriacus* Vogt, 1909
Coregonus fera var. *sancti-benedicti* Thienemann, 1912
Coregonus nilssoni Schneider, 1913
Coregonus lavaretus lavaretoides Berg, 1916
Coregonus maraena holsatus Thienemann, 1916
Coregonus maraena pommerana Thienemann, 1916
Coregonus maraena maraenoides Berg, 1916
Coregonus muksun aspius Berg, 1916
Coregonus widegreni ludoga Berg, 1916
Coregonus widegreni tscholmugensis Berg, 1916
Coregonus fera var. *widegreni* Jääskeläinen, 1917
Coregonus lavaretus vaetterensis Thienemann, 1921
Coregonus lavaretus forma *baltica* Thienemann, 1922
Coregonus lavaretus forma *maraena* Thienemann, 1922
Coregonus lavaretus forma *typica* Thienemann, 1922
Coregonus holsatus Thienemann, 1922
Coregonus holsatus forma *scallensis* Thienemann, 1922
Coregonus holsatus forma *suecica* Thienemann, 1922
Coregonus holsatus forma *vigrensis* Litynski, 1923
Coregonus sicus Litynski, 1923
Coregonus lavaretus forma *okoniensis* Kulmatycki, 1926
Coregonus lavaretus forma *polonica* Kulmatycki, 1926
Coregonus lavaretus generosus Kulmatycki, 1926
Coregonus lavaretus ludoga Pravdin, 1926
Coregonus amnipetens Freidenfeldt, 1928
Coregonus fera forma *inarensis* Järvi, 1928
Coregonus generosus forma *aspia* Järvi, 1928
Coregonus hostatus forma *anarensis* Järvi, 1928
Coregonus lavaretus forma *lapponicus* Järvi, 1928
Coregonus macrophthalmus Järvi, 1928
Coregonus wartmanni forma *borealis* Järvi, 1928
Coregonus lavaretus forma *generosus* Thienemann, 1928
Coregonus lavaretus lavaretoides natio *sunensis* Pravdin, 1929
Coregonus lavaretus lavaretoides natio *lacustris* Pravdin, 1931
Coregonus lavaretus bergi Pravdin, 1931
Coregonus lavaretus baeri natio *ladogae* Pravdin, 1931
Coregonus lavaretus baeri natio *swirensis* Pravdin, 1931
Coregonus lavaretus holsatus forma *karelica* Pravdin, 1931
Coregonus lavaretus baeri natio *ladogae* Pravdin, 1931
Coregonus lavaretus baeri natio *swirensis* Pravdin, 1931
Coregonus lavaretus ludoga natio *onegi* Pravdin, 1931
Coregonus lavaretus mediospinatus Pravdin, 1931
Coregonus lavaretus pallasi Pravdin, 1931
Coregonus lavaretus poljakovi Pravdin, 1931

Coregonus lavaretus poljakovi natio *werchoswirka* Pravdin, 1931
Coregonus lavaretus widegreni natio *onegi* Pravdin, 1931
Coregonus lavaretus fera natio *atterensis* Berg, 1932
Coregonus lavaretus fera natio *lacus-lunae* Berg, 1932
Coregonus lavaretus hoferi Berg, 1932
Coregonus lavaretus järvii Berg, 1932
Coregonus lavaretus sulzeri natio *sieboldi* Berg, 1932
Coregonus lavaretus wartmanni natio *cuvieri* Berg, 1932
Coregonus lavaretus wartmanni natio *fatioi* Berg, 1932
Coregonus lavaretus wartmanni natio *wagleri* Berg, 1932
Coregonus lavaretus chibinae Krogius, 1932
Coregonus lavaretus imandrae Krogius, 1932
Coregonus lavaretus imandrae infrassp. *knipowitschi* Krogius, 1932
Coregonus lavaretus imandrae infrassp. *pelagicus* Krogius, 1932
Coregonus lavaretus imandrae natio *umbae* Krogius, 1932
Coregonus lavaretus imandrae natio *umbae* infranatio *pelagicola* Krogius, 1932
Coregonus lavaretus karelicus natio *pravdinianus* Novikov, 1935
Coregonus pidschian forma *inarensis* Järvi, 1943
Coregonus lavaretus aspius Pravdin, 1948
Coregonus lavaretus arnoldi Pravdin, 1948
Coregonus lavaretus bergianus Pravdin, 1948
Coregonus lavaretus lovensis Pravdin, 1948
Coregonus lavaretus mediospinatus natio *mustasiikas* Pravdin, 1948
Coregonus lavaretus multispinatus natio *longiusculus* Pravdin, 1948
Coregonus lavaretus vimbaeformis Pravdin, 1948
Coregonus lavaretus voronjensis Pravdin, 1948
Coregonus lavaretus vygensis Pravdin, 1948
Coregonus lavaretus vygensis natio *telekinae* Pravdin, 1948
Coregonus lavaretus exiguus Pravdin, 1949
Coregonus lavaretus lavaretoides natio *schuensis* Pravdin, 1949
Coregonus lavaretus olonensis Pravdin, 1949
Coregonus lavaretus pallasi natio *aspius* Pravdin, 1949
Coregonus lavaretus natio *arurensis* Steinmann, 1950
Coregonus lavaretus natio *bodanensis* Steinmann, 1950
Coregonus lavaretus natio *intermdia* Steinmann, 1950
Coregonus lavaretus natio *jurassica* Steinmann, 1950
Coregonus lavaretus natio *lindimacensis* Steinmann, 1950
Coregonus lavaretus natio *rhodanensis* Steinmann, 1950
Coregonus lavaretus pallasi natio *exilis* Pravdin, 1954
Coregonus lavaretus oronensis Kalashnikov, 1968
Coregonus arenicolus Kottelat, 1997
Coregonus atterensis Kottelat, 1997
Coregonus fatioi Kottelat, 1997
Coregonus lutokka Kottelat, Bogutskaya et Freyhof, 2005
***Coregonus lavaretus pidschian* Gmelin, 1789**
Salmo migratorius Georgi, 1775
Salmo pidschian Gmelin, 1789
Salmo muksun Pallas, 1811
Salmo oxyrhinchus Pallas, 1811
Salmo polcur Pallas, 1814
Salmo maraena media Hartmann, 1827
Coregonus sikus Cuvier, 1829

Coregonus hartmannianus Gistel, 1850
Coregonus chadary Dybowski, 1869
Coregonus baicalensis Dybowski, 1874
Coregonus lavaretus Smitt, 1886
Coregonus muksun Smitt, 1886
Coregonus polcur brachymystax Smitt, 1886
Coregonus smitti Warpachovski, 1901
Coregonus ussuriensis Berg, 1906
Coregonus anaulorum Kaganowsky, 1911
Coregonus lavaretus pidschian natio *baicalensis* Berg, 1916
Coregonus lavaretus pidschian natio *brachymystax* Berg, 1916
Coregonus fluviatilis Isachenko, 1925
Coregonus fera forma *inarensis* Järvi, 1928
Coregonus migratorius Berg, 1900
Coregonus lavaretus pidschian natio *pidschianoides* Pravdin, 1931
Coregonus lavaretus pidschianoides Pravdin, 1931
Coregonus lavaretus pidschianoides natio *soldatovi* Pravdin, 1931
Coregonus autumnalis migratorius Berg, 1932
Coregonus lavaretus pidschian forma *jucagiricus* Dryangin, 1932
Coregonus lavaretus pidschian natio *ajaklienis* Berg, 1932
Coregonus lavaretus pidschian natio *anaulorum* Berg, 1932
Coregonus lavaretus pidschian natio *fluviatilis* Berg, 1932
Coregonus lavaretus pidschian natio *norilensis* Berg, 1932
Coregonus lavaretus pidschian natio *smitti* Berg, 1932
Coregonus lavaretus pidschian natio *pidschianoides* subn. *soldatovi* Berg, 1932
Coregonus lavaretus baicalensis Krogius, 1933
Coregonus lavaretus baicalensis natio *dybowskii* Krogius, 1933
Coregonus lavaretus pidschian natio *bargusini* Krogius, 1933
Coregonus lavaretus pidschian natio *bergiellus* Svetovidov, 1934
Coregonus muksun natio *lacustris* Ostroumov, 1937
Coregonus pidschian mokschegor Ostrumov, 1937
Coregonus lavaretus pidschian natio *ionessi* Nekrashevich, 1941
Coregonus lavaretus pidschianoides natio *soldatovi* Pravin, 1948
Coregonus baunti Mukhomediyarov, 1948
Coregonus pravdinellus Dulkeit, 1949
Coregonus lavaretus pidschian natio *delger-muren* Dulmaa, 1973
Coregonus skrjabini Karasev, 1987
***Coregonus lavaretus clupeaformis* Mitchill, 1818**
Salmo clupeaformis Mitchill, 1818
Salmo otsego Clinton, 1822
Salmo labradoricus Richardson, 1836
Coregonus clupeiformis DeKay, 1842
Coregonus sapidissimus Agassiz, 1850
Coregonus latior Agassiz, 1850
Coregonus neohantoniensis Prescott, 1951
Coregonus albus Perley, 1852
Coregonus nelsonii Bean, 1884
Coregonus atikameg Dymond, 1943
Coregonus odonoghuei Dymond, 1943
Coregonus beringiaenisi Cumbaa et al., 2010

Coregonus nasus Pallas, 1776 57

Salmo nasus Pallas, 1776
Salmo schokur Pallas, 1776
Salmo nasutus Pallas, 1811
Salmo lavaretus var. *schokur* Pallas, 1811
Coregonus kennicotti Milner, 1883
Coregonus nasus canadensis Berg, 1932
Coregonus nasus kennicotti Wynne-Edwards, 1952

Coregonus albula Linnaeus, 1758 59

Coregonus albula albula Linnaeus, 1758
Salmo albula Linnaeus, 1758
Salmo vimba Linnaeus, 1758
Cyprinus muraenula Wulff, 1765
Salmo maraenula Bloch, 1782
Coregonus vandesius Richardson, 1836
Coregonus willughbeii Jardine, 1840
Coregonus albula var. *delta finnica* Gunther, 1866
Coregonus albula var. *finnica* Günther, 1866
Coregonus albula var. *norvegica* Günther, 1866
Coregonus nilssoni Kessler, 1868
Coregonus brevis Mäklin, 1868
Coregonus albula var. *perejaslawica* Polyakov, 1874
Coregonus albula var. *vimba* Smitt, 1886
Coregonus albula var. *kiletz* Mikhailovskii, 1904
Coregonus gracilior Regan, 1906
Coregonus albula finnica Berg, 1916
Coregonus albula kiletz Berg, 1916
Coregonus albula maris-albi Berg, 1916
Coregonus albula olonensis Borisov, 1924
Coregonus albula natio pereslawicus Borisov, 1924
Coregonus albula pereslavicus Berg, 1932
Coregonus albula morpha *vimba* Berg, 1932
Coregonus sardinella vessicus Drjagin, 1933
Coregonus albula lucinensis Thienemann, 1933
Coregonus albula infrasp. *kiletz* Pravdin, 1939
Coregonus albula infrasp. *ladogae* Pravdin, Golubev et Belyaeva, 1938
Coregonus albula infrasp. *ladogensis* Pravdin, 1939
Coregonus albula vodlosericus Lukash, 1939
Coregonus albula natio *topozeri* Novikov, 1947
Coregonus albula infrasp. *ladogensis* Berg, 1948
Coregonus trybomi Svärdson, 1979
Coregonus vandesius Svärdson, 1979
Coregonus fontanae Schulz et Freyhof, 2003
Coregonus albula sardinella Valenciennes, 1848
Salmo albula Pallas, 1811
Salmo clupeoides, Pallas, 1811
Coregonus sardinella Valenciennes, 1848
Coregonus merkii Günther, 1866
Coregonus pusillus Bean, 1888
Argyrosomus pusillus Jordan et Evermann, 1900

Coregonus sardinella merki Berg, 1908
Coregonus sardinella maris-albi Berg, 1916
Coregonus sardinella morpha *elata* Esipov, 1941
Coregonus sardinella morpha lacustris Esipov, 1941
Leucichthys pusillus Dymond, 1943
Coregonus sardinella orientalis Kirillov, 1949
Coregonus baunti Svärdson, 1979

Coregonus autumnalis Pallas, 1776 63
Coregonus autumnalis autumnalis Pallas, 1776
Salmo autumnalis Pallas, 1776
Salmo omul Pallas, 1811
Leucichthys omul Dybowski, 1876
Coregonus autumnalis jenisejensis Smitt, 1882
Coregonus autumnalis natio *semljae* Smitt, 1882
Coregonus laurettae Bean, 1881
Coregonus omul var. *oligolepidotus* Smitt, 1886
Coregonus omul var. *polylepidotus* Smitt, 1886
Argyrosomus alascanus Scofield, 1898
Coregonus lepechini Warpachowski, 1901
Coregonus subautumnalis Kaganowsky, 1932
Coregonus autumnalis artedii Le Sueur, 1818
Coregonus artedi Le Sueur, 1818
Coregonus albus Le Sueur, 1818
Salmo artedi Richardson, 1836
Salmo harengus Richardson, 1836
Salmo lucidus Richardson, 1836
Salmo tullibee Richardson, 1836
Argyrosomus hoyi Gill, 1872
Argyrosomus nigripinnis Gill, 1872
Coregonus osmeriformis Smith, 1894
Coregonus prognathus Smith, 1894
Argyrosomus tullibee Evermann et Smith, 1896
Argyrosomus eriensis Jordan et Evermann, 1909
Argyrosomus huronius Jordan et Evermann, 1909
Argyrosomus zenithicus Jordan et Evermann, 1909
Argyrosomus johannae Wagner, 1910
Leucichthys sisco Jordan, 1911
Leucichthys cyanopterus Jordan et Evermann, 1911
Leucichthys ontariensis Jordan et Evermann, 1911
Leucichthys supernas Jordan et Evermann, 1911
Leucichthys manitoulinus Jordan et Evermann, 1911
Leucichthys johannae Jordan et Evermann, 1911
Leucichthys macropterus Bean, 1916
Leucichthys athabascae Harper et Nichols, 1919
Leucichthys entomophagus Harper et Nichols, 1919
Leucichthys macrognathus Harper et Nichols, 1919
Leucichthys kiyi Koelz, 1921
Leucichthys reighardi Koelz, 1924
Leucichthys alpenae Koelz, 1924
Leucichthys nipigon Koelz, 1925

Coregonus kiyi orientalis Koelz 1929
Coregonus reighardi dymondi Koelz, 1929
Coregonus nigripinnis cyanopterus Koelz, 1929
Coregonus nigripinnis prognathus Koelz, 1929
Coregonus nigripinnis regalis Koelz, 1929
Leucichthys nueltinensis Fowler, 1948
Leucichthys churchillensis Fowler, 1948
Leucichthys johannae Hubbs et Lagler, 1958
***Coregonus autumnalis pollan* Thompson, 1835**
Coregonus pollan Thompson, 1835
Coregonus elegans Thompson, 1839
Coregonus altior Regan, 1908

***Coregonus peled* Gmelin, 1789** 67
Salmo lavaretus Pallas, 1776
Salmo peled Gmelin, 1789
Salmo cyprinoides Pallas, 1814
Salmo pelet Pallas, 1814
Salmo wimba Pallas, 1814
Coregonus rudolphianus Valenciennes, 1848
Coregonus syrok Valenciennes, 1848
Coregonus peled Danilewsky, 1862
Coregonus cyprinoides Smitt, 1886
Coregonus pelet Smitt, 1886
Coregonus peled natio *pjasinae* Ostroumov, 1948

***Coregonus tugun* Pallas, 1811** 69
***Coregonus tugun tugun* Pallas, 1811**
Salmo tugun Pallas, 1811
Leucichthys tugun Dybowski, 1876
Coregonus tugun manerka Ioganzen, 1945
Coregonus tugun sossvinka Ioganzen, 1945
***Coregonus tugun lenensis* Berg, 1932**

***Prosopium coulteri* Eigenmann et Eigenmann, 1892** 71
Coregonus coulterii Eigenmann et Eigenmann, 1892
Coregonus coulteri Eigenmann, 1895
Prosopium gemmifer Snyder, 1919
Prosopium gemmiferum Snyder, 1919
Prosopium snyderi Myers, 1932

***Prosopium cylindraceum* Pallas, 1784** 73
Salmo cylindraceus Pallas, 1784
Salmo microstomus Pallas, 1811
Coregonus quadrilateralis Richardson, 1823
Coregonus mongolicus Warpachowski, 1900
Coregonus cylindraceus Berg, 1908
Prosopium preblei Harper et Nichols, 1919
Prosopium quadrilaterale Hubbs, 1926
Coregonus lavaretus pidschian natio *mongolicus* Berg, 1932

Coregonus cylindraceus quadrilateralis Berg, 1933
Coregonus (Prosopium) cylindraceus Berg, 1936
Prosopium cylindraceum Dymond, 1947

***Prosopium williamsoni* Girard, 1856** 76
Coregonus williamsoni Girard, 1856
Coregonus williamsoni cismontanus Jordan, 1889
Coregonus couesi Milner, 1874
Coregonus stanleyi Kendall, 1902
Coregonus oregonius Jordan et Snyder, 1909
Prosopium abyssicola Snyder, 1919
Prosopium spilonotus Snyder, 1919
Prosopium oregonium Dymond, 1943

***Stenodus leucichthys* Güldenstädt, 1772** 79
***Stenodus leucichthys leucichthys* Güldenstädt, 1772**
Salmo leucichthys Güldenstädt, 1772
Coregonus leucichthys Kessler, 1870
Stenodus leucichthys Smitt, 1886
Stenodus nelma var. *leucichthys* Warpachowski, 1899
Luciotrutta leucichthys Bazhenov, 1909
***Stenodus leucichthys nelma* Pallas, 1773**
Salmo nelma Pallas, 1773
Salmo mackenzii Richardson, 1823
Coregonus lucius Nillson, 1853
Stenodus nelma Warpachowski, 1899
Stenodus leucichthys nelma Berg, 1916
Stenodus leucichthys mackenzii Dymond, 1943
Stenodus leucichthys nelma natio *lenensis* Kirillov, 1962

***Brachymystax lenok* Pallas, 1773** 83
***Brachymystax lenok lenok* Pallas, 1773**
Salmo lenok Pallas, 1773
Salmo coregonoides Pallas, 1814
Brachymystax coregonoides Günther, 1866
Brachymystax lenok swetowidowi Kirillov, 1962
***Brachymystax lenok tumensis* Mori, 1930**
Brachymystax tumensis Mori, 1930
Brachymystax lenok savinovi Mitrofanov, 1959
Brachymystax lenok tsinlingensis Li, 1966
Brachymystax savinovi Kifa, 1976
Brachymystax lenok czerskii Kirillov et al, 1979

***Hucho hucho* Linnaeus, 1758** 87
***Hucho hucho hucho* Linnaeus, 1758**
Salmo hucho Linnaeus, 1758
Hucho hucho Günther, 1866
Hucho germanorum Günther, 1866
Epitomynis hucho Schulze, 1890
***Hucho hucho taimen* Pallas, 1773**

Salmo taimen Pallas, 1773
Salmo fluviatilis Pallas, 1811
Salvelinus lossos Günther, 1866
Salvelinus taimen Berg, 1909
Hucho taimen Berg, 1916
Hucho ishikawae Mori, 1928
Hucho hucho taimen Hensel et Holcik, 1983
***Hucho hucho leptosoma* Bleeker, 1879**
Hucho leptosoma Bleeker, 1879
Hucho pomatops Bleeker, 1879
Hucho bleekeri Kimura, 1934

***Oncorhynchus gorbuscha* Walbaum, 1792** 93
Salmo gorbuscha Walbaum, 1792
Salmo gibber Walbaum, 1792
Salmo proteus Pallas, 1811
Salmo scouleri Richardson, 1836
Salmo tschawytschiformis Smitt, 1886
Oncorhynchus gorbuscha Jordan et Evermann, 1896
Oncorhynchus keta Jordan et McGregor, 1925
Oncorhynchus gorbuscha natio *amurensis* Pravdin, 1932

***Oncorhynchus keta* Walbaum, 1792** 97
Salmo keta Walbaum, 1792
Salmo kayko Walbaum, 1792
Salmo japonensis Pallas, 1811
Salmo lagocephalus Pallas, 1811
Salmo consuetus Richardson, 1836
Salmo dermatinus Richardson, 1854
Salmo canis Suckley, 1862
Oncorhynchus lagocephalus Günther, 1866
Oncorhynchus haberi Hilgendorf, 1876
Trutta lagocephalus Dybowski, 1877
Oncorhynchus keta infrasp. *autumnalis* Berg, 1932
Oncorhynchus keta infrasp. *manok* Abramov, 1948

***Oncorhynchus kisutch* Walbaum, 1792** 101
Salmo kisutch Walbaum, 1792
Salmo milktshitsch Walbaum, 1792
Salmo sanguinolentus Pallas, 1811
Salmo tsuppitch Richardson, 1836
Oncorhynchus kisutch Jordan et Evermann, 1896

***Oncorhynchus masou* Brevoort, 1856** 105
Salmo masou Brevoort, 1856
Salmo macrostoma Günther, 1880
Salmo perryi Jordan et Snyder, 1902
Oncorhynchus masou Katihara, 1904
Salmo masu Berg, 1916
Salmo formosanus Jordan et Oshima, 1919

Salmo saramao Jordan et Oshima, 1919
Oncorhynchus ishikawae Jordan et McGregor, 1925
Oncorhynchus macrostomus Jordan et McGregor, 1925
Oncorhynchus rhodurus Jordan et McGregor, 1925
Oncorhynchus milktschitsch Tanaka, 1929
Oncorhynchus masu morpha *macrostomus* Berg, 1932
Oncorhynchus formosanum Behnke, 1959
Oncorhynchus iwame Kimura et Nakamura, 1961

***Oncorhynchus nerka* Walbaum, 1792** 109
Salmo nerka Walbaum, 1792
Salmo lycaodon Pallas, 1811
Salmo paucidens Richardson, 1836
Salmo arabatsch Cuvier et Valenciennes, 1848
Salmo kennerlyi Suckley, 1862
Hypsifario kennerlyi Gill, 1863
Oncorhynchus nerka Smitt, 1886
Oncorhynchus nerka kennerlyi Bean, 1891
Oncorhynchus nerka adonis Jordan et McGregor, 1925
Oncorhynchus kawamurae Jordan et McGregor, 1925
Oncorhynchus nerka infrasp. *asabatsch* Berg, 1932
Oncorhynchus nerka infrasp. *ovetsch* Taliev, 1932

***Oncorhynchus tshawytscha* Walbaum, 1792** 113
Salmo tshawytscha Walbaum, 1792
Salmo tschawytscha Bloch et Schneider, 1801
Salmo orientalis Pallas, 1814
Salmo quinnat Richardson, 1836
Salmo cooperi Suckley, 1861
Salmo richardii Suckley, 1861
Salmo warreni Suckley, 1861
Oncorhynchus chouicha Jordan et Gilbert, 1883
Oncorhynchus tschawytscha Jordan et Evermann, 1896

***Oncorhynchus crysogaster* Needham et Gard, 1964** 118
Salmo crysogaster Needham et Gard, 1964

***Oncorhynchus clarkii* Richardson, 1836** 120
***Oncorhynchus clarkii clarkii* Richardson, 1836**
Salmo clarkii Richardson, 1836
Fario clarkii Girard, 1857
Fario stellatus Girard, 1857
Salmo brevicauda Suckley, 1861
Salmo purpuratus Günther, 1866
Salmo gairdneri crescentis Jordan, 1896
Salmo mykiss Jordan et Evermann, 1896
Salmo bathoeceter Meek, 1899
Salmo declivifrons Meek, 1899
Salmo jordani Meek, 1899
Oncorhynchus clarkii humboldtensis Trotter et Behnke, 2008

***Oncorhynchus clarkii lewisi* Girard, 1856**
Salar lewisi Girard, 1856
Salmo mykiss lewisi Jordan et Evermann, 1896
Salmo clarkii alpestris Dymond, 1931
***Oncorhynchus clarkii bouvieri* Bendire, 1882**
Salmo purpuratus bouvieri Bendire, 1882
Salmo utah Suckley, 1874
Salar virginalis Girard, 1856
Salmo pleuriticus Cope, 1872
Salmo spilurus Cope, 1872
Salmo stomias Cope, 1872
Salmo mykiss macdonaldi Jordan et Evermann, 1891
Salmo bouvieri Jordan et Evermann, 1902
Salmo eremogenes Evermann et Nichols, 1909
Oncorhynchus clarki behnkei Montgomery, 1995
***Oncorhynchus clarkii henshawi* Gill et Jordan, 1878**
Salmo henshawi Gill et Jordan, 1878
Salmo tsuppitch Jordan et Henshaw, 1878
Salmo purpuratus henshawi Jordan et Gilbert, 1882
Salmo mykiss henshawi Jordan, 1891
Salmo clarki tahoensis Jordan et Evermann, 1898
Salmo evermanni Snyder, 1914
Salmo tahoensis Jordan, Evermann et Clark, 1930
Salmo seleniris Snyder, 1933
Salmo alvordensis Hubbs, 1934
Salmo clarkii henshawi Calhoun, 1944

***Oncorhynchus gilae* Miller, 1950** 127
***Oncorhynchus gilae gilae* Miller, 1950**
Salmo gilae Miller, 1950
***Oncorhynchus gilae apache* Miller, 1972**
Salmo apache Miller, 1972
Salmo pleuriticus Cope et Yarrow, 1875
Salmo mykiss pleuriticus Jordan et Evermann, 1896

***Oncorhynchus mykiss* Walbaum, 1792** 130
***Oncorhynchus mykiss mykiss* Walbaum, 1792**
Salmo mykiss Walbaum, 1792
Salmo penshinensis Pallas, 1814
Salmo purpuratus Pallas, 1814
Salmo iridea Gibbons, 1855
Salmo rivularis Ayres, 1855
Salmo truncatus Suckley 1859
Salmo masoni Suckley, 1860
Salmo stellatus Günther, 1866
Salmo irideus Bean, 1894
Salmo gairdneri beardsleei Jordan, 1896
Salmo nelsoni Evermann, 1908
Trutta iridea Vladykov, 1926
Salmo gairdneri irideus Banarescu, 1964

Oncorhynchus mykiss gairdneri Richardson, 1836
Salmo gairdnerii Richardson, 1836
Salmo gibbsi Suckley, 1858
Fario newberryi Girard, 1858
Fario gairdneri Girard, 1859
Salmo gairdneri Suckley, 1874
Oncorhynchus kamloops Jordan, 1892
Salmo kamloops Jordan, 1893
Salmo gairdneri shasta Jordan, 1894
Salmo irideus stonei Jordan, 1894
Salmo mykiss gibbsi Jordan et Evermann, 1896
Salmo regalis Snyder 1912
Salmo rivularis kamloops Halkett, 1913
Salmo aquilarum Snyder, 1917
Salmo smaragdus Snyder, 1917
Salmo irideus argentatus Bajkov, 1927
Salmo kamloops whitehousei Dymond, 1931
Salmo gairdneri stonei Hubbs et Lagler, 1941
Oncorhynchus mykiss aguabonita Jordan, 1892
Salmo aguabonita Jordan, 1892
Salmo gairdneri gilberti Jordan, 1894
Salmo irideus aguabonita Jordan et Evermann, 1896
Salmo roosevelti Evermann 1906
Salmo whitei Evermann, 1906
Oncorhynchus mykiss gilberti Behnke, 1992

Parahucho perryi Brevoort, 1856 137
Salmo perryi Brevoort, 1856
Salmo blackistoni Hilgendorf, 1876
Oncorhynchus orientalis Nikolsky, 1889
Hucho blackistoni Jordan et Snyder, 1902
Salvelinus perryi Berg, 1909
Hucho perryi Berg, 1916
Parahucho perryi Vladykov, 1963

Salmo marmoratus Cuvier, 1829 140
Salmo marmoratus marmoratus Cuvier, 1829
Salmo cenerinus Chiereghini, 1847
Salar genivittatus Heckel et Kner, 1858
Trutta fario var. _marmorata_ Siebold, 1863
Salmo marmoratus genivittatus Karaman, 1927
Trutta adriatica Kolombatovic, 1890
Trutta genivittatus Karaman, 1927
Salmo trutta marmoratus morpha _lacustris_ Poljakovet al., 1958

Salmo salar Linnaeus, 1758 144
Salmo nobilis Olafsen, 1772
Salmo goedenii Bloch, 1784
Salmo strom Bonnaterre, 1788
Salmo omiscomaycus Walbaum, 1792

Salmo salmulus Walbaum, 1792
Salmo caerulescens Schmidt, 1795
Salmo renatus La Cepèdé, 1803
Salmo rilla La Cepèdé, 1803
Salmo spurius Pallas, 1811
Salmo hamatus Cuvier, 1829
Salmo ocla Nilsson, 1832
Salmo salmo Valenciennes, 1848
Salmo sebago Girard, 1853
Salmo gloverii Girard, 1854
Salmo salar var. *lacustris* Hardin, 1862
Trutta salar Siebold, 1863
Trutta salar var. *relicta* Malmgren, 1863
Salmo relictus Kessler, 1864
Salmo gracilis Couch, 1865
Salmo hardinii Günther, 1866
Salmo brevipes Smitt, 1882
Salmo salar brevipes Smitt, 1886
Salmo salar ouananiche McCarthy, 1894
Salmo salar nobilis Smitt, 1895
Salmo salar infrasp. *biennis* Berg, 1912
Salmo salar morpha *relictus* Berg, 1916
Salmo salar var. *relicta* Jääskelainen, 1917
Salmo salar brevipes m. *relictus* Berg, 1932
Salmo salar morpha *sebago* Berg, 1948
Salmo salar saimensis Seppovaara, 1962
Salmo salar americanus Payne, Child et Forrest, 1971
Salmo salar europaeus Payne, Child et Forrest, 1971

***Salmo trutta* Linnaeus, 1758** 152
***Salmo trutta trutta* Linnaeus, 1758**
Salmo eriox Linnaeus, 1758
Salmo fario Linnaeus, 1758
Salmo lacustris Linnaeus, 1758
Trutta fluviatilis Duhamel, 1771
Trutta marina Duhamel, 1771
Trutta salmonata Rutty, 1772
Salmo illanca Wartmann, 1783
Trutta salmanata Strøm, 1784
Salmo albus Bonnaterre, 1788
Salmo stroemii Gmelin, 1788
Salmo sylvaticus Gmelin, 1788
Salmo cornubiensis Walbaum, 1792
Salmo fario loënsis Walbaum, 1792
Salmo saxatilis Schrank, 1798
Salmo faris var. *forestensis* Bloch, 1801
Salmo cumberland La Cepèdé, 1803
Salmo gadoïdes La Cepèdé, 1803
Salmo phinoc Shaw, 1804
Salmo cambricus Donovan, 1806
Salmo levenensis Neill, 1808

Salmo cettii Rafinesque, 1810
Salmo montana Walker, 1812
Salmo taurinus Walker, 1812
Salmo lemanus Cuvier, 1829
Salmo truttula Nilsson, 1832
Salmo ferox Jardine, 1835
Salmo caecifer Parnell, 1838
Fario argenteus Valenciennes, 1848
Salar ausonii Valenciennes, 1848
Salar bailloni Valenciennes, 1848
Salar gaimardi Valenciennes, 1848
Salar spectabilis Valenciennes, 1848
Salmo estuarius Knox, 1854
Salmo carbonarius Nillson, 1855
Salmo ocla Nillson, 1855
Salmo rutilus Nillson, 1855
Salmo ausonni Kessler, 1856
Salmo lapasseti Zill, 1858
Salmo microps Hardin, 1862
Salmo fario var. *major* Walecki, 1863
Salmo brachypoma Günther, 1866
Salmo gallivensis Günther, 1866
Salmo mistops Günther, 1866
Salmo nigripinnis Günther, 1866
Salmo orcadensis Günther, 1866
Salmo polyosteus Günther, 1866
Salmo rappii Günther, 1866
Salmo stomachicus Günther, 1866
Salmo venernensis Günther, 1866
Salmo islayensis Thomson, 1873
Trutta variabilis Lunel, 1874
Trutta marina Moreau, 1881
Salmo salar var. *trutta* Smitt, 1885
Salmo lacustris forma *fecunda, major* Fatio, 1890
Salmo lacustris forma *fecunda, minor* Fatio, 1890
Salmo lacustris forma *sterilis lacustris* Fatio, 1890
Salmo lacustris var. *lemani* facies *arvensis* Fatio, 1890
Salmo lacustris var. *meridionalis* Fatio, 1890
Salmo lacustris var. *rhenana* Fatio, 1890
Salmo lacustris var. *rhenana* facies *bodensis* Fatio, 1890
Salmo lacustris var. septentrionalis Fatio, 1890
Salmo salar var. *trutta* sive *fario* Smitt, 1895
Salmo pallaryi Pellegrin, 1924
Salmo trutta forma *major* Roule, 1925
Salmo trutta forma *minor* Roule, 1925
Salmo trutta var. *pellegrini* Werner, 1931
Salmo trutta ferox Ferguson et Taggart, 1991
Salmo trutta nigripinnis Ferguson et Taggart, 1991
Salmo trutta stomachicus Ferguson et Taggart, 1991
Salmo akairos Delling et Doadrio, 2005
Salmo trutta dorothea Bartel **et** Kardela, 2006

***Salmo trutta labrax* Pallas, 1814**

Salmo eriox Güldenstädt, 1787
Salmo hucho Güldenstädt, 1787
Salmo salar Güldenstädt, 1787
Salar schiefermülleri Bloch, 1784
Salmo fario var. *alba* Meidinger, 1794
Salmo labrax Pallas, 1814
Salmo nobilis Pallas, 1814
Salmo spurius Pallas, 1814
Salmo schiefermülleri argenteus Reisinger, 1830
Salmo fario var. *niger* Fitzinger, 1832
Salmo spurius Nordmann, 1840
Trutta ungeri Yásárhelyi, 1840
Salmo orientalis McClelland, 1842
Salmo salar Czernay, 1850
Fario marsilii Heckel, 1851
Salmo ausonii Kessler, 1856
Salar ausonii var. *parcepunctata* Heckel et Kner, 1858
Salar ausonii var. *semipunctata* Heckel et Kner, 1858
Salmo trutta Kessler, 1859
Salmo lossos Günther, 1866
Salmo microlepis Günther, 1866
Salmo pallasii Günther, 1866
Salmo oxianus Kessler, 1874
Salmo caspius Kessler, 1877
Salmo gegarkuni Kessler, 1877
Salmo ischchan Kessler, 1877
Salmo danilewskii Gulelmi, 1888
Salmo lacustris var. *excelsa* Fatio, 1890
Salmo lacustris var. *romanovi* Kawraisky, 1896
Salmo ischchan danilewskii Kawrajsky, 1897
Salmo ischchan gegarkuni Kawrajsky, 1897
Salmo salar caspius Lönnberg, 1900
Salmo trutta oxianus Berg, 1905
Salmo salar labrax Berg, 1908
Salmo trutta aralensis Berg, 1908
Salmo trutta pallasi Berg, 1910
Salmo gegarkuni Berg, 1916
Salmo trutta labrax morpha *fario* Berg, 1916
Salmo ischchan var. *danilewskii* Berg, 1916
Salmo trutta aralensis morpha *fario* Berg, 1916
Salmo fario labrax Derjavin, 1926
Salmo ischchan var. *aestivalis* Fortunatov, 1926
Salmo ischchan var. *gegarkuni* Fortunatov, 1926
Salmo fario fario Derzhavin, 1929
Salmo trutta caspius morpha *fario* Berg, 1932
Salmo trutta caspius morpha *lacustris* Berg, 1932
Salmo trutta labrax morpha *lacustris* Berg, 1932
Salmo fario caspius Derjavin, 1934
Salmo trutta aralensis oxianus La Hora, 1934
Trutta ungeri Vásárhelyi, 1940
Salmo ischchan infrasp. *gegarkuni* morpha *alabalach* Vladimirov, 1944

Salar trutta caspius morpha *lacustris* Berg, 1948
Salmo trutta ezenami Berg, 1948
Salmo trutta caspius morpha *fario* Berg, 1948
Salmo ischchan infrasp. *danilewskii* Berg, 1948
Salmo ischchan infrasp. *gegarkuni* Berg, 1948
Salmo trutta abanticus Tortonese, 1954
Salmo ischchan issykogegarkuni Lushin, 1956
Salmo trutta ciscaucasicus Dorofeyeva, 1967
Salmo trutta labrax infrasp. *danubicus* Holcik, 1969
Salmo argenteus Fowler, 1974
Salmo coruhensis Turan, Kottelat et Engin, 2010
Salmo rizeensis Turan, Kottelat et Engin, 2010
Salmo tigridis Turan, Kottelat et Bektas, 2011
***Salmo trutta rhodanensis* Roule, 1923**
Salmo carpio Linnaeus, 1758
Salar dentex Heckel, 1852
Salmo trutta forma *major* facies *rhodanensis* Roule, 1923
Trutta letnica Karaman, 1924
Trutta fario var. *macedonica* Karaman, 1924
Salmo lacustris var. *benaci* Malfer, 1927
Trutta balcanica Karaman, 1927
Trutta likana Karaman, 1932
Trutta taleri Karaman, 1932
Trutta montenigrina Karaman, 1933
Salmo farioides Karaman, 1938
Salmo farioides zrmanjaensis Karaman, 1938
Salmo macedonicus peristericus Karaman, 1938
Salmo pelagonicus Karaman, 1938
Trutta fario macroptera Chichkoff, 1939
Salmo ghigii Pomini, 1941
Salmo letnica aestivalis Stefanovic, 1948
Salmo letnica balcanicus Stefanovic, 1948
Salmo letnica typicus Stefanovic, 1948
Salmo visovacensis Taler, 1950
Salmo letnica lumi Poljakov et al., 1958
Salmo trutta macrostigma morpha *lacustris* Poljakov et al., 1958
Salmo trutta mediterranea Balon, 1966
Salmo (Platysalmo) platycephalus Behnke, 1968
Salmo balcanicus Vukovic et Ivanovich, 1971
Salmo eriox rhodanensis Fowler, 1974
Salmo fibreni Zerunian et Gandolfi, 1990
Salmothymus platycephalus Stearly et Smith, 1993
Salmo aphelios Kottelat, 1997
Salmo rhodanensis Kottelat, 1997
Salmo lourosensis Delling, 2011
Salmo chilo Turan, Kottelat et Engin, 2012
Salmo labecula Turan, Kottelat et Engin, 2012
Salmo opimus Turan, Kottelat et Engin, 2012

Salmo obtusirostris Heckel, 1852 163

Salmo obtusirostris obtusirostris Heckel, 1852
Salar obtusirostris Heckel, 1852
Thymallus microlepis Steindachner, 1874
Salmo obtusirostris var. _oxyrhynchus_ Steindachner, 1882
Salmothymus obtusirostris Berg, 1908
Trutta obtusirostris krkensis Karaman, 1927
Trutta obtusirostris salonitana Karaman, 1927
Trutta montenigrina Karaman, 1933
Salmo obtusirostris zetensis Hadzisce, 1960
Salmo obtusirostris letnica Karaman, 1932
Salmo zetensis Hadzisce, 1960
Salmothymus obtusirostris zetensis Karaman, 1966

Salmo ohridanus Steindachner, 1892 166

Acantholingua ohridana Hadzisce, 1960
Salmothymus ohridana Svetovidov, 1975

Salvelinus fontinalis Mitchill, 1814 168

Salmo fontinalis Mitchill, 1814
Salmo canadensis Smith, 1834
Salmo immaculatus Storer, 1857
Salmo hudsonicus Suckley, 1861
Salvelinus agassizi Garman, 1885
Baione fontinalis Jordan et Copeland, 1878
Salvelinus timagamiensis Henn et Rinkenbach, 1925
Salvelinus fontinalis hudsonicus Hubbs, 1926
Salvelinus fontinalis timagamiensis Sale, 1967

Salvelinus namaycush Walbaum, 1792 172

Salmo namaycush Walbaum, 1792
Namaycush salmon Pennant, 1792
Salmo pallidus Rafinesque, 1817
Salmo amethystus Mitchill, 1818
Salmo confinis DeKay, 1842
Salmo siscowet Agassiz, 1850
Salmo ferox Perley, 1852
Cristivomer namaycush Gill et Jordan, 1883

Salvelinus alpinus Linnaeus, 1758 176

Salvelinus alpinus alpinus Linnaeus, 1758
Salmo alpinus Linnaeus, 1758
Salmo salmarinus Linnaeus, 1758
Salmo salvelinus Linnaeus, 1758
Salmo umbla Linnaeus, 1758
Salmo rivalis Fabricius, 1780
Salmo stagnalis Fabricius, 1780
Salmo carbonarius Strøm, 1784
Salmo levis Mohr, 1786
Salmo lepechini Gmelin, 1789

Salmo laevis Walbaum, 1792
Salmo palja Walbaum, 1792
Salmo autumnalis Pallas, 1811
Salmo hearnii Richardson, 1823
Salmo nivalis Faber, 1829
Salmo punctatus Cuvier, 1829
Salmo pallidus Nilsson, 1832
Salmo rutilus Nilsson, 1832
Salmo ventricosus Nilsson, 1832
Salmo salvelinus var. *carneus* Fitzinger, 1832
Salmo salvelinus var. *marsilii* Fitzinger, 1832
Salmo schrankii Fitzinger, 1832
Salmo alipes Richardson, 1835
Salmo nitidus Richardson, 1835
Salmo rossii Richardson, 1835
Salmo ascanii Valenciennes, 1848
Salmo distichus Heckel, 1851
Salmo monostichus Heckel, 1851
Salmo costatus Gronow, 1854
Salmo oquassa Girard, 1854
Salmo cambricus Günther, 1862
Salmo grayi Günther, 1862
Salmo willoughbii Günther, 1862
Salmo colii Günther, 1863
Salmo killinensis Günther, 1865
Salmo perisii Günther, 1865
Salmo arcturus Günther, 1877
Salmo naresi Günther, 1877
Salvelinus aureolus Bean, 1877
Salvelinus hoodii Bean, 1879
Salmo struanensis Maitland, 1881
Salmo alpinus var. *alipes*, Smitt, 1886
Salmo hybridus Smitt, 1886
Salmo alpino-stagnalis Smitt, 1886
Salmo salvelino-stagnalis Smitt, 1886
Salvelinus aureolus Bean, 1888
Salmo marstoni Garman 1893
Salmo umbla var. *alpinus* Smitt, 1895
Salmo umbla var. *salvelinus* Smitt, 1895
Salvelinus alpinus alipes Jordan et Evermann, 1896
Salvelinus alpinus arcturus Jordan et Evermann, 1896
Salvelinus alpinus stagnalis Jordan et Evermann, 1896
Salmo salvelino-insularis Lönnberg, 1900
Salmo salvelinus profundis Schillinger, 1901
Salvelinus fario profundus Fuhrmann, 1903
Salvelinus fimbriatus Regan, 1908
Salvelinus obtusus Regan, 1908
Salvelinus scharffi Regan, 1908
Salvelinus trevelyani Regan, 1908
Salvelinus alpinus var. *murta* Saemundsson, 1909
Salvelinus alpinus var. *thingvallensis* Saemundsson, 1909
Salvelinus gracillimus Regan, 1909

Salvelinus inframundus Regan, 1909
Salvelinus lonsdalii Regan, 1909
Salvelinus mallochi Regan, 1909
Salvelinus maxillaris Regan, 1909
Salvelinus alpinus var. *salvelinus* Berg, 1916
Salvelinus umbla stagnalis Dahl, 1926
Salvelinus lepechini infrasp. *profundicola* Berg, 1932
Salvelinus lepechini melanostomus Berg, 1932
Salvelinus alpinus forma *niger* Fridriksson, 1939
Salvelinus alpinus youngeri Friend, 1956
Salvelinus willughbii forma *autumnalis* Forst, 1966
Salvelinus willughbii forma *vernalis* Forst, 1966
Salvelinus alpinus faroensis Joensen et Tåning, 1970
Salvelinus evasus Freyhof et Kottelat, 2005
Salvelinus neocomensis Freyhof et Kottelat, 2005
***Salvelinus alpinus erythrinus* Georgi, 1775**
Salmo erythrinus Georgi, 1775
Salmo erythraeus Pallas, 1811
Salvelinus tolmachoffi Berg, 1926
Salvelinus czerskii Drjagin, 1932
Salvelinus boganidae Berg, 1932
Salvelinus jacuticus Borisov, 1935
Salvelinus drjagini Logashev, 1940
Salvelinus taimyricus Mikhin, 1949
Salvelinus elgyticus Viktorovsky et Glubokovsky, 1981
***Salvelinus alpinus taranetzi* Kaganovsky, 1955**
Salvelinus taranetzi Kaganovsky, 1955
Salvelinus alpinus orientalis Kirillov, 1972
Salvelinus krogiusae Glubokovsky et al., 1993

***Salvelinus confluentus* Suckley, 1858** 184
Salmo confluentus Suckley, 1858
Salvelinus confluentus Cavender, 1978

***Salvelinus leucomaenis* Pallas, 1814** 187
Salmo leucomaenis Pallas, 1814
Salmo pluvius Hilgendorf, 1876
Salvelinus kundsha Jordan et Evermann, 1898
Salvelinus imbrius Jordan et McGregor, 1925
Salvelinus malma Tanaka, 1928
Salvelinus leucomaenis forma *japonicus* Oshima, 1961

***Salvelinus malma* Walbaum, 1792** 189
***Salvelinus malma malma* Walbaum, 1792**
Salmo malma Walbaum, 1792
Salmo fario Pallas, 1814
Salmo callaris Pallas, 1814
Salmo laevigatus Pallas, 1814
Salmo hearnii Richardson, 1836
Salmo spectabilis Girard, 1856

Salmo bairdii Suckley, 1861
Salmo parkei Suckley, 1861
Salmo parkii Günther, 1866
Salmo campbelli Suckley, 1861
Salmo fariopsis Steindachner et Kner, 1870
Salmo tudes Cope, 1873
Salmo callaris Pallas, 1881
Salvelinus namaycush Eigenmann, 1895
Salvelinus malma Jordan et Evermann, 1896
Salvelinus alpinus malma Berg, 1916
Salvelinus malma spectabilis Jordan, 1930
Salvelinus malma infrasp. *kuznetsovi* Taranetz, 1933
Salvelinus neiva Taranetz, 1933
Salvelinus andriashevi Berg, 1948
Salvelinus malma tudes Morton, 1970
Salvelinus anaktuvukensis Morrow, 1973
Salvelinus albus Glubokovsky, 1977
Salvelinus kronocius Victorovsky, 1978
Salvelinus malma schmidti Viktorovsky, 1978
Salvelinus levanidovi Chereshnev, Skopetz et Gudkov, 1989
***Salvelinus malma lordii* Günther, 1866**
Salmo lordii Günther, 1866
Fario lordii Lord, 1867
***Salvelinus malma krascheninnikovi* Taranetz, 1933**
Salvelinus malma infrasp. *krascheninnikovi* Taranetz, 1933
Salmo curilus Pallas, 1811
Salvelinus malma morpha *curilus* Berg, 1932
Salvelinus malma infrasp. *curilus* Taranetz, 1936
Salvelinus miyabei Oshima, 1938
Salvelinus gritzenkoi Vasil'eva et Stygar, 2000

***Salvelinus svetovidovi* Chereshnev et Skopets, 1990** 193
Salvethymus svetovidovi Chereshnev et Skopets, 1990

***Thymallus arcticus* Pallas, 1776** 195
***Thymallus arcticus arcticus* Pallas, 1776**
Salmo arcticus Pallas, 1776
Salmo digitalis Bloch, 1801
Salmo thymallus Pallas, 1811
Thymallus grubii var. *baicalensis* Dybowski, 1874
Thymallus nikolskyi Kashchenko, 1899
Thymallus nikolskyi var. *ongudajensis* Kashshenko, 1899
Thymallus stellatus Kaschtschenko, 1899
Thymallus vulgaris Warpachowski, 1900
Thymallus arcticus baicalensis Dorogostaisky, 1923
Thymallus arcticus baicalensis morpha *angarensis* Dorogostaisky, 1923
Thymallus arcticus var. *baicalensis* Svetovidov, 1931
Thymallus arcticus var. *brevipinnis* Svetovidov, 1931
Thymallus arcticus baicalensis issp. *brevipinnis* Svetovidov, 1936
Thymallus arcticus brevipinnis Svetovidov, 1936
Thymallus arcticus natio *alchutovi* Johansen, 1945

Thymallus arcticus brevicephalus Mitrofanov, 1971
Thymallus arcticus dentatus Gundriser, 1979
Thymallus arcticus lenensis Weiss, Knizhin, Kirillov et Froufe, 2006
Thymallus svetovidovi Knizhin et Weiss, 2009
***Thymallus arcticus signifer* Richardson, 1823**
Coregonus signifer Richardson, 1823
Coregonus thymalloides Richardson, 1823
Thymallus mertensii Valenciennes, 1848
Thymallus ontariensis Valenciennes, 1848
Thymallus pallasii Valenciennes, 1848
Thymallus tricolor Cope, 1865
Thymallus pallasi Dall, 1870
Thymallus montanus Milner, 1874
Thymallus tricolor montanus Whitehous, 1919
Thymallus arcticus pallasi Berg, 1916
Thymallus arcticus grubei natio *mertensi* Svetovidov, 1936
Thymallus signifer tricolor Hubbs et Lagler, 1947
***Thymallus arcticus grubii* Dybowski, 1869**
Thymallus grubii Dybowski, 1869
Thymallus arcticus grubei Berg, 1916
Thymallus arcticus yaluensis Mori, 1928
Thymallus burejensis Antonov, 2004
Thymallus grubii flavomaculatus Knizhin, Antonov et Weiss, 2006
Thymallus tugarinae Knizhin, Antonov, Safronov et Weiss, 2007

***Thymallus brevirostris* Kessler, 1879** 200
Phylogephyra altaica Boulenger, 1898
Phylogephyra brevirostris Berg, 1908
Thymallus brevirostris altaicus Dashdorz, Dulmaa et Zend-Ajusch, 1968
Thymallus brevirostris kozovi Dashdorz, Dulmaa et Zend-Ajusch, 1968

***Thymallus nigrescens* Dorogostaisky, 1923** 202
Thymallus baicalensis Berg, 1906
Thymallus arcticus nigrescens Dorogostaisky, 1923

***Thymallus thymallus* Linnaeus, 1758** 204
Salmo thymallus Linnaeus, 1758
Salmo thymus Bonaterre, 1788
Thymallus thymallus Cuvier, 1829
Salmo striatus Reisinger, 1830
Thymallus vexillifer Fitzinger, 1832
Thymallus vulgaris Nillson, 1832
Thymallus decorus Koch, 1840
Thymallus æliani Valenciennes, 1848
Thymallus gymnogaster Valenciennes, 1848
Thymallus gymnothorax Valenciennes, 1848
Thymallus umbrosa Gistel, 1848
Salmo punctatus Gronow, 1854
Thymallus thymallus kamensis Lukasch, 1929
Thymallus thymallus morpha *lacustris* Balon, 1962

Literatur

Referenzen:

Anwand K., 1996: Untersuchungen über das Wachstum der Kleinen Maräne (*Coregonus albula* L.) in einigen norddeutschen Seen. Fischer & Teichwirt, 47 (12): 482-486.

Behnke R.J., 1992: Native Trout of Western North America. American Fisheries Society Monograph 6, 275 pages.

Behnke R.J., 2002: Trout and Salmon of North America. The Free Press, New York. 360 pages.

Berg L.S., 1948: Ryby presnykh vod SSSR i sopredel'nykh stran. Izdatel'stvo Akademii Nauk SSSR, Moskva, Vol. 1, 504 pages.

Bernatchez L., Colombani F., Dodson J., 1991: Phylogenetic relationships among the subfamily Coregonin as revealed by mitochondrial DNA restriction analysis. Journal of Fish Biology, 39 (A): 283-290.

Brinker A., 2007: Guar gum in rainbow trout (*Oncorhynchus mykiss*) feed: The influence of quality and dose on stabilisation of faecal solids. Aquaculture, 267: 315-327.

Bodaly R.A., Vuorienen J., Wards R.D., Luczynski M., Reist J.D., 1991: Genetic comparisons of New and Old World coregonid fishes. Journal of Fish Biology, 38: 37-51.

Bohl M. (Hrsg.) et al., 1982: Zucht und Produktion von Süßwasserfischen. Verlagsunion Agrar, DLG-Verlag Frankfurt/Main. 336 Seiten.

Carlsen K., 2008: Filtration in recirculation systems – particle control. Fishfarmingxpert, 4: 33-38.

Chereshnev I.A., 1996: Threatened fishes of the world: *Salvethymus svetovidovi* Chereshnev & Scopets, 1990 (Salmonidae). Environmental Biology of Fishes, 46: 166.

Cihar J., 1993: Europäische Süsswasserfische. W. Dausien Verlag, Hanau. 184 Seiten.

Crete-Lafrenière A., Weir L.K., Bernatchez L., 2012: Framing the Salmonidae Family Phylogenetic Portrait: A More Complete Picture from Increased Taxon Sampling. PLOS ONE, 7 (10): 1-19.

Danecker E., 1973: Forellenbesatz nach Sekundenlitern. Österreichs Fischerei, 26 (11/12): 185-192.

Delling B., 2002: Morphological distinction of *Salmo marmoratus*, in comparison to marbled *Salmo trutta* from river Otra, Norway. Cybium, 26 (4): 283-300.

Dykes A., 2007: Oxygen and carbon dioxide management in hatcheries. Hatchery International, 9/10: 16-17.

FAO, 1961-1994: Yearbook Fishery Statistics, Catches and Landings. Food and Agriculture Organisation, Roma.

Foerster R.E., 1968: The Sockeye Salmon, *Oncorhynchus nerka*. Fisheries Research Board of Canad, Bulletin, 162. 422 pp.

Fukushima M., Shimazaki H., Rand P.S., Kaeriyama M., 2011: Reconstructing Sakhalin Taimen *Parahucho perryi* Historical Distribution and Identifying Causes for Local Extinctions. Transactions of the American Fisheries Society, 140 (1): 1-13

Georgiev S., 2011: Study of *Salmo* Genus (Pisces, Salmonidae) on the Balkan peninsula. Ribarstvo, 69 (1): 11-20.

Harrison A.J., Connor L., Morrissey E., Kelly F., 2012: Current Status of Pollan *Coregonus autumnalis pollan* in Lough Ree, Ireland. Proceedings of the Royal Irish Academy, 112B (2): 1-9.

Heckel J. und Kner R., 1858: Die Süßwasserfische der Österreichischen Monarchie mit Rücksicht auf die angrenzenden Länder. Verlag W. Engelmann, Leipzig, Seite 233-286.

Heer L., 1983: Der Sempachersee – Die Fischerei in früher Zeit, sein heutiger Zustand und die Sanierungsmaßnahmen. Bundesamt für Umweltschutz, Bern. Schriftenreihe Fischerei, 41: 1-20.

Hendrickson D.A., Espinosa Perez H.E., Findley L.T., Forbes W., Tomelleri J.R., Mayden R.L., Nielsen J.L., Jensen B., Campos G.R., Romero A.V., Van der Heiden A., Camarena F., Garcýa de Leon F.J., 2002: Mexican native trouts: a review of their history and current systematic and conservation status. Reviews in Fish Biology and Fisheries, 12: 273-316.

Heuschmann O., 1955: Ein Beitrag zum Wachstum der Seeforelle (*Salmo lacustris* L.). Allgemeine Fischerei Zeitung, 80: 5-6.

Hochleithner M., 1987: Flußperlmuscheln brauchen Bachforellen zum Überleben! Versuche zur Rettung der Flußperlmuschel (*Margaritifera margaritifera* L.). Österreichs Fischerei, 40 (8/9): 200-204.

Hochleithner M., 1989: Die Situation der Seeforelle (*Salmo trutta* f. *lacustris* L.) in österreichischen Seen. Österreichs Fischerei, 42 (1): 15-22.

Hochleithner M., Hohenleiter W., 2013: Das Fischereibuch Maximilians I. – Faksimile und Transkription. AquaTech Publications, Kitzbühel. 200 Seiten.

Huet M. (Ed.) et al., 1972: Textbook of Fish Culture. Fishing News Books, Farnham, 438 pages.

Humpesch U.H., 1985: Gibt es optimale Wassertemperaturen für die Erbrütung von Salmoniden- und Thymallideneiern? Österreichs Fischerei, 38 (10): 273-279.

Jäger P., Schillinger I., 1988: Kollmanns Fischereikarte von Salzburg, Stand 1898. Österreichs Fischerei, 41 (10): 202-209.

Jensen J.O.T., McLean W.E., Rombough P.J., Septav T., 1992: Salmonid Incubation and Rearing Programs for IBM-compatible microcomputers. Rep. Fish. Aquat. Sci., 1878: 46 p.

Johnson L., Burns B. (Eds.) et al., 1984: Biology of the Arctic Charr: Proceedings of the International Symposium on Arctic Charr. University of Manitoba Press, 584 pages.

Jungwirth M., Schmutz S., Waidbacher H., 1989: Fischökologische Fallstudie Inn. Fischereirevierausschuß, Innsbruck. 93 Seiten.

Knizhin I.B., Antonov A.L., Safronov S.N., Weiss S.J., 2007: New Species of Grayling *Thymallus tugarinae* sp. nova (Thymallidae) from the Amur River Basin. Journal of Ichthyology, 2: 123-139.

Knizhin I.B., Weiss S.J., 2009: A New Species of Grayling *Thymallus svetovidovi* sp. nova (Thymallidae) from the Yenisei Basin and Its position in the Genus *Thymallus*. Journal of Ichthyology, 49 (1): 1-9.

Knizhin I.B., Weiss S.J., Bogdanov B.E., Kopun T., Muzalevskaya O.V., 2008: Graylings (Thymallidae) of Water Bodies in Western Mongolia: Morphological and Genetic Diversity. Journal of Ichthyology, 48 (9): 714-735.

Knösche R., 2012: Zehn Jahre “Aus aller Welt”. Fischer & Teichwirt, 63 (12): 459-467.

Kottelat M., 1997: European freshwater fishes. Biologia, 52 (5): 1-271.

Kottelat M., Freyhof J., 2007: Handbook of European Freshwater Fishes. Publications Kottelat, Cornol. 646 pages.

Lahnsteiner F., Kletzl M., Grubinger F., 2005: Hohe Verluste bei der Zugerglaserbrütung von Eiern bestimmter Reinankenpopulationen auf Grund von Stoßempfindlichkeit. Österreichs Fischerei, 58 (7):158-162.

Leitritz E., 1980: Die Praxis der Forellenzucht. Parey Verlag, Hamburg. 121 Seiten.

Manthey-Karl M., Karl H., Reiter R., 2007: Praxisorientierte Versuche zur Verarbeitung von Forellen (*Oncorhynchus mykiss*). Teil 1-3. Fischer & Teichwirt, 58 (8-10): 303-305 + 343-345 + 383-385.

Marrer H., 1980: Grundsätze zu einem naturnahen und damit fischereigerechten Wasserbau. Veröffentlichungen des Bundesamtes für Umweltschutz und der Eidgenössischen Fischereiinspektion, 39: 73-92.

McPhail J.D., Troffe P.M., 1998: The mountain whitefish (*Prosopium williamsoni*): a potential indicator species for the Fraser System. Environment Canada, Vancouver. 72 pages.

Mrdak D., Nikolic V., Tosic A. Simonovic P., 2012: Molecular and ecological features of the soft-muzzled trout *Salmo obtusirostris* (Heckel, 1852) in the Zeta River, Montenegro. Biologia 67 (1): 222-233.

Naiman R.J., Mccormick S.D., Montgomery W.L., Morin R., 1987: Anadromous Brook Charr, *Salvelinus fontinalis*: Opportunities and Constraints for Population Enhancement. Marine Fisheries Review, 49 (4): 1-13.

Nikol'skii G.V., 1961: Special Ichthyology. Israel Program for Scientific Translation, Jerusalem. 538 pages.

Nümann W., 1964: Formenkreise südeuropäischer Forellen. Hydrol., 26: 101-146.

Pennell W., Barton B.A. (Eds.) et al., 1996: Principles of Salmonid Culture. Elsevier Science B.V., Amsterdam, 1040 pages.

Phillips R.B., Pleyte K.A., Brown M.R., 1992: Salmonid phylogeny inferred from robosomal DNA restriction maps. Can. J. Fish. Aquat. Sci., 49: 2345-2353.

Plomann J. et al., 1987: Leben-Verhalten-Fang: Salmoniden in aller Welt. Jahr Verlag, Hamburg. 169 Seiten.

Pollard W.R., Hartman G.F., Groot C., Edgell P., 1997: Field Identification of Coastal Juvenile Salmonids. Harbour Publishing. 32 pages.

Ratschan C., 2012: Zur Maximalgröße und Verbreitungsgrenze des Huchens (*Hucho hucho*) in Abhängigkeit von Größe und Geologie österreichischer und bayerischer Gewässer. Österreichs Fischerei, 65 (11/12): 296-311.

Reichenbach-Klinke H.H. et al., 1980: Krankheiten und Schädigungen der Fische. Gustav Fischer Verlag, Stuttgart. 472 Seiten.

Rösch R., 1997: Neue Entwicklungen in der Forellenzucht. Berichte zur Fischereiforschung Baden-Württemberg, Heft 6: 24 Seiten.

Rösch R., 1999: Belüftung und Sauerstoffversorgung in der Forellenzucht. Berichte zur Fischereiforschung Baden-Württemberg, Heft 7: 30 Seiten.

Rosell R.S., 1997: The Status of Pollan *Coregonus autumnalis pollan* Thompson in Lough Erne, Northern Ireland. Proceedings of the Royal Irish Academy, 97B (2): 163-171.

Rümmler F., Schreckenbach K., Schewe S., 2006: Hinweise zur fischschonenden Durchführung des Elektrofischfangs. Fischer & Teichwirt, 57 (1): 25-28.

Ruhlé C., 1978: Über ein halbnatürliches Fischzuchtverfahren. Veröffentlichungen des Bundesamtes für Umweltschutz und der Eidgenössischen Fischereiinspektion, 37: 40-53.

Ruhlé C., 1980: Die fischereiliche Bewirtschaftung von Speicherseen im Gebirge. Veröffentlichungen des Bundesamtes für Umweltschutz und der Eidgenössischen Fischereiinspektion, 39: 23-42.

Ruhlé C., Ackermann G., Berg R., Kindle T., Kistler R., Klein M., Konrad M., Löffler H., Michel M., Wagner B., 2005: Die Seeforelle im Bodensee und seinen Zuflüssen: Biologie und Management. Österreichs Fischerei, 58 (10): 230-262.

Schäperclaus W., Lukowicz M.v. (Hrsg.) et al., 1997: Lehrbuch der Teichwirtschaft. Parey Verlag, Berlin. 590 Seiten.

Schneider J., 1998: Habitatwahl juveniler Atlantischer Lachse (*Salmo salar* Linné, 1758) in ausgewählten Besatzgewässern in Rheinland-Pfalz. Z. Fischk., 5 (1): 77-100.

Schöffmann J., 1991: Die Weichmaulforelle (*Salmothymus obtusirostris*, Heckel 1851) eine bedrohte Salmonidenart in Dalmatien. Österreichs Fischerei, 44 (2/3): 64-66.

Schöffmann J., 1992: Erste Lebendbeobachtung von *Salmo (Platysalmo) platycephalus*. Österreichs Fischerei, 45 (1): 11-18.

Schöffmann J., 1994: Zur gegenwärtigen Situation der Marmorierten Forelle (*Salmo marmoratus* Cuvier, 1817) in Albanien, ihrem südlichsten Verbreitungsraum. Österreichs Fischerei, 47 (5/6): 132-136.

Schöffmann J., 2013: Die Forellen der Gattung *Salmo* – Diversität und Verbreitung. AquaTech Publications, Kitzbühel. 236 Seiten.

Schulz C., Gelbrecht J., Rennert B., 2003: Behandlung von Ablaufwasser der Forellenproduktion in Bodensystempflanzenkläranlagen. Fischer & Teichwirt, 54 (11): 404-4011.

Schulz M., Freyhof J., 2003: *Coregonus fontanae*, a new spring-spawning cisco from Lake Stechlin, northern Germany (Salmoniformes: Coregonidae). Ichthyol. Explor. Freshwaters, 14 (3): 209-216.

Schulz N., 1985: Das Wachstum des Huchens (*Hucho hucho* L.) in der Drau in Kärnten. Österreichs Fischerei, 38 (5/6): 133-142.

Scott W.B., Crossman E.J., 1973: Freshwater Fishes of Canada. Fisheries Research Board of Canada, Ottawa. Bulletin 184, 966 pages.

Shatz, Y., 2000: Fishstat Plus 2.30. Food and Agriculture Organisation, Roma.

Skutvik A., 2007: Fishfarming School. Part 1-4. Fishfarmingxpert, 1-4.

Smith R.H., 1994: Native Trout of North America. Frank Amato Publications, Portland. 128 pages.

Stearley R.F., Smith G.R., 1993: Phylogeny of the Pacific Trouts and Salmons (*Oncorhynchus*) and Genera of the Family Salmonidae. Transactions of the American Fisheries Society, 122: 1-33.

Steiner V., 1972: Die Temperaturtoleranz des Seesaiblings (*Salvelinus alpinus* (L.); Pisces, Salmonidae). Diss. Univ. Innsbruck. 149 Seiten.

Steiner V., Stampfer B., 2012: Die Hochgebirgsseen Tirols aus fischereilicher Sicht – Bestandsaufnahme und Kartierung. AquaTech Publications, Kitzbühel. 204 Seiten.

Steffens W. et al., 1981: Moderne Fischwirtschaft. Verlag Neumann - Neudamm, Melsungen. 375 Seiten.

Sukhanova L.V., Smirnov V.V., Smirnova-Zalumi N.S., Kirilchik S.V., Shimizu I., 2003: Grouping of Baikal omul *Coregonus autumnalis migratorius* Georgi within the *C. lavaretus* complex confirmed by using a nuclear DNA marker. Ann. Zool. Fennici, 41: 41-49.

Tallman R.F., Abrahams M.V., Chudobiak D.H., 2002: Migration and life history alternatives in a high latitude species, the broad whitefish, *Coregonus nasus* Pallas. Ecology of Freshwater Fish, 11: 101-111.

Turgeon J., Bernatchez L., 2003: Reticulate evolution and phenotypic diversity in North American ciscoes, *Coregonus* ssp. (Teleostei: Salmonidae): implications for the conservation of an evolutionary legacy. Conservation Genetics 4: 67-81.

Vecsei P., Craig T. Blackie C.T., Muir A.M., Machtans H.M., Reist J.D., 2008: A preliminary assessment of cisco (*Coregonus* spp.) diversity in Yellowknife Bay, Great Slave Lake, Northwest Territories. Advanc. Limnol., 63: 299-322.

Vladykov V.D., 1954: Taxonomic Characters of the Eastern North America Chars (*Salvelinus* and *Cristivomer*). J. Fish. Res. Bd. Canada, 11 (6): 904-930.

Weiss S., Knizhin I., Romanov V., Kopun T., 2007: Secondary contact between two divergent lineages of grayling *Thymallus* in the lower Enisey basin and its taxonomic implications. Journal of Fish Biology, 71 (C): 371-386.

Fachbücher:

Die Forellen der Gattung *Salmo* – Diversität und Verbreitung

Johannes Schöffmann
Hardcover, 236 pp. ISBN: 978-3-902855-15-2

Die heimischen Forellen bilden gemeinsam mit dem Atlantischen Lachs die Gattung *Salmo.* Die große morphologische und ökologische Vielfalt innerhalb der Europäischen Forelle hat dazu geführt, dass im Laufe der vergangenen zwei Jahrhunderte mehr als 100 Arten, Unterarten und Formen beschrieben wurden, die heute meist dem Taxon *Salmo trutta* zugeordnet werden. Diese Klassifikation täuscht jedoch eine genetische Homogenität vor und ignoriert die vielen unterschiedlichen stammesgeschichtlichen Linien, die sich seit der Entstehung eines gemeinsamen Vorfahren der verschiedenen Formen entwickelt haben. Ungeachtet ihrer oft unklaren taxonomischen Stellung gilt es die verschiedenen Formen der Europäischen Forelle und ihrer nahen Verwandten zu schützen und zu erhalten, repräsentieren sie doch ökologisch, morphologisch und genetisch einzigartige, reproduktiv isolierte Populationen, die sich über Generationen an ihre Umwelt angepasst haben und zur biologischen Vielfalt beitragen. Dieses imposante, bebilderte Werk ist daher nicht nur für Biologen und Naturschützer interessant, sondern auch für Angler, Fischereibewirtschafter und sonstige naturinteressierte Personen informativ.

Das Fischereibuch Maximilians I. – Faksimile und Transkription

Martin Hochleithner & Wolfgang Hohenleiter
Hardcover, 200 pp. ISBN: 978-3-902855-14-5

Das Fischereibuch Maximilians I. von Habsburg aus dem Jahre 1504, geschrieben vom Jagdschreiber Wolfgang Hohenleiter, ist eines der ältesten erhaltenen gebliebenen Bücher über die Bewirtschaftung von Fischgewässern in Tirol und Umgebung. Es ist selbst nach mehr als einem Halben Jahrtausend immer noch von Bedeutung und Interesse. Kaiser Maximilian I. war nicht nur ein großer Ritter und Herrscher, sondern auch ein begeisterter Jäger und Fischer. Unter ihm kam es zu intensiven Bemühungen um Besatz, Hege, und Nutzung der Fischbestände. Motiv für diese Maßnahmen war einerseits die Freude am Fischfang, andererseits die Nutzung der Fischbestände für die Verpflegung des Landesherren und seines Gefolges. Die vorliegende Wiedergabe des Fischereibuches von Maximilian I., herausgegeben von Fischereimeister Martin Hochleithner, beinhaltet sowohl die Faksimile als auch die Transkription des Originals, das sich heute in der Österreichischen Nationalbibliothek in Wien befindet. Das historisch wertvolle Buch ist nicht nur für Angler und Fischer interessant sondern auch für Biologen, Historiker und Kunstliebhaber.

Die Hochgebirgsseen Tirols aus fischereilicher Sicht – Bestandsaufnahme und Kartierung

Volker Steiner & Bernd Stampfer
Softcover, 204 pp. ISBN: 978-3-902855-10-7

Das Hochgebirge Tirols weist über 1000 stehende Gewässer auf, ein Großteil allerdings eine Größe bei der eine Fischerei kaum in Frage kommen dürfte. Immerhin verbleiben noch mehr als 200 Seen, die auf Grund ihres Areals für die Fischerei in Betracht zu ziehen wären. Durch die vorliegende Bearbeitung sind gegenwärtig 65 Hochgebirgsseen relativ gut erfasst. Von diesen Seen weist heute rund die Hälfte einen Fischbestand auf. In vielen Fällen sind diese Bestände aber in einem Zustand, der keinen Anreiz für eine fischereiliche Nutzung bietet. Es besteht jedoch die Möglichkeit, Gewässer mit verwahrlosten Beständen durch gezielte Befischung, eventuell auch durch zusätzlichen Besatz zu sanieren und aufzuwerten. In letzter Zeit ist die Nachfrage nach Fischereimöglichkeiten im Bereich der Sport- bzw. Erholungsfischerei stark angewachsen, das Potential an Fischwässern in Tallagen jedoch weitgehend ausgeschöpft und durch Umwelteinflüsse stark eingeschränkt. Die Nutzung von Hochgebirgsseen als Fischwässer dient nicht nur der Fischereiwirtschaft, sie bietet auch gute Chancen für Gemeinden, Verbände, Bergbauern und andere Interessenten.

156 Seiten, ISBN 3-9500968-8-0

152 Seiten, ISBN 3-9500968-4-1

172 Seiten, ISBN 3-9500968-6-8

160 Seiten, ISBN 3-9500968-7-6

Im Buchhandel oder bei: ***AquaTech** Publications*

www.aqua-tech.eu

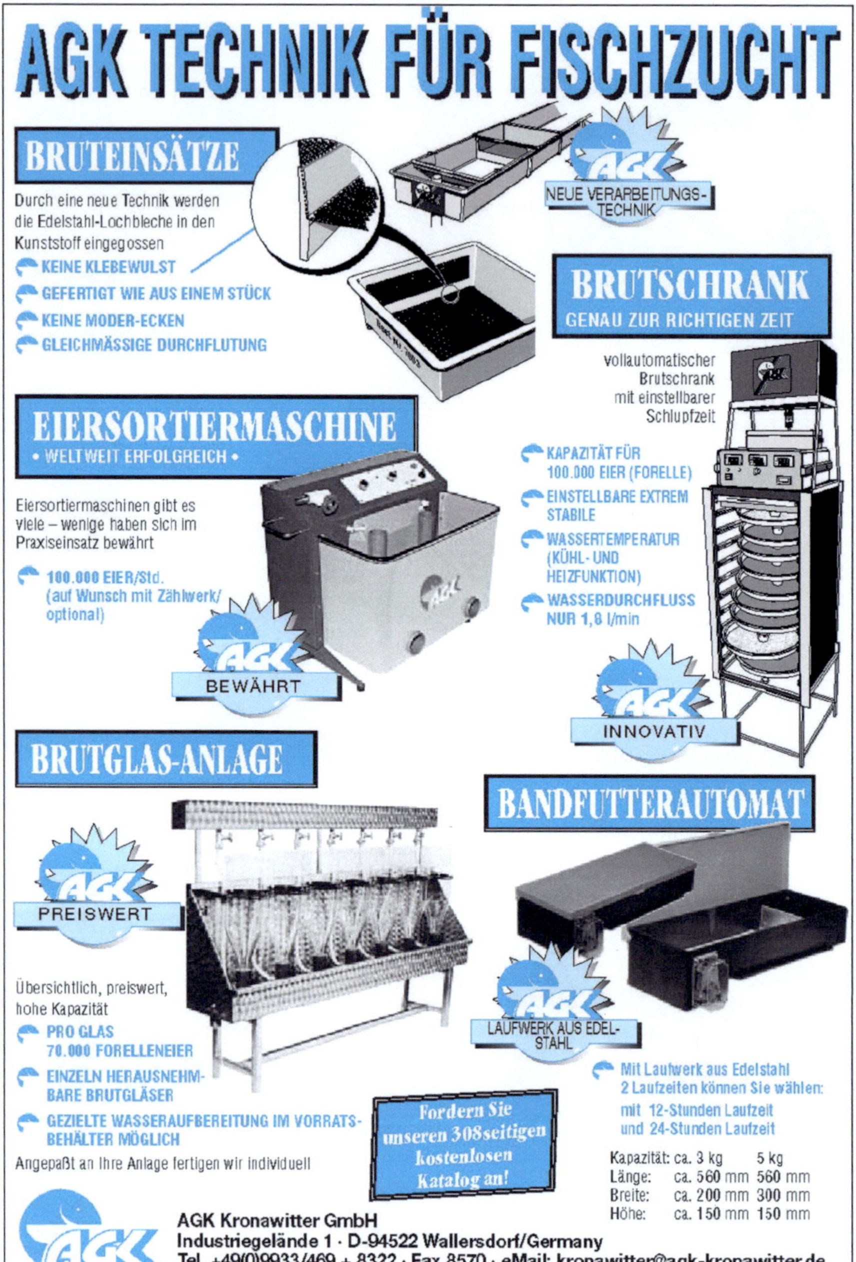
AGK TECHNIK FÜR FISCHZUCHT
BRUTEINSÄTZE
Durch eine neue Technik werden die Edelstahl-Lochbleche in den Kunststoff eingegossen
KEINE KLEBEWULST
GEFERTIGT WIE AUS EINEM STÜCK
KEINE MODER-ECKEN
GLEICHMÄSSIGE DURCHFLUTUNG
NEUE VERARBEITUNGS-TECHNIK
BRUTSCHRANK
GENAU ZUR RICHTIGEN ZEIT
vollautomatischer Brutschrank mit einstellbarer Schlupfzeit
KAPAZITÄT FÜR 100.000 EIER (FORELLE)
EINSTELLBARE EXTREM STABILE
WASSERTEMPERATUR (KÜHL- UND HEIZFUNKTION)
WASSERDURCHFLUSS NUR 1,8 l/min
INNOVATIV
EIERSORTIERMASCHINE
• WELTWEIT ERFOLGREICH •
Eiersortiermaschinen gibt es viele – wenige haben sich im Praxiseinsatz bewährt
100.000 EIER/Std. (auf Wunsch mit Zählwerk/optional)
BEWÄHRT
BRUTGLAS-ANLAGE
PREISWERT
Übersichtlich, preiswert, hohe Kapazität
PRO GLAS 70.000 FORELLENEIER
EINZELN HERAUSNEHM-BARE BRUTGLÄSER
GEZIELTE WASSERAUFBEREITUNG IM VORRATS-BEHÄLTER MÖGLICH
Angepaßt an Ihre Anlage fertigen wir individuell
BANDFUTTERAUTOMAT
LAUFWERK AUS EDEL-STAHL
Mit Laufwerk aus Edelstahl
2 Laufzeiten können Sie wählen:
mit 12-Stunden Laufzeit
und 24-Stunden Laufzeit
Kapazität: ca. 3 kg 5 kg
Länge: ca. 560 mm 560 mm
Breite: ca. 200 mm 300 mm
Höhe: ca. 150 mm 150 mm
Fordern Sie unseren 308seitigen kostenlosen Katalog an!
AGK Kronawitter GmbH
Industriegelände 1 · D-94522 Wallersdorf/Germany
Tel. +49(0)9933/469 + 8322 · Fax 8570 · eMail: kronawitter@agk-kronawitter.de